数 学

(职业模块)

主　　编　袁卫平

副 主 编　陶春燕

主　　审　林　山

副 主 审　崔豫军

参编人员　唐翊博　武珍平

　　　　　高　升　管学龙

西北工業大學出版社

图书在版编目（CIP）数据

数学：基础模块、职业模块/袁卫平主编．—西安：西北工业大学出版社，2015.8
ISBN 978-7-5612-4575-0

Ⅰ.①数… Ⅱ.①袁… Ⅲ.①数学—高等职业教育—教材 Ⅳ.①O1

中国版本图书馆 CIP 数据核字（2015）第 208667 号

出版发行：西北工业大学出版社
通信地址：西安市友谊西路 127 号　邮编：710072
电　　话：(029)88493844　88491757
网　　址：www.nwpup.com
印 刷 者：兴平市博闻印务有限公司
开　　本：787 mm×1 092 mm　1/16
印　　张：28
字　　数：677 千字
版　　次：2015 年 9 月第 1 版　　2015 年 9 月第 1 次印刷
定　　价：72.00 元

前　言

为了适应中等职业教育改革发展的新形势，贯彻“以服务为宗旨，以就业为导向”的职业教育办学方针，坚持以能力为本位、以学生为主体的教学理念，着眼于学生的全面发展和综合素质与职业能力的培养，结合学生的实际情况适当调整了数学教学内容体系，分为“基础模块”和“职业模块”弹性式的教学内容结构，体现了因材施教，为教师针对不同数学基础、不同专业的学生确定教学内容提供了多样化选择.

数学课程是中等职业学校学生必修的公共课程，其任务是使学生掌握必要的数学基础知识，具备必需的相关技能与能力，为学习专业知识、掌握职业技能、继续学习和终身发展尊定基础。为此，调整现代数学逐渐淡化的内容；删除繁复的运算和缺少普遍适应性的技巧，降低学习的难度；强化现代化信息技术工具和计算工具的使用技能要求；突出专业学习及生产、生活中应用数学知识解决问题的内容.

本书遵循学生认知和心智发展规律，准确落实知识点和技能点，注重与生产、生活实际的联系，重视数学文化的渗透，并创设了一定情景，辅以学习方法的点拨，能有效激发学生的学习兴趣，提高学生的数学素养和运用数学方法分析问题和解决问题的能力. 本书主要具有下述特色：

(1)注重专业数学. 在导入数学新知识时，适当铺垫与专业相关内容，体现了知识的循序渐进，便于教师根据学生的基础进行教学，有利于学生自主学习.

(2)弱化理论性推导. 尽量加强定性说明，尽可能选择生产、生活中的实例，以提高学生学数学、用数学的意识和能力.

(3)各专业可以根据专业需要选修章节. 如数控与机电专业的学生重点学习三角函数、立体几何和平面解析几何中的圆锥曲线，会计专业的学生就需要重点修读概率与统计初步，计算机专业学生要重点学习算法等.

(4)各章开辟“阅读材料”专栏，介绍数学史、数学文化以及数学的新领域等，以开阔学生的数学视野，提高数学素养.

(5)针对中等职业学校学生职业技能训练多，课后学习时间少的情况，知识和技能的巩固采取"练习"的形式，实时学习，实时消化.

本书职业模块的内容安排如下：

第 1 章三角函数，第 2 章数列，第 3 章向量，第 4 章平面解析几何，第 5 章立体几何，第 6 章概率与统计初步，第 7 章算法初步.

在本书的编写过程中，得到了学校的大力支持，在此表示衷心的感谢. 编写本书曾参阅了相关文献资料，在此，谨向其作者深表谢忱.

由于水平有限，疏漏与不足之处，恳请专家和广大师生批评指正.

编　者

2014 年 12 月

目　录

第1章　三角函数

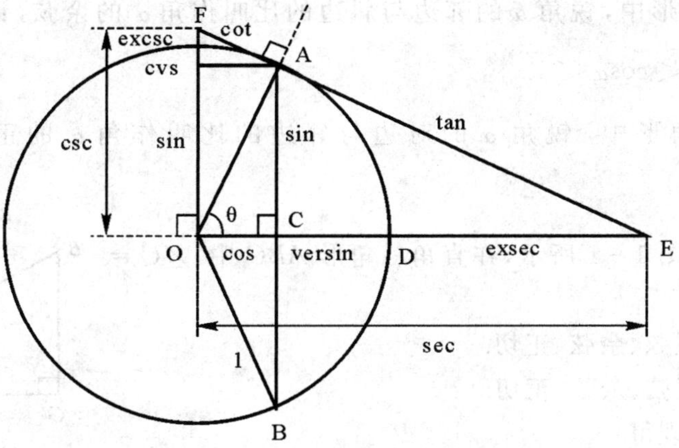

三角函数(也叫作圆函数)是角的函数;它们在研究三角形和建模周期现象和许多应用中是很重要的.三角函数通常定义为包含这个角的直角三角形的两个边的比率,也可以等价地定义为单位圆上的各种线段的长度.更现代的定义把它们表达为无穷级数或特定微分方程的解,允许它们扩展到任意正数和负数值,甚至是复数值.

本章将介绍正弦函数、余弦函数和正切函数的图形及其性质.

1.1　锐角三角形和直角三角形的解法

问题 1-1　身高相同的两位同学放风筝，他们放出的线长分别为 300m，250m，线与地面所成的角度分别为 30°，45°，假设风筝的拉线是直的，你能算出哪个所放的风筝高吗？

1. 锐角三角函数的定义

可以证明：在一个锐角等于 α 的所有直角三角形中，角 α 的对边与斜边的比值，邻边与斜边的比值，对边与邻边的比值都是常数，于是我们定义：

(1) 在直角三角形中，锐角 α 的对边与斜边的比叫作角 α 的正弦，记作 $\sin\alpha$，即 $\sin\alpha=\dfrac{\text{角}\,\alpha\,\text{的对边}}{\text{斜边}}$，显然 $0<\sin\alpha<1$.

(2) 在直角三角形中，锐角 α 的邻边与斜边的比叫作角 α 的余弦，记作 $\cos\alpha$，即 $\cos\alpha=\dfrac{\text{角}\,\alpha\,\text{的邻边}}{\text{斜边}}$，显然 $0<\cos\alpha<1$.

(3) 在直角三角形中，锐角 α 的对边与邻边的比叫作角 α 的正切，记作 $\tan\alpha$，即 $\tan\alpha=\dfrac{\text{角}\,\alpha\,\text{的对边}}{\text{邻边}}$.

【例 1-1】　如图 1-1 所示，在直角三角形 ABC 中，$\angle C=90°$，$BC=3$，$AB=5$.

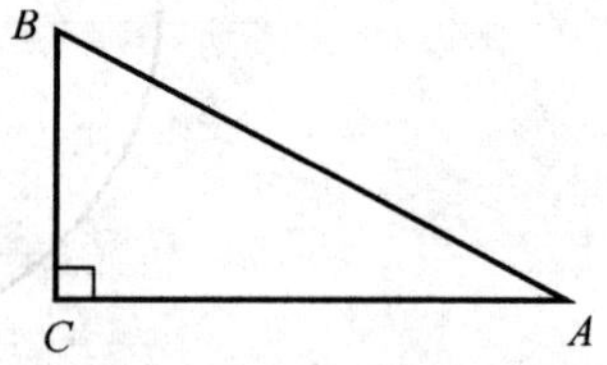

图　1-1

(1) 求 $\angle A$ 的正弦、余弦、正切.

(2) 求 $\angle B$ 的正弦、余弦、正切.

解　由勾股定理得

$$AC=\sqrt{AB^2-BC^2}=\sqrt{5^2-3^2}=4$$

(1) $\sin A=\dfrac{BC}{AB}=\dfrac{3}{5}$　　(2) $\sin B=\dfrac{AC}{AB}=\dfrac{4}{5}$

$\cos A=\dfrac{AC}{AB}=\dfrac{4}{5}$　　$\cos B=\dfrac{BC}{AB}=\dfrac{3}{5}$

$\tan A=\dfrac{BC}{AC}=\dfrac{3}{4}$　　$\tan B=\dfrac{AC}{BC}=\dfrac{4}{3}$

练习 1-1　如图 1-2 所示，在直角三角形 ABC 中 $\angle C=90°$，$BC=3$，$AB=5$. 求(1) $\sin A$，$\cos A$，$\tan A$. (2) $\sin B$，$\cos B$，$\tan B$.

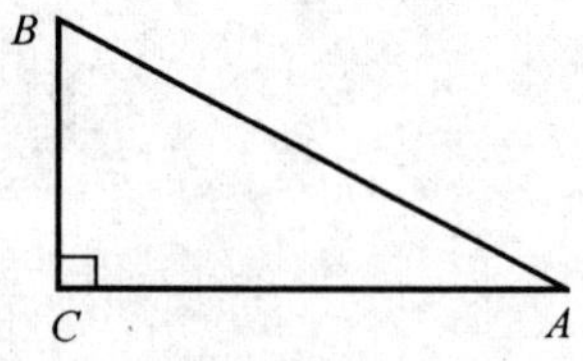

图　1-2

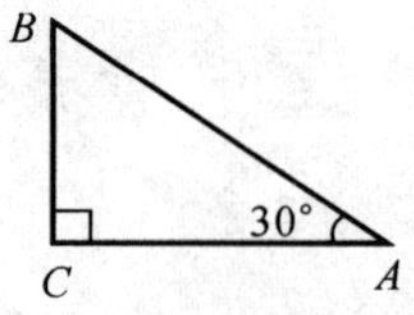

图　1-3

【例 1-2】　分别求 $\sin 30°$，$\sin 60°$，$\cos 30°$，$\cos 60°$，$\tan 30°$，$\tan 60°$ 的值.

解　作直角三角形如图 1-3 所示，$\angle C=90°$，$\angle A=30°$，于是 $\angle A$ 的对边 $BC=\dfrac{1}{2}AB$.

因此 $\sin 30^\circ=\dfrac{BC}{AC}=\dfrac{1}{2}$，又因为 $\angle B=90^\circ-30^\circ=60^\circ$，$\angle B$ 的对边是 AC.

根据勾股定理得

$$AC^2=AB^2-BC^2=AB^2-\left(\frac{1}{2}AB\right)^2=\frac{3}{4}AB^2$$

于是
$$AC=\frac{\sqrt{3}}{2}AB$$

所以
$$\sin 60^\circ=\frac{AC}{AB}=\frac{\sqrt{3}}{2},\quad \cos 30^\circ=\frac{AC}{AB}=\frac{\sqrt{3}}{2},\quad \cos 60^\circ=\frac{BC}{AB}=\frac{1}{2}$$

$$\tan 30^\circ=\frac{BC}{AC}=\frac{\sqrt{3}}{3},\quad \tan 60^\circ=\frac{AC}{BC}=\sqrt{3}$$

练习 1-2 求 $\sin 45^\circ$，$\cos 45^\circ$，$\tan 45^\circ$ 的值.

2.特殊角的三角函数值

	$\alpha=30^\circ$	$\alpha=45^\circ$	$\alpha=60^\circ$
$\sin\alpha$	$\frac{1}{2}$	$\frac{\sqrt{2}}{2}$	$\frac{\sqrt{3}}{2}$
$\cos\alpha$	$\frac{\sqrt{3}}{2}$	$\frac{\sqrt{2}}{2}$	$\frac{1}{2}$
$\tan\alpha$	$\frac{\sqrt{3}}{3}$	1	$\sqrt{3}$

【例 1-3】 在 $\triangle ABC$ 中，若 $\left|\sin A-\frac{\sqrt{2}}{2}\right|+\left(\frac{\sqrt{3}}{2}-\cos B\right)^2=0$，$\angle A$，$\angle B$ 都是锐角，求 $\angle A$ 的度数.

解 因为
$$\left|\sin A-\frac{\sqrt{2}}{2}\right|+\left(\frac{\sqrt{3}}{2}-\cos B\right)^2=0$$

所以
$$\sin A-\frac{\sqrt{2}}{2}=0,\quad \frac{\sqrt{3}}{2}-\cos B=0$$

即
$$\sin A=\frac{\sqrt{2}}{2},\quad \cos B=\frac{\sqrt{3}}{2}$$

又因为 $\angle A$，$\angle B$ 都是锐角，所以

$$\angle A=45^\circ,\quad \angle B=30^\circ$$

又因为 $\triangle ABC$ 中，$\angle A+\angle B+\angle C=180^\circ$，所以

$$\angle C=105^\circ$$

练习 1-3

1.计算 $\sqrt{3}\sin 60^\circ-\cos 45^\circ+2\tan^2 30^\circ$.

2.计算 $\dfrac{1}{\sqrt{2}-1}-3\tan^2 30^\circ+2\sqrt{(\sin 45^\circ-1)^2}$.

3.锐角 A 的正弦、余弦、正切之间的关系

如图 1-4 所示，根据提供的数据回答下列问题：

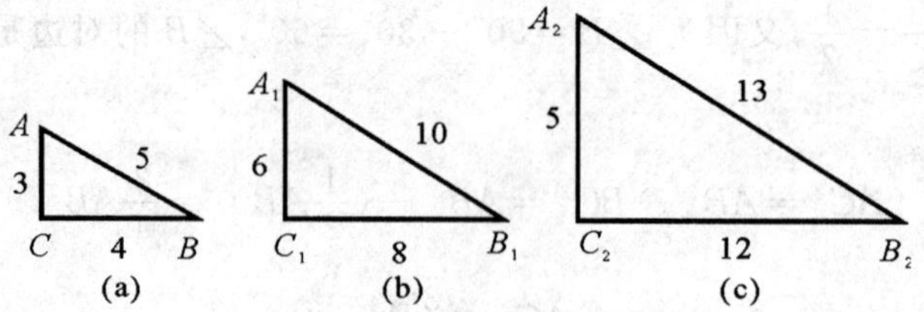

图　1-4

(1) 在图(a)中，$\sin A=$________，$\cos B=$________，$\sin^2 A+\cos^2 A=$________.

在图(b)中，$\sin A_1=$________，$\cos B_1=$________，$\sin^2 A_1+\cos^2 A_1=$________.

在图(c)中，$\sin A_2=$________，$\cos B_2=$________，$\sin^2 A_2+\cos^2 A_2=$________.

(2) 在图(a)中，$\tan A=$________，$\dfrac{\sin A}{\cos A}=$________；

在图(b)中，$\tan A_1=$________，$\dfrac{\sin A_1}{\cos A_1}=$________；

在图(c)中，$\tan A_2=$________，$\dfrac{\sin A_2}{\cos A_2}=$________.

通过以上3个特殊例子，你从中发现了什么？用一个一般式子表示出你的发现并加以证明.

$$\sin^2\alpha+\cos^2\alpha=1,\quad \tan\alpha=\frac{\sin\alpha}{\cos\alpha}$$

【例1-4】　已知$\angle A$为锐角，$\sin A=\dfrac{4}{5}$，求$\cos A$，$\tan A$的值.

解　因为$\sin^2 A+\cos^2 A=1$，且$\cos A>0$，所以

$$\cos A=\sqrt{1-\sin^2 A}=\frac{3}{5},\quad \tan A=\frac{\sin A}{\cos A}=\frac{\frac{4}{5}}{\frac{3}{5}}=\frac{4}{3}$$

练习1-4　设α是锐角，且$\cos A=\dfrac{5}{13}$，求$\sin A$，$\tan A$的值.

4.解直角三角形及其应用

问题1-2：如图1-5所示在直角三角形ABC中，$\angle C=90^\circ$，$\angle A$，$\angle B$，$\angle C$的对边记作a，b，c.

(1) 直角三角的三边之间有什么关系？

$$a^2+b^2=c^2\quad（勾股定理）$$

(2) 直角三角的锐角之间有什么关系？

$$\angle A+\angle B=90^\circ$$

(3) 直角三角形的边和锐角之间有什么关系？

$$\sin A=\frac{\angle A\text{的对边}}{\text{斜边}},\quad \cos A=\frac{\angle A\text{的邻边}}{\text{斜边}},\quad \tan A=\frac{\angle A\text{的对边}}{\text{邻边}}$$

在直角三角形中，除直角外的5个元素(3条边和2个锐角)，只要知道其中的2个元素(至少一个是边)，利用上述关系式，就可以求出其余的3个未知元素，这叫作解直角三角形.

【例 1-5】　如图 1-5 所示，在 Rt△ABC 中，$\angle C=90°$，$\angle A=30°$，$a=5$，求 $\angle B$，b，c.

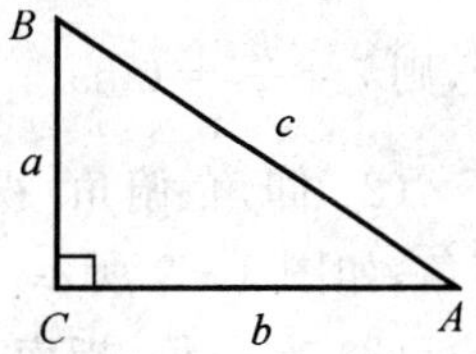

图　1-5

解
$$\angle B=90°-\angle A=90°-30°=60°$$
又因为
$$\tan B=\frac{b}{a}$$
所以
$$b=a\tan B=5\tan B=5\sqrt{3}$$
因为
$$\sin A=\frac{a}{c}$$
所以
$$c=\frac{a}{\sin A}=\frac{5}{\sin A}=\frac{5}{\frac{1}{2}}=10$$

【例 1-6】　若要在图 1-6(a) 所示工件上钻75° 的斜孔，可将工件的一端垫高，使之与工作台面成15° 的倾斜角，问应该在离 A 点 800 mm 远处垫起多高？（精确到 0.1 mm）

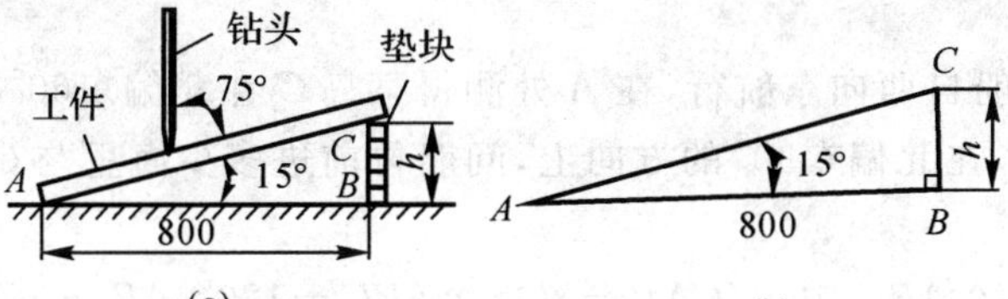

图　1-6

解　首先将图 1-6(a) 的工程应用问题抽象为图 1-6(b) 所示的 Rt△ACB 中，已知 $\angle A=15°$，$AB=800$ mm，所以
$$BC=800\times\tan 15°\approx 214.4\ \text{mm}$$
故在离 A 点 800 mm 远处垫起 214.4 mm.

练习 1-5

1. 如图 1-7 所示，在 Rt△ABC 中，$\angle C=90°$，$\angle A=30°$，$c=\frac{\sqrt{5}}{4}$，解这个直角三角形.

2. 在 Rt△ABC 中，$\angle C=90°$，$\angle B=45°$，$b=3$ cm，求 $\angle A$，a，c.

如图 1-8 所示，哪个比较陡？

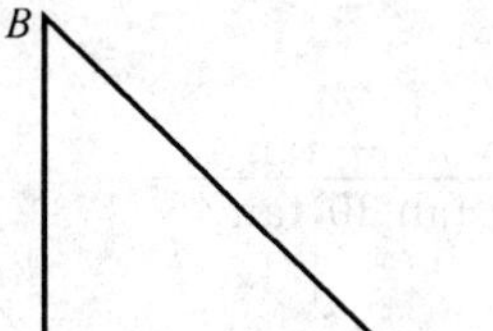

图　1-7

图　1-8

(1) 坡角. 坡面与水平面的夹角叫作坡角.

坡度(也称坡比)：通常把坡面的垂直高度 h 和水平距离 l 的比叫作坡度，一般用字母 i 表示，则 $i=\frac{h}{l}=\tan\alpha$.

(2) 仰角、俯角. 视线与水平所成的角中，视线在水平线上方的叫作仰角，在水平线下方的俯角，如图 1-9 所示.

(3) 方向角. 指南北方向线与目标方向线所成的小于90°的水平角，叫方向角.

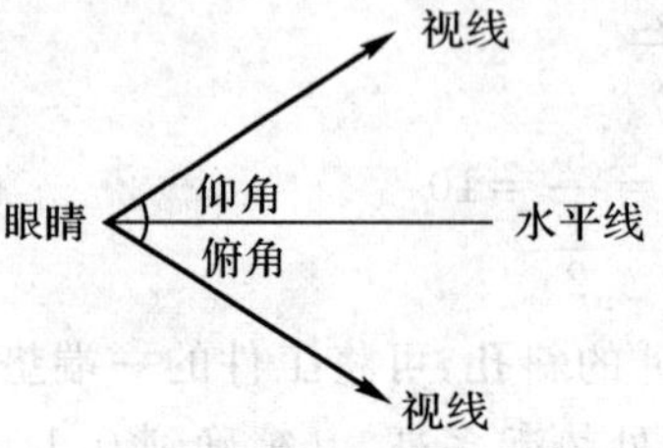

图　1-9

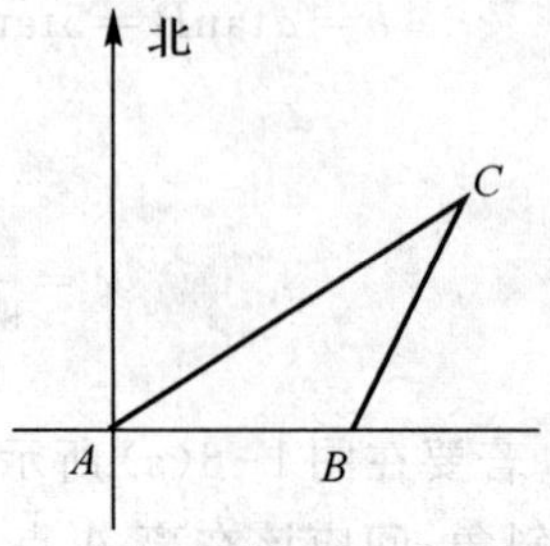

图　1-10

【例 1-7】　一轮船自西向东航行，在 A 处测得某岛 C 在北偏东60°的方向上，船前进 8 海里后到达 B，再测 C 岛，在北偏东30°的方向上，问船再前进多少海里与 C 岛最近？最近距离是多少？

解　据题意可知 $\triangle ABC$ 中，$\angle CAB=30°$，$\angle ABC=120°$，$AB=BC=8$ 海里，最近距离即为 C 到直线 AB 所在直线的垂直线段 CD，如图 1-10 所示，在 $\mathrm{Rt}\triangle BCD$ 中，$BC=8$，$\angle CBD=60°$，于是

$$BD=BC\cos 60°=8\times\frac{1}{2}=4\text{ 海里}$$

$$CD=BC\sin 60°=8\times\frac{\sqrt{3}}{2}=4\sqrt{3}\text{ 海里}$$

答　船再前进 4 海里就与 C 岛最近，最近距离是 $4\sqrt{3}$ 海里.

练习 1-6　一铁路路基的横断面为等腰梯形，路基的顶宽 l(即等腰梯形的上底长）为 10.2m，路基的坡度 $i=1:1.6$，等腰梯形的高为 6.2m，求路基的底宽(精确到 0.1m).

习题 1-1

1. 在 $\mathrm{Rt}\triangle ABC$，$\angle C=90°$，$AB=12\mathrm{cm}$，$BC=10\mathrm{cm}$，分别求 $\angle A$，$\angle B$ 的正弦，余弦和正切值.

2. 求下列各式的值.

(1) $\sin 45°\cos 30°-\cos 45°\sin 30°$；　　(2) $\frac{\tan 30°+\tan 45°}{1-\tan 30°\tan 45°}$.

3. 已知 $\tan\alpha=\frac{5}{8}$，α 是锐角，求 $\cos\alpha$，$\sin\alpha$ 的值.

4. 在离地面高 5m 处拉线固定电线杆，已知拉线与地面成60°角，则拉线的长为多少？

5. 菱形的一个内角为60°，较短的一条对角线长为 6，求菱形的面积.

1.2　角概念的推广、弧度制

我们已经学习过锐角的正弦、余弦、正切，但在生产和生活实际中，我们还经常会遇到大于

360° 的角线有方向的角. 例如，跳水运动员向前翻转三周半，或向后翻转三周半 …… 如何用数学方法来探讨这类问题?

1. 角概念的推广

一般地，平面内一条射线绕它的端点，从一个位置旋转到另一个位置，形成的图形称为角，射线的端点称为角的顶点，射线在旋转初始位置时，称它为角的始边；射线在旋转终止位置时，称它为角的终边.

为了区别不同方向旋转所成的角，我们规定：射线绕着它的端点按照逆时针方向旋转而成的角叫作正角；按顺时针方向旋转而成的角叫作负角，射线没做任何旋转仍然留在开始位置时，也认为形成了一个角，这个角叫作零角.

如图 1-11(a) 所示，以射线 OA 为始边，射线 OB 为终边的角是一个正角，如图 1-11(b) 所示，以射线 OC 为始边，射线 OD 为终边的角是一个负角.

把角的概念推广到任意大小的正角，负角和零角. 今后我们常在直角坐标系内讨论角，即把角的顶点与坐标轴的原点重合，角的始边与 x 的正半轴重合，角的终边在第几象限就说该角是第几象限的角.

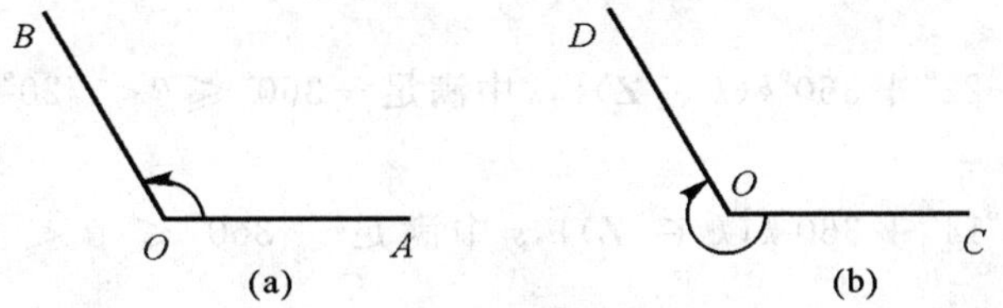

图　1-11

当角的终边落在坐标轴上时，就把它叫作与坐标轴重合的角，这样的角不属于任何象限.

终边落在同一条射线上的角称为终边相同的角. 如图 1-12 所示，390° 和 −330° 这两个角与30° 不仅有相同的顶点和始边，而且还有相同的终边，因此，它们都是终边相同的角. 390° 和 −330° 可分别写成下列形式：

$$1 \times 360^\circ + 30^\circ = 390^\circ$$
$$-1 \times 360^\circ + 30^\circ = -330^\circ$$

显然，除390° 和 −330° 外，与30° 角终边相同的角还有：

$$2 \times 360^\circ + 30^\circ = 750^\circ; \quad -2 \times 360^\circ + 30^\circ = -690^\circ$$
$$3 \times 360^\circ + 30^\circ = 1\,110^\circ; \quad -2 \times 360^\circ + 30^\circ = -1\,050^\circ$$

由于这些角彼此相差360° 的正数倍，所以与30° 角终边相同的角 β，可以集合表示 $\{\beta \mid \beta = 30^\circ + 360^\circ k(k \in \mathbf{Z})\}$；

一般地，所有和 α 角终边相同的角 β，可以用集合表示 $\{\beta \mid \beta = \alpha + 360^\circ k(k \in \mathbf{Z})\}$；

图　1-12

于是，终边在 x 轴的正半轴上所有角所组成的集合可表示为 $\{\beta \mid \beta = 360^\circ k(k \in \mathbf{Z})\}$；

于是，终边在 y 轴的正半轴上所有角所组成的集合可表示为 $\{\beta \mid \beta = 90^\circ + 360^\circ k(k \in \mathbf{Z})\}$；

于是，终边在 x 轴的负半轴上所有角所组成的集合可表示为 $\{\beta \mid \beta = 180^\circ +$

$360°k\ (k \in \mathbf{Z})\}$；

于是，终边在 y 轴的负半轴上所有角所组成的集合可表示为 $\{\beta \mid \beta = 270° + 360°k\ (k \in \mathbf{Z})\}$.

【例 1-8】 把下列各角写成 $\alpha + 360°k(0 \leqslant \alpha < 360, k \in \mathbf{Z})$，并判断它们分别是第几象限角.

(1) $1990°15'$　　　　(2) $-2000°$.

解　(1) 因为 $1990°15' = 190°15' + 5 \times 360°$，所以 $1990°15'$ 与 $190°15'$ 是终边相同的角，又因为 $190°15'$ 是第三象限角. 所以 $1990°15'$ 是第三象限角.

(2) $-2000° = 160° + (-6) \times 360°$，所以 $-2000°$ 与 $160°$ 是终边相同的角.

又因为 $160°$ 是第二象限角. 所以 $-2000°$ 是第二象限角.

【例 1-9】 写出与下列各角终边相同的角的集合，并把集合中 $-360° \leqslant \beta < 720°$ 的元素写出来.

(1) $50°$；　　(2) $-22°$；　　(3) $363°14'$.

解　(1) $s = \{\beta \mid \beta = 50° + 360°k(k \in \mathbf{Z})\}$，$s$ 中满足 $-360° \leqslant \beta < 720°$ 的元素是 $-310°$，$50°$，$410°$.

(2) $s = \{\beta \mid \beta = -22° + 360°k(k \in \mathbf{Z})\}$，$s$ 中满足 $-360° \leqslant \beta < 720°$ 的元素是 $-22°$，$338°$，$698°$.

(3) $s = \{\beta \mid \beta = 3°14' + 360°k(k \in \mathbf{Z})\}$，$s$ 中满足 $-360° \leqslant \beta < 720°$ 的元素是 $3°14'$，$-356°46'$，$363°14'$.

练习 1-7

1. (口答) 锐角是第几象限角？第一象限角一定是锐角吗？再分别就直角，钝角回答这两个问题.

2. 已知角的顶点与直角坐标系的原点重合，始边与 x 的非负半轴重合，作出下列各角，并指出它们是哪个象限的角？

(1) $430°$；　(2) $-80°$；　(3) $855°$；　(4) $-510°$.

2. 弧度制

我们过去度量角，是把一个周角 360 等份，每等份所对的圆心角规定为 $1°$ 的角，这种以度为单位来度量角的单位制叫作角度制. 下面再介绍在数学和其他许多学科中常用的另一种量角的单位制 —— 弧度制.

我们把长度等于半径长的弧所对的圆心角叫作 1 rad 的角，即用弧度制度量时，这样的圆心角等于 1 rad，如图 1-13(a) 所示，弧 $\overset{\frown}{AB}$ 的长等于半径 r，$\overset{\frown}{AB}$ 所对的圆心角 $\angle AOB$ 就是 1 rad 的角. 如图 1-13(b) 所示，圆心角 $\angle AOC$ 所对的 $\overset{\frown}{AC}$ 的长 $l = 2r$，那么 $\angle AOC$ 的弧度数就是 $\dfrac{l}{r} = 2$.

当圆心角为周角时，它所对的弧(即周长) $l = 2\pi r$，所以周角弧度数是 $\dfrac{l}{r} = \dfrac{2\pi r}{r} = 2\pi$. 由此可知，任一 $0° \sim 360°$ 的角的弧度数 $x = \dfrac{l}{r}$ 必然有 $0 \leqslant x < 2\pi$，很显然，任一正角的弧度数是一个

正数.

如果角 α 是一个负角,则它的弧度数是一个负数.例如:当弧长 $l=3\pi r$ 且所对的圆心角表示负角时,则这个圆心角的弧度数是 $-\frac{l}{r}=-\frac{3\pi r}{r}=-\pi$.零角的弧度数是 0.

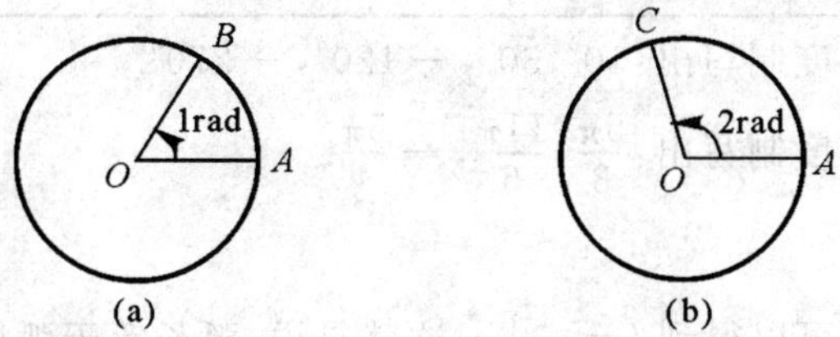

图 1-13

一般地,在半径为 r 的圆中,长度为 l 的弧所对的圆心角的弧度数 α 的绝对值是 $|\alpha|=\frac{l}{r}$.这种以弧度作为单位来度量的单位制,叫作弧度制.

用角度值和弧度制来度量零角,单位不同,但量数相同(都是 0);用角度制和弧度制量任一非零角,单位不同,量数也不同,下面讨论角度与弧度的换算方法.

1.把角度换成弧度

$$360°=2\pi\ \text{rad}$$

$$180°=\pi\ \text{rad}$$

$$1°=\frac{\pi}{180}\ \text{rad}\approx 0.017\ 45\ \text{rad}$$

2.把弧度换成角度

$$2\pi\ \text{rad}=360°$$

$$\pi\ \text{rad}=180°$$

$$1\ \text{rad}=\left(\frac{180}{\pi}\right)°\approx 57.30°=57°18'$$

【例 1-10】 把下列各角用弧度制写出:30°,120°,270°,-30°.

解 因为 $1°=\frac{\pi}{180}$ rad,所以

$$30°=30\times\frac{\pi}{180}=\frac{\pi}{6},\quad 120°=120\times\frac{\pi}{180}=\frac{2\pi}{3}$$

$$270°=270\times\frac{\pi}{180}=\frac{3\pi}{2},\quad -30°=-30\times\frac{\pi}{180}=-\frac{\pi}{6}$$

【例 1-11】 把下列各弧度用角度制写出:$\frac{4\pi}{3},\frac{7\pi}{4},-\frac{11\pi}{6}$.

解 因为 $\pi=180°$,所以

$$\frac{4\pi}{3}=\frac{4}{3}\times 180°=240°$$

$$\frac{7\pi}{4}=\frac{7}{4}\times 180°=315°,\quad -\frac{11\pi}{6}=-\frac{11}{6}\times 180°=-330°$$

练习 1－8

1. 填空

度	0°	30°	45°	60°	90°	120°	135°	150°	180°	270°	360°
弧度											

2. 把下列各角度用弧度制写出：10°，30°，－120°，－270°.

3. 把下列各弧度用角度制写出：$\frac{5\pi}{3}$，$\frac{11\pi}{6}$，$-\frac{5\pi}{4}$.

根据公式：$|\alpha|=\frac{l}{r}$，可以得到 $l=|\alpha|r$；这就是说，弧长等于弧所对圆心角（的弧度数）的绝对值与半径的积，这一公式比采用角度制时的相应公式（$l=\frac{n\pi r}{180}$）简单.

【例 1－12】　已知一个圆的半径为 60cm，求16°14′ 的圆周角所对的弧长（精确到 1cm）.

解　因为　$\alpha=16°14'\approx 16.233\,33\times 0.1745\approx 0.283\,27$，　$r=60\text{cm}$

所以　$l=|\alpha|r=0.283\,27\times 60\approx 17\text{cm}$

故所求弧长为 17cm.

思考：已知圆的半径为 r，扇形的弧长是 l，你能用弧度制导出扇形的面积公式吗？

【例 1－13】　将下列各角化成 0 到 2π 的角加上 $2k\pi(k\in\mathbf{Z})$ 的形式.

(1) $\frac{19}{3}\pi$；　　(2) 315°.

解　(1)

$$\frac{19}{3}\pi=\frac{\pi}{3}+6\pi$$

(2)

$$315°=45°-360°=\frac{\pi}{4}-2\pi$$

练习 1－9

1. 把下列各角化成 0 到 2π 的角加上 $2k\pi(k\in\mathbf{Z})$ 的形式，并指出它们是哪个象限的角.

(1) $\frac{23\pi}{6}$；　　(2) －1 500°；　　(3) 672°.

2. 已知半径为 120mm 的圆上，有一条弧的长是 144mm，求此弧所对的圆心角的弧度数.

习题 1－2

1. 把下列各角从角度化为弧度.

(1) 18°；　(2) －120°；　(3) 735°；　(4) 1 080°.

2. 把下列各角从弧度化为角度.

(1) $-\frac{7}{6}\pi$；　(2) 1.4；　(3) $-\frac{8}{3}\pi$；　(4) $\frac{3}{4}$.

3. 把下列各角化成 0 到 2π 的角加上 $2k\pi(k\in\mathbf{Z})$ 的形式.

(1) $-\frac{25}{6}\pi$；　(2) 45°；　(3) 400°.

4. 直径为 20cm 轮子一 50rad/s 的速度旋转，求轮子上一点经过 5s 所转过的弧度数.

5. 在 0 到360° 范围内，找出与下列各角终边相同的角，并指出它们是哪个象限的角.

(1) －843°15′；　(2) 2 903°18′；　(3) －2 000°；　(4) 3 900°.

1.3　任意角的三角函数

1. 任意角的三角函数的定义

我们已经学过锐角三角函数，下面我们利用平面直角坐标系，研究任意角的三角函数.

如图1-14所示，设α是一个任意角，在α的终边上取一个不与原点重合的点$P(x,y)$，它到原点的距离为$r=\sqrt{x^2+y^2}>0$，则

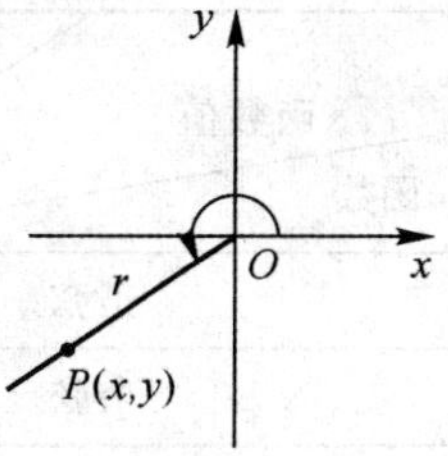

图　1-14

(1) 比值$\frac{y}{r}$叫作α的正弦，记作$\sin\alpha$，即$\sin\alpha=\frac{y}{r}$；

(2) 比值$\frac{x}{r}$叫作α的余弦，记作$\cos\alpha$，即$\cos\alpha=\frac{x}{r}$；

(3) 比值$\frac{y}{x}$叫作α的正切，记作$\sin\alpha$，即$\tan\alpha=\frac{y}{x}$.

上述3个比值的大小与点P在角α的终边上的位置无关，由角α的值唯一确定. 因此，它们都是以角为自变量，以比值为函数值的函数，我们把这3个函数依次叫作角α的正弦函数($y=\sin x$)、余弦函数($y=\cos x$)、正切函数($y=\tan x$)，并把它们统称为角α的三角函数.

当角α取任意实数(弧度)时，由定义可知，$\sin\alpha$，$\cos\alpha$都有意义，所以函数$y=\sin x$，$y=\cos x$的定义域都是R(即全体实数). 当$\alpha=\frac{\pi}{2}+k\pi(k\in\mathbf{Z})$时，即$\alpha$的终边在$y$轴上时，终边上任意一点$P$的横坐标$x$都为0，所以$\tan\alpha=\frac{y}{x}$无意义，而当$\alpha\neq\frac{\pi}{2}+k\pi(k\in\mathbf{Z})$时，$\tan\alpha$都有意义. 由此，在弧度制下，正弦、余弦、正切函数的定义域见表1-1.

表　1-1

三角函数	定义域
$y=\sin x$	$\mathbf{R}$
$y=\cos x$	$\mathbf{R}$
$y=\tan x$	$\left\{x \mid x\neq\frac{\pi}{2}+k\pi,k\in\mathbf{Z}\right\}$

【例1-14】　已知角α终边经过点$P(2,-3)$，求α的三角值.

解　因为$x=2$，$y=-3$，所以

$$r=\sqrt{2^2+(-3)^2}=\sqrt{13}$$

$$\sin\alpha=\frac{y}{r}=\frac{-3}{\sqrt{13}}=-\frac{3\sqrt{13}}{13}$$

$$\cos\alpha=\frac{x}{r}=\frac{2}{\sqrt{13}}=\frac{2\sqrt{13}}{13}$$

$$\tan\alpha=\frac{y}{x}=\frac{-3}{2}$$

练习 1－10

1. 已知角 α 的终边经过点 $P(-5,7)$，则 $\sin\alpha=$ ________，$\cos\alpha=$ ________，$\tan\alpha=$ ________.

2. 填表 1－2.

表 1－2

函数 \ 函数值 \ 角	$\frac{\pi}{6}$	$\frac{\pi}{4}$	$\frac{\pi}{3}$
正弦			
余弦			
正切			

2. 三角函数在 4 个象限的符号

由三角函数的定义，以及各象限内点的坐标的符号，我们可以得到：

正弦值 $\frac{y}{r}$ 对于第一、二象限是正的（$y>0$，$r>0$），对于第三、四象限是负的（$y<0$，$r>0$）.

余弦值 $\frac{x}{r}$ 对于第一、四象限是正的（$x>0$，$r>0$），对于第二、三象限是负的（$x<0$，$r>0$）.

正切值 $\frac{y}{x}$ 对于第一、三象限是正的（x，y 同号），对于第二、四象限是负的（x，y 异号）.

这 3 种三角函数的值在各个象限的符号如图 1－15 所示.

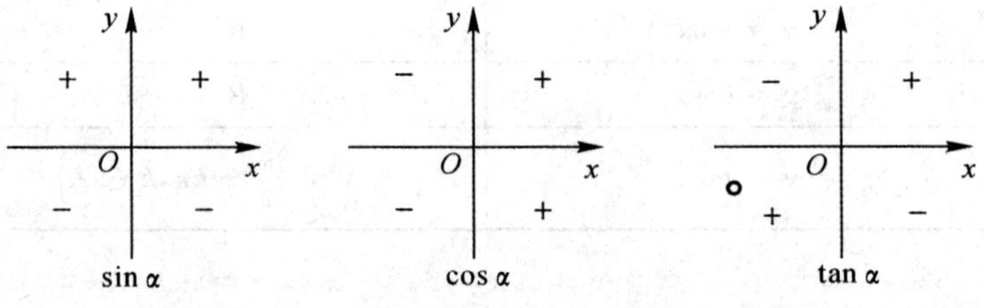

图 1－15

有三角函数的定义，还可以知道：终边相同的角的同一三角函数的值相等. 由此得到一组公式：

$$\sin(\alpha+2k\pi)=\sin\alpha,\quad k\in\mathbf{Z}$$
$$\cos(\alpha+2k\pi)=\cos\alpha,\quad k\in\mathbf{Z}$$
$$\tan(\alpha+2k\pi)=\tan\alpha,\quad k\in\mathbf{Z}$$

利用以上公式，可以把求任意角的三角函数值，转化为求 $0°$ 到 $360°$ 的三角函数值.

【例 1－15】 确定下列三角函数值的符号.

(1) $\sin 250°$； (2) $\cos\left(-\frac{\pi}{4}\right)$； (3) $\tan(-670°)$； (4) $\tan\frac{11}{3}\pi$.

解 (1) 因为250°是第三象限角，所以 $\sin 250° < 0$；

(2) 因为 $-\frac{\pi}{4}$ 是第四象限角，所以 $\cos(-\frac{\pi}{4}) > 0$；

(3) 因为 $\tan(-670°) = \tan(50° - 2 \times 360°) = \tan 50°$，而50°是第一象限角，所以 $\tan(-670°) > 0$；

(4) 因为 $\tan \frac{11}{3}\pi = \tan(\frac{5\pi}{3} + 2\pi) = \tan \frac{5\pi}{3}$，而 $\frac{5\pi}{3}$ 是第四象限角，所以 $\tan \frac{11\pi}{3} < 0$.

【例 1－16】 如果 $\sin\theta > 0$，$\tan\theta < 0$，试确定 θ 是第几象限角.

解 因为 $\sin\theta > 0$，所以 θ 是第一象限或第二象限角或 θ 的终边落在 y 轴的非负半轴上；

又因为 $\tan\theta < 0$，所以 θ 是第二象限或第四象限角；

要使 $\sin\theta > 0$，$\tan\theta < 0$ 同时成立，则 θ 只能是第二象限角.

【例 1－17】 求下列三角函数值.

(1) $\cos 420°$； (2) $\tan(-\frac{5}{3}\pi)$； (3) $\cos(-690°)$.

解 (1) $\cos 420° = \cos(60° + 360°) = \cos 60° = \frac{1}{2}$；

(2) $\tan(-\frac{5}{3}\pi) = \tan(\frac{\pi}{3} - 2\pi) = \tan \frac{\pi}{3} = \sqrt{3}$

(3) $\cos(-690°) = \cos(30° - 720°) = \cos 30° = \frac{\sqrt{3}}{2}$

练习 1－11

1. 求下列三角函数的值.

(1) $\cos \frac{9\pi}{4}$； (2) $\tan(-\frac{11\pi}{6})$； (3) $\sin 1110°$；

(4) $\cos 750°$； (5) $\cos(-\frac{4\pi}{3})$； (6) $\tan \frac{41\pi}{4}$.

2. $\sin\alpha < 0$，$\tan\alpha > 0$，则 α 所在的象限是________.

3. 确定下列三角函数值的符号.

(1) $\sin 156°$； (2) $\cos \frac{16\pi}{5}$； (3) $\cos(-80°)$；

(4) $\tan(-\frac{17\pi}{8})$； (5) $\sin(-\frac{4\pi}{3})$； (6) $\tan 556°$.

3. 常见的几个特殊角的三角函数值

(1) $\alpha = 0$ 的三角函数. 当 $\alpha = 0$ 时，角的终边和 x 轴的正半轴重合，若终边上有一点 $P(x, 0)$，因此 $r = x$，$y = 0$，于是 $\sin 0 = 0$，$\cos 0 = 0$，$\tan 0 = 0$.

(2) $\alpha = \frac{\pi}{2}$ 的三角函数. 当 $\alpha = \frac{\pi}{2}$ 时，角的终边和 y 轴的正半轴重合，若终边上有一点 $P(0, y)$，因此 $r = y$，$x = 0$，于是 $\sin \frac{\pi}{2} = 1$，$\cos \frac{\pi}{2} = 0$，$\tan \frac{\pi}{2}$ 不存在.

(3) $\alpha = \pi$ 的三角函数. 当 $\alpha = \pi$ 时，角的终边和 x 轴的负半轴重合，若终边上有一点 $P(x, 0)$，因此 $r = -x$，$y = 0$，于是 $\sin\pi = 0$，$\cos\pi = -1$，$\tan\pi = 0$.

(4)$\alpha=\frac{3\pi}{2}$的三角函数. 当$\alpha=\frac{3\pi}{2}$时,角的终边和y轴的负半轴重合,若终边上有一点$P(0,y)$,因此$r=-y,x=0$,于是$\sin\frac{3\pi}{2}=-1,\cos\frac{3\pi}{2}=0,\tan\frac{3\pi}{2}$不存在.

把以上的结果,再加上初中所学的几个特殊的角,它们的三角函数值见表 1-3.

表　1-3

角 / 函数值 / 函数	0	$\frac{\pi}{6}$	$\frac{\pi}{4}$	$\frac{\pi}{3}$	$\frac{\pi}{2}$	π	$\frac{3\pi}{2}$
$\sin\alpha$	0	$\frac{1}{2}$	$\frac{\sqrt{2}}{2}$	$\frac{\sqrt{3}}{2}$	1	0	-1
$\cos\alpha$	1	$\frac{\sqrt{3}}{2}$	$\frac{\sqrt{2}}{2}$	$\frac{1}{2}$	0	-1	0
$\tan\alpha$	不存在	$\frac{\sqrt{3}}{3}$	1	$\sqrt{3}$	不存在	0	不存在

【例 1-18】　求下列各式的值.

(1)$5\sin 90°+2\cos0°-2\sin 270°+10\cos 180°$;

(2)$\cos\frac{\pi}{3}-\sin^2\frac{\pi}{4}\cos\pi-\frac{1}{3}\tan^2\frac{\pi}{3}\sin\frac{3\pi}{2}+\cos0$.

解　(1) 原式$=5\times1+2\times1-2\times(-1)+10\times(-1)=5+2+2-10=-1$

(2) 原式$=\frac{1}{2}-(\frac{\sqrt{2}}{2})^2\times(-1)-\frac{1}{3}\times(\sqrt{3})^2\times(-1)+1=$

$\frac{1}{2}+\frac{1}{2}+1+1=3$

练习 1-12　求下列各式的值.

1. $5\cos 180°-7\sin 90°+3\tan0°$.

2. $\cos\frac{\pi}{3}-\sin\frac{3\pi}{2}+\tan\frac{\pi}{4}$.

3. $\cos\frac{7\pi}{3}+\sin\frac{5\pi}{2}-\tan\frac{9\pi}{4}$.

4.利用计算器求三角函数

求一般角的三角函数值可以利用计算器来计算,在利用计算器求三角函数值时,要注意角的单位制,当显示屏"D"时,计算器处于角度制状态,当显示屏"R"时,计算器处于弧度制状态. 一般的函数型计算器可以通过"$\frac{D}{R}$"键的角的单位制进行转换(不同型号的计算器转换键与功能键有所不同)

【例 1-19】　利用计算器,求下列各三角函数值(结果保留 4 个有效数字).

(1)$\cos 27°22'11''$;　　(2) $\sin(-2005°)$;　　(3)$\tan 227.6°$.

解　设置状态为角度制状态,按键操作如下:

(1) [cos]　27　[DMS]　2　[DMS]　11　[DMS]

显示 0.888058452，即 $\cos 27°22'11'' \approx 0.8881$.

(2) sin　−　2005　= 显示 0.422618261，即 $\sin(-2005°) = 0.4226$.

(3) tan　227.6　=　显示 1.095139739，即 $\tan 227.6° = 1.095$.

练习 1 - 13　利用计算器，求下列各三角函数值(结果保留 4 位有效数字)

(1) $\sin 53° \approx$ ________　　(2) $\cos 115°18' \approx$ ________

(3) $\tan 42.5° \approx$ ________　　(4) $\sin(-142°) \approx$ ________

5. 同角三角函数的基本关系

由

$$\sin\alpha = \frac{y}{r},\quad \cos\alpha = \frac{x}{r},\quad \tan\alpha = \frac{y}{x}$$

$$\frac{\sin\alpha}{\cos\alpha} = \frac{\frac{y}{r}}{\frac{x}{r}} = \frac{y}{x} = \tan\alpha \quad (\alpha \neq \frac{\pi}{2} + k\pi)$$

又由 $x^2 + y^2 = r^2$，得

$$\sin^2\alpha + \cos^2\alpha = (\frac{y}{r})^2 + (\frac{x}{r})^2 = \frac{r^2}{r^2} = 1$$

因此，有下列基本关系式，有

$$\sin^2\alpha + \cos^2\alpha = 1,\qquad \frac{\sin\alpha}{\cos\alpha} = \tan\alpha$$

【例 1 - 20】　已知 $\sin\alpha = \frac{3}{5}$，并且 α 是第二象限角，求角 α 的其他三角函数值.

解　由于 $\sin^2\alpha + \cos^2\alpha = 1$，得 $\cos\alpha = \pm\sqrt{1 - \sin^2\alpha}$；

又因为 α 是第二象限角，则 $\cos\alpha < 0$，所以

$$\cos\alpha = -\sqrt{1 - (\frac{3}{5})^2} = -\frac{4}{5},\quad \tan\alpha = \frac{\sin\alpha}{\cos\alpha} = \frac{\frac{3}{5}}{-\frac{4}{5}} = -\frac{3}{4}$$

【例 1 - 21】　化简：$\sqrt{1 - \sin^2 110°}$.

解　$$\sqrt{1 - \sin^2 110°} = \sqrt{\cos^2 110°} = |\cos 110°| = -\cos 110°$$

练习 1 - 14

1. 已知 $\cos\alpha = -\frac{4}{5}$，且 α 为第三象限角，求 $\sin\alpha$，$\tan\alpha$.

2. 化简 $\cos\alpha\tan\alpha$.

习题 1 - 3

1. 已知 α 的终边经过点 $(\sqrt{3}, -1)$，求 $\sin\alpha$，$\cos\alpha$，$\tan\alpha$.

2. 求下列三角函数值

(1) $\sin(-1050°)$；　(2) $\tan 1110°$；　(3) $\cos(-\frac{31\pi}{4})$.

3. 确定下列各式的符号

(1) $\sin 125° \cdot \cos 220°$；　(2) $\dfrac{\tan\frac{3\pi}{4}}{\sin(-\frac{\pi}{4})}$；　(3) $\dfrac{\sin\frac{11}{6}\pi}{\cos\frac{4}{5}\pi}$.

4.计算

(1) $\sin\frac{3\pi}{2} - 2\cos\pi + 3\tan\pi$；(2) $\cos^2\frac{\pi}{6} - \tan\frac{\pi}{4} + \sin\frac{3\pi}{2}$.

5.利用计算器，求下列三角函数值（结果保留4位有效数字）

(1) $\cos 43°$；　(2) $\sin 141°11'$.

6.已知 $\cos\alpha = \frac{3}{5}$，且 $270° < \alpha < 360°$，则 $\sin\alpha =$ ________，$\tan\alpha =$ ________.

1.4　诱导公式

利用前节的知识，可以把任意角的三角函数值，转化为求0°到360°（或0到 2π）之间的角的三角函数值.那么，对于0°到360°范围内非锐角的三角函数，能否转化为锐角三角函数.

1. $-\alpha$ 和 $2\pi-\alpha$ 的三角函数

如图1-16所示，所做圆的圆心在原点，半径为1，这样的圆叫作单位圆.设任意角 α 的终边与单位圆的相交于点 $P(x,y)$，则 $r=|OP|=1$，$-\alpha$ 的终边与单位圆相交于 Q，因为点 P 与点 Q 关于 x 轴对称，所以点 Q 的坐标为 $(x,-y)$.

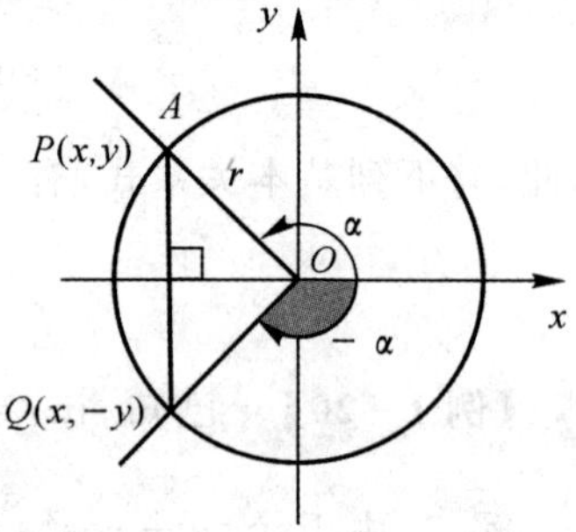

图　1-16

因为单位圆的半径 $r=1$，所以有正弦函数，余弦函数的定义得 $\sin\alpha=y$，$\cos\alpha=x$，$\sin(-\alpha)=-y$，$\cos(-\alpha)=x$，因此，有

$$\sin(-\alpha)=-\sin\alpha,\quad \cos(-\alpha)=\cos\alpha$$

则 $$\tan(-\alpha)=\frac{\sin(-\alpha)}{\cos(-\alpha)}=-\frac{\sin\alpha}{\cos\alpha}=-\tan\alpha$$

由此得到负角的三角函数的诱导公式：

$$\sin(-\alpha)=-\sin\alpha$$
$$\cos(-\alpha)=\cos\alpha$$
$$\tan(-\alpha)=-\tan\alpha$$

$$\sin(2\pi-\alpha)=\sin[(-\alpha)+2\pi]=\sin(-\alpha)=-\sin\alpha$$
$$\cos(2\pi-\alpha)=\cos[(-\alpha)+2\pi]=\cos(-\alpha)=\cos\alpha$$
$$\tan(2\pi-\alpha)=\tan[(-\alpha)+2\pi]=\tan(-\alpha)=-\tan\alpha$$

由此得到角 $2\pi-\alpha$ 的三角函数的诱导公式：

$$\sin(2\pi-\alpha)=-\sin\alpha$$
$$\cos(2\pi-\alpha)=\cos\alpha$$
$$\tan(2\pi-\alpha)=-\tan\alpha$$

【例1-22】　求下列三角函数值.

(1) $\cos(-1\,050°)$；　(2) $\sin 1\,410°$；　(3) $\tan\frac{11\pi}{6}$.

解　(1) $\cos(-1050°)=\cos 1050°=\cos(330°+2\times 360°)=\cos 330°=$

$$\cos(360°-330°)=\cos 30°=\frac{\sqrt{3}}{2}$$

(2) $\sin 1410°=\sin(330°+3\times 360°)=\sin 330°=\sin(360°-30°)=$

$$-\sin 30°=-\frac{1}{2}$$

(3) $\tan\frac{11\pi}{6}=\tan(2\pi-\frac{\pi}{6})=\tan(-\frac{\pi}{6})=-\tan\frac{\pi}{6}=-\frac{\sqrt{3}}{3}$

练习 1-15

1. 填空

$\sin(-30°)=$________；　　$\cos(-\frac{\pi}{4})=$________；

$\tan(-\frac{\pi}{3})=$________；　　$\tan 315°=$________；

$\cos 330°=$________；　　$\sin 300°=$________.

2. 化简 $\cos(-\alpha)\cdot\frac{\tan(360°-\alpha)}{\sin^2(-\alpha)}$.

3. $\pi\pm\alpha$ 的三角函数值.

如图1-17所示，设任意角α的终边与单位圆相较于点$P(x,y)$，OP的反向延长线与单位圆交于点Q，则OQ所对应的射线就是$\pi+\alpha$的终边. 因为点Q与点P关于原点对称，所以点Q的坐标是$(-x,-y)$，又因为$r=1$，所以

$$\sin\alpha=y,\quad \cos\alpha=x,\quad \sin(-\alpha)=-y,\quad \cos(-\alpha)=-x$$

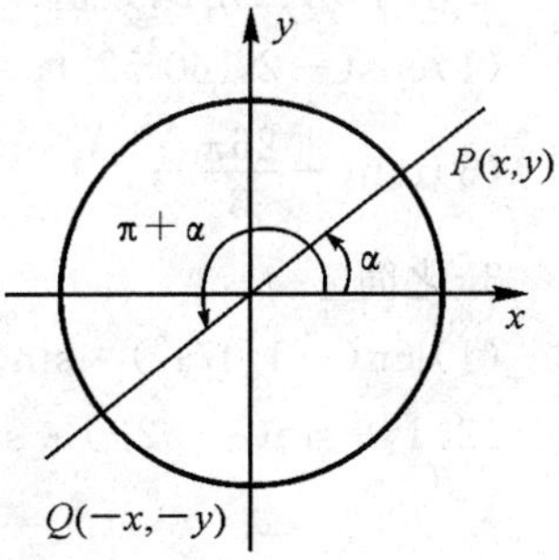

图 1-17

因此，有

$$\sin(\pi+\alpha)=-\sin\alpha,\quad \cos(\pi+\alpha)=-\cos\alpha$$

则

$$\tan(\pi+\alpha)=\frac{\sin(\pi+\alpha)}{\cos(\pi+\alpha)}=\frac{\sin\alpha}{\cos\alpha}=\tan\alpha$$

由此得到角$\pi+\alpha$的三角函数的诱导公式：

$$\sin(\pi+\alpha)=-\sin\alpha$$
$$\cos(\pi+\alpha)=-\cos\alpha$$
$$\tan(\pi+\alpha)=\tan\alpha$$

【例1-23】　求下列三角函数值.

(1) $\cos(-150°15')$；　(2) $\cos 519°$；　(3) $\sin\frac{11\pi}{6}$；　(4) $\sin(-\frac{17\pi}{3})$.

解　(1) $\cos(-150°15')=\cos(180°-29°45')=-\cos 29°45'=-0.8682$

(2) $\cos 519°=\cos(159°+360°)=\cos 159°=\cos(180°-21°)=-\cos 21°=-0.9336$

(3) $\sin\frac{11\pi}{6}=\sin(2\pi-\frac{\pi}{6})=-\sin\frac{\pi}{6}=-\frac{1}{2}$

(4) $\sin(-\frac{17\pi}{3})=\sin(\frac{\pi}{3}-3\times 2\pi)=\sin\frac{\pi}{3}=\frac{\sqrt{3}}{2}$

【例 1-24】 化简 $\dfrac{\sin(2\pi-\alpha)\cos(\pi+\alpha)}{\cos(\pi-\alpha)\sin(3\pi-\alpha)\sin(-\alpha-\pi)}$

解　原式 $=\dfrac{-\sin\alpha(-\cos\alpha)}{(-\cos\alpha)\sin(\pi-\alpha)[-\sin(\alpha+\pi)]}=\dfrac{\sin\alpha\cos\alpha}{(-\cos\alpha)\sin\alpha[-(-\sin\alpha)]}=$

$-\dfrac{1}{\sin\alpha}$

练习 1-16

1. $\cos(\alpha+5\pi)=$________　　$\sin\dfrac{5\pi}{6}=$________

$\cos(-\dfrac{13\pi}{6})=$________　　$\tan(\dfrac{5\pi}{6})=$________

2. 化简求值：$\sin 210°\cdot\tan(-150°)$.

习题 1-4

1. 求下列三角函数值

(1) $\sin 210°$；　(2) $\cos 263°44'$；　(3) $\sin(-\dfrac{\pi}{6})$；　(4) $\tan(-\dfrac{5\pi}{3})$；

(5) $\sin(-\dfrac{11\pi}{9})$；　(6) $\sin(-104°26')$.

2. 求下列三角函数值.

(1) $\cos(-2\,160°52')$；　(2) $\sin(-1\,751°36')$；

(3) $\tan(-\dfrac{26\pi}{3})$；　(4) $\cos(-1\,574°)$.

3. 化简

(1) $\sin(-1\,071°)\cdot\sin 99°+\sin(-171°)\cdot\sin(-261°)$；

(2) $1+\sin(\alpha-2\pi)\cdot\sin(\pi+\alpha)-2\cos^2(-\alpha)$.

1.5　三角函数的图形和性质

一、正弦函数 $y=\sin x$ 的图形和性质

1. 正弦函数 $y=\sin x$ 的图形

正弦函数的定义域是全体实数，先用描点作它在 $0\leqslant x\leqslant 2\pi$ 的图形，为此，列出 x 和 y 的对应值见表 1-4.

表　1-4

x	0	$\frac{\pi}{6}$	$\frac{\pi}{3}$	$\frac{\pi}{2}$	$\frac{2\pi}{3}$	$\frac{5\pi}{6}$	π	$\frac{7\pi}{6}$	$\frac{4\pi}{3}$	$\frac{3\pi}{2}$	$\frac{5\pi}{3}$	$\frac{11\pi}{6}$	2π
y	0	0.50	0.87	1	0.87	0.50	0	−0.50	−0.87	−1	−0.87	−0.50	0

以表中每组数值为坐标在直角坐标系中描出相应的点，然后用一条光滑的曲线把这些点连接起来，就得到 $0\leqslant x\leqslant 2\pi$ 内的正弦函数 $y=\sin x$ 的图形，如图 1-18 所示.

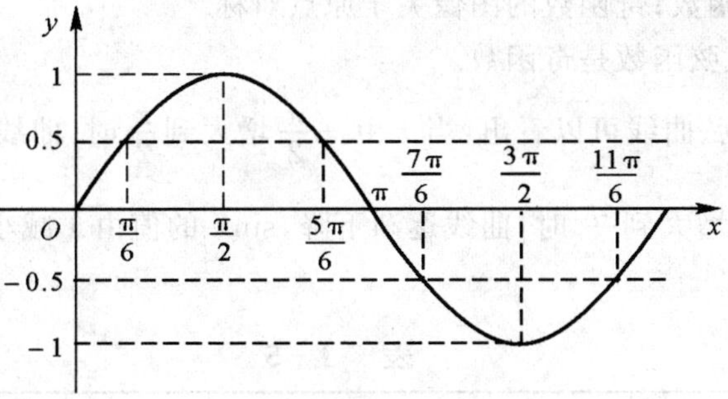

图　1 - 18

由于终边相同角的三角函数值相等，所以 $y=\sin x$ 在 $-4\pi\leqslant x\leqslant -2\pi$，$-2\pi\leqslant x\leqslant 0$，$2\pi\leqslant x\leqslant 4\pi$，$4\pi\leqslant x\leqslant 6\pi$，… 上的图形，与它在 $0\leqslant x\leqslant 2\pi$ 上的图形的形状完全一样，只是位置不同. 于是，我们把 $y=\sin x$ 在区间 $[0,2\pi]$ 上的图形沿着 x 轴向左和向右平行移动 2π，4π，… 单位，就得到 $y=\sin x$ 在定义域上的图形，如图 1 - 19 所示.

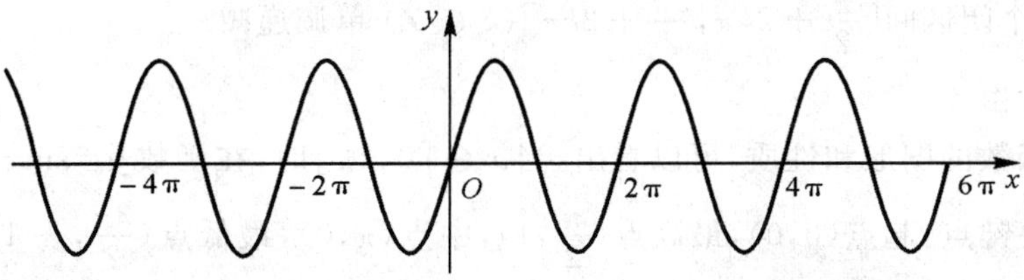

图　1 - 19

2. 正弦函数 $y=\sin x$ 的性质

(1) 定义域：全体实数($\mathbf{R}$).

(2) 值域：$-1\leqslant \sin x\leqslant 1$，当 $x=\dfrac{\pi}{2}+2k\pi$，$k\in \mathbf{Z}$ 时取最大值 1；当 $x=-\dfrac{\pi}{2}+2k\pi$，$k\in \mathbf{Z}$ 时取最小值 -1.

(3) 周期性. 由诱导公式 $\sin(x+2k\pi)=\sin x(k\in \mathbf{Z})$ 知，正弦函数值是按一定规律不断重复出现的，这是正弦函数的一个重要性质，称为周期性.

一般地，对于函数 $f(x)$，如果存在一个非零常数 T，使得当 x 取定义域内的每一个值时，都有 $f(x+T)=f(x)$，那么函数 $f(x)$ 就叫周期函数，非零常数 T 叫作这个函数的周期. 例如，2π，4π，… 及 -2π，-4π，… 都是正弦函数的周期. 事实上，任何一个常数 $2k\pi(k\in \mathbf{Z}$ 且 $k\neq 0)$ 都是正弦函数的周期. 对于一个周期函数 $f(x)$，如果它所有的周期中存在一个最小的正数，那么这个最小正数就叫作 $f(x)$ 的最小正周期. 例如，2π 是正弦函数的所有周期中最小正数，所以 2π 正弦函数的最小正周期.

(4) 奇偶性. 对于正弦曲线 $y=\sin x$ $(x\in \mathrm{R})$，其上任意一点 (x,y) 及 $(x,\sin x)$ 关于原点的对称点是 $(-x,-y)$ 即 $(-x,-\sin x)$，由诱导公式 $\sin(-x)=-\sin x$ 可知，这个对称点即 $(-x,-\sin x)$，也在正弦曲线上. 这说明将正弦曲线绕原点旋转180°后，曲线与原来的曲线重合，所以正弦曲线关于原点对称，从 $y=\sin x$ 中，可以看出这一对称性.

一般地，如果对于函数 $f(x)$ 的定义域内的任意一个 x，都有 $f(-x)=-f(x)$，则称 $f(x)$

为这一定义域内的奇函数;奇函数的图像关于原点对称.

根据上述定义,正弦函数是奇函数.

(5) 单调性.由正弦曲线可以看出:当 x 由 $-\frac{\pi}{2}$ 增大到 $\frac{\pi}{2}$ 时,曲线逐渐上升,$\sin x$ 的值由 -1 增加到 1,当 x 由 $\frac{\pi}{2}$ 增大到 $\frac{3\pi}{2}$ 时,曲线逐渐下降,$\sin x$ 的值由 1 减小到 -1;这个变化情况见表 1-5.

表　1-5

x	$-\frac{\pi}{2}$	…	0	…	$\frac{\pi}{2}$	…	π	…	$\frac{3\pi}{2}$
$\sin x$	-1	↗	0	↗	1	↘	0	↘	-1

由正弦函数的周期性可知:正弦函数在每一个闭区间 $[-\frac{\pi}{2}+2k\pi,\frac{\pi}{2}+2k\pi]$ $(k\in\mathbf{Z})$ 上单调递增,在每一个闭区间 $[\frac{\pi}{2}+2k\pi,\frac{3\pi}{2}+2k\pi]$ $(k\in\mathbf{Z})$ 单调递减.

3. 五点法作图

根据正弦函数的图形和性质,可以看出,当 $x\in[0,2\pi]$ 时,在函数 $y=\sin x$ 的图形中,起决定作用的 5 个关键点:起点 $(0,0)$,最高点 $(\frac{\pi}{2},1)$,中点 $(\pi,0)$,最低点 $(\frac{3\pi}{2},-1)$,末点 $(2\pi,0)$.因此,在精度要求不高时,可以先描出五个关键点,再用平滑曲线按正弦规律依次连接它们,就得到它的图像.这种作图方法称为五点法.

【例 1-25】　用五点法作 $y=3\sin x$ 在 $[0,2\pi]$ 上的图形.

解　列表 1-6 求值.

表　1-6

x	0	$\frac{\pi}{2}$	π	$\frac{3\pi}{2}$	2π	
$\sin x$	0	1	0	-1	0	
$3\sin x$	0	3	0	-3	0	

描点连线得 $y=3\sin x$ 在 $[0,2\pi]$ 上的图形如图 1-20 所示.

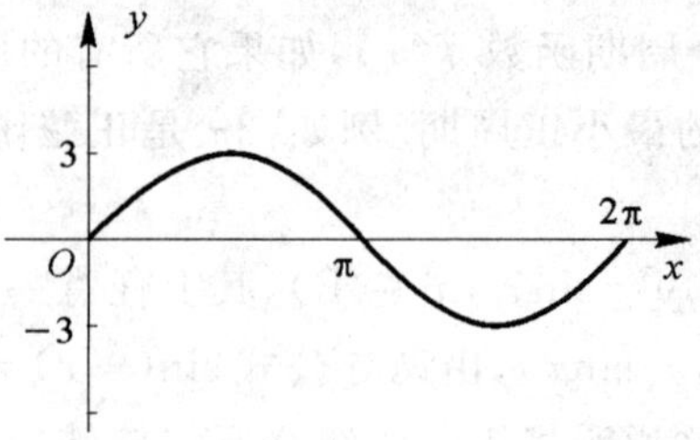

图　1-20

练习 1－17

1. 正弦函数的定义域是________，值域是________，当 $x=$ ________时，y 有最大值是________，它的最小正周期是________，它的图形关于________对称.

2. 画出 $y=2\sin x+1$ 的图形（$0\leqslant x\leqslant 2\pi$）.

3. 比较大小

（1）$\sin 250°$ 与 $\sin 260°$；　　（2）$\sin\dfrac{10\pi}{9}$ 与 $\sin\dfrac{11\pi}{8}$.

二、余弦函数 $y=\cos x$ 的图形与性质

1. 余弦函数 $y=\cos x$ 的图形

余弦函数的定义域是全体实数，先用描点作它在 $0\leqslant x\leqslant 2\pi$ 的图形，为此，列出 x 和 y 的对应值见表 1－7.

表　1－7

x	0	$\frac{\pi}{6}$	$\frac{\pi}{3}$	$\frac{\pi}{2}$	$\frac{2\pi}{3}$	$\frac{5\pi}{6}$	π	$\frac{7\pi}{6}$	$\frac{4\pi}{3}$	$\frac{3\pi}{2}$	$\frac{5\pi}{3}$	$\frac{11\pi}{6}$	2π
y	1	0.87	0.50	0	－0.50	－0.87	－1	－0.87	－0.50	0	0.50	0.87	1

把表 x，y 的每一组对应值作为点的坐标，在直角坐标系中描出相应的点，并顺势连接各点成平滑的曲线，这条曲线就是 $y=\cos x$ 在 $0\leqslant x\leqslant 2\pi$ 的图形，如图 1－29 所示.

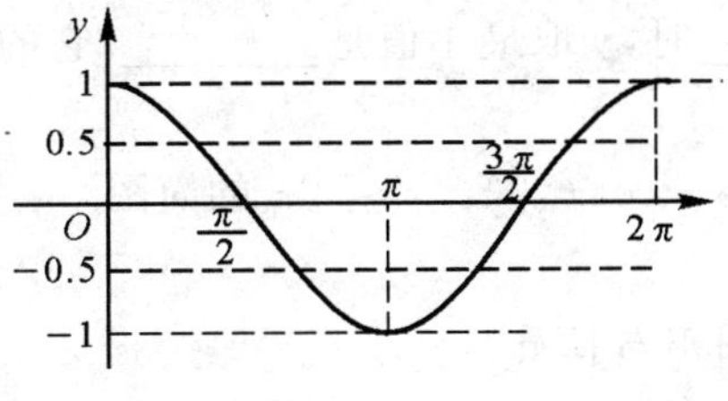

图　1－21

由于终边相同角的三角函数值相等，所以 $y=\cos x$ 在 $-4\pi\leqslant x\leqslant -2\pi$，$-2\pi\leqslant x\leqslant 0$，$2\pi\leqslant x\leqslant 4\pi$，$4\pi\leqslant x\leqslant 6\pi$，… 上的图形，与它在 $0\leqslant x\leqslant 2\pi$ 上的图形的形状完全一样，只是位置不同. 于是，我们把 $y=\sin x$ 在区间$[0,2\pi]$上的图形沿着 x 轴向左和向右平行移动 2π，4π，… 单位，就得到 $y=\cos x$ 在定义域上的图形，如图 1－22 所示.

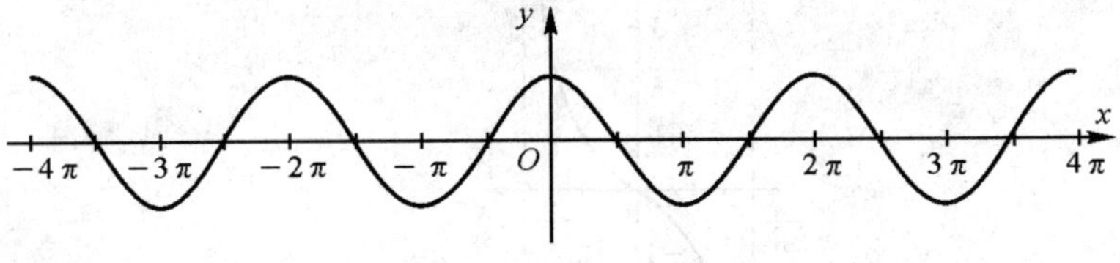

a21

图　1－22

2. 余弦函数 $y=\cos x$ 的性质

（1）定义域：全体实数（R）

(2) 值域：$-1 \leqslant \cos x \leqslant 1$，当 $x=2k\pi, k \in \mathbf{Z}$ 时取最大值 1；当 $x=(2k+1)\pi, k \in \mathbf{Z}$ 时取最大值 -1.

(3) 周期性. 余弦函数是周期函数. 最小正周期是 2π

(4) 奇偶性. 对于余弦曲线 $y=\cos x\ (x \in \mathrm{R})$，其上任意一点 (x,y) 及 $(x,\cos x)$ 关于 y 轴的对称点是 $(-x,y)$ 即 $(-x,\cos x)$，由诱导公式 $\cos(-x)=\cos x$ 可知，这个对称点即 $(-x,\cos(-x))$，它显然也在余弦曲线上. 这说明将余弦曲线沿着 y 轴后，y 轴两边的部分能够相互重合，所以余弦曲线关于 y 轴对称.

一般地，如果对于函数 $f(x)$ 的定义域内的任意一个 x，都有 $f(-x)=f(x)$，则称 $f(x)$ 为这一定义域内的偶函数；偶函数的图形关于 y 轴对称. 根据上述定义，余弦函数是偶函数.

(5) 单调性. 由余弦曲线可以看出，函数 $y=\cos x$ 在 $-\pi \leqslant x \leqslant \pi$ 内的变化情况见表 1-8.

表　1-8

x	$-\pi$	…	$\frac{\pi}{2}$	…	0	…	$\frac{\pi}{2}$	…	π
$\cos x$	-1	↗	0	↗	1	↘	0	↘	-1

由余弦函数的周期性可知：余弦函数在每一个周期都有以上的变化规律；在每一个闭区间 $[(2k-1)\pi, 2k\pi]\ (k \in \mathbf{Z})$ 是增函数，在每一个闭区间 $[2k\pi, (2k+1)\pi]\ (k \in \mathbf{Z})$ 是减函数.

练习 1-18

1. 余弦函数 $y=\cos x$ 的定义域是________，值域是________，当 $x=$________时，y 取最大值是________，当 $x=$________时，y 取最小值是________，它的最小正周期是________，它的图像关于________对称.

2. 利用“五点法”作出 $y=-\cos x, 0 \leqslant x \leqslant 2\pi$ 的简图.

3. 正切函数 $y=\tan x$ 的图形与性质

正切函数 $y=\tan x$ 的定义域为 $\left\{x \mid x \neq \frac{\pi}{2}+k\pi(k \in \mathbf{Z})\right\}$，由诱导公式 $\tan(x+\pi)=\tan x$ 可得 $y=\tan x$ 的周期是 π，用描点法作出它在在一个周期 $\left(-\frac{\pi}{2}<x<\frac{\pi}{2}\right)$ 内的图形，如图 1-23 所示.

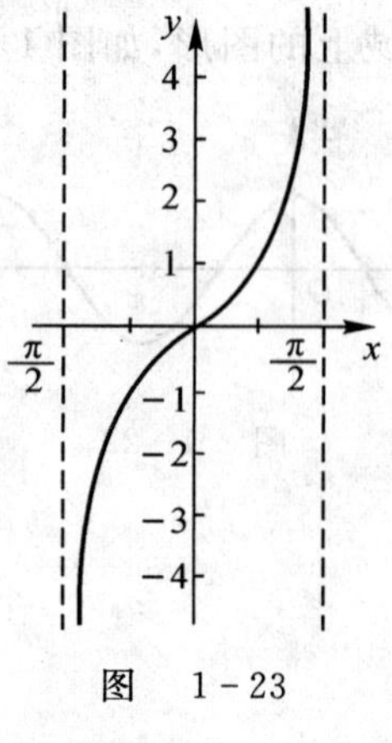

图　1-23

根据正切函数的周期,可得 $y=\tan x$ 在其定义域内的图形.

4. 正切函数 $y=\tan x$ 的性质

(1) 定义域:$\left\{x \mid x \neq \frac{\pi}{2}+k\pi(k \in \mathbf{Z})\right.$;

(2) 值域:全体实数(R);既没有最大值,也没有最小值;

(3) 周期性:正切函数 $y=\tan x$ 是周期函数;最小正周期是 π;

(4) 奇偶性:正切函数 $y=\tan x$ 是奇函数,它的图像关于原点对称;

(5) 在开区间 $\left(-\frac{\pi}{2}+k\pi, \frac{\pi}{2}+k\pi\right)$, $k \in \mathbf{Z}$ 上是增函数.

【例1-26】 去函数 $y=\tan 3x$ 中,x 的取值范围.

解 要使函数有意义,则 $3x \neq \frac{\pi}{2}+k\pi, k \in \mathbf{Z}$,即 $x \neq \frac{\pi}{6}+\frac{k\pi}{3}, k \in \mathbf{Z}$.

练习1-19 比较下列各组正切值的大小.

(1) $\tan\left(-\frac{\pi}{8}\right)$ 与 $\tan\left(-\frac{\pi}{10}\right)$; (2) $\tan \frac{8\pi}{7}$ 与 $\tan \frac{9\pi}{7}$.

习题1.5

1. 用五点法作下列函数在 $0 \leqslant x \leqslant 2\pi$ 上的图形.

(1) $y=-\sin x$; (2) $y=3\cos x-1$.

2. 当 x 取何值时,下列函数值取得最大值,最下值,并分别求出最大值和最小值

(1) $y=\cos 3x+1$; (2) $y=2-\sin x$.

3. 比较大小

(1) $\cos \frac{2\pi}{3}$ 和 $\cos \frac{3\pi}{4}$; (2) $\sin \frac{10\pi}{9}$ 和 $\sin \frac{9\pi}{8}$.

1.6 解斜三角形

1. 已知三角形函数值,利用计算器求指定范围内的角

已知任意一个角,可以利用计算器求出其三角函数值,反之,已知一个三角函数值,也可以利用计算器求出与它对应的指定范围内的角,下面通过实例说明.

【例1-27】 已知 $\sin x=0.4$,求 $0° \sim 180°$ 范围内的角 x(精确到0.01°)

解 已知正弦函数值,利用计算器只能求出 $-90° \sim 90°$ 范围内的角

设定状态 → 按 SHIFT 键 → 按 sin 键 → 输入正弦值 → 按 = 键显示结果.

按步骤计算,得到 $-90° \sim 90°$ 范围内的对应角为 $x_1=23.58°$

有正弦图像看出,正弦值为0.4,在 $0° \sim 180°$ 内还有一个角为 $x_2=180°-23.58°=156.42°$

练习20

1. 已知 $\sin x=-0.6472$,求 $90° \sim 270°$ 范围内的角 x(精确到0.000 1°).

2. 已知 $\sin x=0.1356$,求 $90° \sim 270°$ 范围内的角 x(精确到 1°).

【例1-28】 已知 $\cos x=0.4$,求 $-180° \sim 180°$ 范围内的角 x(精确到0.01°).

解 已知余弦函数值,利用计算器只能求出 $-180° \sim 180°$ 范围内的角,其步骤与例1-26基本相同,只是按 sin 键换成 cos 键.

按步骤计算,的到在 $-180^\circ \sim 180^\circ$ 范围内对应角为 $x_1 = 66.42^\circ$;

由 $y = \cos x$ 的图像看出,余弦值为 0.4 在 $-180^\circ \sim 0^\circ$ 范围内的角为 $x_2 = -66.42^\circ$

练习 1-21

1. 已知 $\cos x = -0.6472$,求 $90^\circ \sim 270^\circ$ 范围内的角 x(精确到 0.0001°).

2. 已知 $\cos x = 0.1356$,求 $0^\circ \sim 360^\circ$ 范围内的角 x(精确到 1°).

【例 1-29】 已知 $\tan x = 0.4$,求 $0^\circ \sim 360^\circ$ 范围内的角 x(精确到 0.01°)

解 已知正切函数值,利用计算器只能求出 $(-90^\circ, 90^\circ)$ 范围内的角其步骤与例 1-26 基本相同,只是按 sin 键换成 tan 键.按计算步骤,得到 $(-90^\circ, 90^\circ)$ 的角为 $x_1 = 21.80^\circ$;

利用函数图像及周期性,得到正切值为 0.4,在 $0^\circ \sim 360^\circ$ 范围内的角为 $x_1 = 21.80^\circ$,$x_2 = 180^\circ + 21.80^\circ = 201.80^\circ$

练习 1-22

1. 已知 $\tan x = -2$,求 $90^\circ \sim 270^\circ$ 范围内的角 x(精确到 0.0001°).

2. 已知 $\tan x = 3$,求 $0^\circ \sim 360^\circ$ 范围内的角 x(精确到 1°).

2. 正弦定理

如图 1-24 所示,在 $\mathrm{Rt}\triangle ABC$ 中,$\angle C = 90^\circ$,$a = c\sin A$,$b = c\sin B$ 且 $\sin C = 1$,有 $\dfrac{a}{\sin A} = \dfrac{b}{\sin B} = \dfrac{c}{\sin C}$,那么,在斜三角形 ABC 中,上述关系是否依然成立呢?如图 1-25 所示,在 $\triangle ABC$ 中,CD 为 AB 边上的高.

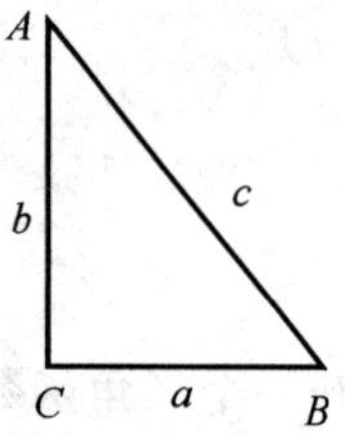

图 1-24

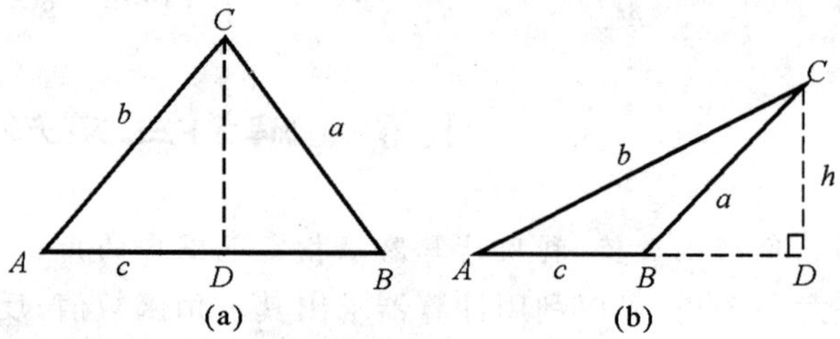

图 1-25

在 $\mathrm{Rt}\triangle ACD$ 中,$CD = b\sin A$,在 $\mathrm{Rt}\triangle BCD$ 中,$CD = a\sin B$,所以 $b\sin A = a\sin B$,得到

$$\frac{b}{\sin B} = \frac{a}{\sin A}$$

同理可得

$$\frac{c}{\sin C} = \frac{a}{\sin A}, \quad \frac{c}{\sin C} = \frac{b}{\sin B}$$

联立 3 个等式得

$$\frac{a}{\sin A} = \frac{b}{\sin B} = \frac{c}{\sin A}$$

上式说明三角形各边和它所对的角的正弦值之比相等.

正弦定理:在任意三角形中,各边与它所对角的正弦值之比相等,并且都等于三角形外接圆的直径.

即

$$\frac{a}{\sin A} = \frac{b}{\sin B} = \frac{c}{\sin A} = 2R$$

由正弦定理可得 $a\sin C=c\sin A$,$b\sin C=c\sin B$ 而 $CD=b\sin A=a\sin B$,我们还可以得到 $\triangle ABC$ 的面积公式

$$S=\frac{1}{2}ch=\frac{1}{2}bc\sin A=\frac{1}{2}ac\sin B=\frac{1}{2}ab\sin C$$

上式说明:三角形的面积等于任意两边及其夹角正弦值的积的一半.

正弦定义可以求三角形的未知元素,主要有以下两种情况。

(1) 已知两角和任意一边,求其他两边和一角;

(2) 已知两边和其中一边所对的角,求另一边的对角.

【例 1-30】 在 $\triangle ABC$ 中,已知 $c=10$,$\angle A=45°$,$\angle C=30°$,求 b(结果保留两个有效数字).

解 因为
$$\frac{b}{\sin B}=\frac{c}{\sin C}$$

又因为
$$B=180°-(A+C)=180°-(45°+30°)=105°$$

所以
$$b=\frac{c\sin B}{\sin c}=\frac{10\times\sin 105°}{\sin 30°}\approx 19$$

【例 1-31】 在 $\triangle ABC$ 中,已知 $b=10$,$c=6$,$\angle B=60°$,求 $\angle C$.

解 由正弦定理得
$$\frac{10}{\sin 60°}=\frac{6}{\sin C}$$

则
$$\sin C=\frac{6\sin 60°}{10}=\frac{6\times\frac{\sqrt{3}}{2}}{10}\approx\frac{6\times 0.8660}{10}=0.5196$$

因为
$$\sin C\approx 0.5196>0$$

所以 $\angle C$ 可以是锐角,也可以是钝角.

所以
$$\angle C\approx 31°18' \quad 或 \quad \angle C\approx 180°-31°18'=148°42'$$

又因为
$$148°42'+60°>180°$$

所以 $\angle C\approx 148°42'$(舍去),则 $\angle C\approx 31°18'$.

【例 1-32】 在 $\triangle ABC$ 中,已知 $\angle B=45°$,$b=2\sqrt{2}$,$c=2\sqrt{3}$,求 $\angle C$.

解 由正弦定理得
$$\frac{2\sqrt{2}}{\sin 45°}=\frac{2\sqrt{3}}{\sin C}$$

所以
$$\sin C=\frac{2\sqrt{3}\sin 45°}{2\sqrt{2}}=\frac{2\sqrt{3}\times\frac{\sqrt{2}}{2}}{2\sqrt{2}}=\frac{\sqrt{3}}{2}$$

所以
$$\angle C=60° 或 \angle C=120°$$

【例 1-33】 如图 1-26 所示平面连杆机构,当曲柄 CB 绕 C 点旋转时,通过连杆 AB 的传递,活塞做直线往复运动.当曲柄在 CB_0 位置时,曲柄和连杆成一条直线,连杆的端点 A 在 A_0 处.设连杆 AB 长为 340mm,曲柄 CB 长为 85mm,曲柄自 CB_0 按顺时针方向旋转80°,求活塞移动的距离,即连杆的端点 A 移动的距离 A_0A.(精确到 1mm)

解 因为 A_0,A,C 在同一条直线上,故 $A_0A=A_0C-AC$,依据题意又可知 $A_0C=AB+BC=340+85=425$ mm,所以只要求出 AC 的长,问题就解决了.在 $\triangle ABC$ 中,已知两边和其中一边的对角,可由正弦定理求出 AC.

在 $\triangle ABC$ 中，由正弦定理得

$$\sin A=\frac{BC\sin C}{AB}=\frac{85\times\sin 80^\circ}{340}\approx 0.46$$

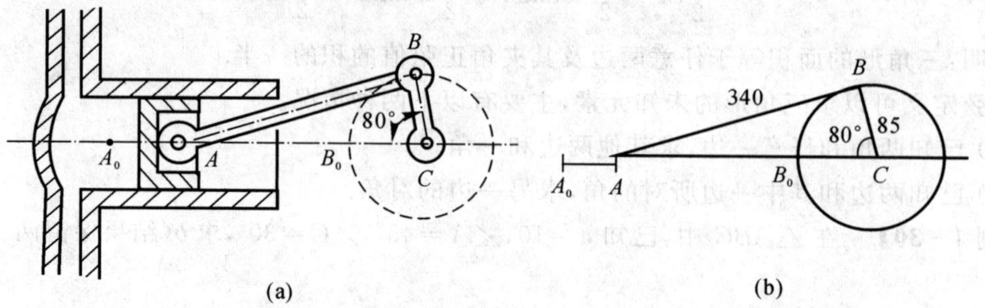

图　1-26

又因为 $BC<AB$，所以 $\angle A$ 为锐角，$\angle A\approx 14^\circ 14'$，所以有

$$\angle B=180^\circ-(\angle A+\angle B)\approx 180^\circ-(14^\circ 14'+80^\circ)=85^\circ 46'$$

由正弦定理：　$AC=\dfrac{AB\sin B}{\sin C}\approx\dfrac{340\times\sin 85^\circ 46'}{\sin 80^\circ}\approx 344.3$ mm

所以　　$A_0A=A_0C-AC=(AB+BC)-AC\approx(340+85)-344.3\approx 81$ mm

故活塞移动的距离 A_0A 约为 81 mm.

练习 1-23　在 $\triangle ABC$ 中，

(1) 已知 $c=\sqrt{3}$，$\angle A=45^\circ$，$\angle B=60^\circ$，求 b.

(2) 已知 $c=54$，$b=39$，$\angle C=115^\circ$，求 a，$\angle A$.

(3) 已知 $a=3$，$b=2$，$\angle C=60^\circ$，求 c，$\angle A$，$\angle B$.

3. 余弦定理

在任意三角形中，已知两个角和任意一边或两边和其中一边的对角，利用正弦定理可以解这个三角形. 如果已知两边和这两边的夹角或已知三边，该如何解这个三角形呢？

如图 1-27 所示，在 $\triangle ABC$ 中，CD 为 AB 边上的高.

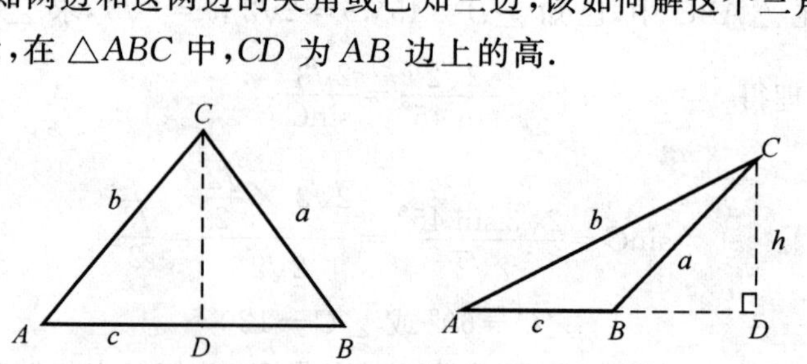

图　1-27

在 $\mathrm{Rt}\triangle ACD$ 中，$CD^2=b^2-AD^2$，$AD=b\cos A$

在 $\mathrm{Rt}\triangle BCD$ 中，$CD^2=a^2-BD^2$

所以　　$b^2-AD^2=a^2-BD^2$

又因为　　$BD=|c-AD|$

所以　　$a^2=b^2-AD^2+|c-AD|^2=b^2+c^2-2c\cdot AD=b^2+c^2-2bc\cos A$

即
$$a^2 = b^2 + c^2 - 2bc\cos A$$

同理可得
$$b^2 = a^2 + c^2 - 2ac\cos B$$
$$c^2 = a^2 + b^2 - 2ab\cos C$$

以上 3 个等式说明三角形中任一边的平方等于其他两边平方的和减去这两边与其夹角余弦函数值的乘积的两倍，这就是余弦定理.

利用余弦定理，可以解决以下两类三角形的问题。

(1) 已知三边，求三个角；

(2) 已知两边和它们的夹角，求第三边和其它两个角.

【例 1－34】　在 $\triangle ABC$ 中，已知 $\angle A=41°$，$b=60$，$c=34$，求 a，$\angle B$，$\angle C$.

解　由余弦定理得

$$a^2 = b^2 + c^2 - 2bc\cos A = 60^2 + 34^2 - 2\times 60\times 34\cos 41° =$$
$$3\ 600 + 1\ 156 - 4\ 080 \times 0.754\ 7 \approx 1\ 677$$

所以
$$a \approx 41$$

由正弦定理得
$$\sin C = \frac{c\sin A}{a} = \frac{34\sin 41°}{41} \approx \frac{34\times 0.656\ 1}{41} \approx 0.544\ 1$$

故
$$\angle C \approx 32°58'$$
$$\angle A + \angle B + \angle C = 180°，\angle B = 180° - \angle A - \angle C = 106°2'$$

【例 1－35】　在加工箱体上的孔时，需要知道下一个待加工孔中心与当前加工孔中心位置尺寸 x 和 y，才能在完成一个孔的加工后，将刀具对准另一个孔的中心，试按照图 1－28 中的尺寸（单位：mm），求 x 和 y 的值.（精确到 0.01 mm）

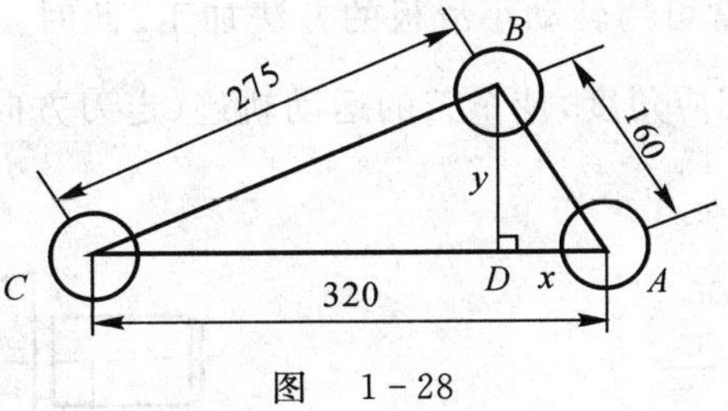

图　1－28

解　在 $\triangle ABC$ 中，由 $BC^2 = AB^2 + AC^2 - 2AB \cdot AC\cos A$，得

$$\cos A = \frac{AB^2 + AC^2 - BC^2}{2AB\times AC} = \frac{160^2 + 320^2 - 275^2}{2\times 160\times 320} \approx 0.511$$

因为 $\sin^2 A + \cos^2 A = 1$，所以

$$\sin A = \sqrt{1-\cos^2 A} = \sqrt{1-0.511^2} \approx 0.860$$

在 Rt$\triangle ABD$ 中，得

$$x = 160\cos A = 160\times 0.511 = 81.76\ \text{mm}$$
$$y = 160\sin A = 160\times 0.860 = 137.60\ \text{mm}$$

练习 1－24

1. 在 $\triangle ABC$ 中，已知 $a=7$，$b=10$，$c=6$，求 $\angle A$，$\angle B$ 和 $\angle C$.（精确到 1°）
2. 在 $\triangle ABC$ 中，已知 $a=2.730$，$b=3.696$，$\angle C=82°28'$，解这个三角形.（精确到 1′）
3. 如图 1－29 所示手扶拖拉机的制动器杠杆，试根据图上尺寸计算角 α 的度数.（精确

到 1°)

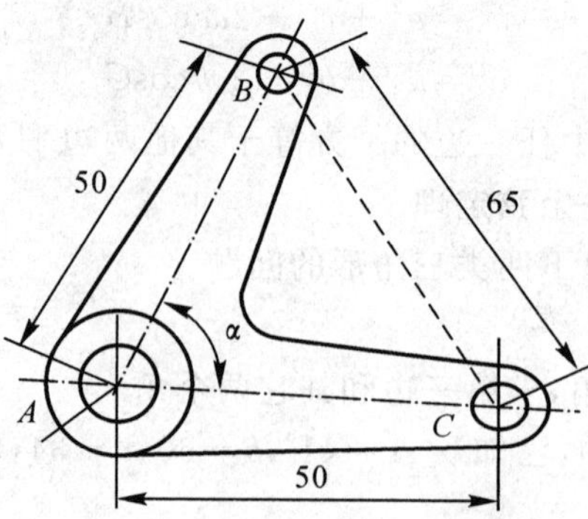

图　1－29

4. 三角形的应用

我们常会遇到根据各种几何图形计算有关角度或长度的问题，如锥形工件，螺纹的加工与测量等等，这类问题通常可以用解三角形的方法来解决. 下面就机械加工中锥形工件常遇到的一些问题进行分析：

(1) 转动小滑板法加工锥形工件时，圆锥半角$\frac{\alpha}{2}$的计算. 在通过锥形工件轴线的截面内，两条素线间的夹角α称为圆锥角(见图 1－30)，圆锥角的一半，即$\frac{\alpha}{2}$称为圆锥半角. D为锥形工件的大端直径，L为锥形部分的长度.

在车削锥形工件时，通常可用转动小滑板的方法加工. 此时，需把刀架小滑板按工件的圆锥半角$\frac{\alpha}{2}$的要求转动一个相应角度，使车刀的运动轨迹(走刀方向) 与所要加工的圆锥素线平行(见图 1－31).

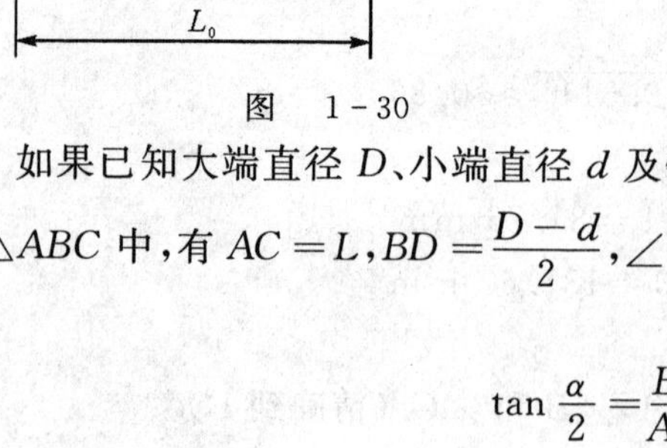

图　1－30

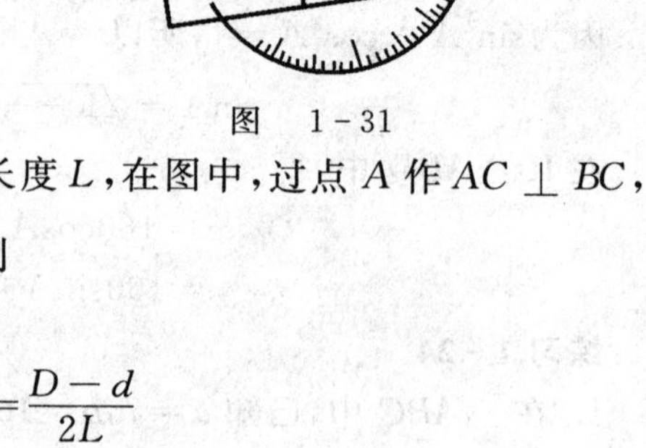

图　1－31

如果已知大端直径 D、小端直径 d 及锥形部分的长度 L，在图中，过点 A 作 $AC \perp BC$，在 Rt$\triangle ABC$ 中，有 $AC=L$，$BD=\frac{D-d}{2}$，$\angle BAC=\frac{\alpha}{2}$，则

$$\tan\frac{\alpha}{2}=\frac{BC}{AC}=\frac{\frac{D-d}{2}}{L}=\frac{D-d}{2L}$$

如果已知锥度 C，由锥度公式 $C=\frac{D-d}{L}$ 得 $\tan\frac{\alpha}{2}=\frac{C}{2}$　　①

当圆锥半角$\frac{\alpha}{2}<6°$时，可用下列近似公式计算

$$\frac{\alpha}{2}\approx 28.7°\times\frac{D-d}{L}=28.7°\times C$$

提示：

1. 一般圆锥工件有D,d,L及C(锥度$C=\frac{D-d}{L}$)4个基本参数，零件图样上只需标注其中3个，另一个可以通过计算得到.

2. 式 ① 可变换成

$$D=d+2L\tan\frac{\alpha}{2},\quad d=D-2L\tan\frac{\alpha}{2},\quad L=\frac{D-d}{2\tan\frac{\alpha}{2}}$$

3. 用近似公式应注意：圆锥半角在6°以内，计算结果的单位是"度".

【例 1-36】　车削如图所示锥形工件，其中$D=60$ mm，$d=40$ mm，$L=100$ mm，求小滑板应转的角度$\frac{\alpha}{2}$.

解

$$\tan\frac{\alpha}{2}=\frac{D-d}{2L}=\frac{60-40}{2\times 100}=0.1$$

$$\frac{\alpha}{2}\approx 5°43'$$

答：小滑板应转的角度为$5°43'$.

【例 1-37】　有一主轴，其锥形部分锥度$C=1:20$，求圆锥半角$\frac{\alpha}{2}$.

解

$$\tan\frac{\alpha}{2}=\frac{C}{2}=\frac{\frac{1}{20}}{2}=0.025$$

$$\frac{\alpha}{2}\approx 1°26'$$

(2) 偏移尾座法加工锥体时，尾座偏移量S的计算. 对比图 1-32 所示分加工方法，可以发现：当工件的回转轴线与车床主轴轴线重合时，车出的工件为圆柱；当车床尾座横向移动一段距离S，使得工件的回转轴线与车床主轴线相交成一个角度$\frac{\alpha}{2}$，这样车出的工件为圆锥，这种加工方法称为偏移尾座法.

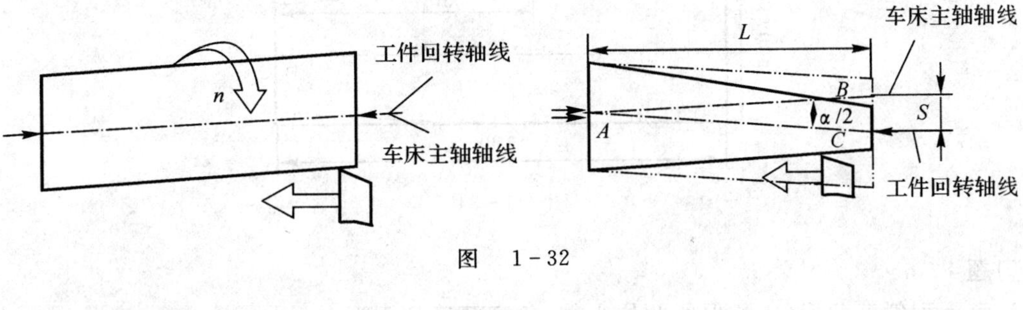

图　1-32

将偏移尾座法车削锥形工件抽象为数学模型，如图 1-33 所示.

用偏移尾座法车削圆锥时，尾座的偏移量不仅与圆锥长度 L 有关，而且还与两个顶尖之间的距离 AC 有关，这段距离一般可近似看做工件的全长 L_0.

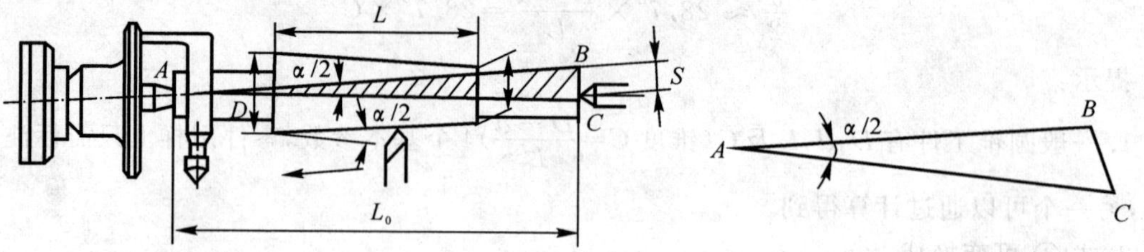

图　1－33

在图 1－33 所示的 Rt△ABC 中，已知 $BC \perp AB$ 且 $BC=S$，$AC=L_0$，$\angle BAC=\frac{\alpha}{2}$，则 $S=BC=AC\sin\frac{\alpha}{2}=L_0\sin\frac{\alpha}{2}$.

当 $\frac{\alpha}{2}$ 很小时，有 $\sin\frac{\alpha}{2}\approx\tan\frac{\alpha}{2}$，而

$$\tan\frac{\alpha}{2}=\frac{D-d}{2L}=\frac{C}{2}$$

由此可得偏移量 S 的近似计算公式

$$S\approx L_0\tan\frac{\alpha}{2}=L_0\frac{D-d}{2L}\quad\text{或}\quad S\approx\frac{C}{2}L_0$$

式中，S 为尾座偏移量；L 为圆锥长度；L_0 为工件长度；D 为大端直径；d 为小端直径；C 为圆锥锥度.

【例 1－38】　用偏移尾座法车一外圆锥工件，已知 $D=75$ mm，$d=70$ mm，$L=100$ mm，$L_0=120$ mm，求尾座偏移量 S.

解
$$S\approx L_0\frac{D-d}{2L}=\frac{75-70}{2\times100}\times120=3\ \text{mm}$$

练习 1－25

如图 1－34 所示，用偏移尾座法车削一外圆锥工件，已知大端直径 $D=30$ mm，锥度 $C=1:20$，圆锥长度 $L=60$ mm，工件全长 $L_0=100$ mm，求尾座偏移量 S.

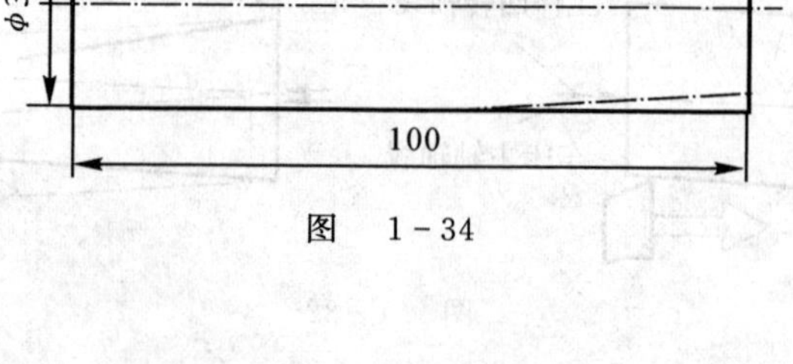

图　1－34

习题 1－6

1. 解下列斜三角形(边长保留两位小数，角度精确到 1°).

(1) $a=\sqrt{6}$，$b=2$，$c=\sqrt{3}-1$；

(2)$a=3, b=2, \angle C=60^\circ$；

(3)$b=26, c=15, \angle C=23^\circ$.

2. 已知 $\triangle ABC$ 中，$a=3+\sqrt{3}$，$c=3-\sqrt{3}$，$\angle C=15^\circ$，求 $S_{\triangle ABC}$（保留三个有效数字）.

3. 平行四边形两条邻边的长分别是 $4\sqrt{6}$ cm 和 $4\sqrt{3}$ cm，它们的夹角是 45°，求这个平行四边形两条对角线的长与它的面积.

4. 如图 1－35 所示，有一样板，加工时需知道尺寸 x，试根据图示尺寸，计算 x 和角 α 的值.（角度精确到 $1'$）

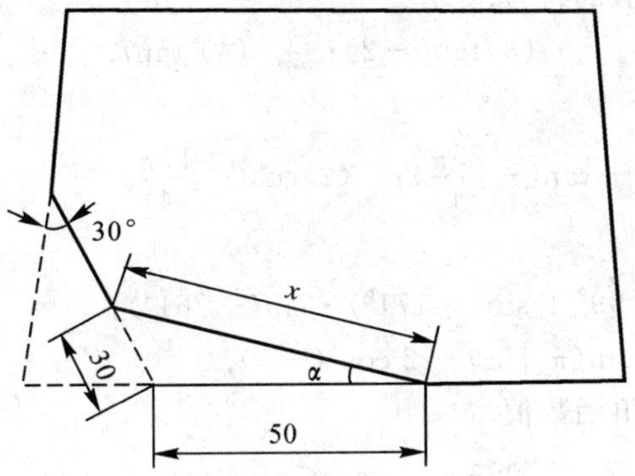

图　1－35

第 1 章复习

本章主要学习了锐角三角函数：正弦（sinA）等于对边比斜边：$\sin A=a/c$；

余弦（cosA）等于邻边比斜边：$\cos A=b/c$；正切（tan）等于对边比邻边：$\tan A=a/b$；

余切（cotA）等于邻边比对边：$\cot A=b/a$.

任意角三角函数：在直角坐标系中，$\odot O$ 的半径为 1，任意角 α 的三角函数定义如下：

正弦：$\angle\alpha$ 与单位圆的交点 A 的纵坐标与圆半径的比值叫作正弦，表示为：$\sin\alpha=Ay/OA=Ay$；其中 Ay 叫作正弦线.

余弦：$\angle\alpha$ 与单位圆的交点 A 的横坐标与圆半径的比值叫作余弦，表示为：$\cos\alpha=Ax/OA=Ax$；其中 Ax 叫作余弦线.

正切：$\angle\alpha$ 与单位圆的交点 A 的纵坐标与横坐标的比值叫作正切，表示为：$\tan\alpha=Ay/Ax$；

余切：$\angle\alpha$ 与单位圆的交点 A 的横坐标与纵坐标的比值叫作余切，表示为：$\cot\alpha=Ax/Ay$.

正弦函数图形及性质；余弦函数图形及性质；正切函数图形及性质.

三角形的解法.

正弦定理：在任意角三角形中，各个角的正弦与它所对的边的比相等，并且等于外接圆的直径.

余弦定理：在任意角三角形中，任意一边的平方等于其余两边的平方和减去这两边的乘积的两倍与它们的夹角的余弦的积.

复习题一

1. 在 Rt$\triangle ABC$ 中，$\angle C=90^\circ$，$AC=\sqrt{13}$ cm，$BC=2\sqrt{17}$ cm，分别求 $\angle A$，$\angle B$ 的正弦、余弦、正切值.

2. 在半径为 15cm 的圆中，一扇形的弧含有54°，求这个扇形的周长与面积（π 取 3.14，计算结果保留两个有效数字）.

3. 确定下列三角函数值的符号.

(1)$\cos 5$；　(2) $\sin 4$；　(3)$\tan(-2)$；　(4) $\tan 7$.

4. 计算.

(1)$\sin\dfrac{25\pi}{6}+\cos\dfrac{25\pi}{3}+\tan(-\dfrac{25\pi}{4})$；　(2)$\cos(-\dfrac{17\pi}{4})$.

5. 化简.

(1)$\sin(-1071^\circ)\cdot\sin 99^\circ+\sin(-171^\circ)\cdot\sin(-261^\circ)$；

(2)$1+\sin(\alpha-2\pi)\cdot\sin(\pi+\alpha)-2\cos^2(-\alpha)$.

6. 用计算器求下列三角函数值.

(1)$\sin 378^\circ 30'$；　(2) $\tan(-\dfrac{33\pi}{8})$；　(3)$\sin 3$；　(4) $\cos 740.5^\circ$.

7. 在闭区间$[0,2\pi]$上，求满足下列条件的角 x 的集合.

(1)$\sin x=-0.6124$；　(2) $\cos x=0.1011$；　(3)$\tan x=-4$；　(4) $\cos x=1$.

8. 在 $\triangle ABC$ 中，已知 $a=5$，$b=7$，$c=4$，求 $\angle A$，$\angle B$，$\angle C$.

9. 在 $\triangle ABC$ 中，已知 $a=5$，$\angle B=45^\circ$，$\angle C=105^\circ$，求 $\angle A$，边 b 和边 c.

10. 如图 1－36 所示，A 市气象站测得台风中心在市正东方向 320 km 处，正以每小时 25 km 的速度向西北的 OP 方向移动，已知台风中心 240 km处的范围内是受台风影响的区域，问 A 市是否受到这次台风的影响？如受影响，那么遭受台风影响的时间有多长？如不受影响，说明理由.

11. 城市规划期间，欲拆除一电线杆 AB（见图 1－37），已知距电线杆 AB 水平距离 14 m 的 D 处有一大坝，背水坡 CD 的坡度 $i=2:1$，坝高 CF 为 2 m. 在坝顶 C 处测得杆顶 A 的仰角为 30°，D，E 之间是宽为 2 m 的人行道. 试问：在拆除电线杆 AB 时，为确保行人安全，是否需要将此人行道封上？请说明理由（在地面上，以点 B 为圆心，以 AB 为半径的圆形区域为危险区域）.（$\sqrt{3}\approx 1.732$，$\sqrt{2}\approx 1.414$）

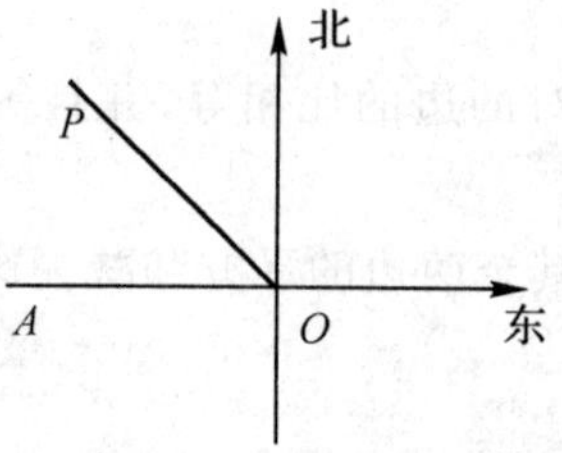

图　1－36

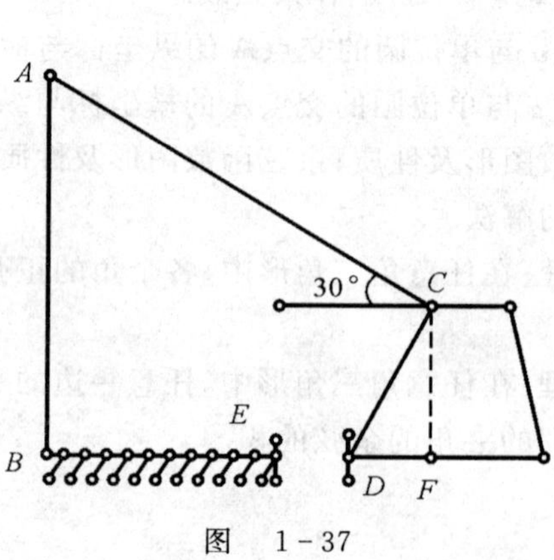

图　1－37

阅读材料

三角函数

早期对于三角函数的研究可以追溯到古代. 古希腊三角术的奠基人是公元前 2 世纪的喜帕恰斯. 他按照古巴比伦人的做法,将圆周分为 360 等份(即圆周的弧度为 360°,与现代的弧度制不同). 对于给定的弧度,他给出了对应的弦的长度数值,这个记法和现代的正弦函数是等价的. 喜帕恰斯实际上给出了最早的三角函数数值表. 然而古希腊的三角学基本是球面三角学. 这与古希腊人研究的主体是天文学有关. 梅涅劳斯在他的著作《球面学》中使用了正弦来描述球面的梅涅劳斯定理. 古希腊三角学与其天文学的应用在埃及的托勒密时代达到了高峰,托勒密在《数学汇编》(Syntaxis Mathematica) 中计算了 36° 角和 72° 角的正弦值,还给出了计算和角公式和半角公式的方法. 托勒密还给出了 0° 到 180° 的所有整数和半整数弧度对应的正弦值.

古希腊文化传播到古印度后,古印度人对三角术进行了进一步的研究. 公元 5 世纪末的数学家阿耶波多提出用弧对应的弦长的一半来对应半弧的正弦,这个做法被后来的古印度数学家使用,和现代的正弦定义一致了. 阿耶波多的计算中也使用了余弦和正割. 他在计算弦长时使用了不同的单位,重新计算了 0° 到 90° 中间隔三又四分之三度(3.75°) 的三角函数值表. 然而古印度的数学与当时的中国一样,停留在计算方面,缺乏系统的定义和演绎的证明. 阿拉伯人也采用了古印度人的正弦定义,但他们的三角学是直接继承于古希腊. 阿拉伯天文学家引入了正切和余切、正割和余割的概念,并计算了间隔 10 分(10′) 的正弦和正切数值表. 到了公元 14 世纪,阿拉伯人将三角计算重新以算术方式代数化(古希腊人采用的是建立在几何上的推导方式) 的努力为后来三角学从天文学中独立出来,成为了有更广泛应用的学科奠定了基础.

进入 15 世纪后,阿拉伯数学文化开始传入欧洲. 随着欧洲商业的兴盛,航行、历法测定和地理测绘中出现了对三角学的需求. 在翻译阿拉伯数学著作的同时,欧洲数学家开始制作更详细精确的三角函数值表. 哥白尼的学生乔治 · 约阿希姆 · 瑞提克斯(Goerg Joachim Rheticus) 制作了间隔 10 秒(10″) 的正弦表,有 9 位精确值. 瑞提克斯还改变了正弦的定义,原来称弧对应的弦长是正弦,瑞提克斯则将角度对应的弦长称为正弦. 16 世纪后,数学家开始将古希腊有关球面三角的结果和定理转化为平面三角定理. 弗朗索瓦 · 韦达给出了托勒密的不少结果对应的平面三角形式. 他还尝试计算了多倍角正弦的表达方式.

18 世纪开始,随着解析几何等分析学工具的引进,数学家们开始对三角函数进行分析学上的研究. 牛顿在 1669 年的《分析学》一书中给出了正弦和余弦函数的无穷级数表示. Collins 将牛顿的结果告诉了詹姆斯 · 格列高里,后者进一步给出了正切等三角函数的无穷级数. 莱布尼兹在 1673 年也独立得到了这一结果. 欧拉的《无穷小量分析引论》(Introductio in Analysin Infinitorum)(1748 年) 对建立三角函数的分析处理做了最主要的贡献,他定义三角函数为无穷级数,并表述了欧拉公式,还有使用接近现代的简写 sin. ,cos. ,tan. ,cot. ,sec. 和 csc.

第 2 章　数　　列

数列(Sequence of number)是以正整数集(或它的有限子集)为定义域的函数,是一列有序的数.数列中的每一个数都叫作这个数列的项.排在第一位的数称为这个数列的第 1 项(通常也叫作首项),排在第二位的数称为这个数列的第 2 项……排在第 n 位的数称为这个数列的第 n 项,通常用 a_n 表示.

本章将学习数列的基本知识、等差数列和等比数列.

2.1　数列的概念

1.数列的定义

看下列的例子

$1,2,3,4,5,\cdots$　　(2－1)

$2,4,6,8,10,\cdots$　　(2－2)

$7,77,777,7777,\cdots$　　(2－3)

$1,\frac{1}{2},\frac{1}{3},\frac{1}{4},\frac{1}{5},\cdots$　　(2－4)

我们把这种按照一定顺序排成的一列数,叫数列.

组成数列的每一个数都叫这个数列的项,第一个数叫作数列的第1项,也叫数列的首项,记作 a_1;第二个数叫作数列的第2项,记作 a_2;第 n 个数叫作数列的第 n 项,也叫作通项,记作 a_n,于是数列的一般形式可以写成 $a_1,a_2,a_3\cdots,a_n,\cdots$ 有时简记作 $\{a_n\}$.

分析数列,可以看到,数列的项和它的序号之间有如下对应关系:

序号(n):$1,2,3,4,5,\cdots,n,\cdots$

项(a_n):$1,\frac{1}{2},\frac{1}{3},\frac{1}{4},\frac{1}{5},\cdots,\frac{1}{n},\cdots$

即,对于每一个 $n\in\mathbf{Z}^+$,都有唯一的数 a_n 与它对应,这就是说,数列可以看成是一个定义域为正整数集(或它的有限子集)的函数 $f(n)$,当自变量 n 从小到大依次取值是对应的一列函数值.

例如数列(2－2)是由函数

$$f(n)=2n,\quad n\in\mathbf{Z}^+$$

当 n 依次取值 $1,2,3,\cdots$ 得到的.函数的解析式 $f(n)=2n$ 就是数列的通项 a_n,即

$$a_n=f(n)=2n$$

2.数列的通项公式

如果一个数列的通项 a_n 与 n 之间的函数关系可以用一个公式来表示,则这个公式叫作数列的通项公式.

例如,容易看出数列

$1,3,5,7,9,\cdots$

$-\frac{1}{2},\frac{1}{4},-\frac{1}{8},\frac{1}{16},\cdots$

$9,99,999,9999,\cdots$

$4,4,4,4,\cdots$

的通项公式分别为

$a_n=2n-1$;　$a_n=(-1)^n\frac{1}{2^n}$;　$a_n=10^n-1$;　$a_n=4$.

如果已知一个数列的通项公式,则可以求数列的任何一项.

【例2－1】　设数列的通项公式为 $a_n=\frac{1}{2^n}$,写出数列的前5项.

解
$$a_1=\frac{1}{2^1}=\frac{1}{2},\quad a_2=\frac{1}{2^2}=\frac{1}{4},\quad a_3=\frac{1}{2^3}=\frac{1}{8}$$
$$a_4=\frac{1}{2^4}=\frac{1}{16},\quad a_5=\frac{1}{2^5}=\frac{1}{32}$$

练习 2-1

已知数列的通项公式 $a_n=\frac{(-1)^n}{2n+1}$,求数列的前 3 项.

【例 2-2】 求下列数列的通项公式

(1)1,3,7,15,31,…

(2)5,10,15,20,…

(3)$-\frac{1}{1\times 2},\frac{1}{2\times 3},-\frac{1}{3\times 4},\frac{1}{4\times 5},\cdots$

(4)$-2,2,-2,2,\cdots$

解 (1)$a_1=1=2^1-1,\quad a_2=3=2^2-1,\quad a_3=7=2^3-1,\quad a_4=15=2^4-1$

它的通项公式是
$$a_n=2^n-1$$

(2)$a_1=5=5\times 1,\quad a_2=10=5\times 2,\quad a_3=15=5\times 3,\quad a_4=20=5\times 4$

它的通项公式是
$$a_n=5n$$

(3)
$$a_1=-\frac{1}{1\times 2}=(-1)^1\times\frac{1}{1\times(1+1)}$$
$$a_2=\frac{1}{2\times 3}=(-1)^2\times\frac{1}{2\times(2+1)}$$
$$a_3=-\frac{1}{3\times 4}=(-1)^3\times\frac{1}{3\times(3+1)}$$
$$a_4=\frac{1}{4\times 5}=(-1)^4\times\frac{1}{4\times(4+1)}$$

得:它的通项公式是 $a_n=(-1)^n\times\frac{1}{n\times(n+1)}$

(4)
$$a_1=-2=(-1)^1\times 2,\quad a_2=2=(-1)^2\times 2$$
$$a_3=-2=(-1)^3\times 2,\quad a_4=2=(-1)^4\times 2$$

得:它的通项公式是 $a_n=(-1)^n\cdot 2$

练习 2-2 写出下面数列的通项公式

(1)20,30,40,50,60,…

(2)$\frac{1}{2},-\frac{3}{4},\frac{5}{6},-\frac{7}{8},\frac{9}{10},\cdots$

(3)$\frac{1}{2},\frac{3}{4},\frac{7}{8},\frac{15}{16},\cdots$

(4)5,55,555,5555,…

【例 2-3】 判断 16 和 45 是否为数列$\{3n+1\}$中的项,如果是,请指出是第几项.

解 数列的通项公式为 $a_n=3n+1$,将 16 代入通项公式有 $16=3n+1$,解得 $n=5\in \mathbf{N}^*$.

所以，16是数列$\{3n+1\}$中的第5项，将45代入通项公式有$45=3n+1$解得$n=\frac{44}{3}\notin \mathrm{N}^*$. 所以45不是数列$\{3n+1\}$中的项.

练习2-3 已知数列的通项公式$a_n=\frac{2n-1}{2^n}$.

(1) 求数列的前3项； (2) 求数列的第8项；

(3) $\frac{9}{32}$是数列中的哪一项； (4) $\frac{13}{64}$是否是数列中的项.

【例2-4】 某水泥厂生产水泥，今年是5万t，由于技术改造，计划每年增产15%，试写出从今年开始，5年内每年的产量排成的数列，并写出它的通项公式.

解

$$a_1=5$$
$$a_2=5\times(1+0.15)=5\times1.15$$
$$a_3=5\times(1+0.15)^2=5\times1.15^2$$
$$a_4=5\times(1+0.15)^3=5\times1.15^3$$
$$a_5=5\times(1+0.15)^4=5\times1.15^4$$

所以，所求数列为$5,5\times1.15,5\times1.15^2,5\times1.15^3,5\times1.15^4$.

数列的通项公式为 $a_n=5\times1.15^{n-1}\quad(n\in\mathbf{Z}^+,n\leqslant5)$

【例2-5】 已知数列$\{a_n\}$的第1项是1，以后的各项由公式$a_n=1+\frac{1}{a_{n-1}}$给出，写出这个数列的前5项.

解

$$a_1=1,\quad a_2=1+\frac{1}{a_1}=1+1=2$$
$$a_3=1+\frac{1}{a_2}=1+\frac{1}{2}=\frac{3}{2},\quad a_4=1+\frac{1}{a_3}=1+\frac{2}{3}=\frac{5}{3}$$
$$a_5=1+\frac{1}{a_4}=1+\frac{3}{5}=\frac{8}{5}$$

上例表明由数列的第1项及a_n与a_{n-1}的关系，可以写出这个数列的各项.

一般地，如果已知数列$\{a_n\}$的第1项(或前几项)，且以后的任一项a_n与它的前一项a_{n-1}(或前几项)间的关系可用一个公式来表示，那么这个公式就叫作这个数列的递推公式. 这一类数列叫作递归数列.

练习2-4 已知$a_1=2,a_n=2a_{n-1}+3$写出这个数列的前5项.

3. 数列的分类

(1) 按数列的项分类：项数有限的数列叫作有穷数列；项数无限的数列叫作无穷数列.

(2) 按前后两项的大小关系分类：如果数列$\{a_n\}$中，从第2项起，每一项都大于它的前一项，即$a_{n+1}>a_n$，则称数列$\{a_n\}$为递增数列；如果数列$\{a_n\}$中，从第2项起，每一项都小于它的前一项，即$a_{n+1}<a_n$，则称数列$\{a_n\}$为递减数列；如果数列$\{a_n\}$中，从第2项，有些项小于它的前一项，有些项又大于它的前一项，则称数列$\{a_n\}$为摆动数列；各项都相等的数列称常为数列.

(3) 按各项的绝对值是否不超过某个正数来分类：如果数列$\{a_n\}$中，任何一项的绝对值都

小于某个正数M,即$|a_n|<M(M>0)$,则称数列$\{a_n\}$为有界数列;如果没有这样的正数存在,则称数列$\{a_n\}$为无界数列.

习题 2-1

1.已知下列各数列的通项公式,分别写出各数列的前4项

(1)$a_n=4(n-3)$; (2)$a_n=(2n+4)^2$; (3)$a_n=(-1)^{n+1}\frac{2^n-1}{2^n}$; (4)$a_n=10^n-1$.

2.判断9是否为数列$\{3(2n-7)\}$中的项,如果是,请指出是第几项.

3.根据下列各无穷数列的前4项,写出数列的一个通项公式

(1) $\frac{1}{2},\frac{2}{3},\frac{3}{4},\frac{4}{5},\cdots$

(2) $-1,2,-3,4,\cdots$

(3) $1,3,5,7,\cdots$

(4) $\frac{2^2-1}{2},\frac{3^2-1}{3},\frac{4^2-1}{4},\frac{5^2-1}{5},\cdots$

4.已知下列数列

(1) 2000,2004,2008,2012,2016;

(2) $0,\frac{1}{2},\frac{2}{3},\cdots,\frac{n-1}{n},\cdots$

(3) $1,\frac{1}{2},\frac{1}{4},\cdots,\frac{1}{2^{n-1}},\cdots$

(4) $1,-\frac{2}{3},\frac{3}{5},\cdots,\frac{(-1)^{n+1}\cdot n}{2n-1},\cdots$

(5)$1,0,-1,\cdots,\sin\frac{n\pi}{2},\cdots$

(6)3,3,3,3,3

其中,有穷数列是________,无穷数列是________,递增数列是________,递减数列是________,常数列是________,摆动数列是________.

2.2 等差数列

1.等差数列的定义

观察下面数列的规律 2,5,8,11,14,17,…

我们可以看到,它的特点是,从第2项起,每一项减去它的前一项所得的差都等于3.

一般地,如果一个数列$a_1,a_2,a_3,\cdots,a_n,\cdots$从第2项起,每一项减去它的前一项所得的差都等于同一个常数,则这个数列叫作等差数列,这个常数叫作等差数列的公差,通常用字母d表示.由定义知,若数列$\{a_n\}$为等差数列,d为公差,则$a_{n+1}-a_n=d$,即$a_{n+1}=a_n+d$.

2.等差数列的通项公式

如果数列$\{a_n\}$是一个等差数列,首项为a_1,公差为d,则根据等差数列的定义,有

$$a_2=a_1+d$$
$$a_3=a_2+d=(a_1+d)+d=a_1+2d$$
$$a_4=a_3+d=(a_1+2d)+d=a_1+3d$$

……

由此可得等差数列的通项公式为

$$a_n = a_1 + (n-1)d$$

【例 2-6】 求等差数列 $-1,5,11,17,\cdots$ 的第 50 项.

解 因为 $$a_1 = -1,\quad d = a_2 - a_1 = 5-(-1) = 6$$

所以通项公式为

$$a_n = a_1 + (n-1)d = -1 + (n-1)\times 6 = 6n-7$$

故 $$a_{50} = 6\times 50 - 7 = 293$$

【例 2-7】 在等差数列 $\{a_n\}$ 中，$a_{100}=48$，公差 $d=\frac{1}{3}$，求首项 a_1.

解 由公差 $d=\frac{1}{3}$，可得等差数列的通项公式为

$$a_n = a_1 + (n-1)\times\frac{1}{3}$$

由于 $a_{100}=48$，故 $$48 = a_1 + (100-1)\times\frac{1}{3}$$

解得 $$a_1 = 15$$

【例 2-8】 已知等差数列的第 3 项是 -4，第 6 项是 2，求它的第 15 项.

解 已知 $a_3=-4a_6=2$，由通项公式得

$$\begin{cases} a_1+2d=-4 \\ a_1+5d=2 \end{cases} \Rightarrow \begin{cases} a_1=-8 \\ d=2 \end{cases}$$

$$a_n = -8 + 2(n-1)$$

于是 $$a_{15} = -8 + 14\times 2 = 20$$

【例 2-9】 一个塔轮上有 5 个皮带轮，它们的直径成等差数列. 已知最大的和最小的 2 个轮的直径分别为 120 mm 和 216 mm，求中间 3 个皮带轮的直径.

解 由题意 $$a_1 = 120,\quad a_5 = 216$$

因为 $$a_5 = a_1 + 4d$$

所以 $$d = \frac{a_5 - a_1}{4} = \frac{216-120}{4} = 24$$

于是 $$a_2 = 120+24 = 144,\quad a_3 = 144+24 = 168$$

$$a_4 = 168+24 = 192$$

故塔轮上中间 3 个皮带轮的直径分别为 144mm，168mm，192mm.

3. *等差中项*

如果 3 个数 a,A,b 依次成等差数列，则 A 叫作的等差中项.

根据等差数列的定义，有

$$A - a = b - A$$

即 $$A = \frac{a+b}{2} \tag{2-5}$$

很明显，等差数列中，从第 2 项起，每一项(有穷数列的末项除外) 都是它的前后两项的等差中项.

练习 2-4

1. 等差数列$\{a_n\}$中$a_5=0, a_{10}=10$求a与公差d.

2. 在等差数列$\{a_n\}$中，$a_5=-3, a_9=-15$判断-48是否为数列中的项，如果是，请指出是第几项？

3. 求下列各题中两个数的等差中项

(1)10 与 32；　(2)-4与-7.

4. 求等差数列 1，4，7，… 的第 5 项和第 10 项.

4. *等差数列的前 n 项和*

先看一个简单的问题：怎样求数列

$$1,2,3,\cdots,98,99,100,\cdots \tag{2-6}$$

前 100 项的和？很明显，式(2-6)是首项为 1，公差为 1 的等差数列，它的前 100 项和可表示为

$$S_{100}=1+2+3+\cdots+98+99+100 \tag{2-7}$$

由于式(2-7)又可表示为

$$S_{100}=100+99+98+\cdots+3+2+1 \tag{2-8}$$

将式(2-6)和式(2-7)对应相加并除以 2 得

$$S_{100}=\frac{100\times(1+100)}{2}=5050$$

一般地，设首项为a_1，公差为d的等差数列$\{a_n\}$的前n项和S_n

$$S_n=\frac{(a_1+a_n)n}{2}$$

又因为
$$a_n=a_1+(n-1)d$$
所以
$$S_n=na_1+\frac{(n-1)nd}{2}$$

【例 2-10】　已知等差数列$\{a_n\}$中，$a_1=-8, a_{20}=106$求S_{20}.

解　由已知条件，得

$$S_{20}=\frac{20\times(-8+106)}{2}=980$$

【例 2-11】　等差数列

$$-13,-9,-5,-1,3,\cdots$$

的前多少项和等于 50？

解　设数列的前n项和是 50，由于$a_1=-13, d=3-(-1)=4$，故

$$50=-13n+\frac{n(n-1)}{2}\times 4$$

即
$$2n^2-15n-50=0$$
解得
$$n_1=10,\quad n_2=-\frac{5}{2}(\text{舍去})$$

所以，数列的前 10 项和等于 50.

【例 2-12】　已知数列$S_{30}=327, d=\frac{6}{5}$，求$a_1$.

解　因为
$$S_{30}=327,\quad d=\frac{6}{5},\quad n=30$$
所以
$$327=30a_1+\frac{1}{2}\times 30\times 29\times\frac{6}{5}$$
解得
$$a_1=-\frac{13}{2}$$

练习 2－5

1.求等差数列 1,4,7,10,… 的前 100 的项和.

2.在等差数列$\{a_n\}$中,$a_4=6$,$a_9=26$ 求 S_{20}.

3.等差数列 －8,－7,－6,－5… 前多少项的和是 －35?

【例 2－13】　用一辆汽车从预制场运送 30 根水泥电杆去 1 000m 远的地方开始安装,在 1 000m 处放一根,以后每隔 50m 放一根,一辆车 1 次运 3 根,计算完成任务汽车的行程是多少千米?

解　第 1 车运 3 根,放在 1 000m,1 050m,1 100m 处返回后,汽车行程
$$1\,100\times 2=2\,200\ \text{m}$$
以后每运一车比前一车多行
$$50\times 3\times 2=300\ \text{m}$$
共运 10 车,则 10 次行程依次排列成一个等差数列,且
$$a_1=2\,200,\quad d=300,\quad n=10$$
于是
$$a_{10}=2\,200+(10-1)\times 300=4\,900$$
根据公式得
$$S_{10}=\frac{10\times(2\,200+4\,900)}{2}=35\,500\ \text{m}$$
故全部运完时汽车的行程是 33.5km.

【例 2－14】　小王走上工作岗位后,采用零存整取方式在农行存款,每年从1月份开始,每月第一天存入银行 1 000 元,银行以年利率 1.71% 计息,试问年终结算时本金与利息之和(简称本利和)是多少(精确到 0.01 元)?

解　年利率 1.71%,折合月利为 0.142 5%,则

第 1 个月的存款利息为 $1\,000\times 0.142\,5\%\times 12$ 元

第 2 个月的存款利息为 $1\,000\times 0.142\,5\%\times 11$ 元

第 3 个月的存款利息为 $1\,000\times 0.142\,5\%\times 10$ 元

……

第 12 个月的存款利息为 $1\,000\times 0.142\,5\%\times 1$ 元

应得到的利息就是上面各期利息之和
$$S_n=1\,000\times 0.142\,5\%\times(1+2+3+\cdots+12)=111.15\ \text{元}$$
故年终本金与利息之和为
$$12\times 1\,000+111.15=12\,111.15\ \text{元}$$

练习 2－6

1. 张新采用零存整取方式在农行存款,每年从元月份开始,每月第 1 天存入银行 5 000 元,银行以年利率 1.71% 计息,试问年终结算时本金与利息之和(简称本利和)是多少(精确到

0.01 元)?

2.某礼堂共有 25 排座位,后一排比前一排多两个座位,最后一排有 70 个座位,问礼堂共有多少个座位?

习题 2-2

1. 在数列 $\{a_n\}$ 中,$a_1=\frac{1}{3}$,$a_{n+1}=a_n+\frac{2}{3}$,请写出数列的前 5 项,并判断这个数列是否为等差数列.

2. 在等差数列 $\{a_n\}$ 中,$a_{20}=18$,$d=-3$,求 a_{10}.

3. 在等差数列 $\{a_n\}$ 中,$a_3=5$,$a_4=9$,求 a_{50}.

4. 在等差数列 $\{a_n\}$ 中,$a_1=2$,$a_n=17$,$S_n=209$ 求 n 和 d.

5. 在等差数列 $\{a_n\}$ 中,$d=-2$,$S_{20}=-380$,求 a_{30}.

6. 已知数列 $\{a_n\}$ 的通项公式是 $a_n=-2n+3$.

(1) 计算 a_2-a_1,a_3-a_2,a_4-a_3,a_5-a_4.

(2) 计算 $a_{n+1}-a_n$.

7. 求下列两数的等差中项

(1) $-3\frac{1}{2}$ 和 $-1\frac{1}{2}$;　　(2) $\frac{\sqrt{3}-\sqrt{2}}{\sqrt{3}+\sqrt{2}}$ 和 $\frac{\sqrt{3}+\sqrt{2}}{\sqrt{3}-\sqrt{2}}$.

8. 打一口 30m 深的水井,打第 1m 深时需要 40min,以后每打下 1m,都比前 1m 多用 10min,打最后的 1m 需要多少时间?

2.3 等比数列

某工厂今年的产值是 1 000 万元,如果通过技术改造,在今后的 5 年内,每年的产值都比上一年增加 10%,那么今年及以后 5 年的产值构成下面的一个数列(单位:万元):

$1\,000, 1\,000\times1.1, 1\,000\times1.1^2, 1\,000\times1.1^3, 1\,000\times1.1^4, 1\,000\times1.1^5$

从第 2 项开始,数列中的各项都是其前一项的几倍? 即从第 2 项开始,每一项与它的前一项的比都等于多少?

1. 等比数列的定义

观察数列:2,4,8,16,32,…

我们看到,它的特点是,从第 2 项起,每一项与它的前一项的比都等于 2. 一般地,如果一个数列 $a_1,a_2,a_3,\cdots,a_n,\cdots$ 从第 2 项起,每一项与它前一项的比都等于同一个常数,则这个数列叫作等比数列. 这个常数叫作等比数列的公比,通常用字母 q 表示. 例如,数列

3,9,27,81,… 与数列 $1,-\frac{1}{2},\frac{1}{4},-\frac{1}{8},\cdots$ 都是等比数列,它们的公比分别是 3 和 $-\frac{1}{2}$.

很明显,由于 0 不能作分母,因此,如果 $\{a_n\}$ 是等比数列,则它的任何一项都不等于 0,从而公比 $q\neq0$.

2. 等比数列的通项公式

如果数列 $\{a_n\}$ 是一个等比数列,首项为 a_1,公比为 q,则根据等比数列的定义,有

$$a_2=a_1q,$$
$$a_3=a_2q=(a_1q)q=a_1q^2,$$
$$a_4=a_3q=(a_1q^2)q=a_1q^3,$$
$$\cdots\cdots$$

由此可得，等比数列的通项公式为

$$a_n=a_1q^{n-1} \tag{2-9}$$

式(2-9)给出了等比数列a_1,q,n,a_n 4个量之间的关系. 如果已知其中的3个量，则可求另外一个量.

【例 2-15】 求等比数列 $-1,\frac{1}{2},-\frac{1}{4},\frac{1}{8},\cdots$ 的第10项.

解 由于 $a_1=-1,q=-\frac{1}{2}$，所以

$$a_n=a_1q^{n-1}=-1\times\left(-\frac{1}{2}\right)^{n-1}$$

得

$$a_{10}=(-1)\times\left(\frac{-1}{2}\right)=\frac{1}{512}$$

【例 2-16】 已知等比数列$\{a_n\}$，$a_1=4,q=3,a_n=324$，求项数 n.

解 因为 $a_1=4,q=3,a_n=324$，即

$$4\times3^{n-1}=324\Rightarrow3^{n-1}=3^4\Rightarrow n-1=4$$

得

$$n=5$$

【例 2-17】 在81和1的中间插入3个数，使这5个数成等比数列，求插入的3个数.

解 因为 $a_1=81,a_5=1,n=5$，所以由公式 $a_n=a_1q^{n-1}$，得

$$1=81\times q^{5-1}\Rightarrow q^4=\frac{1}{81}$$

解得

$$q=\pm\frac{1}{3}$$

(1) 若 $q=\frac{1}{3}$，得

$$a_2=81\times\frac{1}{3}=27,\quad a_3=81\times(\frac{1}{3})^2=9,\quad a_4=81\times(\frac{1}{3})^3=3$$

则插入的3个数是:27，9，3.

(2) 若 $q=-\frac{1}{3}$，得

$$a_2=81\times(-\frac{1}{3})=-27,\quad a_3=81\times(-\frac{1}{3})^2=9,\quad a_4=81\times(-\frac{1}{3})^3=-3$$

则插入的3个数是：-27，9，-3.

综上所述，插入的3个数是27，9，3或-27，9，-3.

【例 2-18】 培育一种稻谷新品种，第1代得种子100粒，如果以后每粒新种子每代又得100粒，到第5代可以得到新品种种子多少粒?

解 依题意，逐代得种子数是一个等比数列 $a_1=100,q=100$，根据通项公式得

$$a_5=100\times100^{5-1}=100^5=10^{10}\text{粒}$$

故到第 5 代可以得到新品种种子10^{10} 粒.

3. 等比中项

如果 3 个数 a,G,b 依次成等比数列,则 G 叫作 a,b 的等比中项.

根据等比数列的定义,有

$$\frac{G}{a}=\frac{b}{G}$$

即

$$G^2=ab,\quad G=\pm\sqrt{ab}$$

很明显,等比数列中,从第 2 项起,每一项(有穷等比数列的末项除外) 都是它的前后相邻两项的等比中项.

【例 2－19】 求$\frac{\sqrt{7}+\sqrt{5}}{2}$和$\frac{\sqrt{7}-\sqrt{5}}{2}$的等比中项.

解 因为$\frac{\sqrt{7}+\sqrt{5}}{2}\times\frac{\sqrt{7}-\sqrt{5}}{2}=\frac{1}{2}$,所以

$$G=\pm\frac{\sqrt{2}}{2}$$

练习 2－7

1. 在等比数列$\{a_n\}$中,$a_5=-1$,$a_8=-\frac{1}{8}$,求 a_{13}.

2. 求等比数列$\frac{2}{3}$,2,6,… 的通项公式与第 7 项.

3. 求 27 和 3 的等比中项.

4. 等比数列的前 n 项和

趣味数学:传说国际象棋的发明人是印度的大臣西萨·班·达依尔,舍罕王为了表彰大臣达依尔的功绩,准备对他进行奖赏.

国王问他:“你想得到什么样的奖赏?”这位聪明的大臣达依尔说:“陛下,请您在这张棋盘的第一个格子内放上 1 颗麦粒,在第二个格子内放上 2 颗麦粒,在第三个格子内放上 4 颗麦粒,在第四个格子内放上 8 颗麦粒……依照后一格子内的麦粒数是前一格子内的麦粒数的 2 倍的规律,放满棋盘的 64 个格子,并把这些麦粒赏给您的仆人吧.”

国王认为这样的奖赏很轻,于是爽快地答应了,命令如数付给达依尔麦粒.

计数麦粒的工作开始了,在第一个格内放1粒,第二个格内放2粒,第三个格内放4粒,第4个格内放 8 粒……国王很快就后悔了,因为他发现,即使全国的麦子都拿来,也兑现不了他对这位大臣的奖赏承诺.

这位大臣所要求的麦粒数究竟是多少呢?

各个格的麦粒数组成首项为1,公比为2的等比数列,大臣西萨·班·达依尔所要的奖赏就是这个数列的前 64 项和.

人类已经种植收获的所有麦粒也达不到这个可怕的数字.

首先我们来看,怎样求等比数列 $2,2^2,2^3,2^4,\cdots,2^n,\cdots$ 的前 n 项和,即求:

$$S_n=2+2^2+2^3+\cdots+2^{n-1}+2^n \qquad ①$$

用公比 2 乘式 ① 两边,得

$$2S_n = 2^2 + 2^3 + 2^4 + \cdots + 2^n + 2^{n+1} \quad ②$$

比较式 ① 和式 ②，我们发现，除了式 ① 的第一项和式 ② 的第 n 项外，其他项错对应相同. 因此，将式 ① 减去式 ②，可以消去这些项，于是得

$S_n - 2S_n = 2 - 2^{n+1}$，即 $(1-2)S_n = 2(1-2^n)$，得

$$S_n = \frac{2(1-2^n)}{1-2} = 2(2^n - 1)$$

一般地，设首项为 a_1，公比为 q 的等比数列 $a_1, a_2, a_3, \cdots, a_n, \cdots$ 的前 n 项和为 S_n，则

$$S_n = a_1 + a_2 + a_3 + \cdots + a_{n-1} + a_n \quad ③$$

利用等比数列的通项公式，式 ③ 可写成

$$S_n = a_1 + a_1 q + a_1 q^2 + \cdots + a_1 q^{n-2} + a_1 q^{n-1} \quad ④$$

用公比 q 乘式 ④ 两边，得

$$qS_n = a_1 q + a_1 q^2 + a_1 q^3 + \cdots + a_1 q^{n-1} + a_1 q^n \quad ⑤$$

式 ④ 减去式 ⑤，得：$S_n - qS_n = a_1 - a_1 q^n$，即

$$(1-q)S_n = a_1(1-q^n) \quad ⑥$$

当 $q \neq 1$ 时，从式 ⑥ 得

$$S_n = \frac{a_1(1-q^n)}{1-q} \quad (2-10)$$

如果等比数列的公比 $q=1$，则这个等比数列是 $a, a, a, \cdots, a, \cdots$，它的前 n 项和

$$S_n = \underbrace{a + a + a + \cdots + a + a}_{n个} = na$$

因为 $a_n = a_1 q^{n-1}$，所以 $a_1 q^n = a_{n+1} = a_n q$，因此式(2-10) 还可以写成

$$S_n = \frac{a_1 - a_n q}{1-q} \quad (q \neq 1) \quad (2-11)$$

【例 2-20】 根据等比数列 $\{a_n\}$ 的已知条件，求出相应的未知量.

(1) $a_1 = 2, q = 3, n = 6$，求 S_6.

(2) $q = \frac{3}{2}, S_5 = \frac{633}{2}, n = 5$，求 a_1.

解 (1)
$$S_6 = \frac{2(1-3^6)}{1-3} = 728$$

(2) $\frac{633}{2} = \frac{a_1\left[1-\left(\frac{3}{2}\right)^5\right]}{1-\frac{3}{2}}$，解得 $a_1 = 24$.

【例 2-21】 某制糖厂今年制糖 5 万 t，如果平均每年得产量比上一年增加 10%，那么从今年起，几年内可以使总产量达到 30 万 t(结果保留到个位).

解 依题意，这个制糖厂从今年起，平均每年的产量(万 t) 组成一个等比数列，且

$$a_1 = 5, \quad q = 1 + 10\% = 1.1, \quad S_n = 30$$

于是
$$\frac{5 \times (1-1.1^n)}{1-1.1} = 30 \Rightarrow 1.1^n = 1.6$$

两边取常用对数，得
$$n\lg 1.1 = \lg 1.6$$

解得
$$n = \frac{\lg 1.6}{\lg 1.1} \approx \frac{0.2041}{0.0414} \approx 5 \text{ 年}$$

故约 5 年内可以使总产量达到 30 万 t.

【例 2-22】 一个等比数列的首项为$\frac{9}{4}$，末项为$\frac{4}{9}$，各项的和为$\frac{211}{36}$，求数列的公比，并判断数列是由几项组成.

解 设该数列由 n 项组成，其公比为 q，则 $a_1=\frac{9}{4}$，$a_n=\frac{4}{9}$，$S_n=\frac{211}{36}$. 于是

$$\frac{211}{36}=\frac{\frac{9}{4}-\frac{4}{9}\cdot q}{1-q}$$

解之得

$$q=\frac{2}{3}$$

所以数列的通项公式为

$$a_n=\frac{9}{4}\times(\frac{2}{3})^{n-1}$$

于是

$$\frac{4}{9}=\frac{9}{4}\times(\frac{2}{3})^{n-1}$$

即

$$(\frac{2}{3})^4=(\frac{2}{3})^{n-1}$$

解之得

$$n=5$$

故数列的公比为 $\frac{2}{3}$，该数列共有 5 项.

现在我们看一看前面趣味数学内容中，国王为什么不能兑现他对大臣达依尔的承诺？

国王承诺奖赏的麦粒数为

$$S_{64}=\frac{1(1-2^{64})}{1-2}=2^{64}-1\approx 1.84\times 10^{19}$$

据测量，一般 1 000 粒麦子质量约为 40g，则这些麦子的总质量约为 7.36×10^{17}g，约合 7 360 亿吨. 我国 2000 年小麦的总产量才约 1.14 亿吨，国王怎么可能兑现他对大臣的奖赏承诺呢！

练习 2-8

1. 在等比数列 $\{a_n\}$ 中，$a_1=\frac{1}{2}$，$a_n=\frac{243}{2}$，$S_n=182$，求 q 与 n.

2. 已知等比数列 $\{a_n\}$ 中，$a_1=2$，$S_3=26$，求 q 与 a_3.

【例 2-23】 银行贷款一般都采用“复利计息法”计算利息. 小王从银行贷款 20 万元，贷款期限为 5 年，年利率为 5.76%，如果 5 年后一次性还款，那么小王应偿还银行多少钱？（精确到 0.000 001 万）

解 贷款第一年的本利和为

$$20+20\times 5.76\%=20\times(1+0.0576)=20\times 1.057\,6$$

第二年后的本利和为

$$20\times 1.057\,6+20\times 1.0576\times 5.76\%=20\times 1.057\,6^2$$

依次下去，从第一年后起，每年后的本利和组成的数列为等比数列

$$20\times 1.057\,6, 20\times 1.057\,6^2, 20\times 1.057\,6^3, \cdots$$

其通项公式为

$$a_n=20\times 1.0576\times 1.0576^{n-1}=20\times 1.0576^n$$

得
$$a_5 = 20 \times 1.057\,6^5 = 26.462\,886$$
故小王应偿还银行26.462 886万元.

【例2-24】　某人想银行贷款10万元用于购买住房，贷款年限为10年，年利率为5.22%(月利率为0.435%). 贷款的偿还采用等额偿还方式，即，从贷款的第1个月起，每个月都归还同样数目的钱，10年还清贷款的本金与利息. 问：他每个月应偿还多少钱？

解　设每个月应偿还x万元，则在这个问题中涉及两部分钱，即贷款10万元与10年(120个月)内所偿还的x万元. 10年后，这两部分钱的本息之和分别：

(1)$10(1+0.435\%)^{120}$；

(2)$x(1+0.435\%)^{119}+x(1+0.435\%)^{118}+\cdots+x(1+0.435\%)+x=$
$$\frac{x[1-(1+0.435\%)^{120}]}{1-(1+0.435\%)}$$

很明显，(1) 和(2) 必须相等，因此
$$\frac{x[1-(1+0.435\%)^{120}]}{1-(1+0.435\%)} = 10(1+0.435\%)^{120}$$
解得
$$x=\frac{10\times 0.435\%\times(1+0.435\%)^{120}}{(1+0.435\%)^{120}-1}\approx\frac{0.07323}{0.6835}\approx 0.107\,1$$
故他每个月应偿还1 071元.

练习2-9

李敏计划贷款买一部家用汽车，贷款20万元，贷款期限为5年，年利率为5.76%，累计5年后总共应偿还银行多少钱？

习题2-3

1. 在等比数列$\{a_n\}$中，$a_1=\frac{9}{8}$，$a_n=\frac{1}{3}$，公比$q=\frac{2}{3}$，求n.

2. 写出等比数列$\frac{8}{3}$，4，6，9，… 的通项公式，并写出它的第5项到第10项.

3. 在等比数列$\{a_n\}$中，$a_3=1$，$a_4=\frac{5}{2}$，求a_5.

4. 在等比数列$\{a_n\}$中，$a_6=\frac{7}{32}$，$q=\frac{1}{2}$，求a_3.

5. 在等比数列$\{a_n\}$中，$a_1=\frac{1}{2}$，$a_n=\frac{243}{2}$，$S_n=182$，求q与n.

6. 某农场计划每年向国家多提供15%的商品粮，今年提供1 500t，该农场从今年开始，连续4年内共向国家提供多少商品粮？

7. 某乡镇企业今年向国家缴纳利税500万元，如果从今年开始，每年平均比上一年向国家上缴利税增加10%，那么约几年内该企业共向国家缴纳利税3 000万元？

第2章复习

数列：我们把这种按照一定顺序排成的一列数，叫数列.

通项公式：一个可以用来表示数列的通项a_n与n之间的函数关系的公式.

数列的前 n 项和：数列前 n 项相加的和.

等差数列：从第 2 项起，每一项减去它的前一项所得的差都等于同一个常数的数列.

等差数列通项公式：$a_n=a_1+(n-1)d$

前数列的前 n 项和：$S_n=\frac{(a_1+a_n)n}{2}$ 或 $S_n=na_1+\frac{(n-1)n}{2}d$

等比数列：从第 2 项起，每一项与它前一项的比都等于同一个常数的数列

等差数列通项公式：$a_n=a_1q^{n-1}$；

前数列的前 n 项和：$S_n=\frac{a_1(1-q^n)}{1-q}\quad(q\neq 1)$ 或 $S_n=na_1\quad(q=1)$.

复习题二

一、选择题

1. 设数列$\sqrt{2}$，$\sqrt{5}$，$2\sqrt{2}$，$\sqrt{11}$，… 则 $2\sqrt{5}$ 是这个数列的（　　）.

A. 第六项　　B. 第七项　　C. 第八项　　D. 第九项

2. 若 $a\neq b$，数列 a,x_1,x_2,b 和数列 a,y_1,y_2,y_3,b 都是等差数列，则 $\frac{x_2-x_1}{y_2-y_1}=$（　　）.

A. $\frac{2}{3}$　　B. $\frac{3}{4}$　　C. 1　　D. $\frac{4}{3}$

3. 等差数列$\{a_n\}$中，若 $a_3+a_4+a_5+a_6+a_7=450$，则前 9 项和 $S_9=$（　　）.

A. 1 620　　B. 810　　C. 900　　D. 675

4. 在 -1 和 8 之间插入两个数 a,b，使这四个数成等差数列，则（　　）.

A. $a=2,b=5$　　B. $a=-2,b=5$　　C. $a=2,b=-5$　　D. $a=-2,b=-5$

5. 等比数列$\{a_n\}$的首项为 1，公比为 q，前 n 项的和为 S，由原数列各项的倒数组成一个新数列$\left\{\frac{1}{a_n}\right\}$，则$\left\{\frac{1}{a_n}\right\}$的前 n 项的和是（　　）.

A. $\frac{1}{5}$　　B. $\frac{1}{q^nS}$　　C. $\frac{S}{q^{n-1}}$　　D. $\frac{q^n}{S}$

6. 若等比数列$\{a_n\}$的前项之和为 $S_n=3^n+a$，则 a 等于（　　）.

A. 3　　B. 1　　C. 0　　D. -1

7. 一个直角三角形三边的长成等比数列，则（　　）.

A. 三边边长之比为 3∶4∶5　　B. 三边边长之比为 1∶$\sqrt{3}$∶3

C. 较小锐角的正弦为$\frac{\sqrt{5}-1}{2}$　　D 较大锐角的正弦为$\frac{\sqrt{5}-1}{2}$

二、填空题

8. 在等差数列$\{a_n\}$中，$a_3+a_7-a_{10}=8$，$a_4-a_{11}=-14$，记 $S_n=a_1+a_2+a_3+\cdots+a_n$，则 $S_{13}=$________.

9. 已知等差数列$\{a_n\}$中，$a_7+a_9=16$，$a_4=1$，则 a_{16} 的值是________.

10. 有三个正数成等比数列，其和为 21，若第三个数减去 9，则它们成等差数列，这 3 个数分别为__________.

11. 若不等于 1 的 3 个正数 a,b,c 成等比数列，则 $(2-\log_b a)(1+\log_c a)=$__________.

12. 在等比数列中，$a_1=3,q=4$，使 $S_n>3\,000$ 的最小自然数 $n=$__________.

三、解答题

13. (1) 在等差数列 $\{a_n\}$ 中，$d=-\dfrac{1}{3}$，$a_7=8$，求 a_n 和 S_n.

(2) 等差数列 $\{a_n\}$ 中，$a_4=14$，前 10 项和 $S_{10}=185$，求 a_n.

14. 一个首项为正数的等差数列 $\{a_n\}$，如果它的前 3 项之和与前 11 项之和相等，那么该数列的前多少项和最大?

15. 已知 3 个数成等比数列，它们的积为 27，它们的平方和为 91，求这 3 个数.

阅读材料

斐波那契数列

斐波那契数列的发明者是意大利数学家列昂纳多・斐波那契(Leonardo Fibonacci).

斐波那契数列，又称黄金分割数列，指的是这样一个数列：0，1，1，2，3，5，8，13，21，… 在数学上，斐波纳契数列以如下被以递归的方法定义：$F_0=0$，$F_1=1$，$F_n=F_{(n-1)}+F_{(n-2)}$ ($n>=2$，$n\in \mathrm{N}^*$). 在现代物理、准晶体结构、化学等领域，斐波纳契数列都有直接的应用，为此，美国数学会从 1963 起出版了以《斐波纳契数列季刊》为名的一份数学杂志，用于专门刊载这方面的研究成果.

有趣的是：这样一个完全是自然数的数列，通项公式却是用无理数来表达的. 而且当 n 趋向于无穷大时，前一项与后一项的比值越来越逼近黄金分割 0.618(或者说后一项与前一项的比值小数部分越来越逼近黄金分割 0.618，前一项与后一项的比值越来越逼近黄金分割 0.618)

$1\div 1=1$，$1\div 2=0.5$，$2\div 3=0.666...$，$3\div 5=0.6$，$5\div 8=0.625$，…，$55\div 89=0.617\,977$，…，$144\div 233=0.618\,025$…$46\,368\div 75\,025=0.618\,033\,988\,6$… 越到后面，这些比值越接近黄金比.

斐波那契数还可以在植物的叶、枝、茎等排列中发现. 例如，在树木的枝干上选一片叶子，记其为数 0，然后依序点数叶子(假定没有折损)，直到到达与那些叶子正对的位置，则其间的叶子数多半是斐波那契数. 叶子从一个位置到达下一个正对的位置称为一个循回. 叶子在一个循回中旋转的圈数也是斐波那契数. 在一个循回中叶子数与叶子旋转圈数的比称为叶序(源自希腊词，意即叶子的排列) 比. 多数的叶序比呈现为斐波那契数的比. 斐波那契数列在自然科学的其他分支，有许多应用. 例如，树木的生长，由于新生的枝条，往往需要一段"休息" 时间，供自身生长，而后才能萌发新枝. 所以，一株树苗在一段间隔，例如一年，以后长出一条新枝；第二年新枝"休息"，老枝依旧萌发；此后，老枝与"休息" 过一年的枝同时萌发，当年生的新枝则次年"休息". 这样，一株树木各个年份的枝桠数，便构成斐波那契数列. 这个规律，就是生物学上著名的"鲁德维格定律".

第3章 向 量

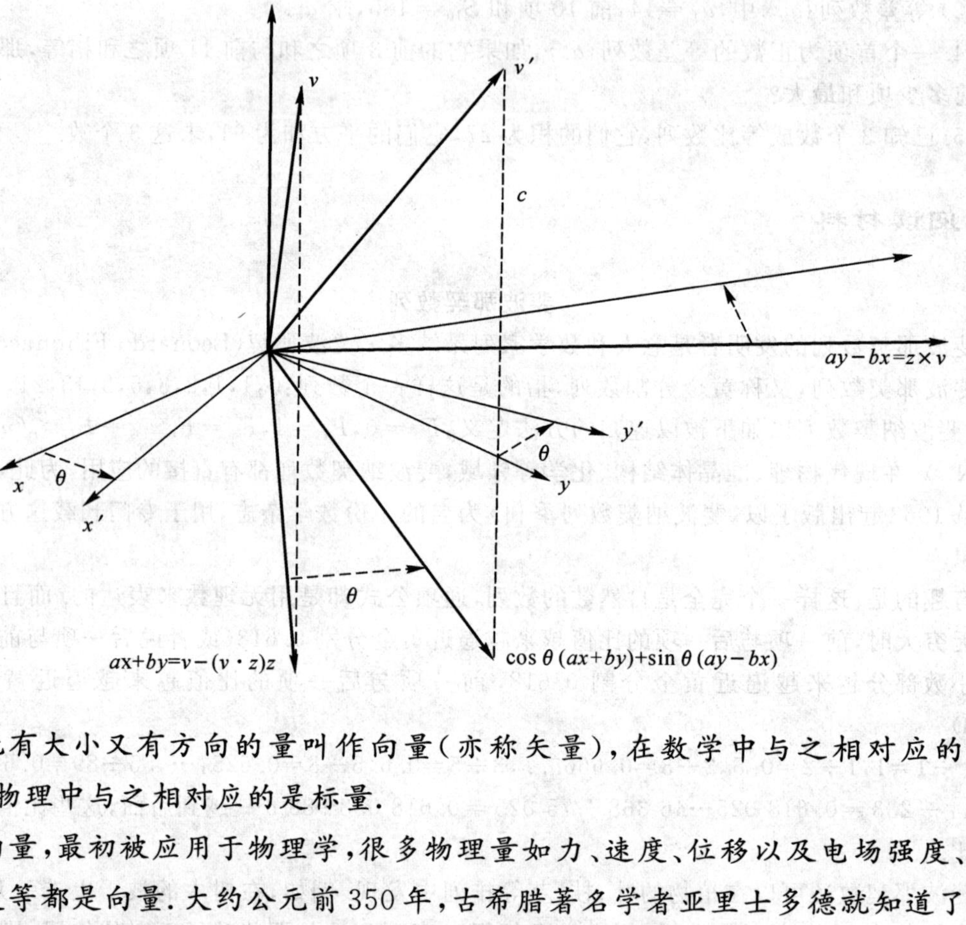

既有大小又有方向的量叫作向量(亦称矢量),在数学中与之相对应的是数量,在物理中与之相对应的是标量.

向量,最初被应用于物理学,很多物理量如力、速度、位移以及电场强度、磁感应强度等都是向量. 大约公元前350年,古希腊著名学者亚里士多德就知道了力可以表示成向量,两个力的组合作用可用著名的平行四边形法则来得到."向量"一词来自力学、解析几何中的有向线段. 最先使用有向线段表示向量的是英国大科学家牛顿.

本章将带大家认识向量,介绍向量的运算.

3.1　向　　量

如图 3-1 所示，用 100N 的力，按照不同的方向拉一辆车，效果一样吗？

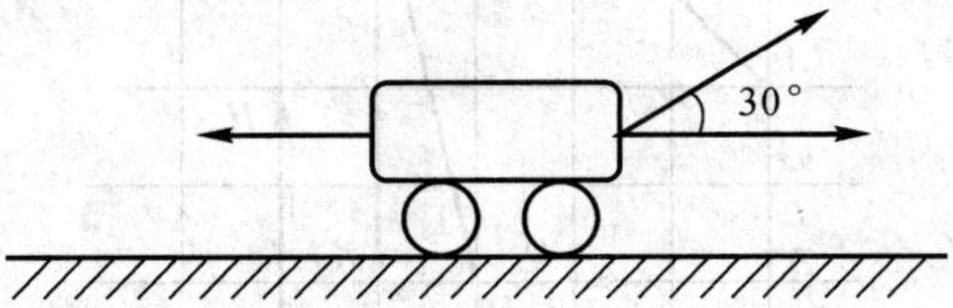

图　3-1

在数学与物理学中，有两种量，一种是只有大小，没有方向的量叫作数量，例如质量、时间、温度、面积、密度等；另一种是既有大小，又有方向的量叫作向量，例如力、速度、位移等.

平面上带有指向的线段（有向线段）叫作平面向量，线段的指向就是平面向量的方向，线段的长度表示平面向量的大小. 有向线段的起点叫作平面向量的起点，有向线段的终点叫作平面向量的终点. 如图 3-2 所示，以点 A 为起点，点 B 为终点的向量记作$\overrightarrow{AB}$，也可以使用小写黑体英文字母表示，记作 $\boldsymbol{a}$；手写时应该在字母上面加箭头，如 $\vec{a}$.

向量的大小叫作向量的模. 向量 $\boldsymbol{a}$，$\overrightarrow{AB}$ 的模依次记作$|\boldsymbol{a}|$，$|\overrightarrow{AB}|$.

模为零的向量叫作零向量，记作 $\boldsymbol{0}$，零向量的方向是不确定的.

模为 1 的向量叫作单位向量.

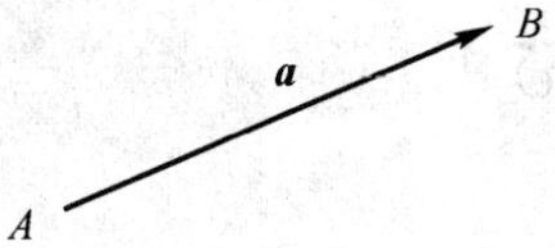

图　3-2

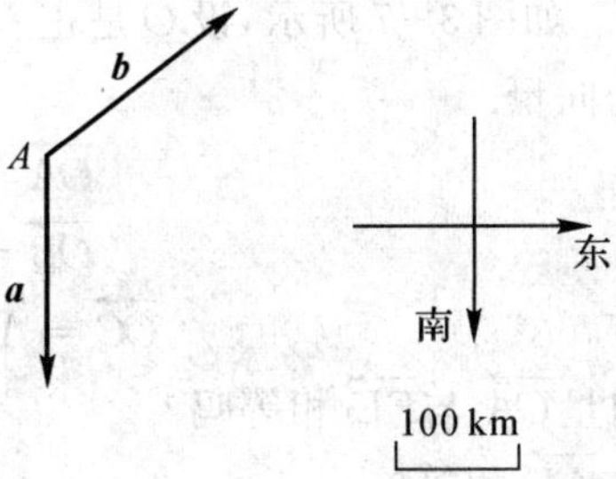

图　3-3

【例 3-1】　一架飞机从 A 处向正南方向飞行 200km，另一架飞机从 A 处朝北偏东45°方向飞行 200km，两架飞机的位移的有向线段表示分别为图 3-3 中的有向线段 $\boldsymbol{a}$ 与 $\boldsymbol{b}$.

练习 3-1　说出图 3-4 中向量的模，并指出其中的单位向量（设方格边长为 1）.

方向相同或相反的非零向量叫作平行向量，如图 3-5 中的 $\boldsymbol{a}$，$\boldsymbol{b}$，$\boldsymbol{c}$ 就是一组平行向量. 记作 $\boldsymbol{a} /\!/ \boldsymbol{b} /\!/ \boldsymbol{c}$. 我们规定 $\boldsymbol{0}$ 与任一向量平行.

长度相等且方向相同的向量叫作相等向量. 向量 $\boldsymbol{a}$ 与 $\boldsymbol{b}$ 相等，记作 $\boldsymbol{a}=\boldsymbol{b}$. 零向量与零向量相等. 任意两个相等的非零向量，都可用同一条有向线段来表示，并且与有向线段的起点无关.

如图 3-6，任作一条与 $\boldsymbol{a}$ 所在直线平行的直线 l，在 l 上任取一点 O，则可在 l 上分别作出$\overrightarrow{OA}=\boldsymbol{a}$，$\overrightarrow{OB}=\boldsymbol{b}$，$\overrightarrow{OB}=\boldsymbol{c}$. 这就是说，任一组平行向量都可移到同一直线上，因此，平行向量也叫作共线向量.

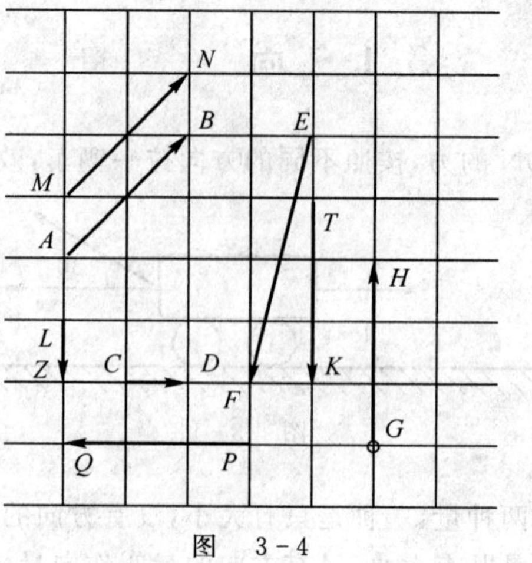

图　3－4

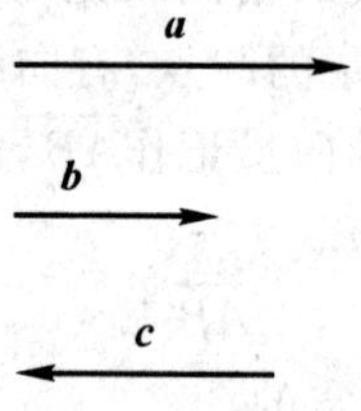

图　3－5

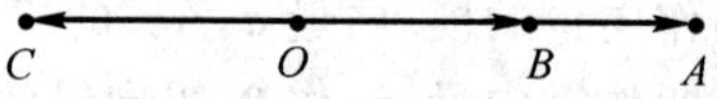

图　3－6

【例 3－2】　如图 3－7 所示，设 O 是正六边形 $ABCDEF$ 的中心，分别写出图中与向量$\overrightarrow{OA}$，$\overrightarrow{OB}$，$\overrightarrow{OC}$ 相等的向量.

解

$$\overrightarrow{OA}=\overrightarrow{CB}=\overrightarrow{DO}$$
$$\overrightarrow{OB}=\overrightarrow{DC}=\overrightarrow{EO}$$
$$\overrightarrow{OC}=\overrightarrow{AB}=\overrightarrow{ED}=\overrightarrow{FO}$$

想一想：向量$\overrightarrow{OA}$ 与$\overrightarrow{FE}$ 相等吗？

向量$\overrightarrow{OB}$ 与$\overrightarrow{AF}$ 相等？

练习 3－2

如图 3－8 所示，DEF 分别是 $\triangle ABC$ 各边的中点，写出图中与$\overrightarrow{DE}$，$\overrightarrow{EF}$，$\overrightarrow{FD}$ 相等的向量.

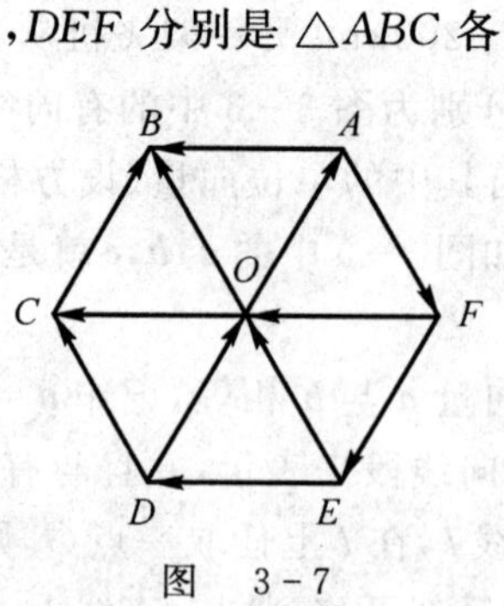

图　3－7

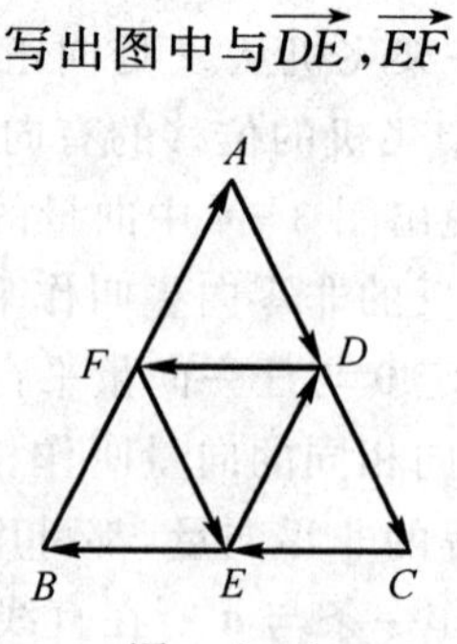

图　3－8

习题 3－1

1. 如图 3－9 所示，点 O 是正六边形 $ABCDEF$ 的中心，试写出

(1) 与$\overrightarrow{OC}$相等的向量；

(2) $\overrightarrow{OC}$的负向量；

(3) 与$\overrightarrow{OC}$共线的向量.

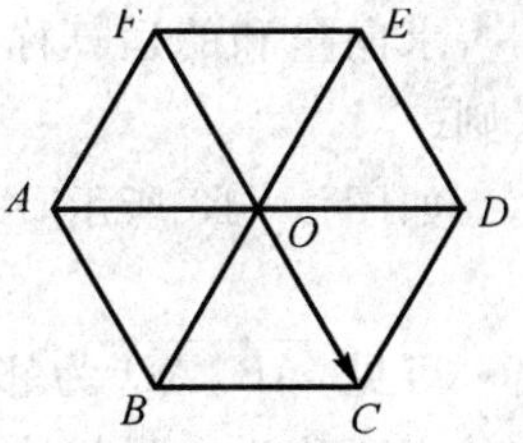

图　3-9

2. 题 1 中若正六边形边长为 1，求$|\overrightarrow{OC}|$.

3. 用带箭头的线段表示下列向量(1cm 长表示 10N 的力)：

(1) 方向竖直向上，大小为 20N 的力；

(2) 方向水平向右，大小为 35N 的力；

(3) 方向水平左偏下45°，大小为 25N 的力.

4. (1) 用带箭头的线段表示两个相等的向量，如果它们有相同的起点，则它们的终点是否相同.

(2) 用带箭头的线段表示两个大小相等，但方向不同的向量，如果它们有相同的起点，则它们的终点是否相同？若不相同，则把它们的终点用平滑的曲线连接起来，会得到一个什么图形？

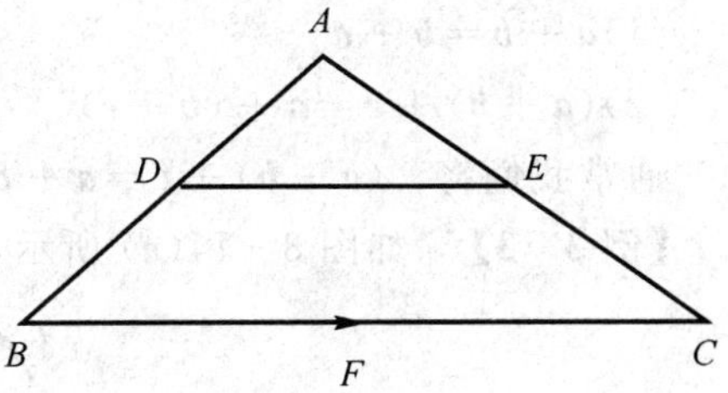

图　3-10

5. 如图 3-10 所示，D,E,F 分别是 $\triangle ABC$ 中 AB，AC，BC 边的中点，找出与向量$\overrightarrow{BF}$相等、相反、共线的非零向量.

3.2　向量的加法和减法

1. 向量的加法

如图3-11所示，我们用字母A,B,C分别表示北京、上海、广州三个城市所在的为位置. 如果一架飞机从A处(北京)飞到B处(上海)，然后再从B处飞到C处(广州)，那么这架飞机两次(飞行)位移$\overrightarrow{AB}$和$\overrightarrow{BC}$的结果，与飞机从 A 处直接飞到 C 处的位移$\overrightarrow{AC}$结果相同.

我们把位移$\overrightarrow{AC}$称为位移$\overrightarrow{AB}$与$\overrightarrow{BC}$的和，记作

$$\overrightarrow{AB}+\overrightarrow{BC}=\overrightarrow{AC}$$

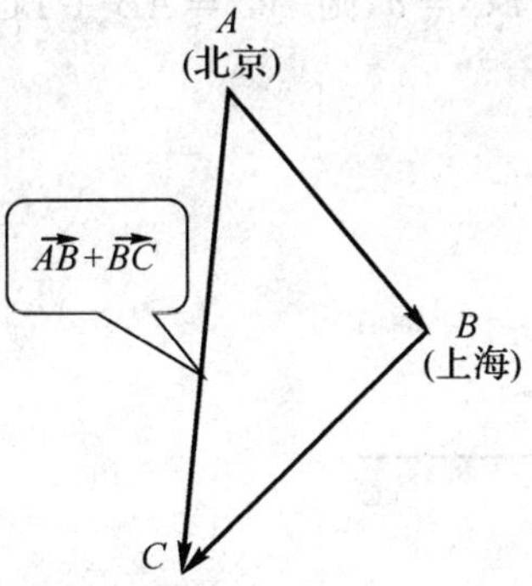

图　3-11

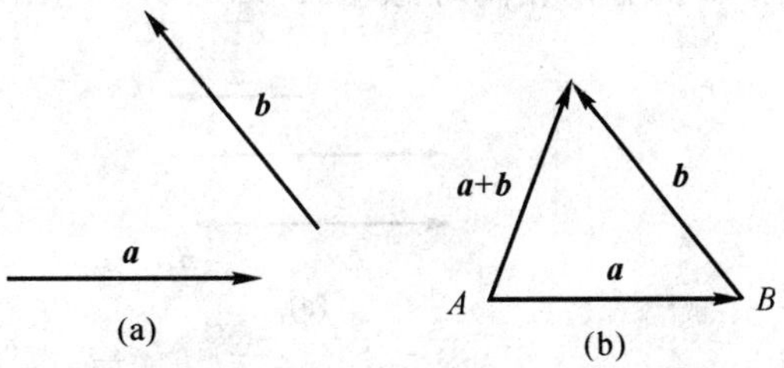

图　3-12

如图 3-12(a) 所示，已知向量 $\boldsymbol{a},\boldsymbol{b}$，在平面内任取一点 A，作$\overrightarrow{AB}=\boldsymbol{a}$，$\overrightarrow{BC}=\boldsymbol{b}$，则向量$\overrightarrow{AC}$称为 $\boldsymbol{a}$ 与 $\boldsymbol{b}$ 的和向量，记作 $\boldsymbol{a}+\boldsymbol{b}$，如图 3-12(b) 所示.

求向量和的运算称为向量的加法，上述这两种求向量和的方法称为向量加法的三角形法则.

如图 3－13 所示，$ABCD$ 是平行四边形，因为$\overrightarrow{AD}=\overrightarrow{BC}$，所以

$$\overrightarrow{AB}+\overrightarrow{AD}=\overrightarrow{AB}+\overrightarrow{BC}=\overrightarrow{AC}$$

可见，$\overrightarrow{AB}$，$\overrightarrow{AD}$ 为邻边的平行四边形的对角线 AC 表示的向量. 这种求不共线的两个向量和的方法称为向量加法平行四边形法则.

对于向量加法，我们规定：

(1)$\boldsymbol{a}+\boldsymbol{0}=\boldsymbol{0}+\boldsymbol{a}=\boldsymbol{a}$

(2)$\boldsymbol{a}+(-\boldsymbol{a})=\boldsymbol{0}$

向量加法还满足下列运算律：

(1)$\boldsymbol{a}+\boldsymbol{b}=\boldsymbol{b}+\boldsymbol{a}$

(2)$(\boldsymbol{a}+\boldsymbol{b})+\boldsymbol{c}=\boldsymbol{a}+(\boldsymbol{b}+\boldsymbol{c})$

通常我们将　$(\boldsymbol{a}+\boldsymbol{b})+\boldsymbol{c}=\boldsymbol{a}+\boldsymbol{b}+\boldsymbol{c}$

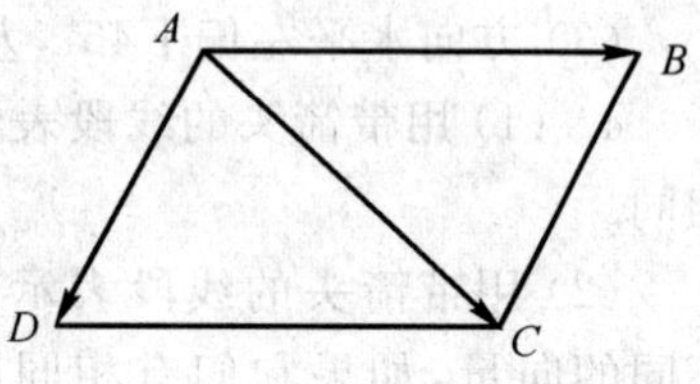

图　3－13

【例 3－3】　如图 3－14(a) 所示，已知向量 $\boldsymbol{a}$，$\boldsymbol{b}$，用平行四边形法则作 $\boldsymbol{c}=\boldsymbol{a}+\boldsymbol{b}$.

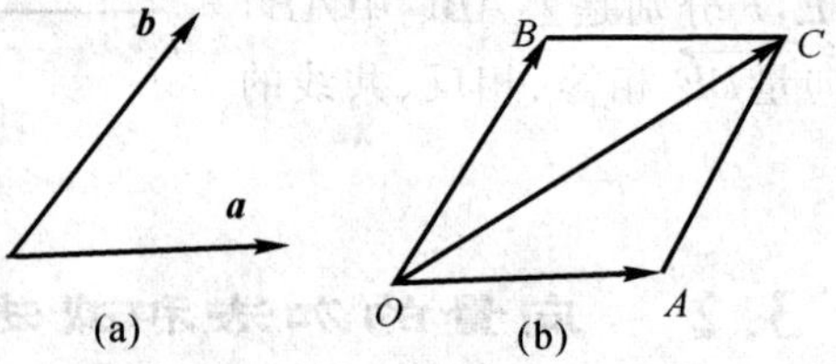

图　3－14

解　如图 3－14(b) 所示，在平面内任取一点 O，作$\overrightarrow{OA}=\boldsymbol{a}$，$\overrightarrow{OB}=\boldsymbol{b}$，以 OA，OB 为邻边作平行四边形 $OABC$，连结 OC，则

$$\overrightarrow{OC}=\overrightarrow{OA}+\overrightarrow{OB}=\boldsymbol{a}+\boldsymbol{b}$$

即

$$\boldsymbol{c}=\boldsymbol{a}+\boldsymbol{b}=\overrightarrow{OC}$$

【例 3－4】　已知两个非零向量 $\boldsymbol{a}$，$\boldsymbol{b}$ 是平行向量，求 $\boldsymbol{c}=\boldsymbol{a}+\boldsymbol{b}$.

解　如图 3－15 所示，在平面内任取一点 A，作$\overrightarrow{AB}=\boldsymbol{a}$，$\overrightarrow{BC}=\boldsymbol{b}$，则 $\overrightarrow{AC}=\overrightarrow{AB}+\overrightarrow{BC}=\boldsymbol{a}+\boldsymbol{b}$，即 $\boldsymbol{c}=\boldsymbol{a}+\boldsymbol{b}=\overrightarrow{AC}$.

当 $\boldsymbol{a}$，$\boldsymbol{b}$ 的方向相反时，如图 3－15(a) 所示；

当 $\boldsymbol{a}$，$\boldsymbol{b}$ 的方向相同时，如图 3－15(b) 所示.

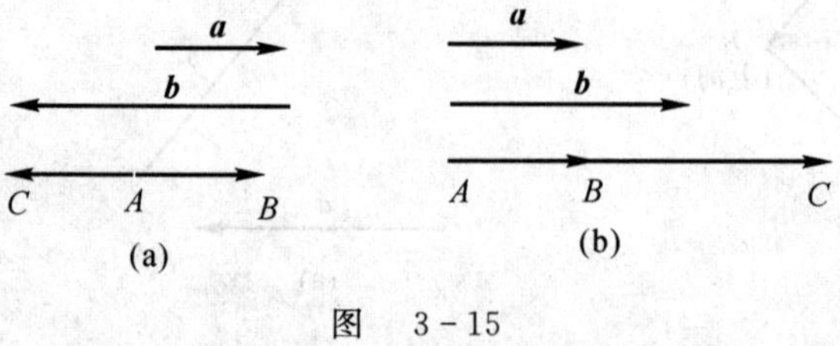

图　3－15

【例 3－5】　如图 3－16(a) 所示，已知向量 $\boldsymbol{a}$，$\boldsymbol{b}$，$\boldsymbol{c}$，$\boldsymbol{d}$，求作和向量 $\boldsymbol{f}=\boldsymbol{a}+\boldsymbol{b}+\boldsymbol{c}+\boldsymbol{d}$.

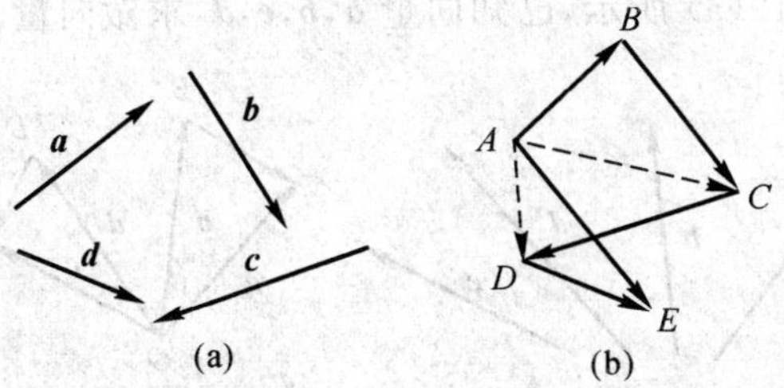

图　3-16

解　如图 3-16(b) 所示，在平面内任取一点 A，作 $\overrightarrow{AB}=\boldsymbol{a}$，$\overrightarrow{BC}=\boldsymbol{b}$，$\overrightarrow{CD}=\boldsymbol{c}$，$\overrightarrow{DE}=\boldsymbol{d}$，则

$$\boldsymbol{f}=\boldsymbol{a}+\boldsymbol{b}+\boldsymbol{c}+\boldsymbol{d}=\overrightarrow{AB}+\overrightarrow{BC}+\overrightarrow{CD}+\overrightarrow{DE}=\overrightarrow{AC}+\overrightarrow{CD}+\overrightarrow{DE}=\overrightarrow{AD}+\overrightarrow{DE}=\overrightarrow{AE}$$

练习 3-3

1. 填空

如图 3-17 所示，请填写：

(1)$\boldsymbol{a}+\boldsymbol{b}=$__________.

(2)$\boldsymbol{b}+\boldsymbol{c}=$__________.

(3)$\boldsymbol{a}+\boldsymbol{b}+\boldsymbol{c}=$__________.

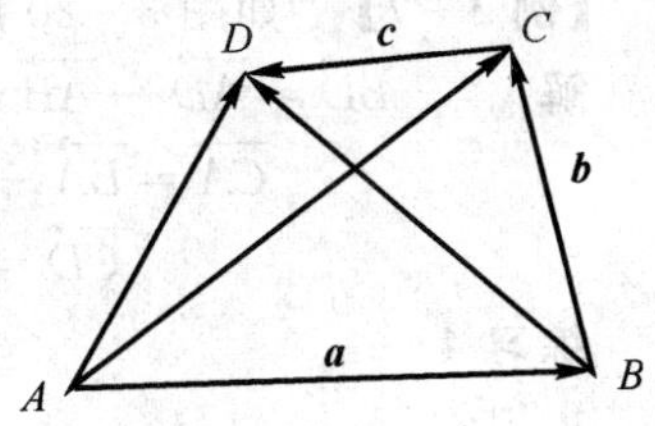

图　3-17

2. 计算

(1) $\overrightarrow{AB}+\overrightarrow{BC}+\overrightarrow{CD}$；　(2) $\overrightarrow{OB}+\overrightarrow{BC}+\overrightarrow{CA}$.

2. *向量的减法*

与 $\boldsymbol{a}$ 长度相等，方向相反的向量，叫作 $\boldsymbol{a}$ 的相反向量，记作 $-\boldsymbol{a}$，$\boldsymbol{a}$ 和 $-\boldsymbol{a}$ 互为相反向量. 并且规定：零向量的相反向量仍然是零向量. 于是

$$-(-\boldsymbol{a})=\boldsymbol{a}$$

任一向量与它的相反向量的和是零向量，即

$$\boldsymbol{a}+(-\boldsymbol{a})=(-\boldsymbol{a})+\boldsymbol{a}=\boldsymbol{0}$$

所以，如果 $\boldsymbol{a}$，$\boldsymbol{b}$ 是互为相反的向量，那么

$$\boldsymbol{a}=-\boldsymbol{b},\quad \boldsymbol{b}=-\boldsymbol{a},\quad \boldsymbol{a}+\boldsymbol{b}=\boldsymbol{0}$$

向量 $\boldsymbol{a}$ 加上 $\boldsymbol{b}$ 的相反向量，叫作 $\boldsymbol{a}$ 与 $\boldsymbol{b}$ 的差，即

$$\boldsymbol{a}-\boldsymbol{b}=\boldsymbol{a}+(-\boldsymbol{b})$$

求两个向量的差的运算，叫作向量的减法.

我们看到　$(\boldsymbol{a}-\boldsymbol{b})+\boldsymbol{b}=\boldsymbol{a}+(-\boldsymbol{b})+\boldsymbol{b}=\boldsymbol{a}+\boldsymbol{0}=\boldsymbol{a}$

于是求 $\boldsymbol{a}-\boldsymbol{b}$ 就是求这样一个向量，它与 $\boldsymbol{b}$ 的和等于 $\boldsymbol{a}$. 因此，我们得到 $\boldsymbol{a}-\boldsymbol{b}$ 的作图方法.

如图 3-18 所示，已知 $\boldsymbol{a}$，$\boldsymbol{b}$，在平面内任取一点 O，作 $\overrightarrow{OA}=\boldsymbol{a}$，$\overrightarrow{OB}=\boldsymbol{b}$，则 $\overrightarrow{BA}=\boldsymbol{a}-\boldsymbol{b}$，即 $\boldsymbol{a}-\boldsymbol{b}$ 可以表示为从向量 $\boldsymbol{b}$ 的终点指向向量 $\boldsymbol{a}$ 的终点的向量.

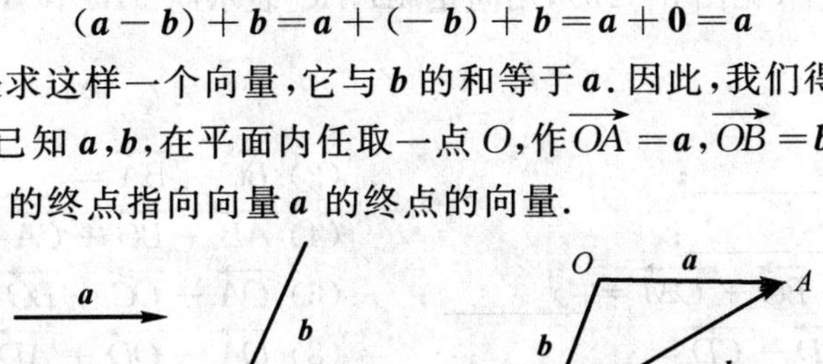

图　3-18

【例 3－6】 如图 3－19(a) 所示，已知向量 $\boldsymbol{a},\boldsymbol{b},\boldsymbol{c},\boldsymbol{d}$，求做向量 $\boldsymbol{a}-\boldsymbol{b},\boldsymbol{c}-\boldsymbol{d}$.

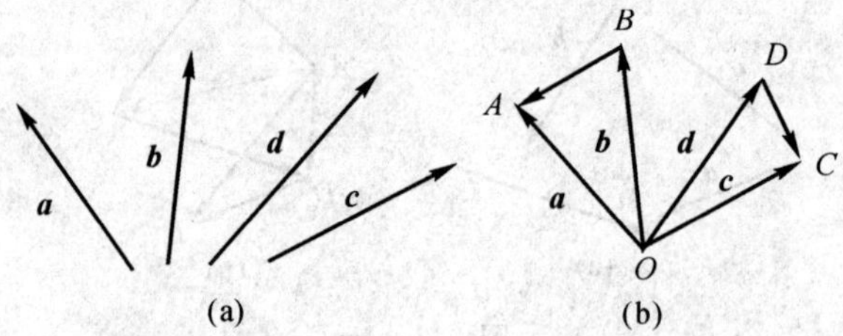

图 3－19

解 如图 3－19(b) 所示，在平面内任取一点 O，作 $\overrightarrow{OA}=\boldsymbol{a},\overrightarrow{OB}=\boldsymbol{b},\overrightarrow{OC}=\boldsymbol{c},\overrightarrow{OD}=\boldsymbol{d}$. 作 $\overrightarrow{BA}=\boldsymbol{a}-\boldsymbol{b},\overrightarrow{DC}=\boldsymbol{c}-\boldsymbol{d}$.

【例 3－7】 如图 3－20 所示，已知平行四边形 $ABCD$，用向量 $\overrightarrow{AB},\overrightarrow{AD}$ 表示 $\overrightarrow{BD},\overrightarrow{CA},\overrightarrow{CD}$.

解

$$\overrightarrow{BD}=\overrightarrow{AD}-\overrightarrow{AB}=\overrightarrow{AD}+\overrightarrow{BA}=\overrightarrow{BA}+\overrightarrow{AD}$$
$$\overrightarrow{CA}=\overrightarrow{BA}-\overrightarrow{BC}=-\overrightarrow{AB}-\overrightarrow{AD}$$
$$\overrightarrow{CD}=\overrightarrow{BA}=-\overrightarrow{AB}$$

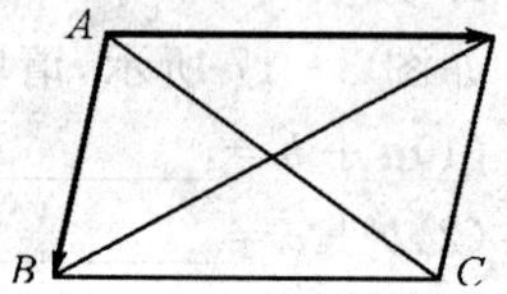

图 3－20

练习 4

1. 填空

$\overrightarrow{MN}+\overrightarrow{NL}=$ ________； $\overrightarrow{AO}+\overrightarrow{OB}=$ ________；

$\overrightarrow{CB}+\overrightarrow{AC}=$ ________； $\overrightarrow{AB}-\overrightarrow{AC}=$ ________；

$\overrightarrow{OP}-\overrightarrow{OQ}=$ ________； $\overrightarrow{EF}-\overrightarrow{DF}=$ ________.

2. 作图. 已知 $\boldsymbol{a},\boldsymbol{b}$ 如图 3－21 所示，求作

(1) $\boldsymbol{a}+\boldsymbol{b}$(利用向量加法的三角形法则和(四边形法则)；

(2) $\boldsymbol{a}-\boldsymbol{b}$.

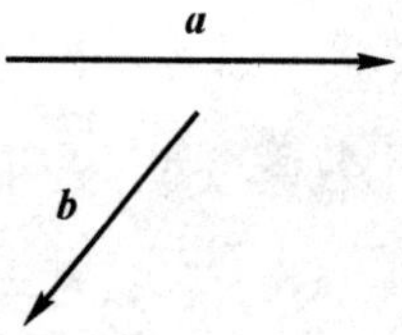

图 3－21

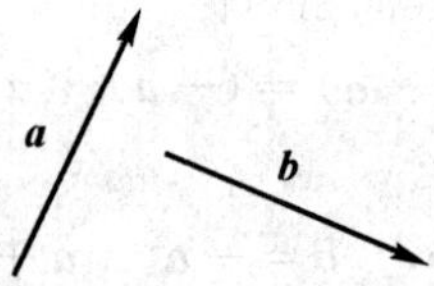

图 3－22

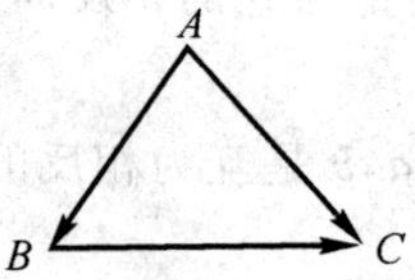

图 3－23

2. 如图 3－22 所示，已知向量 $\boldsymbol{a},\boldsymbol{b}$，求作 $\boldsymbol{c}=\boldsymbol{a}+\boldsymbol{b}$ 与 $\boldsymbol{d}=\boldsymbol{a}-\boldsymbol{b}$.

3. 在三角形 ABC 中(见图 3－23)，用向量 $\overrightarrow{AB},\overrightarrow{AC}$ 表示向量 $\overrightarrow{BC},\overrightarrow{CB}$.

习题 3－2

1. 填空

(1) $\overrightarrow{AB}-\overrightarrow{AD}=$ ________； (2) $\overrightarrow{BC}-\overrightarrow{BA}=$ ________；

(3) $\overrightarrow{OD}-\overrightarrow{OA}=$ ________； (4) $\overrightarrow{AB}+\overrightarrow{BC}+\overrightarrow{CA}=$ ________；

(5) $(\overrightarrow{AB}+\overrightarrow{MB})+\overrightarrow{BO}+\overrightarrow{OM}=$ ________； (6) $\overrightarrow{OA}-\overrightarrow{OC}+\overrightarrow{BO}-\overrightarrow{CO}=$ ________；

(7) $\overrightarrow{AB}-\overrightarrow{AC}+\overrightarrow{BD}-\overrightarrow{CD}=$ ________； (8) $\overrightarrow{OA}-\overrightarrow{OD}+\overrightarrow{AD}=$ ________；

(9) $\overrightarrow{AB}-\overrightarrow{AD}-\overrightarrow{DC}=$ ________； (10) $\overrightarrow{NQ}+\overrightarrow{QP}+\overrightarrow{MN}-\overrightarrow{MP}=$ ________.

2. 如图3-24所示，在平面四边形 $ABCD$ 中，设 $\overrightarrow{AB}=\boldsymbol{a},\overrightarrow{AD}=\boldsymbol{b}$ 试用 $\boldsymbol{a},\boldsymbol{b}$ 表示向量 $\overrightarrow{AC},\overrightarrow{BD}$，

$\overrightarrow{DB}$.

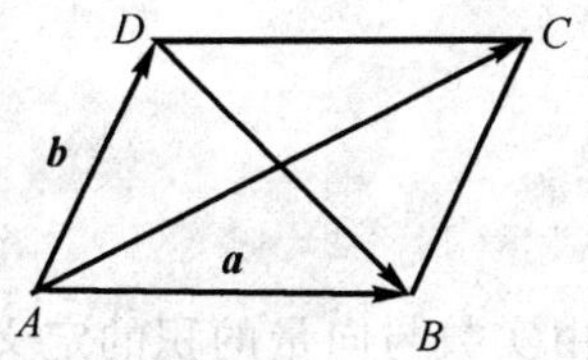

图　3-24

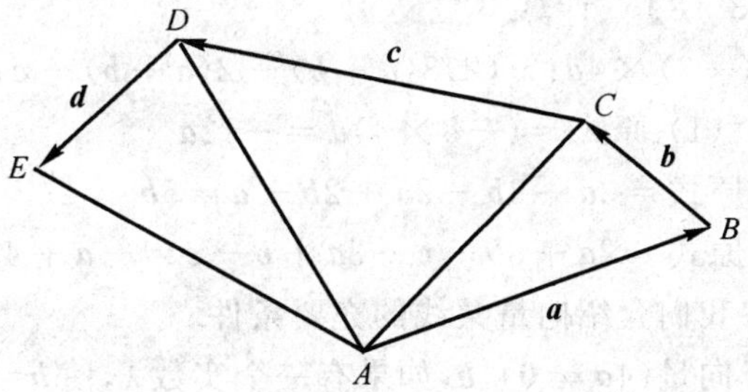

图　3-25

3. 观察图形(见图 3-25) 填空：

(1)$\boldsymbol{a}+\boldsymbol{b}$；　(2)$\boldsymbol{a}+\boldsymbol{b}+\boldsymbol{c}$；　(3)$\boldsymbol{a}+\boldsymbol{b}+\boldsymbol{c}+\boldsymbol{d}$.

4. 对图 3-25 中各组向量 $\boldsymbol{a},\boldsymbol{b}$,分别求作:$\boldsymbol{a}+\boldsymbol{b},\boldsymbol{a}-\boldsymbol{b}$.

5. 飞机从甲地按北偏西15° 的方向飞行 1 400km 到达乙地,再从乙地按南偏东75° 的方向飞行 1 400km 到达丙地,那么丙地在甲地的什么方向？丙地距甲地多远？

3.3　实数与向量的积

1. 实数与向量的积

已知非零向量 $\boldsymbol{a}$,我们作出 $\boldsymbol{a}+\boldsymbol{a}+\boldsymbol{a}$ 和$(-\boldsymbol{a})+(-\boldsymbol{a})+(-\boldsymbol{a})$.

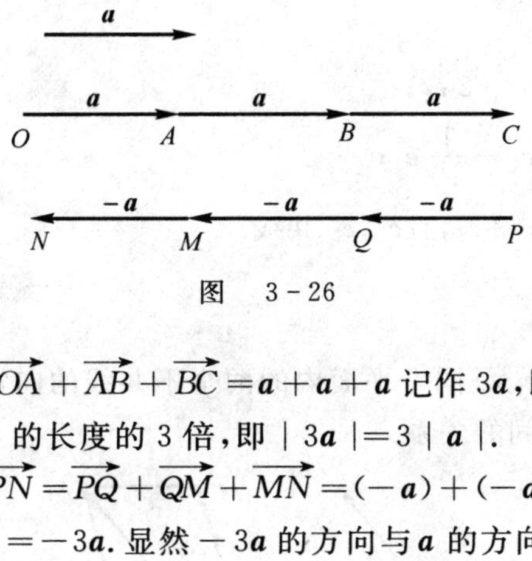

图　3-26

由图 3-26 可知,$\overrightarrow{OC}=\overrightarrow{OA}+\overrightarrow{AB}+\overrightarrow{BC}=\boldsymbol{a}+\boldsymbol{a}+\boldsymbol{a}$ 记作 $3\boldsymbol{a}$,即$\overrightarrow{OC}=3\boldsymbol{a}$. 显然 $3\boldsymbol{a}$ 的方向与 $\boldsymbol{a}$ 的方向相同,$3\boldsymbol{a}$ 的长度是 $\boldsymbol{a}$ 的长度的 3 倍,即 $|3\boldsymbol{a}|=3|\boldsymbol{a}|$.

同样,由图 3-26 可知,$\overrightarrow{PN}=\overrightarrow{PQ}+\overrightarrow{QM}+\overrightarrow{MN}=(-\boldsymbol{a})+(-\boldsymbol{a})+(-\boldsymbol{a})$ 我们把$(-\boldsymbol{a})+(-\boldsymbol{a})+(-\boldsymbol{a})$ 记作 $-3\boldsymbol{a}$,即$\overrightarrow{PN}=-3\boldsymbol{a}$. 显然 $-3\boldsymbol{a}$ 的方向与 $\boldsymbol{a}$ 的方向相反,$-3\boldsymbol{a}$ 的长度是 $\boldsymbol{a}$ 的长度的 3 倍,即 $|-3\boldsymbol{a}|=3|\boldsymbol{a}|$.

一般地,实数 λ 与向量 $\boldsymbol{a}$ 的积是一个向量,记作 $\lambda\boldsymbol{a}$,它的长度与方向规定如下：

(1) $|\lambda\boldsymbol{a}|=|\lambda||\boldsymbol{a}|$；

(2) 当 $\lambda>0$ 时,$\lambda\boldsymbol{a}$ 的方向与 $\boldsymbol{a}$ 的方向相同；当 $\lambda<0$ 时,$\lambda\boldsymbol{a}$ 的方向与 $\boldsymbol{a}$ 的方向相反；当 $\lambda=0$ 时,$\lambda\boldsymbol{a}=\boldsymbol{0}$.

根据实数与向量的积的定义,可以验证下面的运算律,设 λ,μ 为实数,那么

(1)$\lambda(\mu\boldsymbol{a})=(\lambda\mu)\boldsymbol{a}$

(2)$(\lambda+\mu)\boldsymbol{a}=\lambda\boldsymbol{a}+\mu\boldsymbol{a}$

(3) $\lambda(\boldsymbol{a}+\boldsymbol{b})=\lambda\boldsymbol{a}+\lambda\boldsymbol{b}$

【例 3-8】 计算.

(1)$(-3)\times4\boldsymbol{a}$； (2)$3(\boldsymbol{a}+\boldsymbol{b})-2(\boldsymbol{a}-\boldsymbol{b})-\boldsymbol{a}$； (3)$(2\boldsymbol{a}+3\boldsymbol{b}-\boldsymbol{c})-(3\boldsymbol{a}-\boldsymbol{b}+\boldsymbol{c})$.

解 (1) 原式 $=(-3\times4)\boldsymbol{a}=-12\boldsymbol{a}$

(2) 原式 $=3\boldsymbol{a}+3\boldsymbol{b}-2\boldsymbol{a}+2\boldsymbol{b}-\boldsymbol{a}=5\boldsymbol{b}$

(3) 原式 $=2\boldsymbol{a}+3\boldsymbol{b}-\boldsymbol{c}-3\boldsymbol{a}+\boldsymbol{b}-\boldsymbol{c}=-\boldsymbol{a}+4\boldsymbol{b}-2\boldsymbol{c}$

现在我们介绍向量共线的充要条件.

对于向量$(4\boldsymbol{a}\neq\boldsymbol{0})$，$\boldsymbol{b}$，如果有一个实数$\lambda$，使$\boldsymbol{b}=\lambda\boldsymbol{a}$，那么由实数与向量的积的定义知，$\boldsymbol{a}$与$\boldsymbol{b}$共线.

反过来，已知向量$\boldsymbol{a}$与$\boldsymbol{b}$共线，$\boldsymbol{a}\neq\boldsymbol{0}$，且向量$\boldsymbol{b}$的长度是向量$\boldsymbol{a}$的长度$\lambda$倍，即$|\boldsymbol{a}|:|\boldsymbol{b}|=1:\lambda$，那么当$\boldsymbol{a}$与$\boldsymbol{b}$方向相同时，有$\boldsymbol{b}=\lambda\boldsymbol{a}$；那么当$\boldsymbol{a}$与$\boldsymbol{b}$方向相反时，有$\boldsymbol{b}=-\lambda\boldsymbol{a}$.

也就是说，如果$\boldsymbol{a}(\boldsymbol{a}\neq\boldsymbol{0})$与$\boldsymbol{b}$共线，那么有且只有一个实数$\lambda$，使$\boldsymbol{b}=\lambda\boldsymbol{a}$.

定理：向量$\boldsymbol{b}$与非零向量$\boldsymbol{a}$共线的充要条件是有且只有一个实数λ，使得$\boldsymbol{b}=\lambda\boldsymbol{a}$.

【例 3-9】 如图 3-27 所示，已知$\overrightarrow{AD}=3\overrightarrow{AB}$，$\overrightarrow{DE}=3\overrightarrow{BC}$，试判断$\overrightarrow{AC}$与$\overrightarrow{AE}$是否共线?

解 因为$\overrightarrow{AE}=\overrightarrow{AD}+\overrightarrow{DE}=3\overrightarrow{AB}+3\overrightarrow{BC}=3(\overrightarrow{AB}+\overrightarrow{BC})=3\overrightarrow{AC}$，所以$\overrightarrow{AC}$与$\overrightarrow{AE}$共线.

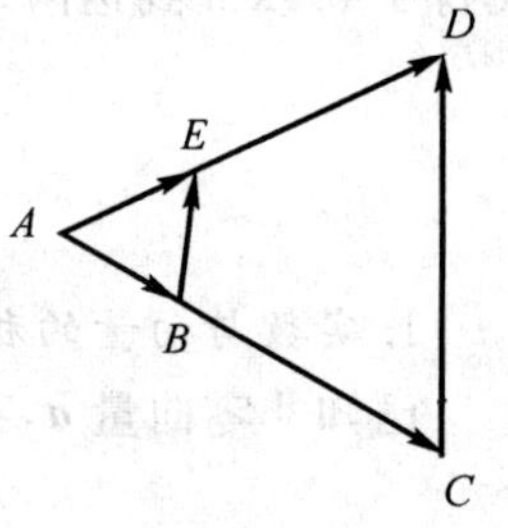

图 3-27

练习 3-5

1. 计算.

(1)$3(\boldsymbol{a}-2\boldsymbol{b})-2(2\boldsymbol{a}+\boldsymbol{b})$； (2) $3\boldsymbol{a}-2(3\boldsymbol{a}-4\boldsymbol{b})+3(\boldsymbol{a}-\boldsymbol{b})$.

2. 判断下列各小题中的向量$\boldsymbol{a}$与$\boldsymbol{b}$是否共线：

(1)$\boldsymbol{a}=-2\boldsymbol{e}$，$\boldsymbol{b}=2\boldsymbol{e}$；

(2)$\boldsymbol{a}=\boldsymbol{e}_1-\boldsymbol{e}_2$，$\boldsymbol{b}=-2\boldsymbol{e}_1+2\boldsymbol{e}_2$；

(3)$\boldsymbol{a}=4\boldsymbol{e}_1-\frac{2}{5}\boldsymbol{e}_2$，$\boldsymbol{b}=\boldsymbol{e}_1-\frac{1}{10}\boldsymbol{e}_2$；

(4)$\boldsymbol{a}=\boldsymbol{e}_1+\boldsymbol{e}_2$，$\boldsymbol{b}=2\boldsymbol{e}_1-2\boldsymbol{e}_2$，且$\boldsymbol{e}_1$，$\boldsymbol{e}_2$共线.

2. 平面向量基本定理

如图 3-28 所示，设$\boldsymbol{e}_1$，$\boldsymbol{e}_2$是同一平面内的两个不共线的向量，$\boldsymbol{a}$是这一平面内的任一向量，我们来研究$\boldsymbol{a}$与$\boldsymbol{e}_1$，$\boldsymbol{e}_2$之间的关系.

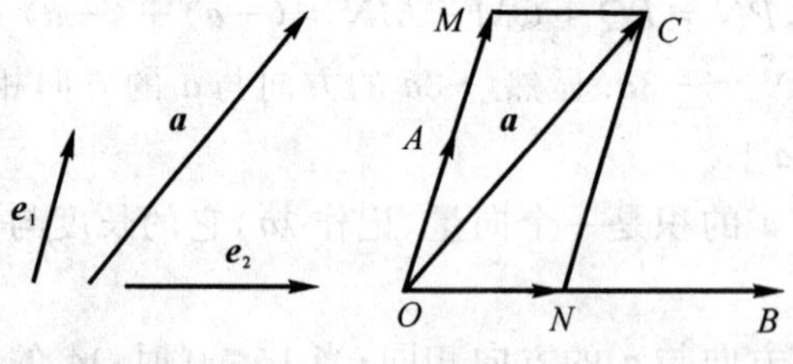

图 3-28

在平面内任取一点O，作$\overrightarrow{OA}=\boldsymbol{e}_1$，$\overrightarrow{OB}=\boldsymbol{e}_2$，$\overrightarrow{OC}=\boldsymbol{a}$. 过点$C$作平行于直线$OA$的直线，与直线$OA$交于$M$；过点$C$作平行直线$OB$的直线，与直线$OB$交于$N$. 则有且只有实数$\lambda_1$，$\lambda_2$，使得$\overrightarrow{OM}=\lambda_1\boldsymbol{e}_1$，$\overrightarrow{ON}=\lambda_2\boldsymbol{e}_2$. 由于$\overrightarrow{OC}=\overrightarrow{OM}+\overrightarrow{ON}$，所以$\boldsymbol{a}=\lambda_1\boldsymbol{e}_1+\lambda_2\boldsymbol{e}_2$. 也就是说，任一何向量$\boldsymbol{a}$都

可表示成 $\lambda_1 \boldsymbol{e}_1 + \lambda_2 \boldsymbol{e}_2$ 的形式.

于是得到下面的定理：

平面向量基本定理　如果 $\boldsymbol{e}_1, \boldsymbol{e}_2$ 是同一平面内的两个不共线向量,那么对于这一平面内的任一向量 $\boldsymbol{a}$,有且只有一对实数 λ_1, λ_2 使

$$\boldsymbol{a} = \lambda_1 \boldsymbol{e}_1 + \lambda_2 \boldsymbol{e}_2$$

我们把不共线的向量 $\boldsymbol{e}_1, \boldsymbol{e}_2$ 叫作基底.

【例 3-10】　表示这一平面 $-2.5\boldsymbol{e}_1 + 3\boldsymbol{e}_2$.

解　(1) 如图 3-29 所示,任取一点 O,作 $\overrightarrow{OA} = -2.5\boldsymbol{e}_1$, $\overrightarrow{OB} = 3\boldsymbol{e}_2$；

(2) 作平行四边形 $OACB$. 于是 $\overrightarrow{OC}$ 就是所求作的向量.

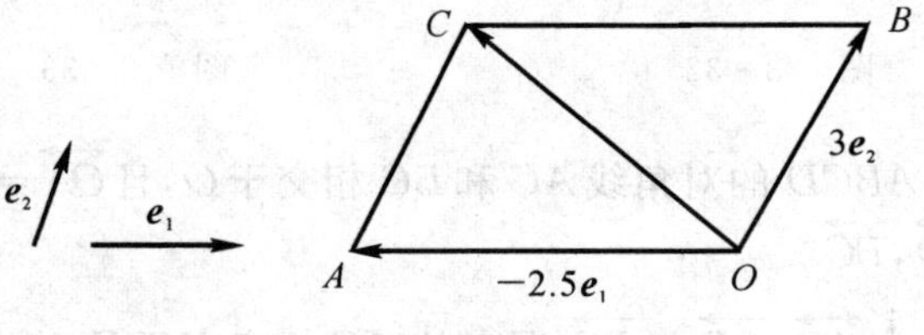

图 3-29

【例 3-11】　如图 3-30 所示,平行四边形 $ABCD$ 的两条对角线相交于点 M,且 $\overrightarrow{AB} = \boldsymbol{a}$, $\overrightarrow{AD} = \boldsymbol{b}$,用 $\boldsymbol{a}, \boldsymbol{b}$ 表示 $\overrightarrow{MA}, \overrightarrow{MB}, \overrightarrow{MC}$ 和 $\overrightarrow{MD}$.

解　在平行四边形 $ABCD$ 中,因为

$$\overrightarrow{AC} = \overrightarrow{AB} + \overrightarrow{AD} = \boldsymbol{a} + \boldsymbol{b}$$

$$\overrightarrow{DB} = \overrightarrow{AB} + \overrightarrow{AD} = \boldsymbol{a} - \boldsymbol{b}$$

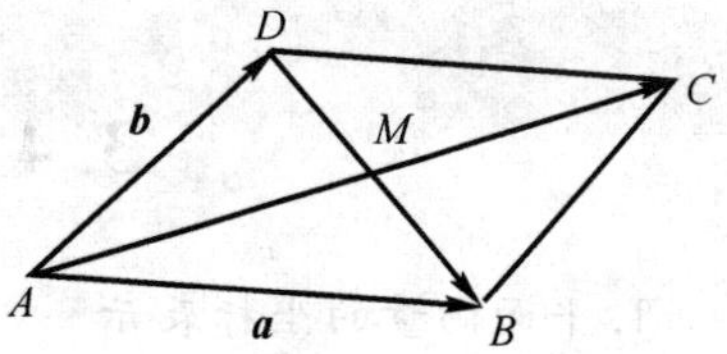

图 3-30

则有　$$\overrightarrow{MA} = -\frac{1}{2}\overrightarrow{AC} = -\frac{1}{2}(\boldsymbol{a} + \boldsymbol{b}) = -\frac{1}{2}\boldsymbol{a} - \frac{1}{2}\boldsymbol{b}$$

$$\overrightarrow{MB} = \frac{1}{2}\overrightarrow{DB} = \frac{1}{2}\boldsymbol{a} - \frac{1}{2}\boldsymbol{b}$$

练习 3-6

1. 已知向量 $\overrightarrow{OA}, \overrightarrow{OB}$(点 O, A, B 不共线),求下列向量

(1) $\overrightarrow{OM} = \frac{1}{2}(\overrightarrow{OA} + \overrightarrow{OB})$；　(2) $\overrightarrow{ON} = \frac{1}{2}(\overrightarrow{OA} - \overrightarrow{OB})$；　(3) $\overrightarrow{OG} = 3\overrightarrow{OA} + 2\overrightarrow{OB}$.

2. 如图 3-31 所示,已知向量,求下列向量

(1) $3\boldsymbol{e}_1 + 2\boldsymbol{e}_2$；　(2) $4\boldsymbol{e}_1 - \boldsymbol{e}_2$；　(3) $-2\boldsymbol{e}_1 + \frac{1}{2}\boldsymbol{e}_2$.

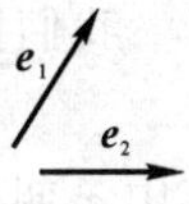

图 3-31

3. 已知 $\overrightarrow{AB} = \boldsymbol{a}, \overrightarrow{BC} = \boldsymbol{b}, \overrightarrow{CD} = \boldsymbol{c}, \overrightarrow{DE} = \boldsymbol{d}, \overrightarrow{AE} = \boldsymbol{e}$,则 $\boldsymbol{a} + \boldsymbol{b} + \boldsymbol{c} + \boldsymbol{d} =$ ______.

习题 3-3

1. 计算下列各式：

(1) $2(\boldsymbol{a} - 2\boldsymbol{b}) + (5\boldsymbol{a} + 2\boldsymbol{b})$；　(2) $3(2\boldsymbol{a} + \boldsymbol{b} - \boldsymbol{c}) - 5(\boldsymbol{a} + 2\boldsymbol{b} + \boldsymbol{c})$.

2. 如图 3-32 所示,DE 是三角形 ABC 中 AB, AC 边的中点,用向量 $\overrightarrow{AB}, \overrightarrow{AC}$ 表示向量 $\overrightarrow{DE}$,用 $\overrightarrow{DE}$ 表示 $\overrightarrow{BC}$.

3. 判断下列向量 $\boldsymbol{a}$ 与 $\boldsymbol{b}$ 是否平行：

(1) $\boldsymbol{a} = 6\boldsymbol{e}, \boldsymbol{b} = -3\boldsymbol{e}$；

(2)$\boldsymbol{a}=\boldsymbol{0},\boldsymbol{b}=5\boldsymbol{e}$;

(3)$\boldsymbol{a}=6\boldsymbol{e}_1-2\boldsymbol{e}_2,\boldsymbol{b}=-3\boldsymbol{e}_1+\boldsymbol{e}_2$.

4. 根据下列各小题中的条件,分别判断四边形 $ABCD$ 的形状.

(1) $\overrightarrow{AD}=\overrightarrow{BC}$;　　(2) $\overrightarrow{AD}=\dfrac{1}{3}\overrightarrow{BC}$;　　(3) $\overrightarrow{AB}=\overrightarrow{CD}$,且 $|\overrightarrow{AB}|=|\overrightarrow{AD}|$.

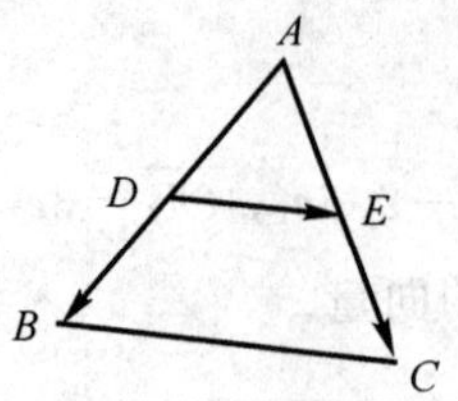

图　3-32

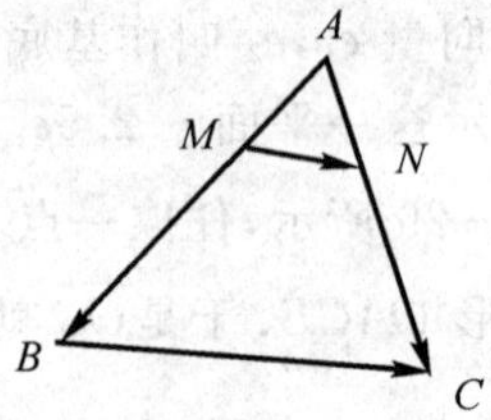

图　3-33

5. 已知平行四边形 $ABCD$ 的对角线 AC 和 BC 相交于 O,且 $\overrightarrow{OA}=\boldsymbol{a},\overrightarrow{OB}=\boldsymbol{b}$,用向量 $\boldsymbol{a},\boldsymbol{b}$ 分别表示向量 $\overrightarrow{OC},\overrightarrow{OD},\overrightarrow{CD},\overrightarrow{BC}$.

6. $\triangle ABC$ 中,$\overrightarrow{AD}=\dfrac{1}{4}\overrightarrow{AB},\overrightarrow{DE}\,/\!/\,\overrightarrow{BC}$,且与边 AC 相交点于 E,$\triangle ABC$ 的中线 AM 与 DE 相交于点 N. 设 $\overrightarrow{AB}=\boldsymbol{a},\overrightarrow{AC}=\boldsymbol{b}$,用 $\boldsymbol{a},\boldsymbol{b}$ 分别表示向量 $\overrightarrow{BC},\overrightarrow{DE},\overrightarrow{DB},\overrightarrow{EC},\overrightarrow{DN},\overrightarrow{AN}$.

7. 如图 3-33 所示,$\overrightarrow{AM}=\dfrac{1}{3}\overrightarrow{AB},\overrightarrow{AN}=\dfrac{1}{3}\overrightarrow{AC}$,求证:$\overrightarrow{MN}=\dfrac{1}{3}\overrightarrow{BC}$.

3.4　平面向量的坐标运算

1. 平面向量的坐标表示

我们知道,在平面直角坐标系内,平面的每一个点都可用一对实数(即它的坐标)来表示. 同样,在平面直角坐标系内,每一个平面向量也都可以用一对实数来表示.

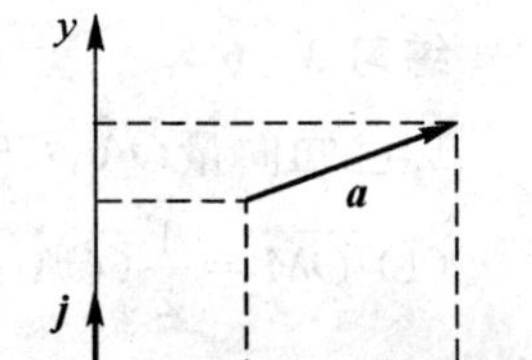

图　3-34

如图 3-34 所示,在直角坐标系内,我们分别取与 x 轴,y 轴方向相同的两个单位向量 $\boldsymbol{i},\boldsymbol{j}$ 作为基底. 任作一个向量 $\boldsymbol{a}$,由平面向量基本定理知,有且只有一对实数 x,y,使得

$$\boldsymbol{a}=x\boldsymbol{i}+y\boldsymbol{j} \qquad ①$$

我们把(x,y)叫作向量 $\boldsymbol{a}$ 的(直角)坐标,记作

$$\boldsymbol{a}=(x,y) \qquad ②$$

其中 x 叫作 $\boldsymbol{a}$ 在 x 轴上的坐标,y 叫作 $\boldsymbol{a}$ 在 y 轴上的坐标,式 ② 叫作做向量的坐标表示. 与 $\boldsymbol{a}$ 相等的向量的坐标也为(x,y).

显然　　　　$\boldsymbol{i}=(1,0)$,　$\boldsymbol{j}=(0,1)$,　$0=(0,0)$

如图 3-35 所示,在直角坐标平面内,以原点 O 为起点作 $\overrightarrow{OA}=\boldsymbol{a}$,则点 A 的位置由 $\boldsymbol{a}$ 唯一确定.

设 $\overrightarrow{OA}=x\boldsymbol{i}+y\boldsymbol{j}$,则向量 $\overrightarrow{OA}$ 的坐标(x,y)就是点 A 的坐标;反过来,点 A 的坐标为(x,y)也就是向量 $\overrightarrow{OA}$ 的坐标. 因此,在平面直角坐标系内,每一个平面向量都可以用一对实数唯一表示.

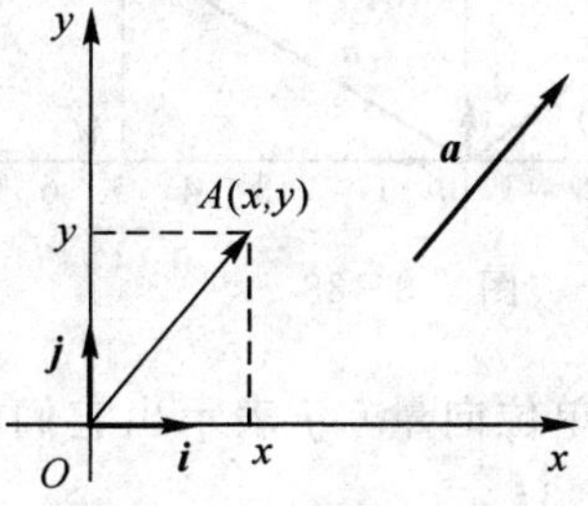

图　3-35

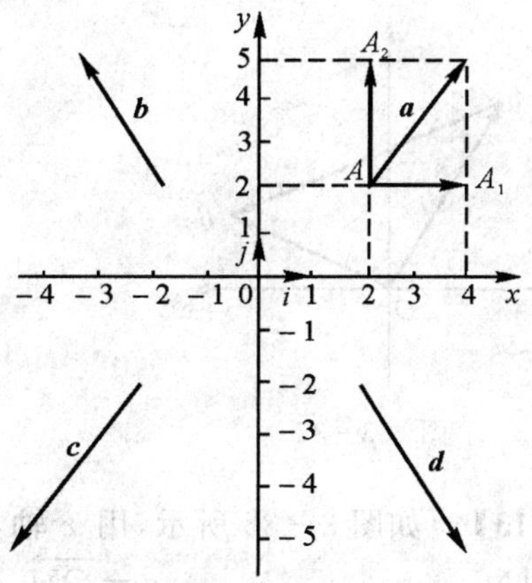

图　3-36

【例3-12】　如图3-36所示,用基底 $\boldsymbol{i},\boldsymbol{j}$ 分别表示向量 $\boldsymbol{a},\boldsymbol{b},\boldsymbol{c},\boldsymbol{d}$,并求出它们的坐标.

解　由图可知

$$\boldsymbol{a}=\overrightarrow{AA_1}+\overrightarrow{AA_2}=2\boldsymbol{i}+3\boldsymbol{j}$$

所以

$$\boldsymbol{a}=(2,3)$$

同理

$$\boldsymbol{b}=-2\boldsymbol{i}+3\boldsymbol{j}=(-2,3)$$

$$\boldsymbol{c}=-2\boldsymbol{i}-3\boldsymbol{j}=(-2,-3)$$

$$\boldsymbol{b}=2\boldsymbol{i}-3\boldsymbol{j}=(2,-3)$$

练习3-7

1. 点 A 的坐标为 $(-2,3)$,写出向量 $\overrightarrow{OA}$ 的坐标,并用 $\boldsymbol{i}$ 与 $\boldsymbol{j}$ 的线性组合表示向量 $\overrightarrow{OA}$.
2. 设向量 $\boldsymbol{a}=3\boldsymbol{i}-4\boldsymbol{j}$,写出向量 $\boldsymbol{a}$ 的坐标.

2. 平面向量的坐标运算

已知 $\boldsymbol{a}=(x_1,y_1)$,$\boldsymbol{b}=(x_2,y_2)$,则

$$\boldsymbol{a}+\boldsymbol{b}=(x_1\boldsymbol{i}+y_1\boldsymbol{j})+(x_2\boldsymbol{i}+y_2\boldsymbol{j})=(x_1+x_2)\boldsymbol{i}+(y_1+y_2)\boldsymbol{j}$$

$$\boldsymbol{a}+\boldsymbol{b}=(x_1+x_2,y_1+y_2)$$

同理

$$\boldsymbol{a}-\boldsymbol{b}=(x_1-x_2,y_1-y_2)$$

这就是说,两个向量和与差的坐标分别等于这两个向量相应坐标的和与差.

由此可以得到:一个向量的坐标等于表示向量的有向线段的终点的坐标减去起点的坐标.

如图3-37所示,$A(x_1,y_1)$,$B(x_2,y_2)$,那么根据上面的结论

$$\overrightarrow{AB}=\overrightarrow{OB}-\overrightarrow{OA}=(x_2,y_2)-(x_1,y_1)=(x_2-x_1,y_2-y_1)$$

已知 $\boldsymbol{a}=(x,y)$ 和实数 λ,那么

$$\lambda\boldsymbol{a}=(\lambda x,\lambda y)$$

这就是说,实数与向量的积的坐标等于这个实数乘原向量的相应坐标.

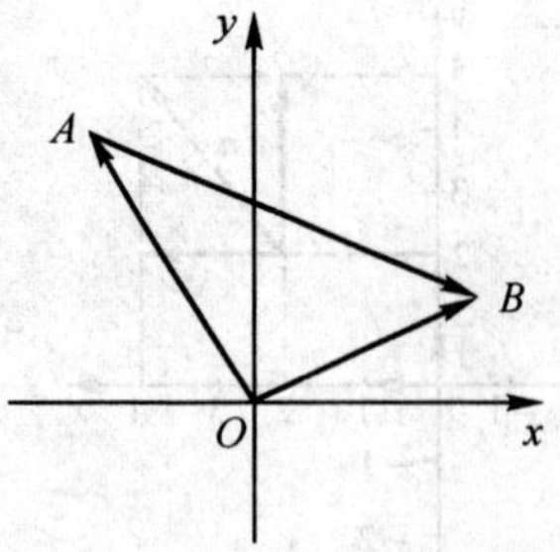

图 3-37

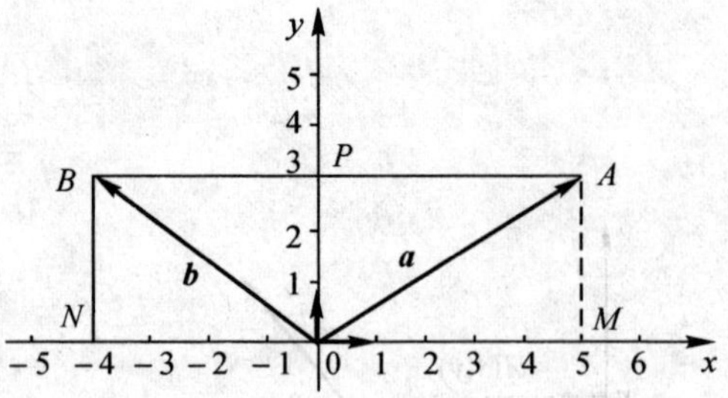

图 3-38

【例 3-13】 如图 3-38 所示，用 x 轴与 y 轴上的单位向量 $\boldsymbol{i},\boldsymbol{j}$ 表示出它们的坐标.

解 因为
$$\boldsymbol{a}=\overrightarrow{OM}+\overrightarrow{MA}=5\boldsymbol{i}+3\boldsymbol{j}$$

所以 $\boldsymbol{a}=(5,3)$ 同理可得
$$\boldsymbol{b}=(-4,3)$$

【例 3-14】 已知 $P(2,-1)$，$Q(3,2)$，求 $\overrightarrow{PQ}$，$\overrightarrow{QP}$ 的坐标.

解
$$\overrightarrow{PQ}=(3,2)-(2,-1)=(1,3)$$
$$\overrightarrow{QP}=(2,-1)-(3,2)=(-1,-3)$$

【例 3-15】 已知平行四边形 $ABCD$ 的 3 个顶点 A,B,C 的坐标为 $(-2,1)$，$(-1,3)$，$(3,4)$，求顶点 D 的坐标.

解 设顶点 D 的坐标为 (x,y)

因为
$$\overrightarrow{AB}=(-1-(-2),3-1)=(1,2)$$
$$\overrightarrow{CD}=(3-x,4-y)$$

由 $\overrightarrow{AB}=\overrightarrow{DC}$，得
$$(1,2)=(3-x,4-y)$$

所以
$$\begin{cases}1=3-x,\\2=4-y\end{cases}\quad\begin{cases}x=2\\y=2\end{cases}$$

故顶点 D 的坐标为 $(2,2)$.

练习 3-8

1. 已知 $\boldsymbol{a},\boldsymbol{b}$ 的坐标，求 $\boldsymbol{a}+\boldsymbol{b}$，$\boldsymbol{a}-\boldsymbol{b}$ 的坐标.

(1) $\boldsymbol{a}=(-2,4)$，$\boldsymbol{b}=(5,2)$； (2) $\boldsymbol{a}=(3,0)$，$\boldsymbol{b}=(0,4)$.

2. 已知 $\boldsymbol{a}=(3,2)$，$\boldsymbol{b}=(0,-1)$，求 $-2\boldsymbol{a}+4\boldsymbol{b}$，$4\boldsymbol{a}+3\boldsymbol{b}$ 的坐标.

3. 已知 A,B 两点的坐标，求 $\overrightarrow{AB}$，$\overrightarrow{BA}$ 的坐标.

(1) $A(3,5)$，$B(6,9)$； (2) $A(3,0)$，$B(8,0)$.

3. 向量平行的坐标表示

设 $\boldsymbol{a}$ 的坐标为 (x_1,y_1)，$\boldsymbol{b}$ 的坐标为 (x_2,y_2). 如果 $\boldsymbol{a}\parallel\boldsymbol{b}(\boldsymbol{b}\neq\boldsymbol{0})$，那么存在一个实数 λ，使得 $\boldsymbol{a}=\lambda\boldsymbol{b}$，坐标表示为
$$(x_1,y_1)=\lambda(x_2,y_2)=(\lambda x_2,\lambda y_2)$$

即
$$\begin{cases}x_1=\lambda x_2\\y_1=\lambda y_2\end{cases}$$

当 $\lambda \neq 0$，上述方程组消去实数 λ 后，得

$$x_1 y_2 - x_2 y_1 = 0$$

当 $\lambda = 0$，$x_1 = y_1 = 0$，也有

$$x_1 y_2 - x_2 y_1 = 0$$

这一过程也进行逆向推导.

由此，我们得到：对于任意两个平行向量 (x_1, y_1) 和 (x_2, y_2)，有 $x_1 y_2 - x_2 y_1 = 0$；反之，若两个向量 (x_1, y_1) 和 (x_2, y_2) 满足 $x_1 y_2 - x_2 y_1 = 0$，则这两个向量平行.

【例 3-16】 设 $\boldsymbol{a} = (1,2)$，$\boldsymbol{b} = (-5,3)$，求 $\boldsymbol{a} + \boldsymbol{b}$，$\boldsymbol{a} - \boldsymbol{b}$，$3\boldsymbol{a} - 2\boldsymbol{b}$ 的坐标.

解

$$\boldsymbol{a} + \boldsymbol{b} = (1,2) + (-5,3) = (-4,5)$$

$$\boldsymbol{a} - \boldsymbol{b} = (1,2) - (-5,3) = (6,-1)$$

$$3\boldsymbol{a} - 2\boldsymbol{b} = 3(1,2) - 2(-5,3) = (13,0)$$

【例 3-17】 已知 $\boldsymbol{a} = (4,2)$，$\boldsymbol{b} = (x,3)$，且 $\boldsymbol{a} \parallel \boldsymbol{b}$，求 x 的值.

解 因为 $\boldsymbol{a} \parallel \boldsymbol{b}$，所以

$$4 \times 3 - 2x = 0, \quad x = 6$$

【例 3-18】 已知 $A(-1,-1)$，$B(1,3)$，$C(2,5)$，求证 A,B,C 三点共线.

证明 因为

$$\overrightarrow{AB} = (1-(-1), 3-(-1)) = (2,4)$$

$$\overrightarrow{AC} = (2-(-1), 5-(-1)) = (3,6)$$

又因为

$$2 \times 6 - 3 \times 4 = 0$$

所以

$$\overrightarrow{AB} \parallel \overrightarrow{AC}$$

因为直线 AB，AC 有公共点 A. 所以 A,B,C 三点共线.

练习 3-9

1. 判断下列向量是否共线.

(1) $\boldsymbol{a} = (-1,2)$，$\boldsymbol{b} = (-2,4)$；

(2) $\boldsymbol{a} = (3,-4)$，$\boldsymbol{b} = (-4,3)$.

2. 设 $\boldsymbol{a} = (2,1)$，$\boldsymbol{b} = (m,3)$，且 $\boldsymbol{a} \parallel \boldsymbol{b}$，求 m 的值.

4. 两点间的距离

如图 3-39 所示，已知 $\boldsymbol{a} = (x_a, y_a)$，作 $\overrightarrow{OM} = \boldsymbol{a}$，则由勾股定理知，$\boldsymbol{a}$ 的长度

$$|\boldsymbol{a}| = |\overrightarrow{OM}| = \sqrt{x_a + y_a}$$

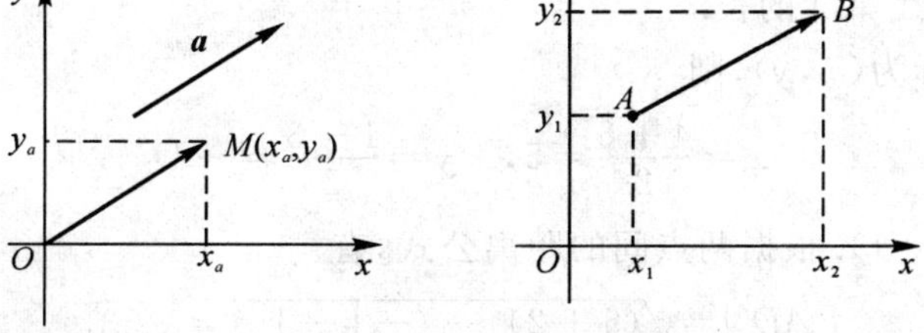

图 3-39

这就是说，向量 $\boldsymbol{a}$ 的长度等于它的坐标平方和的算术平方根.

如图 3－39 所示，如果已知平面上两点 $A(x_1,y_1)$，$B(x_1,y_1)$，怎样求 A，B 两点之间的距离？

很明显，以 A 为起点，B 为终点作向量 $\overrightarrow{AB}$，则 A，B 两点之间的距离 $|AB|$ 等于向量 $\overrightarrow{AB}$ 的长度. 因为

$$\overrightarrow{AB}=(x_2-x_1,y_2-y_1)$$

所以

$$|AB|=\sqrt{(x_2-x_1)^2+(y_2-y_1)^2}$$

此式叫作两点之间的距离公式.

【例 3－19】 已知三角形 3 个顶点的坐标分别为 $A(3,4)$，$B(6,8)$，$C(8,16)$，求这个三角形三边的长.

解

$$|AB|=\sqrt{(6-3)^2+(8-4)^2}=5$$

$$|BC|=\sqrt{(8-6)^2+(16-8)^2}=2\sqrt{17}$$

$$|CA|=\sqrt{(3-8)^2+(4-16)^2}=13$$

得三角形三边长分别为 $5,2\sqrt{17},13$.

练习 3－10

求两点间的距离：

(1)$A(2,4)$，$B(5,4)$；　(2)$A(-3,2)$，$B(-2,-1)$.

5. 线段的中点坐标

如图 3－40 所示，已知 $A(x_1,y_1)$，$B(x_1,y_1)$ 是平面上两点，P 是线段 AB 的中点，怎样求 P 点的坐标？

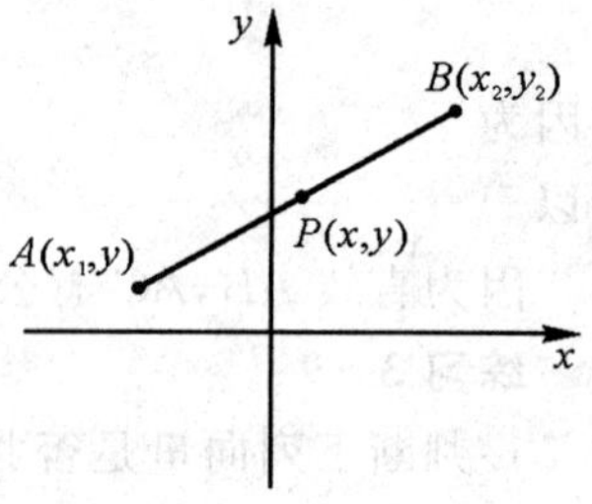

图　3－40

解　设 P 点的坐标是 (x,y)，则

$$\overrightarrow{AP}=(x-x_1,y-y_1)$$

因为　$(x-x_1,y-y_1)=\frac{1}{2}(x_2-x_1,y_2-y_1)$

即

$$\begin{cases}x-x_1=\frac{1}{2}(x_2-x_1)\\ y-y_1=\frac{1}{2}(y_2-y_1)\end{cases}\Rightarrow\begin{cases}x=\frac{(x_2+x_1)}{2}\\ y=\frac{(y_2+y_1)}{2}\end{cases}\qquad(3-1)$$

我们把式(3－1)叫作中点坐标公式.

【例 3－20】 已知三角形 ABC 的顶点 A，B，C 的坐标分别是 $(-2,1)$，$(4,1)$，$(6,-3)$，D 为 BC 边的中点，求中线 AD 的长.

解　设 D 点坐标为 (x,y)，则

$$x=\frac{4+6}{2}=5,\quad y=\frac{1-3}{2}=-1$$

所以，D 的坐标为 $(5,-1)$. 根据两点间的距离公式，有

$$|AD|=\sqrt{(5+2)^2+(-1-1)^2}=\sqrt{53}$$

练习 3－11

求连结下列两点的线段的中点坐标：(1)$A(3,4)$，$B(-5,7)$；(2)$A(-6,-2)$，$B(4,-3)$.

习题 3-4

1. 已知向量 $\boldsymbol{a}$ 及表示该向量的有向线段的起点 A 的坐标，求它的终点坐标 B 的坐标.

(1) $\boldsymbol{a}=(-2,1)$，$A(0,0)$；

(2) $\boldsymbol{a}=(1,3)$，$A(-1,5)$；

(3) $\boldsymbol{a}=(-2,-5)$，$A(3,7)$.

2. 已知作用在坐标原点的三个力 $\boldsymbol{F}_1=(3,4)$，$\boldsymbol{F}_2=(2,-5)$，$\boldsymbol{F}_3=(3,1)$，求作用在原点的合力 $\boldsymbol{F}_1+\boldsymbol{F}_2+\boldsymbol{F}_3$ 的坐标.

3. 已知平方四边形 $ABCD$ 的顶点 $A(-1,-2)$，$B(3,-1)$，$C(5,6)$，求顶点 D 的坐标.

4. 已知 $\boldsymbol{a}=(1,2)$，$\boldsymbol{b}=(-1,-3)$，$\boldsymbol{c}=(3,0)$ 且 $\boldsymbol{c}=x\boldsymbol{a}+y\boldsymbol{b}$，求 x,y.

5. 判断下列各组向量是否共线

(1) $\boldsymbol{a}=(2,3)$，$\boldsymbol{b}=(1,\frac{3}{2})$；(2) $\boldsymbol{a}=(2,1)$，$\boldsymbol{b}=(-1,2)$.

6. 已知 $\boldsymbol{a}=(1,2)$，$\boldsymbol{b}=(-1,-3)$，求 $2\boldsymbol{a}-4\boldsymbol{b}$.

7. 求与下列各点关于坐标原点 O 对称的点的坐标.

$A(3,3)$；　　$B(-3,4)$.

3.5　平面向量的数量积及运算

在物理课中，我们学过功的概念，即如果一个物体在力 $\boldsymbol{F}$ 的作用下产生位移 $\boldsymbol{s}$，那么力 $\boldsymbol{F}$ 所做的功 W 为 $W=|\boldsymbol{F}||\boldsymbol{s}|\cos\theta$，其中 θ 是 $\boldsymbol{F}$ 与 s 的夹角.

从力所做的功出发，我们引入向量数量积的概念.

首先，我们来学习向量的夹角.

已知两个非零向量 $\boldsymbol{a}$ 和 $\boldsymbol{b}$，作 $\overrightarrow{OA}=\boldsymbol{a}$，$\overrightarrow{OB}=\boldsymbol{b}$，则 $\angle AOB=\theta(0^\circ\leqslant\theta\leqslant 180^\circ)$ 叫作向量 $\boldsymbol{a}$ 与 $\boldsymbol{b}$ 的夹角.

显然，当 $\theta=0^\circ$ 时，$\boldsymbol{a}$ 与 $\boldsymbol{b}$ 同向，当 $\theta=180^\circ$ 时，$\boldsymbol{a}$ 与 $\boldsymbol{b}$ 反向.

如果 $\boldsymbol{a}$ 与 $\boldsymbol{b}$ 的夹角是 90°，我们说 $\boldsymbol{a}$ 与 $\boldsymbol{b}$ 垂直，记作 $\boldsymbol{a}\perp\boldsymbol{b}$.

已知两个向量 $\boldsymbol{a}$ 和 $\boldsymbol{b}$，它们的夹角为 θ，我们把数量 $|\boldsymbol{a}||\boldsymbol{b}|\cos\theta$ 叫作 $\boldsymbol{a}$ 与 $\boldsymbol{b}$ 的数量积(或内积)，记作 $\boldsymbol{a}\cdot\boldsymbol{b}$，即

$$\boldsymbol{a}\cdot\boldsymbol{b}=|\boldsymbol{a}||\boldsymbol{b}|\cos\theta$$

并且规定，零向量与任一向量的数量积为 0.

由此可以看出，两个向量的数量积是一个数，这个数量的大小与两个向量的长度及其夹角有关，因此，前面提到的力所做的功，就是力 $\boldsymbol{F}$ 与其作用下物体产生的位移 $\boldsymbol{s}$ 的数量积 $\boldsymbol{F}\cdot\boldsymbol{s}$.

【例 3-21】　已知 $|\boldsymbol{a}|=3$，$|\boldsymbol{b}|=2$，$\langle\boldsymbol{a},\boldsymbol{b}\rangle=60^\circ$，求 $\boldsymbol{a}\cdot\boldsymbol{b}$.

解　$\boldsymbol{a}\cdot\boldsymbol{b}=|\boldsymbol{a}||\boldsymbol{b}|\cos\langle a,\ \boldsymbol{b}\rangle=3\times2\times\cos 60^\circ=3$

练习 3-12

1. 已知 $|\boldsymbol{a}|=7$，$|\boldsymbol{b}|=4$，$\boldsymbol{a}$ 和 $\boldsymbol{b}$ 的夹角为 60°，求 $\boldsymbol{a}\cdot\boldsymbol{b}$.

2. 已知 $\triangle ABC$ 中，$a=5$，$b=8$，$\angle C=60^\circ$，求 $\overrightarrow{BC}\cdot\overrightarrow{CA}$.

如图 3-41 所示，$\overrightarrow{OA}=\boldsymbol{a}$，$\overrightarrow{OB}=\boldsymbol{b}$，过点 B 作 BB_1 垂直于直线 OA，垂直为 B_1，则

$OB_1 = |\boldsymbol{b}|\cos\theta$.

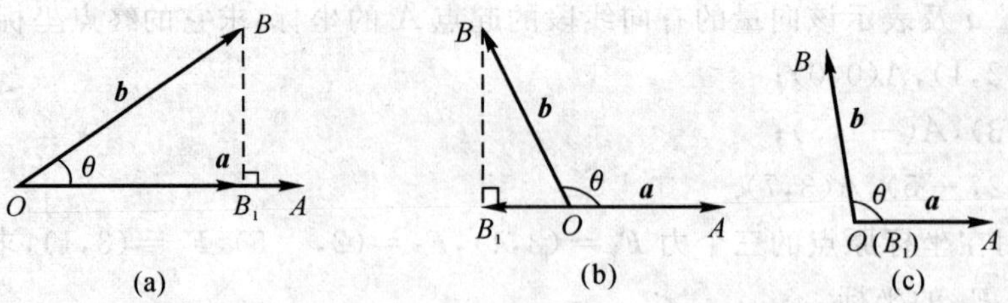

图　3-41

$|\boldsymbol{b}|\cos\theta$ 叫作向量 $\boldsymbol{b}$ 在 $\boldsymbol{a}$ 方向上的投影，当 θ 为锐角（见图 3-41(a)）时，它是正值；当 θ 为钝角（见图 3-41(b)）时，它是负值；当 $\theta=90^\circ$（见图 3-41(c)）时，它是 0；当 $\theta=0^\circ$ 时，它是 $|\boldsymbol{b}|$；当 $\theta=180^\circ$ 时，它是 $-|\boldsymbol{b}|$.

因此，我们得到 $\boldsymbol{a}\cdot\boldsymbol{b}$ 的几何意义：数量积 $\boldsymbol{a}\cdot\boldsymbol{b}$ 等于 $\boldsymbol{a}$ 的长度 $|\boldsymbol{a}|$ 与 $\boldsymbol{b}$ 在 $\boldsymbol{a}$ 的方向上的投影 $|\boldsymbol{b}|\cos\theta$ 的乘积.

根据向量数量积的定义，容易得到如下重要性质.

设 $\boldsymbol{a}$，$\boldsymbol{b}$ 都是非零向量，$\boldsymbol{e}$ 是与 $\boldsymbol{b}$ 方向相同的单位向量，θ 是 $\boldsymbol{a}$ 与 $\boldsymbol{e}$ 的夹角，则

(1) $\boldsymbol{e}\cdot\boldsymbol{a}=\boldsymbol{a}\cdot\boldsymbol{e}=|\boldsymbol{a}|\cos\theta$.

(2) $\boldsymbol{a}\perp\boldsymbol{b}\Leftrightarrow\boldsymbol{a}\cdot\boldsymbol{b}=0$.

(3) 当 $\boldsymbol{a}$ 与 $\boldsymbol{b}$ 同向时，$\boldsymbol{a}\cdot\boldsymbol{b}=|\boldsymbol{a}||\boldsymbol{b}|$；当 $\boldsymbol{a}$ 与 $\boldsymbol{b}$ 反向时，与 $\boldsymbol{a}\cdot\boldsymbol{b}=-|\boldsymbol{a}||\boldsymbol{b}|$. 特别地，$\boldsymbol{a}\cdot\boldsymbol{a}=|\boldsymbol{a}|^2$ 或 $|\boldsymbol{a}|=\sqrt{\boldsymbol{a}\cdot\boldsymbol{a}}$.

(4) $\cos\theta=\dfrac{\boldsymbol{a}\cdot\boldsymbol{b}}{|\boldsymbol{a}||\boldsymbol{b}|}$.

(5) $|\boldsymbol{a}\cdot\boldsymbol{b}|\leqslant|\boldsymbol{a}||\boldsymbol{b}|$.

已知向量 $\boldsymbol{a}$，$\boldsymbol{b}$，$\boldsymbol{c}$ 和实数 λ，则向量的数量积满足下列运算律：

(1) $\boldsymbol{a}\cdot\boldsymbol{b}=\boldsymbol{b}\cdot\boldsymbol{a}$（交换律）.

(2) $(\lambda\boldsymbol{a})\cdot\boldsymbol{b}=\lambda(\boldsymbol{a}\cdot\boldsymbol{b})=\boldsymbol{a}\cdot(\lambda\boldsymbol{b})$.

(3) $(\boldsymbol{a}+\boldsymbol{b})\cdot\boldsymbol{c}=\boldsymbol{a}\cdot\boldsymbol{c}+\boldsymbol{b}\cdot\boldsymbol{c}$.

【例 3-22】　已知 $|\boldsymbol{a}|=|\boldsymbol{b}|=\sqrt{2}$，$\boldsymbol{a}\cdot\boldsymbol{b}=-\sqrt{2}$，求 $<\boldsymbol{a},\boldsymbol{b}>$.

解

$$\cos<\boldsymbol{a},\boldsymbol{b}>=\frac{\boldsymbol{a}\cdot\boldsymbol{b}}{|\boldsymbol{a}||\boldsymbol{b}|}=\frac{-\sqrt{2}}{\sqrt{2}\times\sqrt{2}}=-\frac{\sqrt{2}}{2}$$

由于

$$0^\circ\leqslant<\boldsymbol{a},\boldsymbol{b}>\leqslant 180^\circ$$

所以

$$<\boldsymbol{a},\boldsymbol{b}>=135^\circ$$

【例 3-23】　已知 $|\boldsymbol{a}|=5$，$|\boldsymbol{b}|=6$，$\boldsymbol{a}$ 与 $\boldsymbol{b}$ 的夹角为 60°，求 $(\boldsymbol{a}-2\boldsymbol{b})\cdot(\boldsymbol{a}+3\boldsymbol{b})$.

解　$(\boldsymbol{a}-2\boldsymbol{b})\cdot(\boldsymbol{a}+3\boldsymbol{b})=\boldsymbol{a}\cdot\boldsymbol{a}+\boldsymbol{a}\cdot\boldsymbol{b}-6(\boldsymbol{b}\cdot\boldsymbol{b})=|\boldsymbol{a}|^2+|\boldsymbol{a}||\boldsymbol{b}|\cos\theta-6|\boldsymbol{b}|^2=$

$$5^2+5\times 6\cos 60^\circ-6\times 6^2=-176$$

【例 3-24】　已知 $|\boldsymbol{a}|=2$，$|\boldsymbol{b}|=3$，当且仅当 k 为何值时，向量 $\boldsymbol{a}+k\boldsymbol{b}$ 与 $\boldsymbol{a}-k\boldsymbol{b}$ 互相垂直？

解　$\boldsymbol{a}+k\boldsymbol{b}$ 与 $\boldsymbol{a}-k\boldsymbol{b}$ 互相垂直的充要条件是

$$(\boldsymbol{a}+k\boldsymbol{b})\cdot(\boldsymbol{a}-k\boldsymbol{b})=0$$

即
$$\boldsymbol{a}\cdot\boldsymbol{a}-k^2(\boldsymbol{b}\cdot\boldsymbol{b})=0$$

将 $|\boldsymbol{a}|=2$，$|\boldsymbol{b}|=3$ 代入上式得 $2^2-3^2k^2=0$，即 $k=\pm\frac{2}{3}$.

这就是说，当且仅当 $k=\pm\frac{2}{3}$ 时，$\boldsymbol{a}+k\boldsymbol{b}$ 与 $\boldsymbol{a}-k\boldsymbol{b}$ 互相垂直.

练习 3－13

1. 已知 $|\boldsymbol{a}|=2$，$|\boldsymbol{b}|=3$，$<\boldsymbol{a},\boldsymbol{b}>=30°$，求 $(2\boldsymbol{a}-\boldsymbol{b})\cdot\boldsymbol{b}$.
2. 已知 $\boldsymbol{a}\cdot\boldsymbol{a}=9$，求 $|\boldsymbol{a}|$.
3. 已知 $|\boldsymbol{a}|=2$，$|\boldsymbol{b}|=3$，且 $\boldsymbol{a}\perp\boldsymbol{b}$，求 $|\boldsymbol{a}+\boldsymbol{b}|$.

习题 3－5

1. 已知 $|\boldsymbol{a}|=2$，$|\boldsymbol{b}|=3$，且 $\boldsymbol{a}$ 与 $\boldsymbol{b}$ 的夹角 $\theta=150°$，求 $\boldsymbol{a}\cdot\boldsymbol{b}$，$(\boldsymbol{a}+\boldsymbol{b})^2$，$|\boldsymbol{a}+\boldsymbol{b}|$.
2. 已知 $|\boldsymbol{a}|=4$，$|\boldsymbol{b}|=3$，$(2\boldsymbol{a}-3\boldsymbol{b})\cdot(2\boldsymbol{a}+\boldsymbol{b})=61$，求 $\boldsymbol{a}$ 与 $\boldsymbol{b}$ 的夹角 θ.
3. 已知 $\triangle ABC$ 中，$a=5$，$b=5$，$\angle C=60°$，求 $\overrightarrow{BC}\cdot\overrightarrow{CA}$.
4. 已知 $|\boldsymbol{a}|=2$，$|\boldsymbol{b}|=5$，$\boldsymbol{a}\cdot\boldsymbol{b}=-3$，求 $|\boldsymbol{a}+\boldsymbol{b}|$，$|\boldsymbol{a}-\boldsymbol{b}|$.
5. 已知 $|\boldsymbol{a}|=8$，$|\boldsymbol{b}|=10$，$|\boldsymbol{a}+\boldsymbol{b}|=16$，求 $\boldsymbol{a}$ 与 $\boldsymbol{b}$ 的夹角 θ（精确到 1°）.
6. 已知 $|\boldsymbol{a}|=6$，$\boldsymbol{e}$ 为单位向量，当它们之间的夹角 θ 分别等于45°，90°，135°时，求 $\boldsymbol{a}$ 在 $\boldsymbol{e}$ 方向上的投影，并画图说明.
7. 设 $\boldsymbol{a}$ 是非零向量，且 $\boldsymbol{b}\neq\boldsymbol{a}$，求证 $\boldsymbol{a}\cdot\boldsymbol{b}=\boldsymbol{a}\cdot\boldsymbol{c}=\boldsymbol{a}\perp(\boldsymbol{a}-\boldsymbol{b})$.

3.6　平面向量数量积的坐标表示

设平面向量 $\boldsymbol{a}(x_1,y_1)$，$\boldsymbol{b}(x_2,y_2)$，$\boldsymbol{i}$，$\boldsymbol{j}$ 分别为 x 轴、y 轴上的单位向量.

由于 $\boldsymbol{i}\perp\boldsymbol{j}$，故 $\boldsymbol{i}\cdot\boldsymbol{j}=0$，又 $|\boldsymbol{i}|=|\boldsymbol{j}|=1$，所以

$$\boldsymbol{a}\cdot\boldsymbol{b}=(x_1\boldsymbol{i}+y_1\boldsymbol{j})\cdot(x_2\boldsymbol{i}+y_2\boldsymbol{j})=x_1x_2|\boldsymbol{i}|^2+x_1y_2\boldsymbol{i}\cdot\boldsymbol{j}+x_2y_1\boldsymbol{i}\cdot\boldsymbol{j}+y_1y_2|\boldsymbol{j}|^2=$$
$$x_1x_2|\boldsymbol{i}|^2+y_1y_2|\boldsymbol{j}|^2=x_1x_2+y_1y_2$$

这就是说，两个向量的数量积等于它们对应坐标乘积的和，即

$$\boldsymbol{a}\cdot\boldsymbol{b}=x_1x_2+y_1y_2$$

利用上公式可以计算向量的模. 设 $\boldsymbol{a}(x,y)$，则

$$|\boldsymbol{a}|=\sqrt{\boldsymbol{a}\cdot\boldsymbol{a}}=\sqrt{x^2+y^2}$$

即
$$|\boldsymbol{a}|=\sqrt{x^2+y^2}$$

由平面向量内积的定义可以得到，当 $\boldsymbol{a}$，$\boldsymbol{b}$ 是非零向量时，有

$$\cos<\boldsymbol{a},\boldsymbol{b}>=\frac{\boldsymbol{a}\cdot\boldsymbol{b}}{|\boldsymbol{a}||\boldsymbol{b}|}=\frac{x_1x_2+y_1y_2}{\sqrt{x_1+y_1}\sqrt{x_2+y_2}}$$

利用公式可以方便地求出两个向量的夹角.

由于 $\boldsymbol{a}\perp\boldsymbol{b}\Leftrightarrow\boldsymbol{a}\cdot\boldsymbol{b}=0$，由公式可知

$$\boldsymbol{a}\cdot\boldsymbol{b}=0\Leftrightarrow x_1x_2+y_1y_2=0$$

因此
$$\boldsymbol{a}\perp\boldsymbol{b}\Leftrightarrow x_1x_2+y_1y_2=0$$

【例 3－25】　设 $\boldsymbol{a}=(5,-7)$，$\boldsymbol{b}-(-6,-4)$，求 $\boldsymbol{a}\cdot\boldsymbol{b}$.

解
$$\boldsymbol{a}\cdot\boldsymbol{b}=5\times(-6)+(-7)\times(-4)=-2$$

【例 3－26】　已知 $A(1,2)$，$B(2,3)$，$C(-2,5)$，求证 $\triangle ABC$ 是直角三角形.

证明　因为

$$\overrightarrow{AB}=(2-1,3-2)=(1,1)$$

$$\overrightarrow{AC}=(-2-1,5-2)=(-3,3)$$

所以

$$\overrightarrow{AB}\cdot\overrightarrow{AC}=1\times(-3)+1\times 3=0$$

$$\overrightarrow{AB}\perp\overrightarrow{AC}$$

故 $\triangle ABC$ 是直角三角形.

【例 3－27】　已知 $\boldsymbol{a}=(-1,2)$，$\boldsymbol{b}=(-3,1)$，求 $\boldsymbol{a}\cdot\boldsymbol{b}$，$|\boldsymbol{a}|$，$|\boldsymbol{b}|$，$<\boldsymbol{a},\boldsymbol{b}>$.

解

$$\boldsymbol{a}\cdot\boldsymbol{b}=(-1)\times(-3)+2\times 1=5$$

$$|\boldsymbol{a}|=\sqrt{\boldsymbol{a}\cdot\boldsymbol{a}}=\sqrt{(-1)^2+2^2}=\sqrt{5}$$

$$|\boldsymbol{b}|=\sqrt{\boldsymbol{b}\cdot\boldsymbol{b}}=\sqrt{(-3)^2+1^2}=\sqrt{10}$$

$$\cos<\boldsymbol{a},\boldsymbol{b}>=\frac{\boldsymbol{a}\cdot\boldsymbol{b}}{|\boldsymbol{a}||\boldsymbol{b}|}=\frac{5}{\sqrt{5}\times\sqrt{10}}=\frac{\sqrt{2}}{2}$$

$$<\boldsymbol{a},\boldsymbol{b}>=45^\circ$$

练习 3－14

1. 已知 $\boldsymbol{a}=(-3,4)$，$\boldsymbol{b}=(5,2)$，求 $\boldsymbol{a}\cdot\boldsymbol{b}$，$|\boldsymbol{a}|$，$|\boldsymbol{b}|$.

2. 已知 $\boldsymbol{a}=(2,3)$，$\boldsymbol{b}=(-2,4)$，$\boldsymbol{c}=(-1,-2)$，求 $\boldsymbol{a}\cdot\boldsymbol{b}$，$(\boldsymbol{a}+\boldsymbol{b})\cdot(\boldsymbol{a}-\boldsymbol{b})$，$\boldsymbol{a}\cdot(\boldsymbol{b}+\boldsymbol{c})$，$(\boldsymbol{a}+\boldsymbol{b})^2$.

习题 3－6

1. 已知 $A(-3,-7)$，$B(-1,-1)$，$C(2,-2)$，求证 $\triangle ABC$ 是直角三角形.

2. 已知 $\boldsymbol{a}=(4,2)$，求与 $\boldsymbol{a}$ 垂直的单位向量的坐标.

3. 已知 $\boldsymbol{a}=(-2,2)$，$\boldsymbol{b}=(-3,1)$，$\boldsymbol{a}$ 与 $\boldsymbol{b}$ 的夹角为45°，求 $\boldsymbol{a}\cdot\boldsymbol{b}$.

4. 已知 $3\boldsymbol{a}\cdot\boldsymbol{a}=\frac{12}{9}$，求 $\boldsymbol{a}$.

5. 已知 $|\boldsymbol{a}|=3\sqrt{3}$，$|\boldsymbol{b}|=6$，$\boldsymbol{a}$ 与 $\boldsymbol{b}$ 的夹角为 $\theta=30^\circ$，$\boldsymbol{a}\cdot\boldsymbol{b}$，$\boldsymbol{b}\cdot\boldsymbol{a}$，$(\boldsymbol{a}-\boldsymbol{b})\cdot\boldsymbol{a}$，$|\boldsymbol{a}-\boldsymbol{b}|$.

6. 已知 $|\boldsymbol{a}|=2$，$|\boldsymbol{b}|=5$，$\boldsymbol{a}\cdot\boldsymbol{b}=-3$，求 $|\boldsymbol{a}+\boldsymbol{b}|$，$|\boldsymbol{a}-\boldsymbol{b}|$.

7. 已知三角形 $\triangle ABC$ 中，$a=5$，$b=8$，$\angle C=60^\circ$，求$\overrightarrow{BC}\cdot\overrightarrow{CA}$.

8. 已知 $|\boldsymbol{a}|=2$，$|\boldsymbol{b}|=5$，当且仅当 k 为何值时，向量 $\boldsymbol{a}+k\boldsymbol{b}$ 与 $\boldsymbol{a}-k\boldsymbol{b}$ 互相垂直?

9. 已知 $\boldsymbol{a}$，$\boldsymbol{b}$ 的坐标，求 $\boldsymbol{a}\cdot\boldsymbol{b}$.

(1) $\boldsymbol{a}=(-3,2)$，$\boldsymbol{b}=(2,-5)$；　　(2) $\boldsymbol{a}=(\frac{1}{3},2)$，$\boldsymbol{b}=(-3,-4)$.

10. 判断 $\boldsymbol{a}$ 与 $\boldsymbol{b}$ 是否垂直：

(1) $\boldsymbol{a}=(-2,-3)$，$\boldsymbol{b}=(2,-2)$；　　(2) $\boldsymbol{a}=(2,0)$，$\boldsymbol{b}=(0,-3)$.

第 3 章复习

1. 向量的概念

概念：平面上带有指向的线段（有向线段）叫作平面向量.

表示方法：以点 A 为起点，点 B 为终点的向量记作$\overrightarrow{AB}$，也可以使用小写黑体英文字母表示，记作 $\boldsymbol{a}$.

向量的模：向量的大小.

零向量：模为0的向量.

单位向量；共线向量.

2. 向量的加法；加法法则；平行四边形法则；三角形法则

加法运算律：

$$\boldsymbol{a}+\boldsymbol{b}=\boldsymbol{b}+\boldsymbol{a}$$
$$(\boldsymbol{a}+\boldsymbol{b})+\boldsymbol{c}=\boldsymbol{a}+(\boldsymbol{b}+\boldsymbol{c})$$
$$\boldsymbol{a}+\boldsymbol{0}=\boldsymbol{0}+\boldsymbol{a}=\boldsymbol{a}$$

加法的坐标运算.

3. 向量的减法；减法法则；坐标运算；向量的数乘

定义　　$\lambda(\mu\boldsymbol{a})=(\lambda\mu)\boldsymbol{a}$，　$(\lambda+\mu)\boldsymbol{a}=\lambda\boldsymbol{a}+\mu\boldsymbol{a}$，　$\lambda(\boldsymbol{a}+\boldsymbol{b})=\lambda\boldsymbol{a}+\lambda\boldsymbol{b}$

运算律；平行向量的充要条件的坐标表示；向量的数量积；数量积的定义；数量积的坐标运算.

数量积的运算时律：

$$\boldsymbol{a}\cdot\boldsymbol{b}=\boldsymbol{b}\cdot\boldsymbol{a},\quad \lambda(\boldsymbol{a}\cdot\boldsymbol{b})=\boldsymbol{a}\cdot(\lambda\boldsymbol{b})=\lambda\boldsymbol{a}\cdot\boldsymbol{b},\quad (\boldsymbol{a}+\boldsymbol{b})\cdot\boldsymbol{c}=\boldsymbol{a}\cdot\boldsymbol{c}+\boldsymbol{b}\cdot\boldsymbol{c}$$

两个向量平行的充要条件坐标表示；两个向量垂直的充要条件的坐标表示；两点间的距离公式；中点坐标公式；向量的长度公式；向量的夹角公式.

复习题三

1. 判断题

(1) $\overrightarrow{AB}+\overrightarrow{BC}=\overrightarrow{AC}$.　(　　)

(2) $\overrightarrow{AB}-\overrightarrow{BC}=\overrightarrow{AC}$.　(　　)

(3) $\boldsymbol{0}\cdot\boldsymbol{a}=\boldsymbol{0}$.　(　　)

(4) $(\boldsymbol{a}\cdot\boldsymbol{b})\cdot(\boldsymbol{c}\cdot\boldsymbol{d})$是一个实数.　(　　)

(5) $(\boldsymbol{a}\cdot\boldsymbol{b})\cdot\boldsymbol{c}$是向量.　(　　)

(6) 若$|\boldsymbol{a}|=|\boldsymbol{b}|$，则$\boldsymbol{a}=\boldsymbol{b}$.　(　　)

(7) 若$\boldsymbol{a}\parallel\boldsymbol{b}$，则$\boldsymbol{a}=\boldsymbol{b}$.　(　　)

(8) 若$\boldsymbol{a}$，$\boldsymbol{b}$为两个单位向量，则$\boldsymbol{a}\cdot\boldsymbol{a}=\boldsymbol{b}\cdot\boldsymbol{b}$.　(　　)

2. 填空题

(1) 已知$\boldsymbol{a}=(-3,2)$，那么$|\boldsymbol{a}|=$________；

(2) 已知$A(3,-2)$，$B(-2,4)$，那么$\overrightarrow{AB}=$________；

(3) 已知$\boldsymbol{a}=(2,-5)$，$\boldsymbol{b}=(n,10)$，且$\boldsymbol{a}\parallel\boldsymbol{b}$，那么$n=$________；

(4) 已知$\boldsymbol{a}=(4,-5)$，$\boldsymbol{b}=(-3,6)$，且$\boldsymbol{a}\cdot\boldsymbol{b}=$________.

3. 计算

(1) $\overrightarrow{AB}+\overrightarrow{CD}+\overrightarrow{BC}$；　　(2) $\overrightarrow{BA}+\overrightarrow{DB}-\overrightarrow{CD}+\overrightarrow{AC}$.

4. 若M是线段AB上一点，且$|AM|=\frac{1}{5}|AB|$，证明：对于任意一点O，有$\overrightarrow{OM}=\frac{4}{5}\overrightarrow{OA}+\frac{1}{5}\overrightarrow{OB}$.

5. 已知 $ABCDEF$ 为正六边形，且 $\overrightarrow{AB}=\boldsymbol{a}$，$\overrightarrow{AE}=\boldsymbol{b}$，用 $\boldsymbol{a}$，$\boldsymbol{b}$ 表示向量 $\overrightarrow{AD}$，$\overrightarrow{EF}$，$\overrightarrow{CD}$，$\overrightarrow{CE}$.

6. 设 $A(2,3)$，$B(-5,-2)$，$O(0,0)$，求：

(1) 求 $\overrightarrow{AB}$ 的坐标； (2) $|\overrightarrow{OA}+\overrightarrow{OB}|$，$|\overrightarrow{OA}-\overrightarrow{OB}|$.

7. 已知 $A(2,2)$，$B(-2,0)$，$C(3,-2)$，求另一点 $D(x,y)$，使 $\overrightarrow{AB}=\overrightarrow{CD}$.

8. n 为何值时，向量 $\boldsymbol{a}=(n,2)$ 与 $\boldsymbol{b}=(6,n)$ 共线且方向相同？

9. 已知 $\boldsymbol{a}=(3,\sqrt{3})$，$\boldsymbol{b}=(1,0)$，求 $\boldsymbol{c}=\boldsymbol{a}-2\boldsymbol{b}$ 的长度.

10. 已知 $\boldsymbol{a}=(\sqrt{3},1)$，$\boldsymbol{b}=(\sqrt{3},0)$，求 $\boldsymbol{a}$ 与 $\boldsymbol{b}$ 的夹角.

11. 已知 $|\boldsymbol{a}|=3$，$|\boldsymbol{b}|=2$，求 $\boldsymbol{a}$ 与 $\boldsymbol{b}$ 的夹角为 $30°$，求 $\boldsymbol{a}\cdot\boldsymbol{b}$，$|\boldsymbol{a}+\boldsymbol{b}|$，$|\boldsymbol{a}-\boldsymbol{b}|$.

12. 已知 $|\boldsymbol{a}|=3$，$|\boldsymbol{b}|=2$，求 $\boldsymbol{a}$ 与 $\boldsymbol{b}$ 的夹角为 $60°$，$\boldsymbol{c}=3\boldsymbol{a}+5\boldsymbol{b}$，$\boldsymbol{d}=29\boldsymbol{a}-42\boldsymbol{b}$，求证 $\boldsymbol{c}\perp\boldsymbol{d}$.

阅读材料

向 量

在数学中，几何向量（也称为欧几里得向量，通常简称向量、矢量），指具有大小（magnitude）和方向的几何对象，可以形象化地表示为带箭头的线段：箭头所指，代表向量的方向；线段长度，代表向量的大小. 一个向量可以有多种记法，如记作粗体的字母（$\boldsymbol{a}$，$\boldsymbol{b}$，$\boldsymbol{u}$，$\boldsymbol{v}$），或在字母顶上加一小箭头→.

从数学发展史来看，历史上很长一段时间，空间的向量结构并未被数学家们所认识，直到 19 世纪末 20 世纪初，人们才把空间的性质与向量运算联系起来，使向量成为具有一套优良运算通性的数学体系.

向量能够进入数学并得到发展，首先应从复数的几何表示谈起. 18 世纪末期，挪威测量学家威塞尔首次利用坐标平面上的点来表示复数 $a+bi$，并利用具有几何意义的复数运算来定义向量的运算. 把坐标平面上的点用向量表示出来，并把向量的几何表示用于研究几何问题与三角问题. 人们逐步接受了复数，也学会了利用复数来表示和研究平面中的向量，向量就这样平静地进入了数学.

在英国数学家中哈密顿（W. R. Hamilton，1805—1865）的声誉仅次于牛顿，而且和牛顿一样，他作为一个物理学家甚至比作为一个数学家在当时更有名. 哈密顿 1805 年出生于都柏林，除了短时间到别处访问外，一辈子是在这里度过的. 他很早就成了孤儿，1 岁时，就被委托给一个叔叔教育，这位叔叔热心给他侧重在语言上的教育. 哈密顿是个神童，在 13 岁时，就能流利地讲 13 种外文. 他逐步喜爱上了古典文学，沉醉于诗的写作，然而没有真正的成就. 直到 15 岁，哈密顿的兴趣才转变，爱上了数学. 这变化是由他认识美国快速心算家科尔伯恩（Zerah Colburn）引起的. 不久以后，哈密顿偶尔见到牛顿《通用算术》的抄本. 他贪婪地读它，然后又掌握解析几何和微积分. 继而，他读四卷《原理》（Principia）并接着读欧洲大陆的数学巨著. 他读了拉普拉斯的《天体力学》，指出其中一个数学错误，1823 年，他写了一篇关于这件事的论文，受到相当的注意，第二年，他进了都柏林的三一学院.

哈密顿在大学的经历是独一无二的：1828 年，他才 21 岁还是大学生时，就无异议地被任命为爱尔兰的皇家天文学者，邓辛克天文台台长和大学的天文学教授.

不久以后，他仅从数学理论方面，预见到二轴晶体中圆锥形的折射，后来，由物理学家们戏剧般地从实验上加以肯定.

1833 年,他把自己有价值的论文送给爱尔兰科学院,在这篇论文中,复数的代数被看作有序实数对的代数.

1835 年,他被封为爵士.继他 1833 年的论文之后,哈密顿许多年断断续续地考虑实数的有序三元数组和有序四元数组的代数,但总是在如何定义乘法,使得保持人们熟悉的运算定律上处于困境.

最后,在 1843 年一闪念间[那时,他正在都柏林城外皇家运河(Royal Canal)边散步]直觉地想到:要求得太多了,必须牺牲交换律,于是,四元数的代数,第一个非交换的代数,突然诞生.

在生命的最后 20 多年中,哈密顿花费了大部分时间和精力推演其四元数,他认为这将在数学物理中引起巨大的变革.他的伟大著作《论四元数》发表于 1853 年.四元数这个课题曾一度获得许多坚定的支持者.但是,由于后来有了美国物理学家和数学家,耶鲁大学的吉布斯的更方便的向量分析,有了格拉斯曼的更一般的有序 n 元数组,四元数理论才被淹没而成为数学史上一件有趣的古董.

物理学者常见到哈密顿的名字:哈密顿函数和动力学的哈密顿—雅科比微分方程;在矩阵理论中的哈密顿—凯利定理,方程和多项式;在数学游戏中,有在 12 面体上玩的哈密顿博奕.

第 4 章　平面解析几何

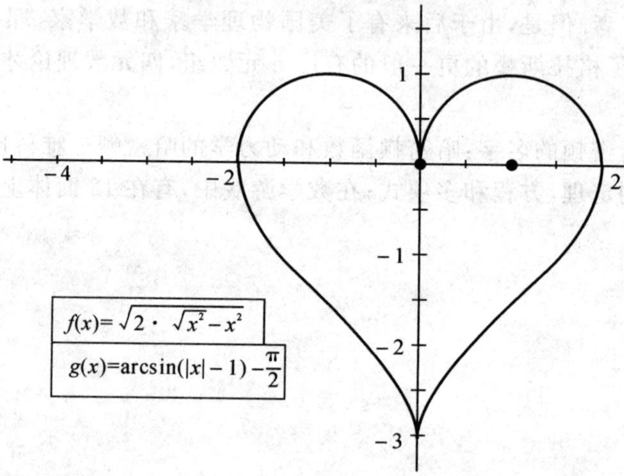

用代数方法研究几何图形的几何性质，体现着数形结合的重要数学思想. 在平面解析几何的教学过程中，教师应帮助学生将几何问题代数化，用代数的语言描述几何要素及其关系，进而将几何问题化为代数问题，处理代数问题；分析代数结果的几何含义，最终解决几何问题. 这种思想要贯穿平面解析几何教学的始终，帮助学生体会“数形结合”的思想方法.

本章将介绍几种基本图形的方程：直线方程、圆方程、椭圆方程、双曲线方程和抛物线方程.

4.1 直线与方程

一、直线方程的概念

1. 直线的方程

在学习一次函数时我们知道，在平面直角坐标系中，画出的一次函数图形是一条直线. 例如函数 $y=2x+1$，满足此式的每一对 x，y 的值都是直线 l 上的点的坐标，数对(1,3) 满足函数式，在直线上就有一点 A，它的坐标是(1,3)；而直线 l 上的每一点的坐标都满足函数式，例如直线上另一点 B 的坐标是(0,1)，数对(0,1) 就满足函数式.

一般地，一次函数 $y=kx+b$ 的图形是一条直线，它是以满足 $y=kx+b$ 的每一对 x，y 的值为坐标的点构成的. 由于函数式 $y=kx+b$ 也可以看作二元一次方程，所以我们也可以说，这个方程的解和直线上的点也存在这样的对应关系.

以一个方程的解为坐标的点都是某条直线上的点. 反过来，这条直线上的点坐标都是这个方程的解，这时，这个方程就叫这条直线的方程，这条直线叫作这个方程的直线.

2. 直线的倾斜角和斜率

设直线与 x 轴相交，如果把 x 轴绕着相交点按逆时针方向旋转到与直线重合时所转过的最小的正角记作 α，则称 α 是直线的倾斜角. 如图 4－1 所示，α 是直线的倾斜角. 当直线和 x 轴平行或重合时，我们规定直线的倾斜角为 0°. 因此，倾斜角的取值范围是 $0° \leqslant \alpha < 180°$.

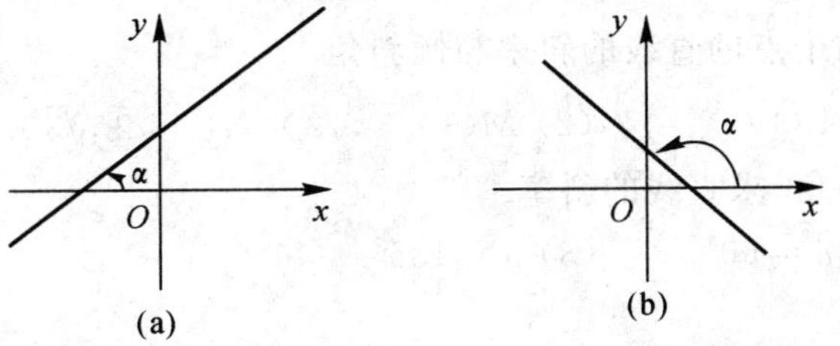

图　4－1

倾斜角不是90° 的直线，它的倾斜角的正切叫作这条直线的斜率. 直线斜率常用 k 表示，即 $k=\tan\alpha$

倾斜角是90° 的直线没有斜率；倾斜角不是90° 的直线都有斜率. 倾斜角是45° 的直线的斜率是 tan 45°，即等于 1.

当 α 是锐角时，斜率 $k=\tan\alpha>0$，当 α 是钝角时，由正弦、余弦的诱导公式可得

$$\tan(180°-\alpha)=\frac{\sin(180°-\alpha)}{\cos(180°-\alpha)}=\frac{\sin\alpha}{-\cos\alpha}=-\tan\alpha>0$$

则

$$\tan\alpha<0$$

由此公式可以求出倾斜角是钝角的直线的斜率，例如倾斜角为120° 的直线的斜率

$$k=\tan 120°=\tan(180°-60°)=-\tan 60°=-\sqrt{3}$$

由正切函数的单调性，倾斜角不同的直线，其斜率也不同，我们常用斜率来表示倾斜角不等于90° 的直线对于 x 轴的倾斜程度.

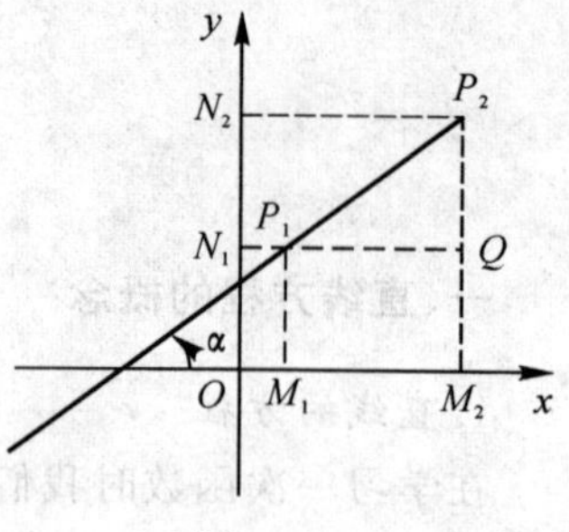

图　4-2

设直线经过两个已知点 $P_1(x_1,y_1)$，$P_2(x_2,y_2)$，并设直线的倾斜角 $\alpha \neq 90°(x_1 \neq x_2)$，如图 4-2 所示，当直线 l 的倾斜角为锐角时，过 P_1，P_2 作 x 轴的垂线 P_1M_1，P_2M_2，并作 $P_1Q \perp P_2M_2$；再过 P_1，P_2 作 y 轴的垂线 P_1N_1，P_2N_2，因为 $\angle QP_1P_2 = \alpha$，所以

$$k=\tan\alpha=\frac{|P_2Q|}{|P_1Q|}=\frac{|N_1N_2|}{|M_1M_2|}=\frac{y_2-y_1}{x_2-x_1}$$

当直线 l 的倾斜角为钝角时，可以求得同样的结果.

由此得到，经过两个已知点 $P_1(x_1,y_1)$，$P_2(x_2,y_2)$ 的直线的斜率公式为

$$k=\frac{y_2-y_1}{x_2-x_1}$$

【例 4-1】　求经过 $A(-2,0)$，$B(-5,3)$ 两点的直线的斜率和倾斜角.

解　因为 $$k=\frac{3-0}{-5-(-2)}=-1$$

所以 $$\tan\alpha=-1$$

因为 $$0° \leqslant \alpha < 180°$$

所以 $$\alpha=135°$$

故这条直线的斜率是 -1，倾斜角是135°.

练习 4-1

1. 求经过下列每两个点的直线的斜率与倾斜角.

(1) $P(0,0)$，$Q(-1,\sqrt{3})$；　(2) $M(-\sqrt{3},\sqrt{2})$，$N(-\sqrt{2},\sqrt{3})$.

2. 已知直线的倾斜角，求直线的斜率.

(1) $\alpha=0°$；　(2) $\alpha=60°$；　(3) $\alpha=135°$.

二、直线的方程

1. 点斜式

若直线 l(见图 4-3) 经过点 $P_1(x_1,y_1)$，且斜率为 k，求直线 l 的方程.

设点 $P(x,y)$ 是直线上 l 上不同于 P_1 的任意一点. 根据经过两点的直线的斜率公式，得

$$k=\frac{y-y_1}{x-x_1} \Rightarrow y-y_1=k(x-x_1)$$

这个方程是由直线上的一点和直线的斜率确定的，所以叫作直线 l 的点斜式.

如图 4-4 所示，当直线 l 与 y 轴平行时，它的倾斜角 $\alpha=90°$，因为斜率 k 不存在，所以直线 l 的方程不能用点斜式.

但因为直线上的每一个点的横坐标都等于 a，所以它的方程为 $x=a$.

特别地，$a=0$ 时，得 y 轴的方程为 $x=0$.

如果某一条直线 l 与 x 轴交于点 $A(a,0)$，与 y 轴交于点 $B(0,b)$，则 a 和 b 叫作直线 l 的横截距和纵截距.

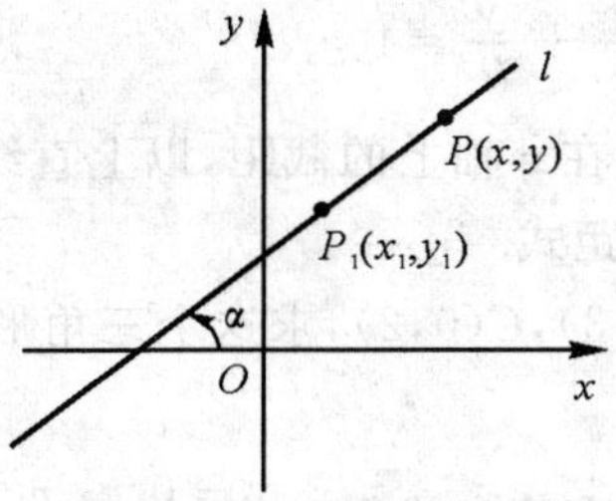

图　4-3

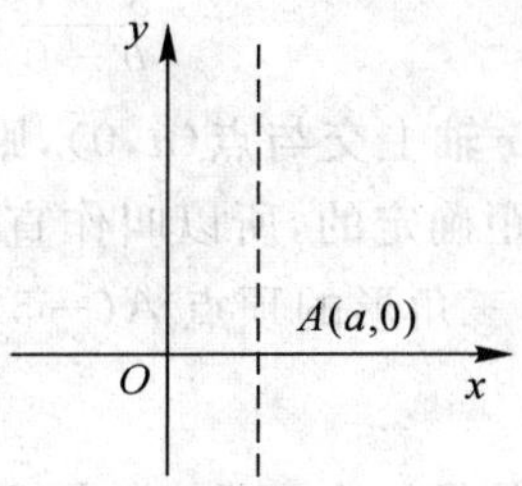

图　4-4

【例 4-2】　一条直线经过点 $P(-2,3)$，倾斜角 $\alpha=45°$，求这条直线的方程.

解　直线经过点 $P(-2,3)$，倾率 $k=1$，代入点斜式，得

$$y-3=x+2$$

即
$$x-y+5=0$$

练习 4-2

写出下列直线的点斜式方程，并画出图形.

(1) 经过点(0,4)，倾斜角为 0°；(2) 经过点(5，-3)，倾斜角为150°.

2. 斜截式

已知直线 l 的斜率是 k，与 y 轴的交点是 $P(0,b)$，代入直线方程的点斜式的直线 l 的方程 $y-b=k(x-0)$ 也就是 $y=kx+b$.

我们称 b 为直线 l 在 y 轴上的截距. 这个方程是由直线 l 的斜率和它在 y 轴上的截距确定的，所以叫作直线的斜截式.

练习 4-3

写出下列直线的斜截式方程，并画出图形.

(1) 倾斜角为135°，在 y 轴上的截距为 4；(2) 倾率为$\frac{\sqrt{2}}{2}$，在 y 轴上的截距为 -3.

3. 两点式

已知直线经过两个点 $P_1(x_1,y_1)$，$P_2(x_2,y_2)$，并且 $x_1\neq x_2$，所以它的斜率$k=\frac{y_2-y_1}{x_2-x_1}$，代入点斜式，得

$$y-y_1=\frac{y_2-y_1}{x_2-x_1}(x-x_1)$$

当 $y_2\neq y_1$ 时，方程可写成　$$\frac{y-y_1}{y_2-y_1}=\frac{x-x_1}{x_2-x_1}$$

这个方程是由直线 l 的两点确定的，所以叫作直线方程的两点式.

4. 截距式

【例 4-3】　已知直线 l 与 x 轴的交点为$(a,0)$，与 y 轴的交点为$(0,b)$，其中 $a\neq 0,b\neq 0$，求直线 l 的方程.

解　因为直线 l 经过 $A(a,0)$ 和 $B(0,b)$ 两点，将这两点的坐标代入两点式，得

$$\frac{y-0}{b-0}=\frac{x-a}{0-a}\Rightarrow \frac{x}{a}+\frac{y}{b}=1$$

如果直线与 x 轴上交与点 $(a,0)$，则称 a 为直线在 x 轴上的截距，以上直线方程是直线在 x 轴和 y 轴上的截距确定的，所以叫作直线方程的截距式.

【例 4-4】 三角形的顶点 $A(-5,0)$，$B(3,-3)$，$C(0,2)$，求这个三角形三边所在的直线方程.

解 直线 AB 经过 $A(-5,0)$，$B(3,-3)$ 两点，有两点式得：$\frac{y-0}{-3-0}=\frac{x-(-5)}{3-(-5)}$，整理得：直线 AB 的方程为

$$3x+8y+15=0$$

直线 BC 过点 $C(0,2)$，斜率是 $k=\frac{2-(-3)}{0-3}=-\frac{5}{3}$

由点斜式得 $y-2=-\frac{5}{3}(x-0)$

整理得：直线 BC 的方程为 $5x+3y-6=0$

直线 AC 过 $A(-5,0)$，$C(0,2)$ 两点，有截距式得

$$\frac{y}{2}+\frac{x}{-5}=1$$

整理得：直线 AC 的方程为 $2x-5y+10=0$

练习 4-4

求下列两点的直线的两点式方程，在化为斜截式方程.

(1) $P_1(0,-3)$；　$P_2(2,1)$；　(2) $C(-4,-6)$；　$D(0,0)$.

5. 一般式

前面学习的直线方程是几种特殊形式，它们都是二元一次方程.

在平面直角坐标系中，每一条直线都有倾斜角 α，当 $\alpha\neq 90^\circ$ 时，它们都有斜率，方程可写成下面的形式，有

$$y=kx+b$$

当 $\alpha=90^\circ$ 时，它的方程可以写成 $x=x_1$ 的形式. 由于是在坐标平面内讨论问题，所以这个方程应认为关于 x，y 的二元一次方程，其中 y 的系数是 0.

这样，在平面直角坐标系中，对于任何一条直线，都有一个表示这条直线的关于 x，y 的二元一次方程. 反之，任何二元一次方程在直角坐标平面上图形是不是一条直线呢？下面我们来讨论这个问题.

关于 x，y 的二元一次方程的一般形式是

$$Ax+By+C=0$$

其中 A，B 不同时为零. 下面分 $B=0$ 和 $B\neq 0$ 两种情况进行讨论.

(1) 若 $B\neq 0$，则 $Ax+By+C=0$ 可以化为

$$y=-\frac{A}{B}x-\frac{C}{B}$$

这是直线的斜截式方程，它表示斜率 $k=-\frac{A}{B}$，纵截距 $b=-\frac{C}{B}$ 的一条直线.

(2) 若 $B=0$，则 $A\neq 0$ 可以化为 $x=-\dfrac{C}{A}$，它表示横截距 $a=-\dfrac{C}{A}$ 且与 y 轴平行或重合的一条直线.

根据以上的讨论，我们又得到下述结论：

在平面直角坐标系中，任何关于 x,y 的二元一次方程都表示一条直线.

我们把方程 $Ax+Bx+C=0$（A,B 不同时为 0）叫作直线方程的一般式.

【例 4-5】 把直线 l 的方程 $4x+3y-12=0$ 化成斜截式，求出直线 l 的斜率和两个截距，并画出直线 l.

解 将原方程移项，得

$$3y=-4x+12$$

等式两边各项同除以 3，得斜截式为

$$y=-\frac{4}{3}x+4$$

由此可得，直线 l 的斜率 $k=\dfrac{4}{3}$，纵截距 $b=4$. 在上面的方程中，令 $y=0$，得 $x=3$，即直线 l 的横截距 $a=3$.

由上面已求得的两个截距知：点 $A(3,0)$，$B(0,4)$ 在直线 l 上，于是过 A,B 两点画直线即为所求，如图 4-5 所示.

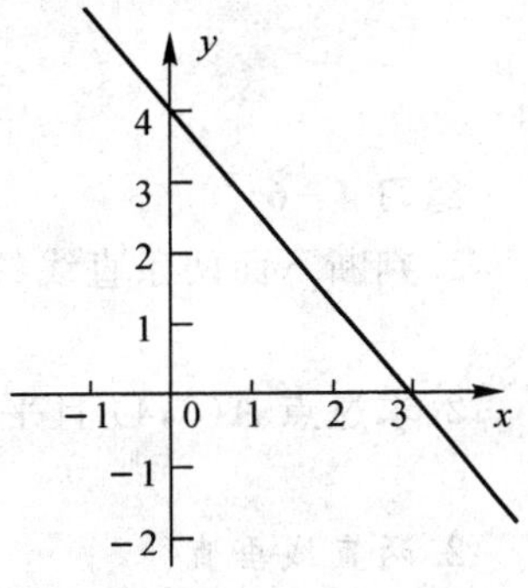

图 4-5

练习 4-5

根据下列条件写出直线的方程，并化成一般式.

(1) 经过点 $A(6,-4)$，斜率为 $-\dfrac{3}{4}$；　　(2) 经过点 $B(2,4)$，平行于 x 轴；

(3) 经过两点 $P_1(3,-2)$，$P_2(5,-4)$；　　(4) 在 x 轴和 y 轴的截距分别是 $\dfrac{3}{2}$，3.

三、两条直线的位置关系

1. 两条直线平行

设直线 l_1 和 l_2 的倾斜角分别为 α_1 和 α_2，斜率分别为 k_1 和 k_2，纵截距分别为 b_1 和 b_2，则它们的方程分别为

l_1：　　$y=k_1x+b_1$

l_2：　　$y=k_2x+b_2$

如图 4-6 所示，如果 $l_1 /\!/ l_2$，则 $\alpha_1=\alpha_2$，于是 $\tan\alpha_1=\tan\alpha_2$，即 $k_1=k_2$；反之，如果 $k_1=k_2$，即 $\tan\alpha_1=\tan\alpha_2$，因为 $0\leqslant\alpha_1<\pi$，$0\leqslant\alpha_2<\pi$，所以 $\alpha_1=\alpha_2$，于是 $l_1 /\!/ l_2$.

也就是说，对于两条有斜率且不完全重合的直线，如果它们平行，则斜率相等；反之，如果它们的斜率相等，则这两条直线平行. 即 $l_1 /\!/ l_2 \Leftrightarrow k_1=k_2$

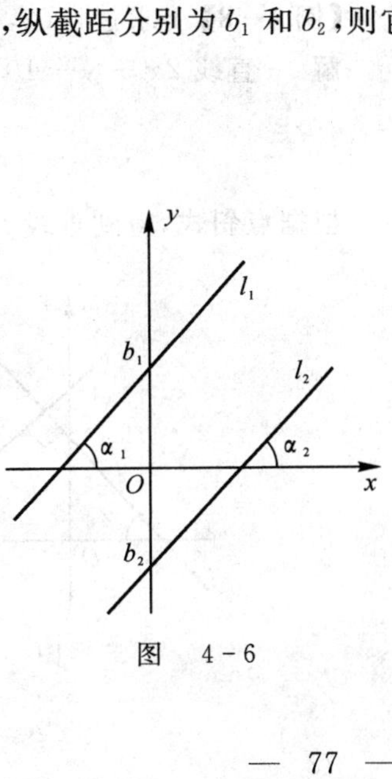

图 4-6

【例 4-6】 已知直线方程 l_1：$2x-4y+7=0$，l_2：$x-2y+5=0$，证明：$l_1 /\!/ l_2$.

证明 把 l_1，l_2 的方程写成斜截式

$l_1: y=\frac{1}{2}x+\frac{7}{4}$， $l_2: y=\frac{1}{2}x+\frac{5}{2}$

因为
$$k_1=k_2, b_1\neq b_2$$
所以
$$l_1 /\!/ l_2$$

【例 4-7】 求经过点(−2,3)且与直线 $3x-5y+6=0$ 平行的直线方程.

解 已知直线的斜率
$$k_1=-\frac{A}{B}=\frac{3}{5}$$
因为所求直线与已知直线平行,所以所求直线的斜率
$$k_2=\frac{3}{5}$$
又因为所求直线经过点(−2,3),所以有点斜式所求直线的方程为
$$y-3=\frac{3}{5}(x+2)$$
即
$$3x-5y+21=0$$

练习 4-6

1.判断下面两条直线的位置关系.
$$y=3x+4 \quad 与 \quad 2y-6x+1=0$$
2.求过点 $A(3,4)$ 且平行于直线 $3x-y+5=0$ 的直线方程.

2.两直线垂直

设两条直线 l_1 和 l_2 分别有下列的斜截式方程.

l_1: $$y=k_1x+b_1$$
l_2: $$y=k_2x+b_2$$

如图 4-7 所示,对于两条都有斜率的直线;如果它们互相垂直,则它们的斜率互为负倒数;反之,如果它们的斜率互为负倒数,则它们互相垂直(证明略).即
$$l_1\perp l_2\Leftrightarrow k_1k_2=-1$$

【例 4-8】 求过点(2,1),且与直线 $2x+y-10=0$ 垂直的直线 l 的方程

解 直线 $2x+y-10=0$ 斜率是 −2,因为直线 l 与已知直线垂直,所以它的斜率
$$k=-\frac{1}{-2}=\frac{1}{2}$$
根据点斜式,得到直线 l 的方程 $y-1=\frac{1}{2}(x-2)$ 即 $x-2y=0$.

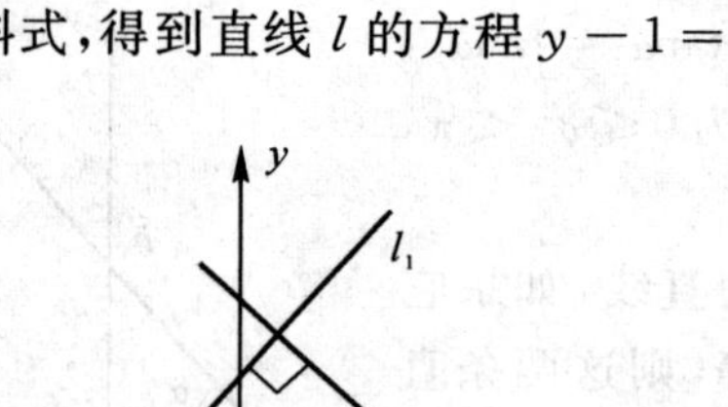

图 4-7

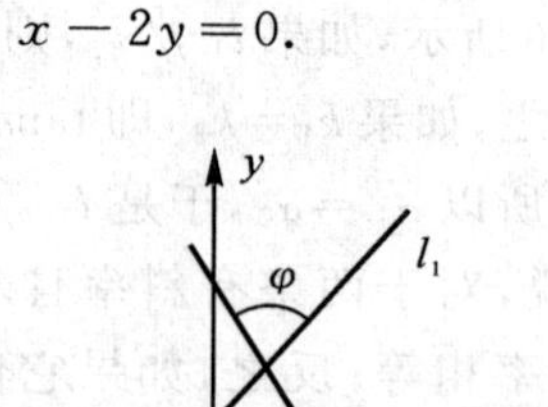

图 4-8

3. 两条直线相交

(1) 两条直线的夹角，如图 4-8 所示，两条直线 l_1 和 l_2 相交成四个角. 它们是两对对顶角. 为了区别，我们把两条直线相交(但不垂直) 成的锐角，叫作两条直线的夹角.

两条直线夹角的计算公式(证明略) 是

$$\tan\varphi = \left| \frac{k_2 - k_1}{1 + k_1 k_2} \right|$$

当直线 $l_1 \perp l_2$ 时，则 l_1 和 l_2 的夹角是$90°$.

(2) 两条直线的交点. 设两条直线方程分别是

l_1：　$A_1x + B_1y + C_1 = 0$

l_2：　$A_2x + B_2y + C_2 = 0$

如果 l_1 和 l_2 相交，因为交点同时在 l_1 和 l_2 上，所以交点的坐标必定是这两个方程的唯一公共解；反之，如果这两个二元一次方程有唯一的公共解，则以这个解为坐标的点必定是 l_1 和 l_2 的交点. 因此，两条直线是否有交点，只要看由这两条直线的方程构成的方程组是否有唯一解即可.

【例 4-9】　求直线 $l_1: y = -2x + 3, l_2: y = x - \frac{3}{2}$ 的夹角(用角度制表示).

解　由两条直线的斜率 $k_1 = -2, k_2 = 1$ 得

$$\tan\alpha = \left| \frac{k_2 - k_1}{1 + k_1 k_2} \right| = \left| \frac{1 - (-2)}{1 + 1 \times (-2)} \right| = 3$$

则

$$\alpha \approx 71°34'$$

【例 4-10】　已知两条直线 $x - y - 3 = 0, l_2: 2x + y + 5 = 0$，求 l_1 和 l_2 的交点.

解　解方程组

$$\begin{cases} x - y - 3 = 0 \\ 2x + y + 5 = 0 \end{cases} \Rightarrow \begin{cases} x = -\dfrac{2}{3} \\ y = -\dfrac{11}{3} \end{cases}$$

故 l_1 和 l_2 的交点$\left(-\frac{2}{3}, -\frac{11}{3}\right)$.

练习 4-7

1. 判断下列各组直线是否平行或垂直.

(1)$y = x$ 与 $3x + 3y - 10 = 0$；　　(2)$3x + 4y = 5$ 与 $6x - 8y = 7$；

(3)$3x - 5y + 6 = 0$ 与 $6x - 10y + 13 = 0$.

2. 求下列各对直线的交点，并画图.

(1)$l_1: 2x + 3y = 12, l_2: x - 2y = 4$；　　(2) $l_1: x = 2, l_2: x - 2y = 4$.

3. 求两条直线的夹角.

(1)$l_1: y = 3x - 1, l_2: y = -\frac{1}{3}x + 4$；　　(2)$l_1: x - y = 5, l_2: y = 4$.

四、点到直线的距离

点到直线 l 的距离 d 是点到直线 l 的垂线段的长.

如果点 $P_0(x_0, y_0)$ 在直线 $l: Ax + By + C = 0$ 外，则可证明(具体从略)，点 P 到直线 l 的

距离为

$$d=\frac{|Ax_0+By_0+C|}{\sqrt{A^2+B^2}}$$

【例 4-11】　求点 $P(-1,2)$ 到下列直线点的距离.

(1) $2x+y-10=0$；　　　(2) $3x=2$.

解　(1) 根据点到直线的距离公式，得

$$d=\frac{|2\times(-1)+2-10|}{\sqrt{2^2+1}}=\frac{10}{\sqrt{5}}=2\sqrt{5}$$

(2) 因为直线 $3x=2$ 平行于 y 轴，所以

$$d=\left|\frac{2}{3}-(-1)\right|=\frac{5}{3}$$

【例 4-12】　一个需要磨削加工的零件尺寸如图 4-9 所示，磨削加工的工程中需要知道点 O 到直线 MN 的距离，试求出这个距离.

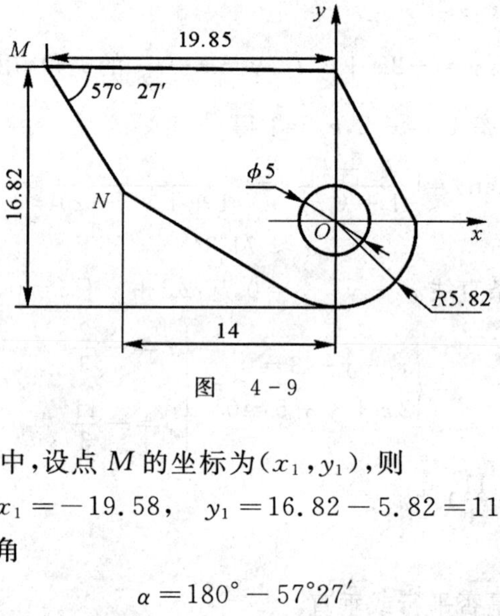

图　4-9

解　在图所示坐标系中，设点 M 的坐标为 (x_1,y_1)，则

$$x_1=-19.58,\quad y_1=16.82-5.82=11$$

因为直线 MN 的倾斜角

$$\alpha=180°-57°27'$$

所以

$$k_{MN}=\tan(180°-57°27')\approx-1.566\ 7$$

由点斜式得直线 MN 的方程

$$y-11=-1.566\ 7(x+19.58)\Rightarrow 1.566\ 7x+y+19.676=0$$

由点到直线的距离公式得所求距离

$$d=\frac{|1.566\ 7\times0+1\times0+19.676|}{\sqrt{1.566\ 7^2+1}}\approx10.59$$

习题 4-1

1. 求经过下列两点的直线的斜率和倾斜角.

(1) $A(-2,3)$，$B(3,-4)$；　　　(2) $C(0,0)$，$D(\sqrt{3},1)$.

2. 求下列直线的点斜式方程.

(1) 经过 $(3,2)$，斜率为 $-\frac{4}{3}$；　　　(2) 经过 $(3,2)$，斜率角是 $120°$.

3. 求下列直线的斜截式方程.

(1) 斜率是 1,纵截距为 2;　　　　　(2) 倾斜角为135°,横截距为 -3.

4. 求经过下列两点的直线的两点式方程,并化为斜截式.

(1) $A(-4,-5)$,$B(1,-4)$;　　　　(2) $C(0,4)$,$D(4,0)$.

5. 求下列直线的斜率和纵截距,并画出直线.

(1) $\frac{x}{2}-\frac{y}{3}=1$;　　　　　　(2) $5x-4y+7=0$.

6. m 为何值时,下列两条直线平行.

(1) $2x+3y-m=0$, $4x+6y=3$;　　(2) $mx-5y=4$, $3x-2y=7$.

7. n 为何值时,下列两条直线垂直.

$2x+(n+2)y=2$, $nx+3y-1=0$.

8. 求下列两条直线的夹角和交点.

(1) $3x+4y-2=0$ 与 $2x+y+2=0$;(2) $x-y-5=0$ 与 $x=4$.

9. 求下列点到直线的距离.

(1) $(-3,2)$, $3x+4y+3=0$;　　　(2) $(-2,3)$, $3x+2y-26=0$.

4.2　曲线方程

1. 曲线方程的定义

通过作图我们知道函数 $y=ax^2$ 的图像是关于 y 轴对称的抛物线. 这条抛物线是所有方程的 $y=x^2$ 的解为坐标的点组成的. 这就是说,如果 $M(x_0,y_0)$ 是抛物线上的点,那么 (x_0,y_0) 一定是方程的解;反过来,如果 (x_0,y_0) 是方程 $y=x^2$ 的解,那么,以它为坐标的点一定在这条抛物线上. 这样,我们就是说 $y=x^2$ 是这条抛物线的方程.

一般地,在直角坐标系中,如果某曲线 C 上的点与一个二元方程 $f(x,y)=0$ 的实数解建立如下关系:

(1) 曲线上的点的坐标都是这个方程的解;

(2) 以这个方程的解为坐标的点都是曲线上的点,那么,这个方程叫作曲线方程,这个曲线叫作方程的曲线.

【例 4-13】　证明以坐标原点为圆心,半径等于 5 的圆的方程是 $x^2+y^2=25$,并判断点 $M(3,-4)$,$N(4,-5)$ 是否在这个圆上.

证明:(1) 设 $P(x_0,y_0)$ 是圆上任意一点,因为点 $P(x_0,y_0)$ 到坐标原点的距离等于 5,所以 $\sqrt{x_0+y_0}=5$,也就是说 $x_0+y_0=25$.

即 $P(x_0,y_0)$ 是方程 $x^2+y^2=25$ 的解.

(2) 设 $P(x_0,y_0)$ 是方程 $x^2+y^2=25$ 的解,那么

$$x_0+y_0=25$$

两边开平方取算术平方根,得　　$\sqrt{x_0+y_0}=5$

即点 $P(x_0,y_0)$ 到坐标原点的距离等于 5,点 $P(x_0,y_0)$. 是这个圆上的点;由(1)(2) 可知,$x^2+y^2=25$ 是以坐标原点的圆心,半径等于 5 的圆的方程,把点 $M(3,-4)$ 的坐标代入方程 $x^2+y^2=25$ 得,$3^2+(-4)^2=25$,即点 M 的坐标满足所给方程,所以点 $M(3,-4)$ 在这个圆上. 把点

$N(4,-5)$ 的坐标代入方程 $x^2+y^2=25$,左右两边不相等,$(4,-5)$ 不是方程的解,所以 $N(4,-5)$ 不在这个圆上.

练习 4-8

1. 已知方程 $ax^2+by^2=25$ 的曲线经过点 $A(0,\frac{5}{3})$ 和点 $B(1,1)$,求 a,b 的值.

2. 点 $A(0,-\sqrt{5})$,$B(2,-1)$ 是否在方程 $x^2+xy+y^2+x-5=0$ 的曲线上.

2. 求曲线方程

平面上的一条曲线可以看作是适合某种条件的点的轨迹,用集合的观点来说,曲线是适合某种条件的点的集合,这个集合的元素是"适合某种条件的点".在平面直角坐标系内,点可以用含 x 和 y 的方程来表示,因而,已知轨迹来求曲线方程的步骤:

(1) 建立适当的坐标系,用有序的实数对例如 (x,y) 表示曲线上任意一点 M 的坐标;

(2) 写出适合条件 P 的点 M 的集合 $P\{M \mid P(M)\}$;

(3) 用坐标表示条件 $P(M)$,列出方程 $f(x,y)=0$;

(4) 化方程 $f(x,y)=0$ 为最简形式;

(5) 证明以化简形式.

一般情况下,化简前后方程的解集是相同的,步骤(5) 可以省略不写,如有特殊情况可适当予以说明.

【例 4-14】 已知两点 $A(2,4)$,$B(6,-2)$,求线段 AB 的垂直平分线的方程.

解 (1) 如图 4-10 所示,设线段 AB 的垂直平分线段上任意一点 P 的坐标为 (x,y).

(2) 根据线段的垂直平分线的性质,得 $|AP|=|BP|$.

(3) 由两点间的距离公式得

$$\sqrt{(x-2)^2+(y-4)^2}=\sqrt{(x-6)^2+(y+2)^2}$$

(4) 化简得 $2x-3y-5=0$,这就是线段 AB 的垂直平分线段方程.

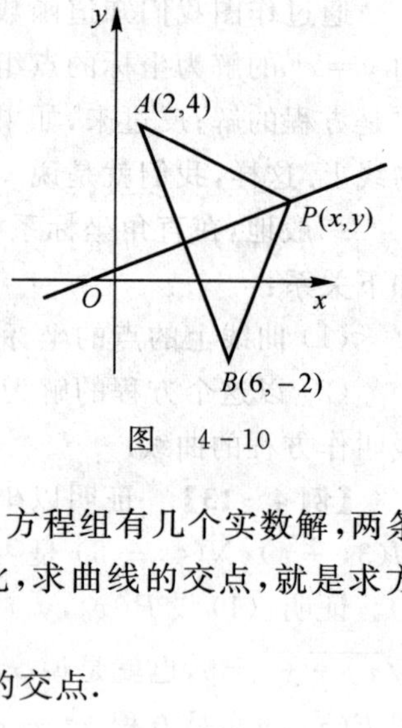

图 4-10

3. 曲线的交点

根据曲线方程的定义知,两条曲线交点的坐标应该是两个曲线方程的公共实数解,两个曲线方程组成的方程组的实数解,反之,方程组有几个实数解,两条曲线就有几个交点,方程组没有实数解,两条曲线就没有交点.因此,求曲线的交点,就是求方程组的实数解.

【例 4-15】 求直线 l:$y=x+2$ 和曲线 C:$x^2-2y+1=0$ 的交点.

解 解方程组

$$\begin{cases} y=x+2 \\ x^2-2y+1=0 \end{cases}$$

解得

$$\begin{cases} x_1=-1 \\ y_1=1 \end{cases} \quad 和 \quad \begin{cases} x_2=3 \\ y_2=5 \end{cases}$$

所以直线 l 和曲线 C 的交点有两个,它们是 $A(-1,1)$ 和 $B(3,5)$.

练习 4-9

1. 设动点 M 与两个定点 A,B 所连的直线相互垂直,求动点 M 的轨迹方程.

2. 已知点 $A(2,5)$，$B(6,1)$，求与这两点距离相等的点 M 的轨迹方程.

习题 4-2

1. 点 $A(1,-2)$，$B(2,-3)$，$C(3,10)$ 是否在方程 $x^2-xy+2y+1=0$ 的图形上.

2. 已知点 M 到 x 轴，y 轴的距离之积等于 1，求点 M 的轨迹方程.

3. 点 $P(2,1)$ 在方程的 $x^2+k^2y^2-3x-ky-4=0$ 曲线上，求 k 的值.

4. 已知直线 l_1 与 l_2 的方程分别是 $4x-3y+6=0$ 和 $4x-3y-1=0$，求这两条直线距离相等的点 M 的轨迹方程.

5. 已知点 $A(2,-5)$，$B(-6,1)$，求与这两点的距离的平方和为 60 的点 M 的轨迹方程.

4.3　圆的方程

1. 圆的标准方程

平面内与定点距离等于定长的点的集合(轨迹)是圆，定点就是圆心，定长就是半径.

如图 4-11 所示，设 $M(x,y)$ 是圆上任意一点，根据定义，点 M 到圆心 C 的距离等于 r，所以圆 C 就是集合 $P=\{M \mid |MC|=r\}$.

由两点间的距离公式可知，点 M 适合的条件可表示为

$$\sqrt{(x-a)^2+(y-b)^2}=r \qquad ①$$

把式 ① 两边平方，得

$$(x-a)^2+(y-b)^2=r^2 \qquad ②$$

方程 ② 就是圆心为 $C(a,b)$，半径为 r 的圆的方程，我们把它叫作圆的标准方程.

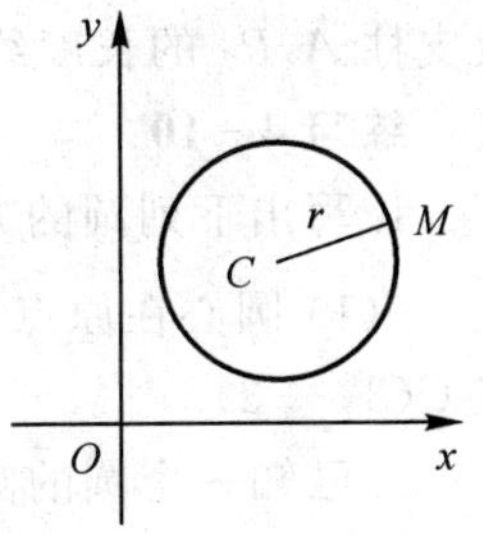

图　4-11

如果圆心在坐标原点，这时 $a=0$，$b=0$，那么圆心方程就是 $x^2+y^2=r^2$.

【例 4-16】　已知圆的标准方程为 $(x+4)^2+(y-5)^2=36$，求圆心和半径.

解　把圆的标准方程 $(x+4)^2+(y-5)^2=36$ 形变为

$$[x-(-4)]^2+(y-5)^2=6^2$$

所以圆心的坐标 $(-4,5)$ 半径 6.

【例 4-17】　求以直线 $3x-4y+12=0$ 在坐标轴间的线段为直径的圆的标准方程.

解　令 $x=0$ 得 $y=3$，所以直线 $3x-4y+12=0$ 与 y 轴的交点为 $A(0,3)$. 令 $y=0$ 得 $x=-4$，所以直线 $3x-4y+12=0$ 与 x 轴的交点为 $B(-4,0)$.

线段 AB 的中点就是圆心：

$$a=\frac{0-4}{2}=-2,\quad b=\frac{3+0}{2}=\frac{3}{2}$$

所以圆心为 $(-2,\frac{3}{2})$，线段 AB 的长度就是直径

$$2r=\sqrt{(0-(-4))^2+(3-0)^2}=5$$

所以 $r=\frac{5}{2}$，则所求的圆的标准方程为

$$(x+2)^2+(y-\frac{3}{2})^2=(\frac{5}{2})^2$$

【例 4-18】 如图 4-12 所示是某圆拱桥的示意图. 该圆拱跨度 $AB=20\text{m}$，拱高 $OP=4\text{m}$，在建造时隔 4m 需要一个支柱支撑，求支柱 A_2P_2 的长度(精确到 0.01m).

解 建立坐标系如图所示. 圆心在 y 轴上. 设圆心的坐标是 $(0,b)$，圆的半径是 r，那么圆的方程是 $x^2+(y-b)^2=r^2$，下面用待定系数法确定 b 和 r 的值.

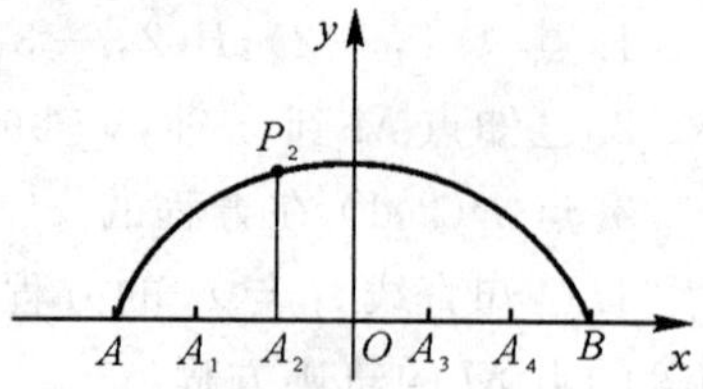

图 4-12

因为 P，B 都在圆上，所以它们的坐标 $(0,4)$，$(10,0)$ 都是这个圆的方程的解. 于是得到方程组

$$\begin{cases}0^2+(4-b)^2=r^2\\10^2+(0-b)^2=r^2\end{cases}$$

解得

$$b=-10.5,\quad r^2=14.5^2$$

所以这个圆的方程是 $x^2+(y+10.5)^2=14.5^2$.

把点 P_2 的横坐标 $x=-2$ 代入这个圆的方程，得

$$(-2)^2+(y+10.5)^2=14.5^2$$

(因为 P_2 的纵坐标 $y>0$，所以方根取正值). 于是

$$y=\sqrt{14.5^2-(-2)^2}-10.5\approx 14.36-10.5=3.86\ \text{m}$$

故支柱 A_2P_2 的长度约为 3.86m.

练习 4-10

1. 写出下列圆的方程

0(1) 圆心在原点，半径为$\sqrt{6}$；(2) 圆心在是 $(4,7)$，半径为$\sqrt{6}$；(3) 经过点 $P(5,1)$，圆心在点 $C(8,-3)$.

2. 已知一个圆的圆心在原点，并与直线 $4x+3y-70=0$ 相切，求圆心方程.

2. 圆的一般方程

把圆的标准方程 $(x-a)^2+(y-b)^2=r^2$ 展开得

$$x^2+y^2-2ax-2by+a^2+b^2-r^2=0$$

可见，任何一个圆的方程都可以写成下面的形式：

$$x^2+y^2+Dx+Ey+F=0 \qquad ①$$

将式 ① 的左边配方，得

$$\left(x+\frac{D}{2}\right)^2+\left(y+\frac{E}{2}\right)^2=\frac{D^2+E^2-4F}{4} \qquad ②$$

(1) 当 $D^2+E^2-4F>0$ 时，比较式 ② 与圆的标准方程，可以看出方程 ① 表示以 $\left(-\frac{D}{2},-\frac{E}{2}\right)$ 为圆心，$\frac{1}{2}\sqrt{D^2+E^2-4F}$ 为半径的圆；

(2) 当 $D^2+E^2-4F=0$ 时，方程 ① 只有实数解 $x=-\frac{D}{2}$，$y=-\frac{E}{2}$，所以表示一个点 $\left(-\frac{D}{2},-\frac{E}{2}\right)$；

(3) 当 $D^2+E^2-4F<0$ 时，方程 ① 没有实数解，因而它不表示任何图形.

因此，当 $D^2+E^2-4F>0$ 时，方程 ① 表示一个圆，方程 ① 叫作圆一般方程.

【例 4-19】 求过 3 点 $O(0,0)$，$M_1(1,1)$，$M_2(4,2)$ 的圆的方程，并求这个圆的半径和圆心坐标.

解　设所求圆的方程为 $x^2+y^2+Dx+Ey+F=0$. 因为 O,M_1,M_2 在圆上，所以它们的坐标是方程的解. 把它们的坐标依次代入上面的方程，得到关于 D,E,F 的三元一次方程组：

$$\begin{cases} F=0 \\ D+E+F+2=0 \\ 4D+2E+F+20=0 \end{cases}$$

解这个方程组，得到 $F=0,D=-8,E=6$，于是得到所求圆的方程 $x^2+y^2-8x+6y=0$

所求圆的半径 $r=\dfrac{1}{2}\sqrt{D^2+E^2+4F}=5$，圆心坐标是$(4,-3)$.

【例 4-20】 判断下列各方程表示的图形

(1)$x^2+y^2+2x-4y-4=0$；

(2)$x^2+y^2+2x-4y+5=0$；

(3)$x^2+y^2+2x-4y+9=0$.

解　(1) 将方程 $x^2+y^2+2x-4y-4=0$ 配方，得

$$(x+1)^2+(y-2)^2=9$$

所以原方程表示的图形是圆心为$(-1,2)$，半径为 3 的圆.

(2) 将方程 $x^2+y^2+2x-4y+5=0$ 配方，得$(x+1)^2+(y-2)^2=0$，所以原方程表示的图形是一个点，这个点的坐标是$(-1,2)$.

(1) 将方程 $x^2+y^2+2x-4y+9=0$ 配方，得$(x+1)^2+(y-2)^2=-4$，原方程没有实数解，原方程不表示任何图形.

练习 4-11

1. 将下列圆的标准方程化为圆的一般方程.

(1) $(x-5)^2+(y+2)^2=7$；　　(2) $(x+3)^2+(y-4)^2=10$.

2. 判断下列各方程表示的图形.

(1)$x^2+y^2-4x+6y+4=0$；　　(2)$2x^2+2y^2-4x-5=0$；

(3)$x^2+y^2-4x+6y+17=0$.

3. 已知 $\triangle ABC$ 的顶点 $A(1,-1)$，$B(2,0)$，$C(1,1)$，求 $\triangle ABC$ 外接圆的方程，并求出它的圆心坐标与半径.

3. 圆方程的简单应用

我们知道，直线和圆的位置关系有 3 种：相交、相切和相离，设圆 C 的半径为 r，圆心 C 到直线 l 的距离为 d.

(1) 直线和圆有两个公共点时(见图 4-13(a))，称直线与圆相交. 这时直线称为圆的割线，直线 l 与圆 C 相交 $\Leftrightarrow d<r$.

(2) 直线和圆有唯一公共点时(见图 4-13(b))，称直线与圆相切. 这时直线称为圆的切线，唯一的公共点称为切点. 直线 l 与圆 C 相切 $\Leftrightarrow d=r$.

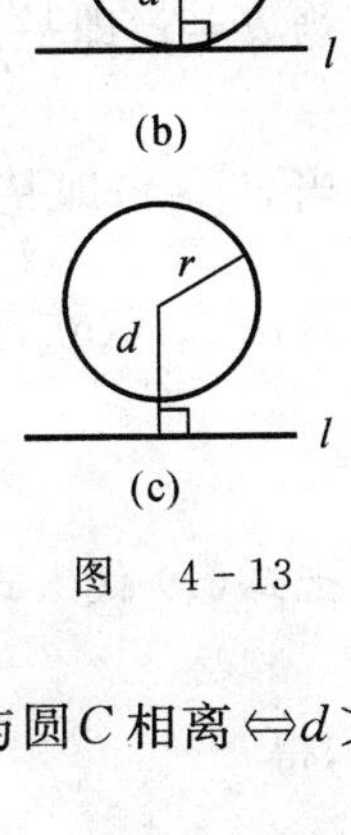

图　4-13

(3) 直线和圆没有公共点时(见图 4-13(c))，称直线与圆相离. 直线 l 与圆 C 相离 $\Leftrightarrow d>r$.

以上应用了几何方法判断直线与圆的位置关系. 在平面直角坐标系中,圆的圆心为 $C(a, b)$,直线 l 的方程为 $Ax+By+C=0$,则圆心 C 到直线 l 的距离 d 为

$$d=\frac{|Aa+Bb+C|}{\sqrt{A^2+B^2}}$$

比较 d 和 r,即可判断直线与圆的位置关系,应用代数方法,从联立方程组

$$\begin{cases}Ax+By+C=0\\(x-a)^2+(y-b)^2=r^2 \text{ 或 } x^2+y^2+Dx+Ey+F=0\end{cases}$$

的解的个数,也能判定它们的位置关系,通过方程组中的第一式解出 y,代入第二式,得出一个关于 x 的一元二次方程,由这个方程的判别式 Δ 的符号就能判定直线与圆是相交、相切还是相离.

我们把上述讨论的直线与圆的位置关系及判定方法总结见表4-1.

表 4-1

位置关系	示意图形	代数方法	几何方法
		判别式 Δ	圆心到直线的距离为 d
相交	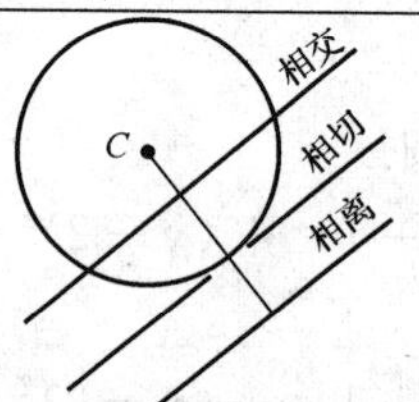	$\Delta>0$	$d<r$
相切		$\Delta=0$	$d=r$
相离		$\Delta<0$	$d>r$

【例 4-21】 已知圆 O 的方程是 $x^2+y^2=2$,直线 l:$y=x+b$. 问当 b 分别为何值时,直线与圆相交、相切、相离?

解 解法一:由方程可知,圆 O 的圆心为 $O(0,0)$,半径 $r=\sqrt{2}$,则圆心 O 到直线 l:$x-y+b=0$ 的距离为

$$d=\frac{|0+0+b|}{\sqrt{1^2+(-1)^2}}=\frac{|b|}{\sqrt{2}}$$

当 $d<r$,即 $\frac{|b|}{\sqrt{2}}<\sqrt{2}$,$-2<b<2$ 时,直线与圆相交;

当 $d=r$,即 $\frac{|b|}{\sqrt{2}}=\sqrt{2}$,$b=\pm 2$ 时,直线与圆相切;

当 $d>r$,即 $\frac{|b|}{\sqrt{2}}>\sqrt{2}$,$b<-2$ 或 $b>2$ 时,直线与圆相离.

解法二:联立直线方程和圆的方程,得方程组

$$\begin{cases}y=x+b & (1)\\x^2+y^2=2 & (2)\end{cases}$$

把式(1) 代入式(2),得

$$x^2+(x+b)^2=2$$

整理,得

$$2x^2+2bx+b^2-2=0$$

由一元二次方程的根的判别法，得

$$\Delta=(2b)^2-4\times 2\times(b^2-2)=4(-b^2+4)$$

当 $\Delta>0$，即 $-2<b<2$ 时，方程有两组解，这时直线与圆有两个交点，即它们相交；

当 $\Delta=0$，即 $b=\pm 2$ 时，方程有唯一解，这时直线与圆有一个交点，即它们相切；

当 $\Delta<0$，即 $b<-2$ 或 $b>2$ 时，方程有没有实数解，这时直线与圆没有交点，即它们相离；

【例 4－22】　如图 4－14 所示为了一个需要磨削的工件，AB，CD 和 EF 是圆弧，BC，DE 是线段，尺寸如图所示. 磨削是要知道 $O_2(x_0,y_0)$ 的值，试求之.

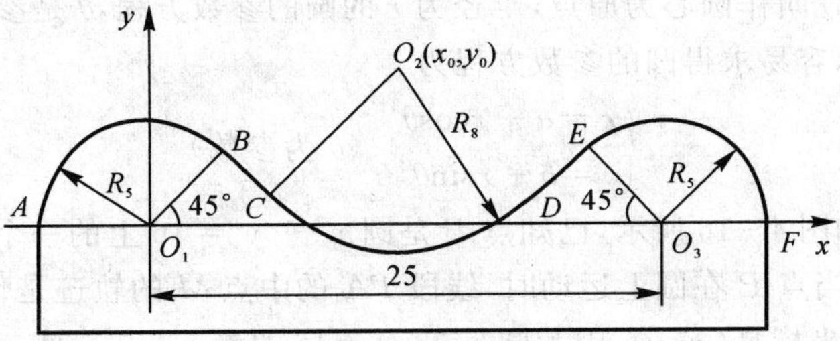

图　4－14

解　取如图所示直角坐标系，因为工件是对称，所以 O_2 一定在线段 O_1O_3 的垂直平分线上. 于是，得 O_2 点的横坐标 $x_0=\frac{25}{2}=12.5$，为了求解出纵坐标 y_0，先求出直线 BC 的方程. 直线 BC 的斜率为 $k_{BC}=\tan 135°=-1$，B 点的坐标为 $\left(\frac{5}{2}\sqrt{2},\frac{5}{2}\sqrt{2}\right)$，由点斜式可得到直线 BC 的方程为

$$y-\frac{5}{2}\sqrt{2}=-1\times\left(x-\frac{5}{2}\sqrt{2}\right)$$

即

$$y-+x-5\sqrt{2}=0$$

则点 $O_2(12.5,y_0)$ 到直线 BC 的距离可由公式得 $8=\frac{|12.5+y_0-5\sqrt{2}|}{\sqrt{1^2+1^2}}$ 解得

$$y_0=13\sqrt{2}-12.5\approx 5.88$$

练习 4－12

1. 判断下列各组中直线 l 与圆 C 的位置关系.

(1) $l:x-y-1=0$，$C:x^2+y^2=13$；

(2) $l:4x-3y+6=0$，$C:x^2-8x+y^2+2y-8=0$；

(3) $l:2x-y+5=0$，$C:x^2+y^2=4$；

(4) $l:x+y-4=0$，$C:x^2+y^2=20$.

2. 直线 $4x+3y-40=0$ 和圆 $x^2+y^2=100$ 存在公共点吗？若存在，求出公共点的坐标；若不存在，请说明理由.

4. 圆的参数方程

设圆 O 的圆心在原点，半径是 r，圆 O 与 x 轴的正半轴的交点是 P_0，如图 4－15 所示. 设点在圆 O 上从点 P_0 开始按逆时针方向运动到达点 P，$\angle P_0OP=\theta$，我们看到，点 P 的位置与旋转

角 θ 有密切的关系. 当 θ 确定时，点 P 在圆 O 上的位置也随之确定；当 θ 变化时，点 P 在圆 O 上的位置也随之变化. 如果点 P 的坐标是 (x,y)，根据三角函数的定义可知，点 P 的横坐标 x，纵坐标 y 都是 θ 的函数，即

$$\begin{cases} x = r\cos\theta \\ y = r\sin\theta \end{cases} \quad ①$$

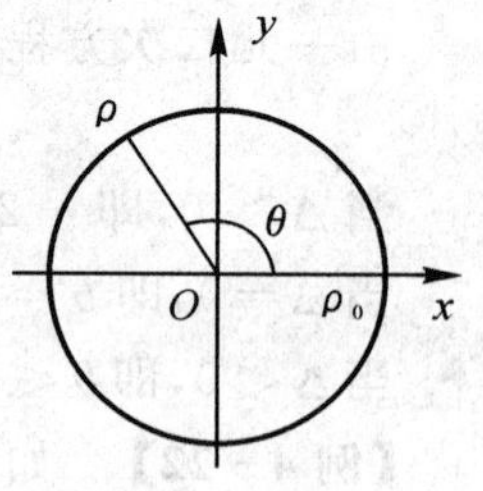

图　4－15

并且对于 θ 的每一个允许值，由方程组 ① 所确定的点 $P(x,y)$ 都在圆 O 上.

我们把方程组 ① 叫作圆心为原点，半径为 r 的圆的参数方程，θ 是参数.

若圆心为 (a,b)，容易求得圆的参数方程为

$$\begin{cases} x = a + r\cos\theta \\ y = b + r\sin\theta \end{cases} \quad (\theta \text{ 为参数})$$

【例 4－23】　如图 4－16 所示，已知点 P 是圆 $x^2 + y^2 = 16$ 上的一个动点，点 A 是 x 轴的定点坐标为 $(12,0)$，当点 P 在圆上运动时，线段 PA 的中点 M 的轨迹是什么？

解　设点 M 的坐标是 (x,y)，因为圆 $x^2 + y^2 = 16$ 的参数方程为

$$\begin{cases} x = 4\cos\theta \\ y = 4\sin\theta \end{cases}$$

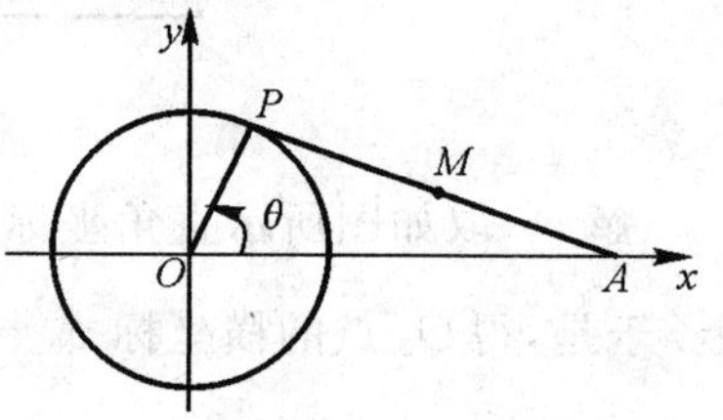

图　4－16

所以可以设点 P 的坐标为 $(4\cos\theta, 4\sin\theta)$. 由线段中点坐标公式的点 M 的轨迹的参数方程为

$$\begin{cases} x = \dfrac{12 + 4\cos\theta}{2} = 6 + 2\cos\theta \\ y = \dfrac{4\sin\theta}{2} = 2\sin\theta \end{cases}$$

所以，线段 PA 的中点 M 的轨迹是以点 $(6,0)$ 为圆心、2 为半径的圆.

练习 4－13

1. 已知圆 O 的参数方程是 $\begin{cases} x = 5\cos\theta \\ y = 5\sin\theta \end{cases} (0 \leqslant \theta < 2\pi)$.

(1) 如果圆上点 P 所对应的参数 $\theta = \dfrac{5\pi}{3}$，则点 P 的坐标是________；

(2) 如果圆上点 Q 的坐标是 $\left(-\dfrac{5}{2}, \dfrac{5\sqrt{3}}{2}\right)$，则点 Q 所对应的参数 $\theta =$________.

2. 经过圆 $x^2 + y^2 = 16$ 上任一点 P 作 x 轴的垂线，垂足为 Q，求线段 PQ 中点轨迹的普通方程.

习题 4－3

1. 求下列各圆的一般方程.

(1) 过点 $A(5,1)$，圆心为点 $C(8,-3)$；

(2) 过 3 点 $A(-1,5)$，$B(5,5)$，$C(6,-2)$.

2. 求下列各圆的圆心坐标和半径.

(1) $x^2 + y^2 - 2x - 5 = 0$；　　　　(2) $x^2 + y^2 + 2x - 4y - 4 = 0$.

3. 求直线 $4x - 3y = 50$ 和圆 $x^2 + y^2 = 100$ 的交点，说明它们的位置关系.

4. 把下列参数方程化成一般方程(其中 t,θ 是参数).

(1) $\begin{cases} x=\sqrt{2}\cos\theta \\ y=\sqrt{2}\sin\theta \end{cases}$；　　(2) $\begin{cases} x=4\cos\theta+1 \\ y=4\sin\theta-3 \end{cases}$.

5. 如图 4－17 所示样板，尺寸如图所示. 现在磨削型面，试求圆弧 $R16\pm0.02$mm 的圆心 O_1 的坐标(x_{o_1}, y_{o_1}).

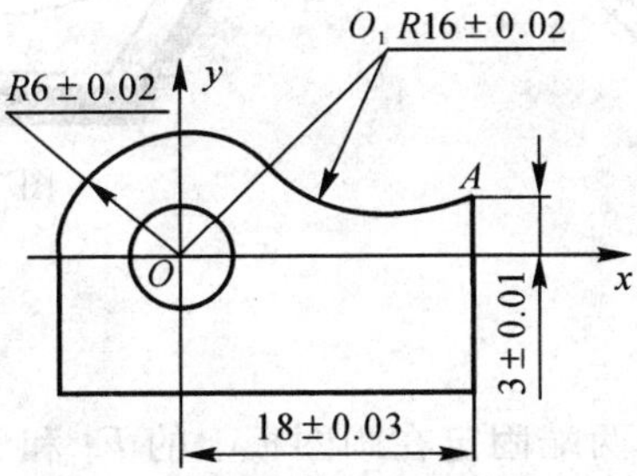

图　4－17

6. 如图 4－18 所示为自行车的飞轮，它的齿廓曲线的一部分如图所示. 其中 $\overset{\frown}{AB}$ 是一段圆弧，圆心为 O 点，半径 r 为 3.97mm，α 为52°；$\overset{\frown}{BC}$ 也是一段圆弧，圆心为 P 点，半径 R 为 10.21mm. 试求圆弧 $\overset{\frown}{AB}$，$\overset{\frown}{BC}$ 所在的圆的方程.

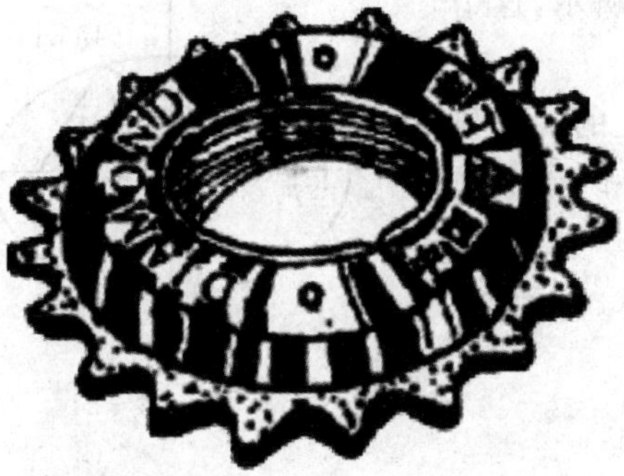

(a)

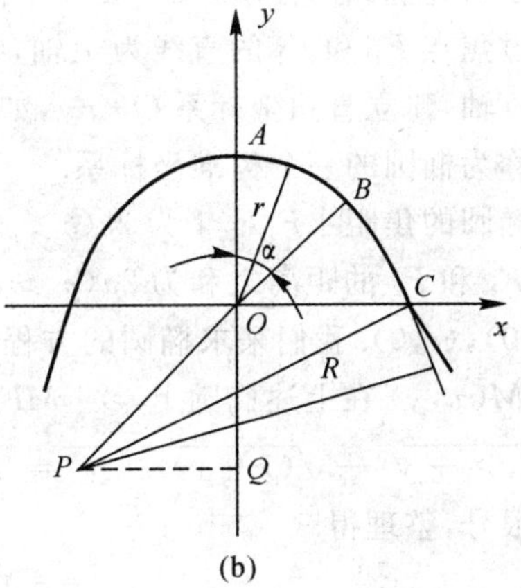

(b)

图　4－18

4.4　椭　　圆

一杯水，如图 4－19 所示水杯的杯口为圆形，杯中盛有水，竖直放置时，杯中水面的轮廓为圆形；现将杯口倾斜(无水溢出)，观察杯中水面轮廓形成的曲线. 这一曲线与圆相比具有什么特征？

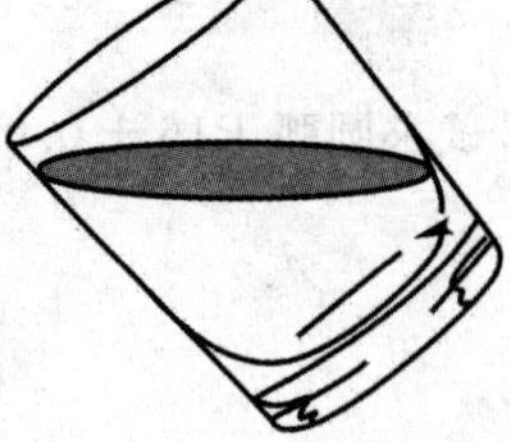

图　4-19

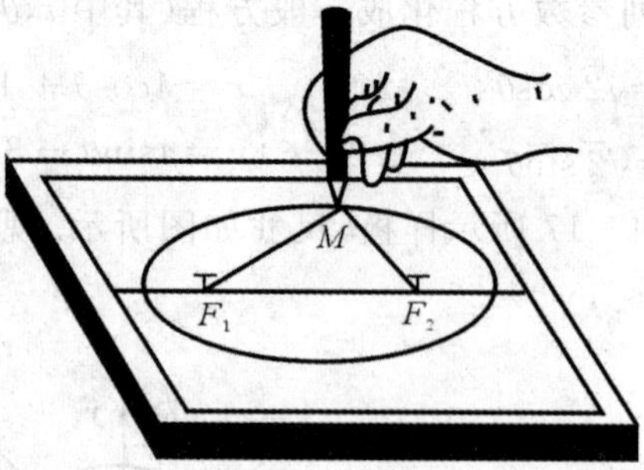

图　4-20

一、椭圆及其标准方程

取一条一定长的细绳，它的两端固定在画图板上的 F_1 和 F_2 两点(见图 4-20)，当绳长大于 F_1 和 F_2 的距离时，用铅笔把绳子拉紧，使笔尖在图板上慢慢移动，就可以画出一个椭圆.

从上面的画图过程，我们可以看出，椭圆是与点 F_1，F_2 的距离的和等于定长(即这条绳长)的点的集合.

我们把平面内与两个顶点 F_1，F_2 的距离的和等于常数(大于 $|F_1F_2|$)的点的轨迹叫作椭圆. 这两个定点叫作椭圆的焦点，两焦点的距离叫作椭圆的焦距.

为了研究椭圆的性质，我们要在平面上建立一个适当的直角坐标系，求出椭圆的方程.

取过焦点 F_1 和 F_2 的直线为 x 轴，线段 F_1F_2 的垂直平分线为 y 轴，建立直角坐标系 $O\text{-}xy$，如图 4-21 所示，这个坐标系称为椭圆的一个标准坐标系.

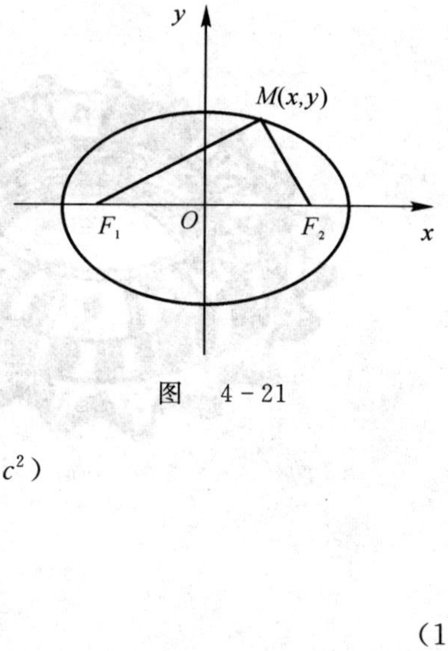

图　4-21

设椭圆的焦距 $|F_1F_2|$ 为 $2c(c>0)$，椭圆上的动点与两定点 F_1 和 F_2 的距离之和为 $2a(a>c)$，则 F_1 和 F_2 的坐标 $(-c,0)$，$(c,0)$. 我们来求椭圆的方程.

点 $M(x,y)$ 在上述椭圆上 $\Leftrightarrow |MF_1|+|MF_2|=2a \Leftrightarrow$
$\sqrt{(x-c)^2+y^2}+\sqrt{(x+c)^2+y^2}=2a$

去根号，整理得

$$(a^2-c^2)x^2+a^2y^2=a^2(a^2-c^2)$$

令
$$b^2=a^2-c^2 \quad (a>b>0)$$

有
$$b^2x^2+a^2y^2=a^2b^2$$

整理，得
$$\frac{x^2}{a^2}+\frac{y^2}{b^2}=1 \quad (a>b>0) \tag{1}$$

因此，上述椭圆上的点 $M(x,y)$ 的坐标满足方程(1).

反之，如果 $M(x,y)$ 的坐标满足方程(1)，则点 $M(x,y)$ 在上述椭圆上.

综上述得到，式(1)是上述椭圆的方程，也即椭圆的标准方程. 它表示的椭圆的焦点在 x 轴上.

如果使点 F_1，F_2 在 y 轴上，如图 4-22 所示点 F_1，F_2 的坐标分别为 $F_1(0,-c)$，$F_2(0,c)$，a，b 的意义同上，那么方程变为

$$\frac{y^2}{a^2}+\frac{x^2}{b^2}=1 \quad (a>b>0)$$

这个方程也是椭圆的标准方程.

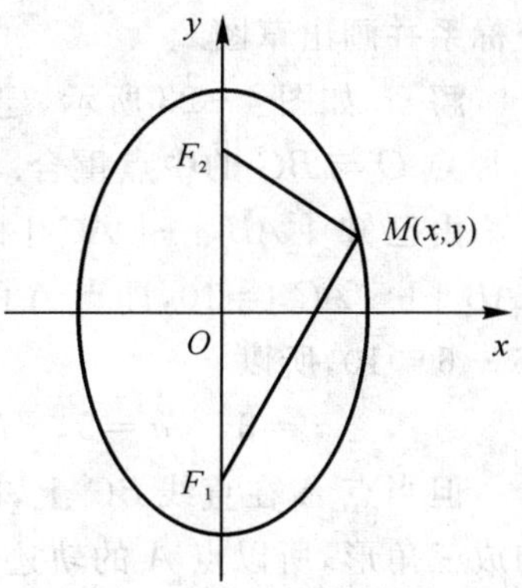

图　4-22

【例 4-24】　求适合下列条件的椭圆的标准方程.

(1) 两个焦点的坐标是$(-3,0)$,$(3,0)$,椭圆上一点 P 到两焦点的距离之和为 10;

(2) 两个焦点的坐标是$(0,-2)$,$(0,2)$,并且椭圆经过点$\left(-\frac{3}{2},\frac{5}{2}\right)$;

(3)$a=2b,c=\sqrt{3}$.

解　(1) 因为椭圆的焦点在 x 轴上,所以可以设椭圆的标准方程为

$$\frac{x^2}{a^2}+\frac{y^2}{b^2}=1 \quad (a>b>0)$$

由题设条件得$\begin{cases}2a=10\\c=3\\b^2=a^2-c^2\end{cases}$,解得$\begin{cases}a=5\\c=3\\b=4\end{cases}$

所以,所求椭圆的标准方程为$\frac{x^2}{25}+\frac{y^2}{16}=1$.

(2) 因为椭圆的焦点在 y 轴上,所以可以设椭圆的标准方程为

$$\frac{y^2}{a^2}+\frac{x^2}{b^2}=1 \quad (a>b>0)$$

由椭圆的定义可知,椭圆上的点到两焦点的距离之和为 $2a$,则

$$2a=\sqrt{\left(-\frac{3}{2}\right)^2+\left(\frac{5}{2}+2\right)^2}+\sqrt{\left(-\frac{3}{2}\right)^2+\left(\frac{5}{2}-2\right)^2}=2\sqrt{10}$$

即 $a=\sqrt{10}$.又因为 $c=2$,得

$$b^2=a^2-c^2=10-4=6$$

所以,所求椭圆的标准方程为$\frac{x^2}{6}+\frac{y^2}{10}=1$.

(3) 根据题设条件有$\begin{cases}a=2b\\c=\sqrt{3}\\a^2=b^2+c^2\end{cases}$　解得　$\begin{cases}b^2=1\\a^2=4\end{cases}$

所以,所求椭圆的标准方程为$\frac{x^2}{4}+y^2=1$或所求椭圆的标准方程为 $x^2+\frac{y^2}{4}=1$.

【例 4-25】　已知 B,C 是两个定点,$|BC|=6$,且 $\triangle ABC$ 的周长等于 16,求顶点 A 的轨迹方程.

分析:在解析几何里,求符合某种条件的点的轨迹方程,要建立适当的坐标系,常常需要画出草图.

在图 4-23 中,由 $\triangle ABC$ 的周长等于 16,$|BC|=6$ 可知,点 A 到 B,C 两点的距离的和是常数,即 $|AB|+|BC|=16-6=10$,因此,点 A 的轨迹是以 B,C 为焦点的椭圆,据此可建立

坐标系并画出草图.

解　如图 4-23 所示,建立坐标系,使 x 轴经过点 B,C,原点 O 与 BC 的中点重合.

由已知 $|AB|+|AC|+|BC|=16$,$|BC|=6$,有 $|AB|+|AC|=10$,即点 A 的轨迹是椭圆,且 $2c=6$,$2a=16-6=10$,所以

$$c=3,\quad a=5,\quad b^2=5^2-3^2=16$$

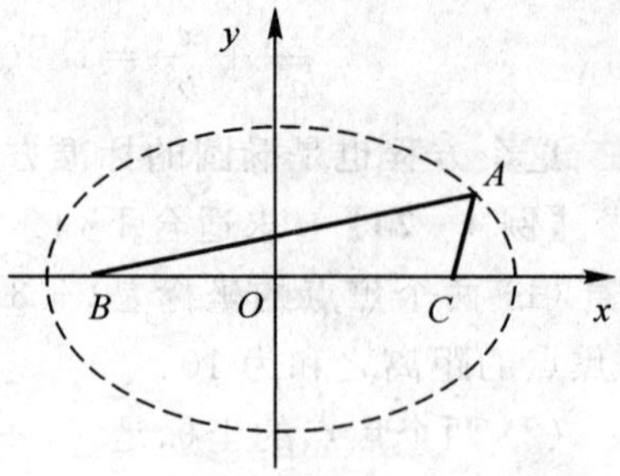

图　4-23

但当点 A 在直线 BC 上,即 $y=0$ 时,A,B,C 三点不能构成三角形,所以点 A 的轨迹方程为

$$\frac{x^2}{25}+\frac{y^2}{16}=1\quad(y\neq 0)$$

求出曲线的方程后,要注意检查一下方程的曲线上的点是否都符号题意,如果有不符合题意的点,应在所得方程后注明限制条件.

练习 4-14

1. 写出合适下列条件的椭圆标准方程.

(1)$a=4$,$b=1$,焦点在 x 轴上;

(2)$a=4$,$b=\sqrt{15}$,焦点在 y 轴上;

(3)$a+b=10$,$c=2\sqrt{5}$.

2. $\triangle ABC$ 的两个顶点 A,B 的坐标分别是$(-6,0)$,$(6,0)$,边 AC,BC 所在直线的斜率之积等于 $-\frac{4}{9}$,求顶点 C 的轨迹方程.

二、椭圆的几何性质

利用椭圆的标准方程$\frac{x^2}{a^2}+\frac{y^2}{b^2}=1$ $(a>b>0)$来研究椭圆的几何性质,如图 4-24 所示.

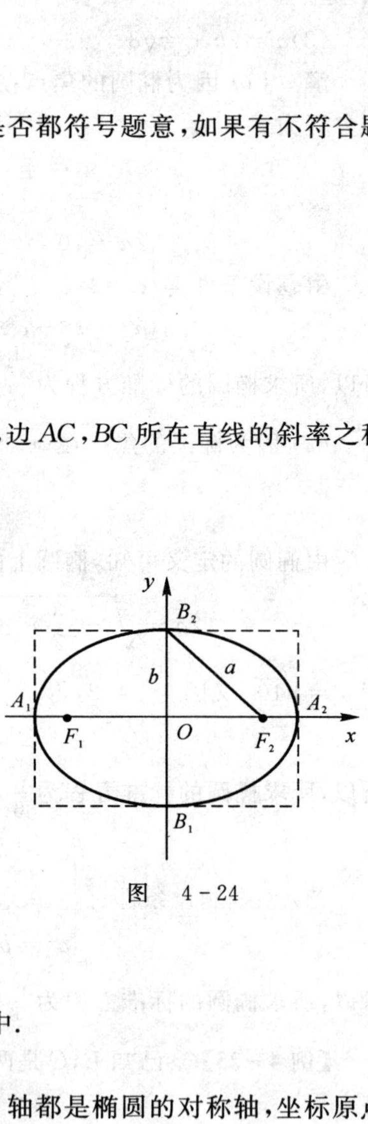

图　4-24

1. 范围

由标准方程可知,椭圆上的点(x,y)都适合不等式$\frac{x^2}{a^2}\leqslant 1$,$\frac{y^2}{b^2}\leqslant 1$,$x^2\leqslant a^2$,$y^2\leqslant b^2$ 即

$$|x|\leqslant a,\quad |y|\leqslant b$$

这说明椭圆位于直线 $x=\pm a$,和 $y=\pm b$ 所围成的矩形中.

2. 对称性

椭圆关于 x 轴、y 轴、坐标原点都是对称的,因此,x 轴和 y 轴都是椭圆的对称轴,坐标原点是椭圆的对称中心.

3. 顶点

与 x 轴相交于两个点:$A_1(-a,0)$,$A_2(a,0)$;与 y 轴相交于两个点:$B_1(0,-b)$,$B_2(0,b)$.这四个点称为椭圆的顶点.

4. 长、短轴

线段 A_1A_2 称为椭圆的长轴，线段 B_1B_2 称为椭圆的短轴. 长轴和短轴的长度分别为 $2a$ 和 $2b$，a 称为椭圆的长半轴长，b 称为椭圆的短半轴长，c 称为椭圆的半焦距. 椭圆短轴的端点到两个焦点的距离相等，且等于长半轴长.

5. 离心率

椭圆的焦距与长轴长的比 $e=\frac{c}{a}$，叫作椭圆的离心率.

因为 $a>c>0$，所以 $0<e<1$. e 越接近于 1，则 c 越接近 a，从而 $b=\sqrt{a^2-c^2}$ 越小，因此椭圆越扁；反之，e 越接近于 0，则 c 越接近 0，从而 b 越接近于 a，这时椭圆就越接近于圆.

当且仅当 $a=b$ 时，$c=0$，这时两个焦点重合，图形变为圆，它的方程为 $x^2+y^2=a^2$.

【例 4-26】　求椭圆 $16x^2+25y^2=400$ 的长轴和短轴的长、离心率、焦点和顶点的坐标，并用描点法画出它的图形.

解　把已知方程化成标准方程 $\frac{x^2}{5^2}+\frac{y^2}{4^2}=1$，这里 $a=5$，$b=4$，所以 $c=\sqrt{25-16}=3$，因此，椭圆的长轴和短轴的长分别是 $2a=10$ 和 $2b=8$，离心率 $e=\frac{c}{a}=\frac{3}{5}$，两个焦点分别是 $F_1(-3,0)$ 和 $F_2(3,0)$，椭圆的 4 个顶点是 $A_1(-5,0)$，$A_2(5,0)$，$B_1(0,-4)$，$B_2(0,4)$ 将已知方程变形为 $y=\pm\frac{4}{5}\sqrt{25-x^2}$，根据 $y=\frac{4}{5}\sqrt{25-x^2}$，在 $0\leqslant x\leqslant 5$ 的范围内算出几个点的坐标 (x,y)，见表 4-2.

表　4-2

x	0	1	2	3	4	5
y	4	3.9	3.7	3.2	2.4	0

先描点画出椭圆的一部分，在利用椭圆的对称性画出整个椭圆，如图 4-25 所示.

本题在画图时，利用了椭圆的对称性. 利用图形的几何性质，可以简化画图过程，保证图形的准确性.

根据椭圆的几何性质，用下面方法可以快捷地画出反映椭圆基本形状和大小的草图：以椭圆的长轴、短轴为邻边画矩形；由矩形的四边的中点确定椭圆的 4 个顶点；用曲线将 4 个顶点连成一个椭圆. 画图时要注意它们的对称性及顶点附近的平滑性.

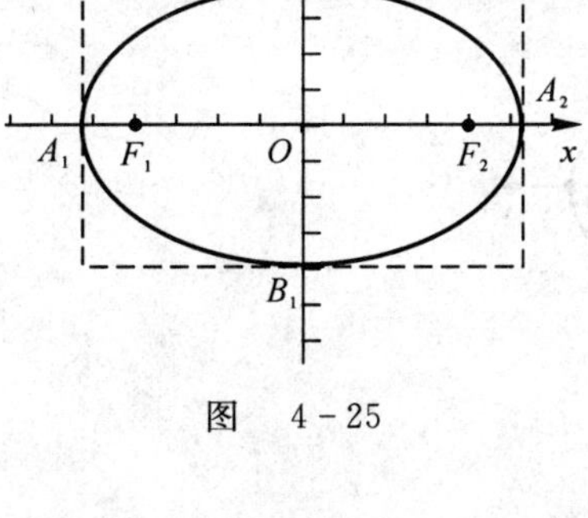

图　4-25

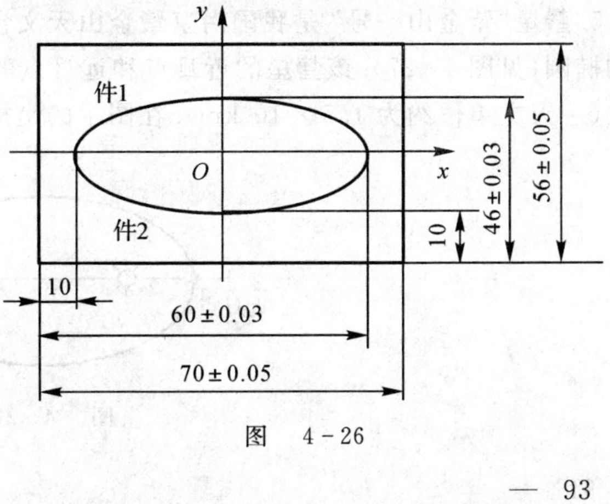

图　4-26

【例 4－27】　加工如图 4－26 所示的椭圆孔组合件，划线及做检验样板时都需要知道其方程，试根据图示尺寸求之.

解　取直角坐标系如图 4－26 所示，设所求椭圆方程为

$$\frac{x^2}{a^2}+\frac{y^2}{b^2}=1$$

因为 $2a=60-10=50$，即

$$a=25,\quad 2b=46-10=36$$

即 $b=18$，所以，所求椭圆孔的方程为

$$\frac{x^2}{25^2}+\frac{y^2}{18^2}=1$$

练习 4－15

1. 说出椭圆 $\frac{y^2}{a^2}+\frac{x^2}{b^2}=1$ 的焦点和顶点的坐标.

2. 求适合下列条件的椭圆的标准方程.

(1) $a=6, e=\frac{1}{3}$，焦点在 x 轴上；

(2) $c=3, e=\frac{1}{3}$，焦点在 x 轴上.

习题 4－4

1. 求下列各椭圆的长轴和短轴的长，离心率，焦点坐标顶点坐标，并画出草图.

(1) $x^2+4y^2=16$；　　(2) $9x^2+y^2=81$.

2. 求适合下列条件的椭圆的标准方程.

(1) 椭圆经过两点 $P(-2\sqrt{2},0)$，$Q(0,\sqrt{5})$；

(2) 长轴是短轴的 4 倍，椭圆经过点 $P(3,0)$；

(3) 离心率等于 0.8，焦距是 8.

3. 一个动点到两个定点 $F_1(-\sqrt{3},0)$，$F_2(-\sqrt{3},0)$ 的距离之和等于 4，求这个动点的轨迹方程.

4. 椭圆 $\frac{x^2}{36}+\frac{y^2}{100}=1$ 的焦点在________轴上；若该椭圆上一点 P 到焦点 F_1 的距离等于 6，则点 P 到另一个焦点的距离是________；$\triangle PF_1F_2$ 的周长是________.

5. 彗星“紫金山一号”是我国南京紫金山天文台发现的，它的运行轨道是以太阳为一个焦点的椭圆（见图 4－27）. 该彗星的近日点和远日点的距离分别为 1.486 天文单位和 5.563 天文单位（一天文单位约为 1.5×10^8 km）. 在图示的坐标系中求彗星轨道的方程.

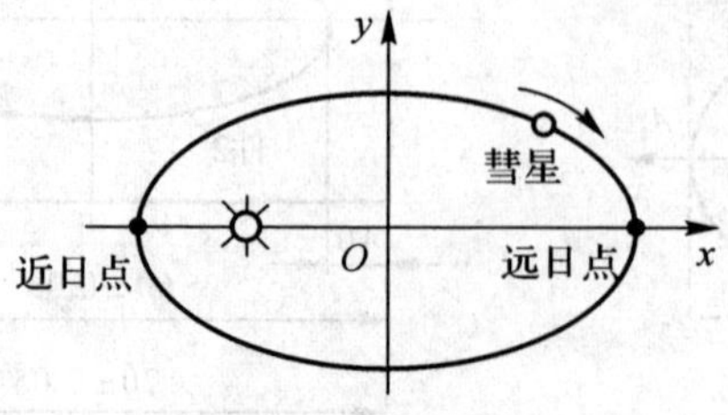

图　4－27

4.5　双　曲　线

电站通风塔如图 4-28 所示轴心的平面与塔的侧轮廓面的交线是条什么曲线？它有什么特征？

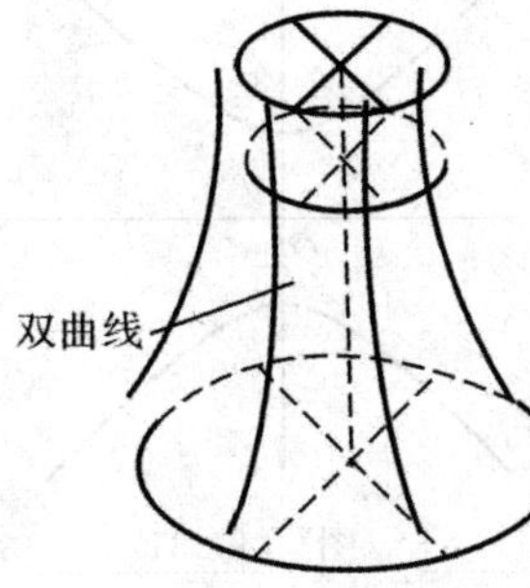

图　4-28

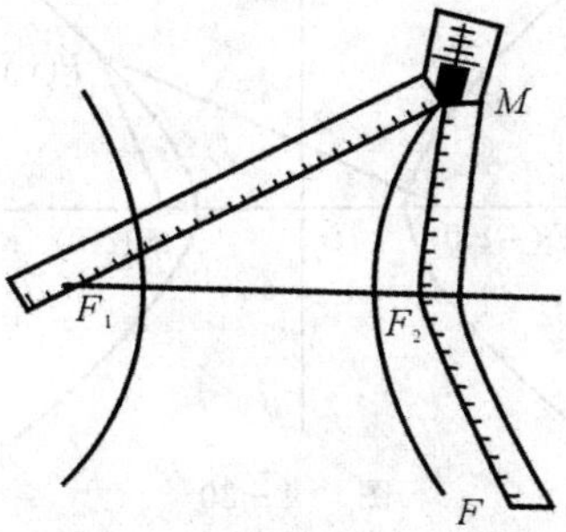

图　4-29

一、双曲线及其标准方程

如图 4-29 所示，取一条拉链，拉开它的一部分，在拉开的两边上各选择一点，分别固定在点 F_1，F_2 上，F 到 F_2 的长为 $2a(a>0)$. 把笔尖放在点 M 处，随着拉链逐渐拉开或者闭拢，笔尖就画出一条曲线(图中右边的曲线). 这条曲线是满足下面条件的点集合，即

$$P=\{M \mid |MF_1|-|MF_2|=2a\}$$

如果使点 M 点到 F_2 的距离减去到点 F_1 的距离所得的差等于 $2a$，就得到另一条曲线(图中左边的曲线)，这条曲线是满足下列条件的点的集合，即

$$P=\{M \mid |MF_2|-|MF_1|=2a\}$$

这两条曲线合起来叫作双曲线，每一条叫作双曲线的一支.

定义　我们把平面内与两个定点 F_1，F_2 的距离的差的绝对值等于常数(小于 $|F_1F_2|$)的点的轨迹叫作双曲线. 这两个定点叫作双曲线的焦点，两焦点的距离叫作双曲线的焦距.

与椭圆类似，以过焦点 F_1，F_2 的直线为 x 轴，线段 F_1F_2 的垂直平分线为 y 轴，建立直角坐标系，如图 4-30 所示.

设 $P(x,y)$ 是双曲线上的任意一点，双曲线的焦距为 $2c(c>0)$，则两个焦点的坐标分别为 $F_1(-c,0)$ 和 $F_2(c,0)$.

又设点 P 与 F_1，F_2 的距离之差的绝对值为 $2a(0<a<c)$，即

$$|PF_1|-|PF_2|=\pm 2a$$

由两点间的距离公式得

$$|PF_1|=\sqrt{(x+c)^2+y^2},\quad |PF_2|=\sqrt{(x-c)^2+y^2}$$

所以
$$\sqrt{(x+c)^2+y^2}-\sqrt{(x-c)^2+y^2}=\pm 2a$$

整理得
$$(c^2-a^2)x^2-a^2y^2=a^2(c^2-a^2)$$

由于 $0<a<c$，所以 $c^2-a^2>0$. 另设 $c^2-a^2=b^2(b>0)$，代入上式，得 $b^2x^2-a^2y^2=a^2b^2$，两边同除以 a^2b^2 得

$$\frac{x^2}{a^2}-\frac{y^2}{b^2}=1 \quad ①$$

这个方程称为双曲线的标准方程，它表示焦点在 x 轴上的双曲线，其中 a,b,c 之间的关系是 $c^2=a^2+b^2$.

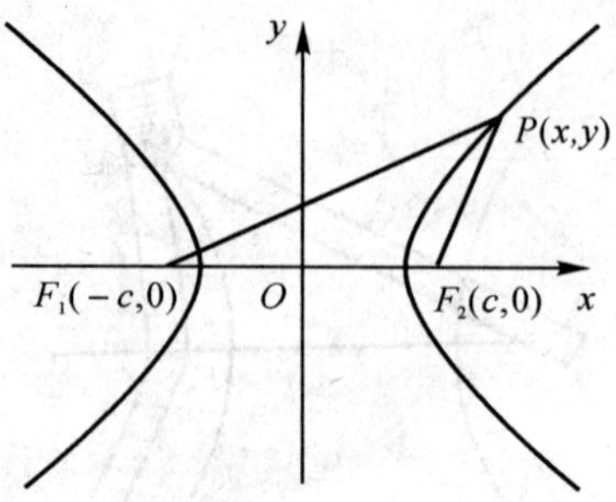

图　4-30

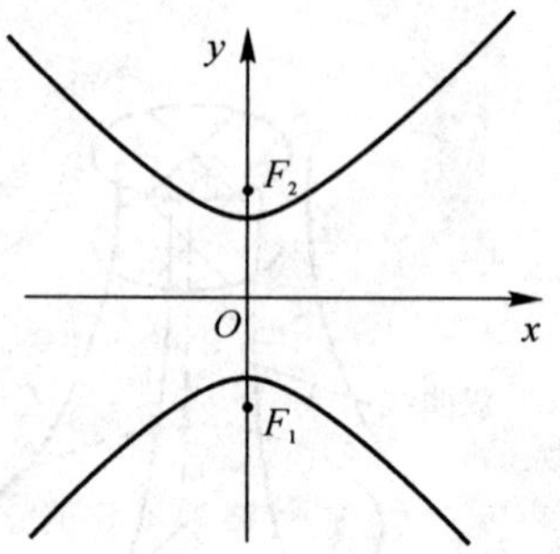

图　4-31

如图 4-31 所示，如果以经过两个焦点 F_1 和 F_2 的直线为 y 轴，线段 F_1F_2 的垂直平分线为 x 轴，用同样的方法可得双曲线的方程为

$$\frac{y^2}{a^2}-\frac{x^2}{b^2}=1 \quad (a>0,b>0) \quad ②$$

这个方程是焦点在 y 轴上的双曲线的标准方程，其中 a,b,c 间的关系仍然为 $c^2=a^2+b^2$

【例 4-28】　已知双曲线的焦点在 x 轴上，焦距是 26，双曲线上一点到两个焦点的距离之差绝对值为 24，写出双曲线的标准方程.

解　由已知条件的 $2c=26,2a=24$，因此

$$c=13,\quad a=12,\quad b^2=c^2-a^2=13^2-12^2=25$$

由于焦点在 x 轴上，因此双曲线的标准方程为

$$\frac{x^2}{144}-\frac{y^2}{25}=1$$

【例 4-29】　求双曲线 $\frac{x^2}{16}-\frac{y^2}{9}=1$ 的焦点与焦距.

解　由于 $a^2=16,b^2=9$，因此

$$c=\sqrt{a^2+b^2}=\sqrt{16+9}=5$$

从方程看出，焦点在 x 轴上，因此焦点是 $F_1(-5,0)$，$F_2(5,0)$，焦距为 10.

【例 4-30】　一炮弹在某处爆炸，在 A 处听到爆炸声的时间比在 B 处晚 2s.

(1) 爆炸点应在什么样的曲线上？

(2) 已知 A,B 两地相距 800m，并且此时声速为 340m/s，求曲线的方程.

解　(1) 由声速及 A,B 两处听到爆炸声的时间差，可知 A,B 两处与爆炸点的距离的差，因此爆炸点应位于以 A,B 为焦点的双曲线上.

因为爆炸点离 A 处比离 B 处更远，所以爆炸点应在靠近 B 处的一支上.

(2) 如图 4-32 所示，建立直角坐标系 xOy，使 A,B 两点在 x 轴上，并且点 O 与线段 AB 的中点重合.

设爆炸点 P 的坐标为 (x,y)，则

$$|PA|-|PB|=340\times 2=680$$

即　　$2a=680,\quad a=340$

又因为 $|AB|=800$,所以

$$2c=800,\quad c=400,\quad b^2=c^2-a^2=44\ 400$$

因为 $|PA|-|PB|=680>0$,所以 $x>0$.

故所求双曲线方程为

$$\frac{x^2}{115\ 600}-\frac{y^2}{44\ 400}=1\quad (x>0)$$

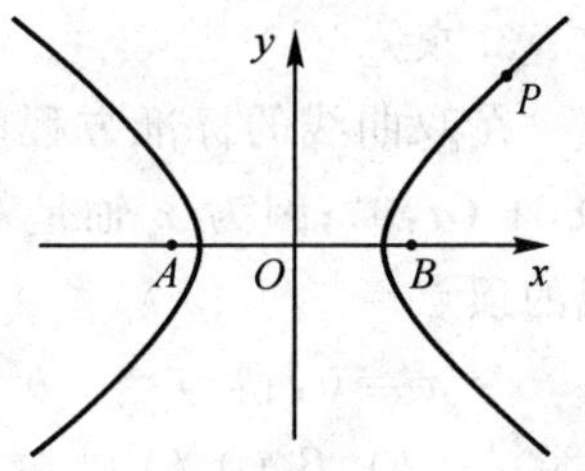

图　4-32

练习 4-16

1. 满足下列条件的双曲线的标准方程：

(1) 焦点在 x 轴上,焦点是 8,双曲线上的点到两焦点的距离之差的绝对值为 6；

(2) $a=4$,焦点为 $F_1(-5,0)$,$F_2(5,0)$；

(3) $a=4$,焦点为 $F_1(0,-5)$,$F_2(0,5)$；

(4) $b=2$,焦点为 $F_1(-3,0)$,$F_2(3,0)$.

2. 求下列双曲线的焦点与焦距

(1) $\frac{x^2}{12}-\frac{y^2}{4}=1$；　　　(2) $\frac{y^2}{9}-\frac{x^2}{18}=1$.

二、双曲线的简单几何性质

我们仿照讨论椭圆几何性质的方法,根据双曲线的标准方程来 $\frac{x^2}{a^2}-\frac{y^2}{b^2}=1(a>0,b>0)$ 来研究它的几何性质,如图 4-33 所示.

1. 范围

由标准方程可知,双曲线上的点 (x,y) 都适合不等式 $\frac{x^2}{a^2}\geqslant 1$,即 $x^2\leqslant a^2$,所以 $x\geqslant a$,$x\leqslant -a$.

这说明双曲线在不等式 $x\geqslant a$ 与 $x\leqslant -a$ 所表示的区域内.

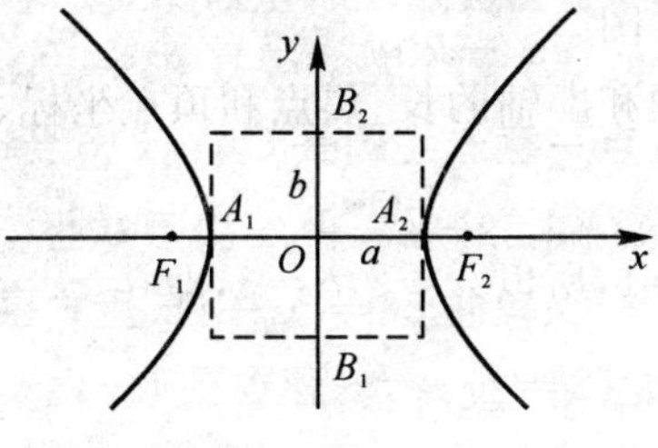

图　4-33

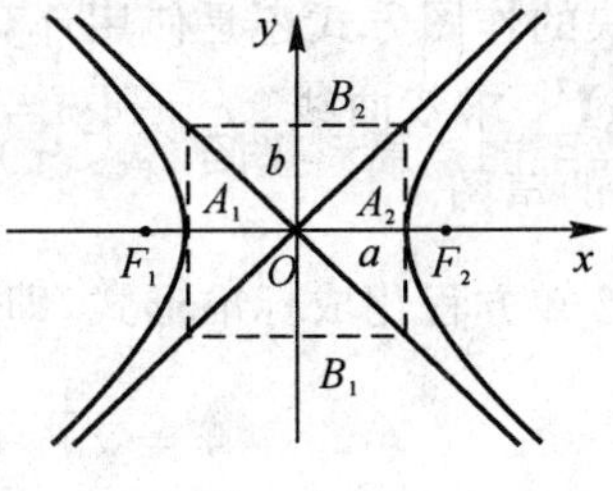

图　4-34

2. 对称性

双曲线关于每个坐标轴和原点都是对称的. 这时,坐标轴是双曲线的对称轴,原点是双曲线的对称中心. 双曲线的对称中心叫作双曲线的中心.

3. 顶点

在双曲线的标准方程里，令 $y=0$，得 $x=\pm a$，因此双曲线和 x 轴相交于两个点：$A_1(-a,0)$，$A_2(a,0)$；因为 x 轴是双线的对称轴，所以双曲线和它的对称轴有两个交点它们叫作双曲线的顶点.

令 $x=0$，得 $y=-b^2$，这个方程没有实数根，说明双曲线和 y 轴没有交点，但我们也把 $B_1(0,-b)$，$B_2(0,b)$ 画在 y 轴上.

线段 A_1A_2 叫作双曲线的实轴，它的长等于 $2a$，a 叫作双曲线的实半轴长；线段 B_1B_2 叫作双曲线的虚轴，它的长等于 $2b$，b 叫作双曲线的虚半轴长. 实轴与虚轴等长的双曲线为等轴双曲线.

4. 渐近线

经过 A_1，A_2 作 y 轴的平行线 $x=\pm a$，经过 B_1，B_2 作 x 轴的平行线 $y=\pm b$，4 条直线围成一个矩形（见图 4-34）. 矩形的两条对角线所在的直线的方程 $y=\pm\dfrac{b}{a}x$，从图可以看出，双曲线 $\dfrac{x^2}{a^2}-\dfrac{y^2}{b^2}=1$ 的各支向外延伸时，与这两条直线逐渐接近. 我们把这两条直线 $y=\pm\dfrac{b}{a}x$ 叫作双曲线的渐近线.

5. 离心率

椭圆的焦距与实轴长的比 $e=\dfrac{c}{a}$，叫作双曲线的离心率.

因为 $c>a>0$，所以 $e>1$.

由等式 $c^2-a^2=b^2$，可得

$$\frac{b}{a}=\frac{\sqrt{c^2-a^2}}{a}=\sqrt{\frac{c^2}{b^2}-1}=\sqrt{e^2-1}$$

因此 e 越大，$\dfrac{b}{a}$ 也越大，即渐近线 $y=\pm\dfrac{b}{a}x$ 的斜率的绝对值越大，这是双曲线的形状就从扁狭逐渐变得开阔. 由此可知，双曲线的离心率越大，它的开口就越开阔.

借助上述的几何性质，可以快捷地画出双曲线的草图，步骤：

(1) 根据双曲线的标准方程画出双曲线的渐近线（渐近线把平面分割成四个部分）；

(2) 标出双曲线的顶点，用描点法画出双曲线在第一象限的草图；

(3) 利用双曲线的对称性画出完整的双曲线.

当然，最快的作图方式还是使用计算机软件绘图.

【例 4-31】 求双曲线 $9x^2-4y^2=36$ 的实轴和虚轴的长、焦点和顶点坐标、渐近线方程，并画出双曲线的草图.

解　把已知方程化成标准形式，即 $\dfrac{x^2}{2^2}-\dfrac{y^2}{3^2}=1$，所以 $a=2$，$b=3$，即

$$c=\sqrt{a^2+b^2}=\sqrt{2^2+3^2}=\sqrt{13}$$

双曲线的实轴长 $2a=4$，虚轴长 $2b=6$；焦点坐标为 $F_1(-\sqrt{13},0)$，$F_2(\sqrt{13},0)$；顶点坐标为 $A_1(-2,0)$，$A_2(2,0)$；渐近线方程为 $y=\pm\dfrac{b}{a}x$，即 $y=\pm\dfrac{3}{2}x$.

为了画出双曲线，先画出双曲线的渐近线和顶点，在描点(2.2,1.4) 和(3,3.3)，画出双曲线在第一象限的部分，然后根据对称性画出双曲线，如图 4-35 所示.

【例 4-32】　求焦距是实轴长的 2 倍，且两顶点相距 $2\sqrt{2}$，焦点在 x 轴上的双曲线的标准方程.

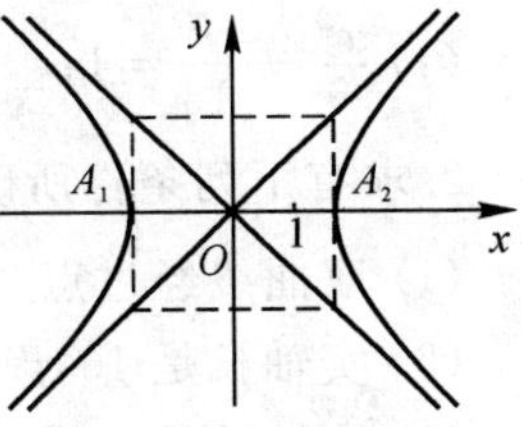

图　4-35

解　焦点在 x 轴上的双曲线的方程可设为

$$\frac{x^2}{a^2}-\frac{y^2}{b^2}=1\quad(a>0,b>0)$$

因为$\begin{cases}c=2a\\2a=2\sqrt{2}\\c^2=a^2+b^2\end{cases}$，解之得　$\begin{cases}a^2=2\\b^2=6\end{cases}$

故所求双曲线的标准方程为$\dfrac{x^2}{2}-\dfrac{y^2}{6}=1$.

【例 4-33】　双曲线形的自然通风塔如图 4-36 所示，它是由双曲线的一部分绕其虚轴旋转所成的曲面. 它具有接触面积大、空气对流好、冷却快、节省建筑材料等优点. 现在要建造这样的通风塔，设该塔最小横截面半径为 12m，塔顶横截面半径为 13m，塔底横截面半径为 24m，塔顶横街面到最小横截面的距离为 10m，求双曲线的方程及塔高(见图 4-36). (精确到 0.1m)

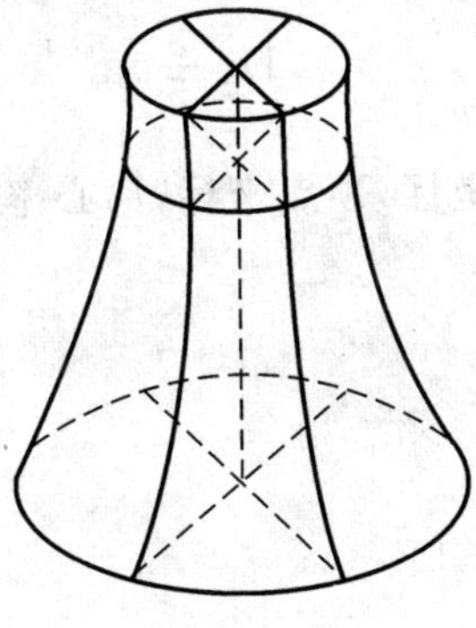

图　4-36

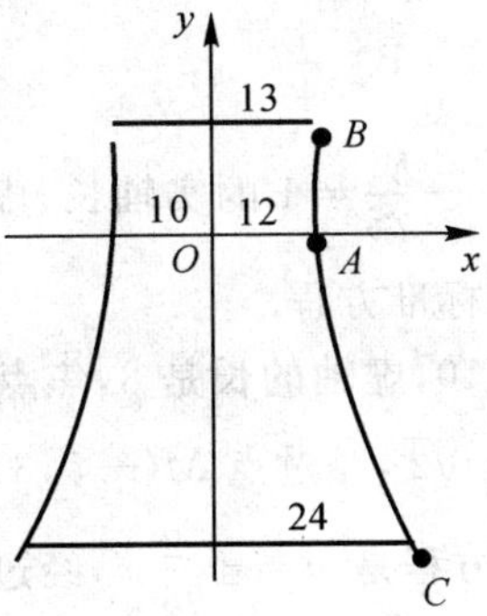

图　7-37

解　由双曲线的性质可知，通风塔最小横截面半径即为双曲线的实半轴长. 如图 4-37 所示建立直角坐标系. 设所求的所双曲线的方程为

$$\frac{x^2}{a^2}-\frac{y^2}{b^2}=1\quad(a>0,b>0)$$

因为点 $A(12,0)$ 在双曲线上，所以$\dfrac{12^2}{a^2}=1$，得 $a^2=12^2$.

因为点 $B(13,10)$ 在双曲线上，所以$\dfrac{13^2}{a^2}-\dfrac{10^2}{b^2}=1$，代入 $a^2=12^2$ 得 $b^2=24^2$，所以，双曲线方程为$\dfrac{x^2}{12^2}-\dfrac{y^2}{24^2}=1$.

设 C 的纵坐标为 $y_1(y_1<0)$. 因为点 $C(24,y_1)$ 在双曲线上，所以$\dfrac{24^2}{12^2}-\dfrac{y_1}{24^2}=1$，解之得

$$y_1=-24\sqrt{3}\approx-41.6$$

则塔高约为

$$10+|y_1|\approx51.6\text{ m}$$

练习 4-17

1. 求下列双曲线的实轴的长、虚轴的长、焦点的坐标及渐近线的方程.

(1) $\dfrac{x^2}{9}-\dfrac{y^2}{16}=1$；　(2) $\dfrac{x^2}{9}-\dfrac{y^2}{16}=-1$；　(3) $x^2-y^2=4$；　(4) $x^2-4y^2=-2$.

2. 求有下列条件所确定的双曲线的标准方程.

(1) 双曲线经过点 $A(\sqrt{5},\sqrt{2})$，两条渐近线的方程是 $2x-3y=0$ 或 $2x+3y=0$.

(2) 实轴长是 16，虚轴长是 12.

(3) 实轴长是 6，焦距是 10.

习题 4－5

1. 选择题

(1) 如果双曲线$\dfrac{x^2}{64}-\dfrac{y^2}{36}=1$上一点 P 到曲线右焦点的距离是 8，那么点 P 到右准线的距离是(　　).

A. 10　　B. $\dfrac{32\sqrt{7}}{7}$　　C. $2\sqrt{7}$　　D. $\dfrac{32}{5}$

(2) 双曲线$\dfrac{x^2}{3}-\dfrac{y^2}{4}=1$ 的离心率为(　　).

A. $\dfrac{5}{3}$　　B. $\dfrac{5}{4}$　　C. $\dfrac{4}{5}$　　D. $\dfrac{3}{5}$

2. 求双曲线$\dfrac{x^2}{9}-\dfrac{y^2}{25}=1$ 的实轴长，虚轴长，焦点坐标，顶点坐标，离心率即渐近线方程.

3. 求双曲线的标准方程.

(1) 实轴长是 10，虚轴的长是 8，焦点在 x 轴上；

(2) 离心率 $e=\sqrt{2}$，经过点 $M(-5,3)$；

(3) 渐近线的方程是 $y=\pm\dfrac{2}{3}x$，经过点 $M(\dfrac{9}{2},-1)$.

4. 求与椭圆$\dfrac{x^2}{49}+\dfrac{y^2}{24}=1$ 有公共焦点，且离心率 $e=\dfrac{5}{4}$ 的双曲线方程.

5. 某钢管校直机上双曲面传动辊轮的尺寸(单位：mm)，如图 4－38 所示，试求出检验样板(图中阴影部分)中曲线弧所在的曲线方程.

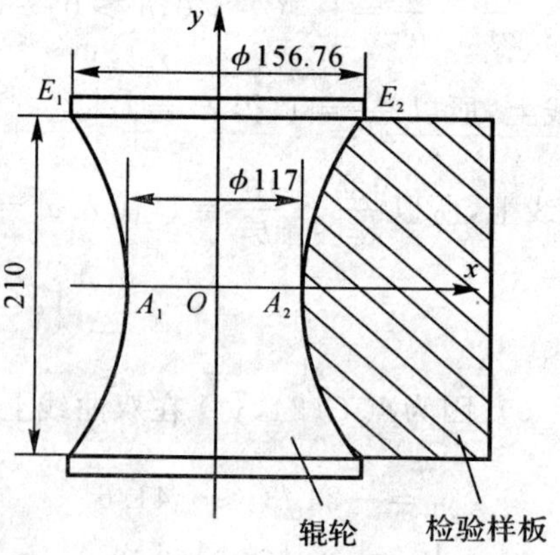

图　4－38

4.6 抛　物　线

喷泉喷出水滴(见图 4-39)的运动轨迹是什么样的曲线，它有什么特征？

图　4-39

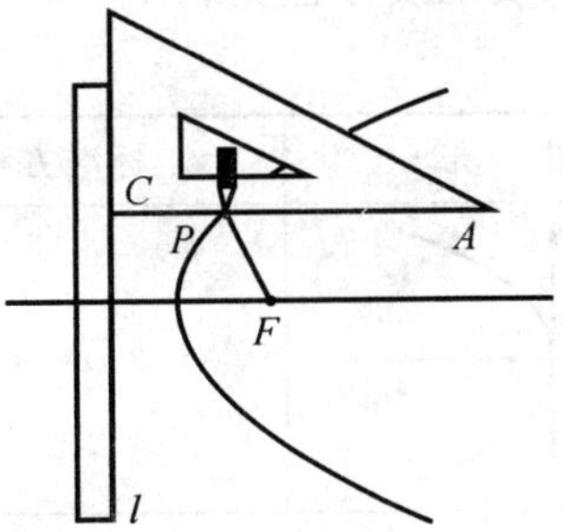

图　4-40

一、抛物线

把一根直尺固定在图板上直线 l 的位置(见图 4-40). 把一块三角尺的一条直角边紧靠着直尺的边缘，再把一条细绳的一端固定在三角尺的另一条直角的一点 A，取绳长等于点 A 到直角顶点 C 的长(即点 A 到直线 l 的距离)，并且把绳子的另一端固定在图板上的一点 F. 用铅笔尖扣着绳子，使点 A 到笔尖的一端绳子紧靠着三角尺，然后将三角尺沿着直尺上下滑动，笔尖就在图板上描出了一条曲线.

从图中可以看出，这条曲线上任意一点 P 到 F 的距离与它到直线 l 的距离相等. 把图板绕点 F 旋转$90°$，曲线就是图 4-39 中出现过的抛物线.

平面内与一个定点 F 和一条定直线 l 的距离相等的点轨迹叫作抛物线. 点 F 叫作抛物线的焦点，直线 l 叫作抛物线的准线.

现在我们来建立抛物线的方程.

如图 4-41 所示，建立直角坐标系 $O\text{-}xy$，使 x 轴经过点 F 且垂直于直线 l，垂足为 H，并使原点 O 与线段 HF 的中点重合.

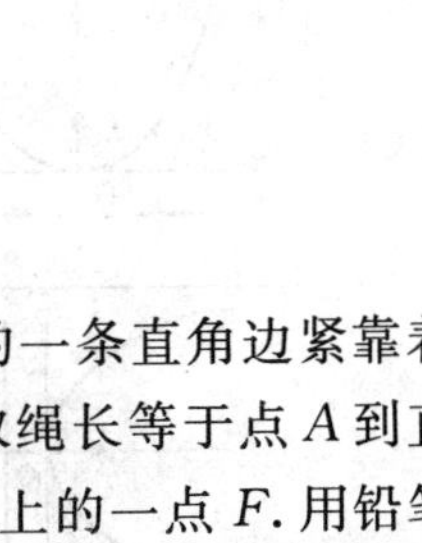

图　4-41

设 $|HF|=p(p>0)$，那么焦点 F 的坐标为$(\frac{p}{2},0)$，准线 l 的方程为 $x=-\frac{p}{2}$.

设 $P(x,y)$ 是抛物线上的任意一点，作 $PN\perp l$，垂足为 $N(-\frac{p}{2},y)$，由抛物线的定义可知 $|PF|=|PN|$，由两点间的距离公式得

$$|PF|=\sqrt{(x-\frac{p}{2})^2+y^2},\quad |PN|=\sqrt{(x+\frac{p}{2})^2},\quad \sqrt{(x-\frac{p}{2})^2+y^2}=\sqrt{(x+\frac{p}{2})^2}$$

展开整理得

$$y^2=2px\quad(p>0)$$

这个方程称为抛物线的标准方程，它表示焦点在 x 轴的正半轴上抛物线(开口向右)，它的

焦点为 $F(\frac{p}{2},0)$，准线方程为 $x=-\frac{p}{2}$.

在建立抛物线的标准方程时，如果建立的直角坐标系使焦点在不同的坐标轴上，则得到的标准方程也不同，所以抛物线方程的标准方程还有另外 3 种形式. 4 种抛物线的图形、标准方程、焦点坐标以及准线方程见表 4-3.

表　4-3

图　形	标准方程	焦点坐标	准线方程
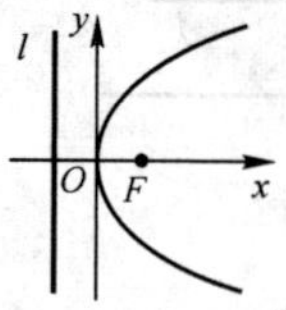	$y^2=2px \quad (p>0)$	$(\frac{p}{2},0)$	$x=-\frac{p}{2}$
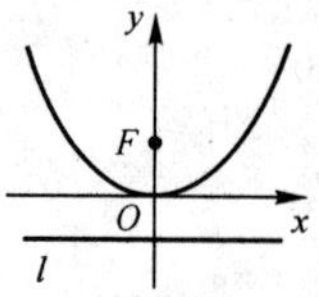	$y^2=-2px \quad (p>0)$	$(-\frac{p}{2},0)$	$x=\frac{p}{2}$
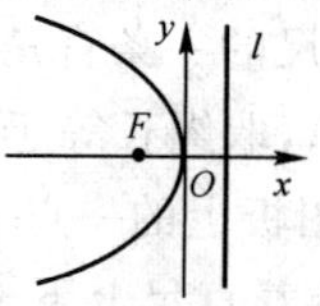	$x^2=2py \quad (p>0)$	$(0,\frac{p}{2})$	$y=-\frac{p}{2}$
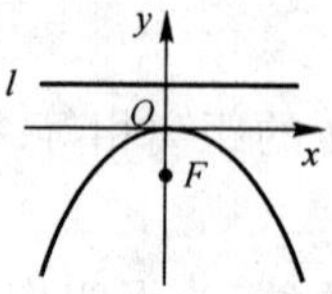	$x^2=-2py \quad (p>0)$	$(0,-\frac{p}{2})$	$y=\frac{p}{2}$

【例 4-34】　已知抛物线的焦点在 轴的正半轴上，并且焦点到准线的距离为 4，写出抛物线的标准方程.

解　由于 $p=4$，且焦点在 x 轴的正半轴，因此抛物线的标准方程是 $y^2=8x$.

【例 4-35】　求抛物线 $y^2=2x$ 的焦点坐标和准线方程.

解　从 $y^2=2x$ 看出，$p=1$，且焦点在 x 轴的正半轴上，因此焦点坐标为$(\frac{1}{2},0)$，准线方程为 $x=-\frac{1}{2}$.

【例 4-36】　已知抛物线的焦点在 y 轴的正半轴上，并且焦点到准线的距离为 5，写出抛物线的标准方程.

解　由于 $p=5$，且焦点在 y 轴的正半轴上，因此抛物线的标准方程是 $x^2=10y$.

【例 4-37】　斜率为 1 的直线经过抛物线 $y^2=4x$ 的焦点，与抛物线相交的直线 A，B，求线段 AB 的长.

解　如图 4-42 所示，由抛物线的标准方程可知，抛物线焦点的坐标为 $F(1,0)$，所以直线 AB 的方程为

$$y=x-1 \qquad ①$$

将方程 ① 代入抛物线方程 $y^2=4x$，得 $(x-1)^2=4x$ 化简得 $x^2-6x+1=0$ 解这个方程，得

$$x_1=3+2\sqrt{2},\quad x_2=3-2\sqrt{2}$$

将 x_1,x_2 的值代入方程 ① 中，得 $(3+2\sqrt{2},2+2\sqrt{2})$，$(3-2\sqrt{2},2-2\sqrt{2})$.

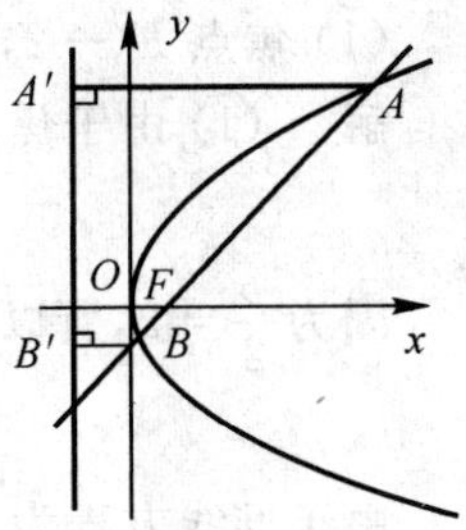

图　4-42

所以
$$|AB|=\sqrt{(4\sqrt{2})^2+(4\sqrt{2})^2}=8$$

在图中，由抛物线的定义可知，$|AF|$ 等于点 A 到准线 $x=-1$ 的距离 $|AA'|$，而 $|AA'|=x_1+1$. 同理 $|BF|=|BB'|=x_2+1$，于是得

$$|AB|=|AF|+|BF|=x_1+x_2+2$$

由此可以看到方程 $x^2-6x+1=0$ 后，根据根与系数的关系可以直接得到 $x_1+x_2=6$.

于是立即可以求出 $|AB|=6+2=8$.

练习 4-18

1. 根据下列条件写出抛物线的标准方程.

(1) 焦点是 $F(3,0)$；　(2) 准线方程是 $x=-\dfrac{1}{4}$；　(3) 焦点到准线的距离是 2.

2. 求下列抛物线的焦点坐标和准线方程.

(1) $y^2=20x$；　(2) $x^2=\dfrac{1}{2}y$；　(3) $2y^2-5x=0$；　(4) $x^2+8y=0$.

二、抛物线的简单几何性质

讨论根据抛物线的标准方程

$$y^2=2px\quad(p>0) \tag{①}$$

来讨论它的几何性质.

1. 范围

因为 $p>0$，由方程 ① 可知，这条抛物线上的点 M 的坐标 (x,y) 满足不等式 $x\geqslant 0$，所以这条抛物线在 y 轴的右侧；当 x 的值增大时，$|y|$ 也增大，这说明抛物线向左上方和右下方无限延伸.

2. 对称性

以 $-y$ 代 y，方程 ① 不变，所以这条抛物线关于 x 轴对称，我们把抛物线的对称轴叫作抛物线的轴.

3. 顶点

抛物线和它的轴的交点叫作抛物线的顶点. 在方程 ① 中，当 $y=0$ 时，$x=0$，因此抛物线 ① 的顶点就是坐标原点.

4. 离心率

抛物线上的点 M 与焦点的距离和它到准线的距离的比，叫作抛物线的离心率，用 e 表示. 有抛物线的定义可知，$e=1$.

【例 4-38】　求顶点在原点，并满足下列条件的抛物线的标准方程：

(1) 焦点 $F(-2,0)$；　　　　(2) 准线 $l:y=3$.

解　(1) 由于焦点为 $F(-2,0)$，设抛物线方程为

$$y^2=-2px \quad (p>0)$$

因为 $\frac{p}{2}=2$，所以 $p=4$，因此，抛物线的标准方程为

$$y^2=-8x$$

由于准线方程为 $l:y=3$，设抛物线方程为

$$x^2=-2py \quad (p>0)$$

因为 $\frac{p}{2}=3$，所以 $p=6$. 因此抛物线方程为 $x^2=-12y$.

【例 4-39】　探照灯反射镜的轴截面是抛物线的一部分(见图 4-43)，光源位于抛物线的焦点处. 已知灯口圆的直径为 60 cm，灯深 40 cm，求抛物线的标准方程的焦点的位置.

解　如图 4-43 所示，在探照灯的轴截面所在平面内建立直角坐标系，使反光镜的顶点(即抛物线的顶点)与原点重合，x 轴垂直于灯口直径.

设抛物线的标准方程是 $y^2=2px(p>0)$. 由已知条件可得点 A 的坐标是(40,30)，代入方程，得 $30^2=2p\times40$，即 $p=\frac{45}{4}$，所以所求抛物线的标准方程是 $y^2=\frac{45}{2}x$，焦点坐标是 $(\frac{45}{8},0)$.

(1)　　　　(2)

图　4-43

【例 4-40】　已知抛物线线型拱桥的跨度 AB 为 24m，拱高 $|OO'|$ 为 6m，要在拱下每隔 4m 立一支柱，求与桥中心线 $|OO'|$ 相距 8 m 处支柱 $|MN|$ 的高.(精确到 0.01m)

解　建立如图 4-44 所示的坐标系，设抛物线的方程为

$$x^2=-2py \quad (p>0)$$

有拱桥的跨度 AB 为 24m，得到 $|BO'|$ 为 12m，又由于 $|OO'|$ 为 6m，所以图中第四象限的点 B 的坐标为 $(12,-6)$. 因为点 $B(12,-6)$ 在抛物线上，所以有 $12^2=-2p(-6)$ 解得 $p=12$，即抛物线方程为 $x^2=-24y$，设点 M 的纵坐标为 y_1，因为点 $M(8,y_1)$ 在抛物线上，所以 $8^2=-24y_1$，解得 $y_1=-\frac{8}{3}$.

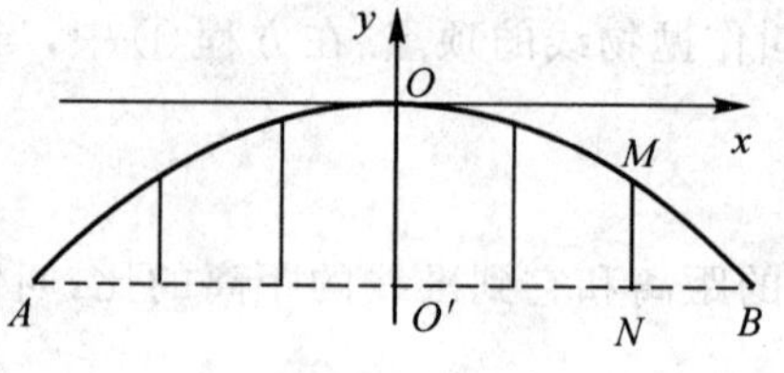

图　4-44

所以，支柱的高 $|MN|=6-|y_1|=6-\frac{8}{3}\approx 3.33\ \mathrm{m}$

即与桥中心线 $|OO'|$ 相距 8 m 处支柱 $|MN|$ 的高约为 3.33 m.

练习 4－19

1. 设抛物线的顶点在坐标原点，求满足下列条件的抛物线的标准方程

(1) 焦点为 $F(0,-5)$；　(2) 焦点为 $F(5,0)$；

(3) 准线为 $x=\frac{1}{3}$；　(4) 准线为 $y=-\frac{1}{3}$.

2. 如图 4-45 所示，已知一抛物线型拱桥洞，拱顶距离水面 2m，水面宽 4m，水面下降 1m 后水面宽度变为多少？

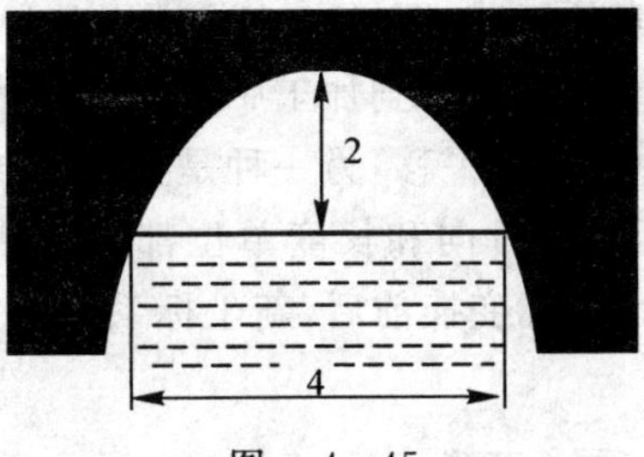

图　4－45

习题 4－6

1. 求满足下列条件的抛物线的方程.

(1) 对称轴为 x 轴，顶点在原点，且经过点 $P(1,-4)$；

(2) 对称轴为 x 轴，顶点在原点，且经过点 $Q(-1,\frac{1}{2})$；

(3) 对称轴为 y 轴，顶点在原点，且经过点 $M(-1,6)$；

(4) 焦点是 $F(2,0)$，顶点在原点；

(5) 顶点在原点，准线方程为 $x=4$；

(6) 焦点是 $F(2,0)$，准线方程为 $x=-2$.

2. 下列直线是否与抛物线 $y^2=4x$ 有交点？如果有，求出交点.

(1) $x-y-1=0$；　(2) $x-y+1=0$；　(3) $2x-y+1=0$；　(4) $y=\frac{3}{2}$.

3. 垂直于 x 轴的直线交抛物线 $y^2=4x$ 于点 A，B，且 $|AB|=4\sqrt{3}$，求直线 AB 的方程.

4. 如图 4-46 所示，吊车梁的鱼腹部分 AOB 是一段抛物线，宽为 7m，高为 0.7m，求这条抛物线的方程.

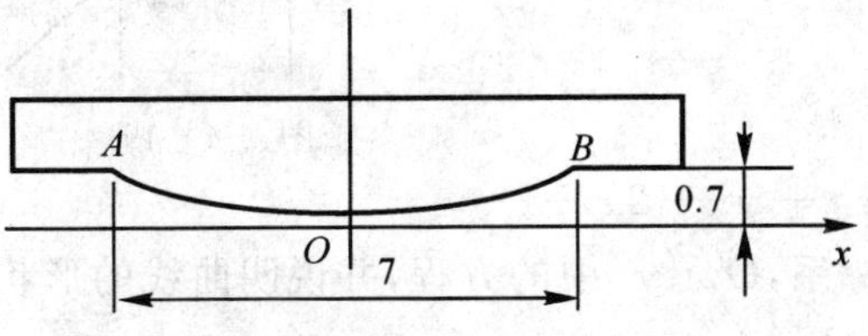

图　4－46

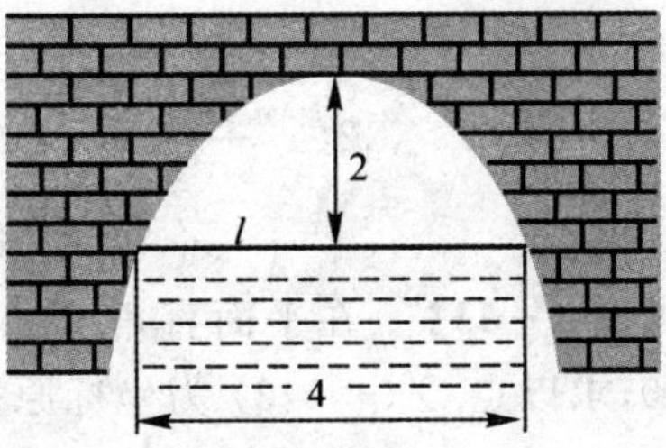

图　4－47

5. 图 4－47 中是抛物线形拱桥，当水面在 l 时，拱顶离水面 2m，水面宽 4m. 水下降 1m 后，水面宽多少？

6. 抛物线的顶点是双曲线 $16x^2-9y^2=144$ 的中心，而焦点是双曲线的左顶点，求抛物线的方程.

4.7　坐标平移

平面上的点、线、面要用数量关系描述，必须首先建立直角坐标系，建立了直角坐标系也就确定了所研究的对象之间相对位置的数量关系. 在实际加工中，由于零件的复杂程度不同，加工机床的精度和检验等方面因素的影响，图样中的设计基准有时不会相同，因为要进行两个基准之间的换算，及坐标变换的计算，才能得到加工中实际所需的尺寸，这就是坐标变换的计算.

坐标变换有两种方法，一种是坐标平移，另一种是坐标旋转. 我们来学习坐标平移.

所谓坐标的平移，就是坐标轴的方向和长度单位都不改变，只改变坐标的原点，如图 4－48 所示，坐标变换前后，新坐标系与旧坐标系中点的坐标关系为

$$\begin{cases}x'=x-a\\y'=y-b\end{cases}$$

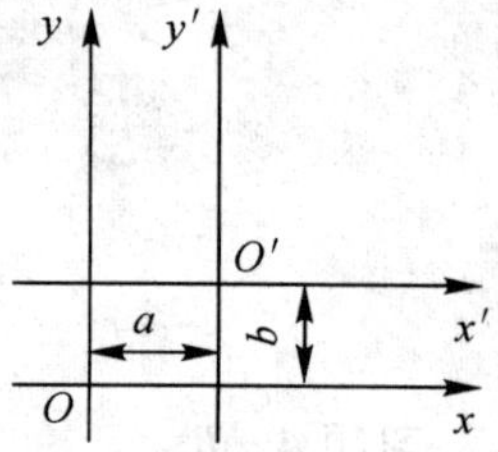

图　4－48

这个关系式叫作坐标平移公式，根据这个公式，可以计算平面上的某点在两个有平移关系的坐标系中的坐标.

【例 4－41】　(1) 把点 $A(-2,1)$ 按 $a=3,b=1$ 平移，对应点 A' 坐标 (x',y')；

(2) 点 $M(8,-10)$ 平移后的对应点 M' 坐标 $(-7,4)$，求 a 和 b 的值.

解　(1) 由平移公式得 $\begin{cases}x'=-2-3=-5\\y'=1-2=-1\end{cases}$ 即对应点 A' 坐标 $(-5,-1)$.

(2) 由平移公式得 $\begin{cases}-7=8-a\\4=-10-b\end{cases}$ 解得 $\begin{cases}a=15\\b=-14\end{cases}$ 即 a 和 b 的值分别为 15 和 －14.

【例 4－42】　如图 4－49 所示，在 O-xy 坐标系中，已知直线方程为

$$2x+4y-3=0$$

平移坐标轴，把原点 O 移到 $O'(\frac{3}{2},0)$，求新坐标系中的直线方程.

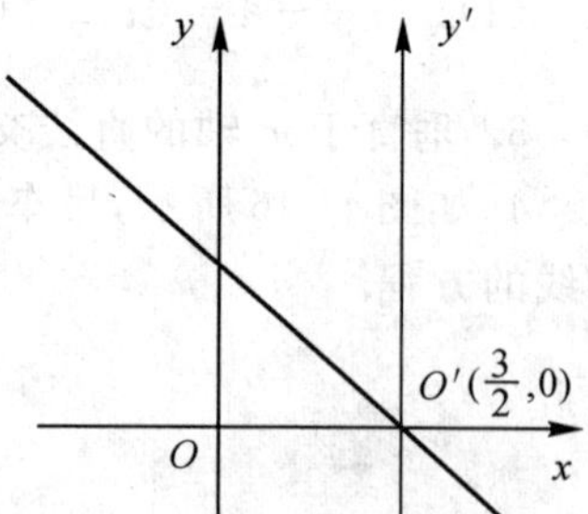

图　4－49

解　把平移公式 $x=x'+\frac{3}{2}$，$y=y'+\frac{3}{2}$ 代入直线方程 $2x+4y-3=0$ 得

$$2(x'+\frac{3}{2})+4y'-3=0$$

化简，得

$$x'+2y'=0$$

【例 4－43】　在平面直角坐标系 Oxy 中 $x^2+y^2+2x-6y=0$，求以点 $O'(-1,3)$ 为坐标原点的直角坐标系，$O'x'y'$ 中的方程，并说明曲线的形状.

解　由题意知，新坐标系的原点为 $O'(-1,3)$，即 $h=-1,k=3$ 代入平移公式，得 $\begin{cases}x=x'-1\\y=y'+3\end{cases}$ 代入原方程，得

$$(x'-1)^2+(y'+3)^2+2(x'-1)-6(y'+3)-6=0$$

整理后，得 $x'^2+y'^2=16$，这条曲线是以新坐标系的原点为圆心，半径为 4 的圆.

【例 4-44】　求二次曲线 $x^2-y^2+28x+14y+47=0$ 的离心率.

解　将二次曲线 $x^2-y^2+28x+14y+47=0$ 配方，化简得

$$(x+14)^2-(y-7)^2=100$$

即
$$\frac{(x+14)^2}{100}-\frac{(y-7)^2}{100}=1$$

故得
$$a^2=b^2=100,\quad a=b=10$$

因为 $c^2=a^2+b^2=200$，所以 $c=10\sqrt{2}$，所以该二次曲线的离心率为 $\sqrt{2}$.

【例 4-45】　求二次曲线 $4x^2+9y^2+8x-36y+4=0$ 的焦点坐标.

解　将二次曲线 $4x^2+9y^2+8x-36y+4=0$ 配方，化简得

$$\frac{(x+1)^2}{3^2}+\frac{(y-2)^2}{2^2}=1$$

设 $x'=x+1,y'=y-2$ 得

$$\frac{x'^2}{3^2}+\frac{y'^2}{2^2}=1$$

椭圆在新坐标系中的焦点坐标是 $(-\sqrt{5},0),(\sqrt{5},0)$. 利用坐标变换公式可求得曲线在原坐标系中的焦点坐标为 $(-\sqrt{5}-1,2),(\sqrt{5}-1,2)$.

习题 4-7

1. 选择题

(1) 平移坐标轴，使圆 $x^2+y^2+6x-2y+6=0$ 的圆心在坐标原点，则平移公式是（　　）.

A. $x'=x+3,y'=y+1$　　B. $x'=x+3,y'=y-1$

C. $x'=x-3,y'=y+1$　　D. $x'=x-3,y'=y-1$

(2) 椭圆 $4x^2+9y^2-8x-32=0$ 的焦点坐标是（　　）.

A. $(-\sqrt{5},0),(\sqrt{5},0)$　　B. $(0,-\sqrt{5}),(0,\sqrt{5})$

C. $(0,-\sqrt{5}+1),(0,\sqrt{5}+1)$　　D. $(-\sqrt{5}+1,0),(\sqrt{5}+1,0)$

(3) 双曲线 $x^2-4y^2+4x+8y-4=0$ 的渐近线的方程（　　）.

A. $x-2y+4=0,x+2y=0$　　B. $x-2y+4=0,x+2y+4=0$

C. $x-2y+4=0,x+2y-4=0$　　D. $x+2y+4=0,x-2y-4=0$

(4) 抛物线 $2y^2-x-\frac{1}{2}=0$ 的焦点坐标是（　　）.

A. $(-\frac{3}{8},0)$　　B. $(\frac{5}{8},0)$　　C. $(\frac{3}{8},0)$　　D. $(-\frac{1}{8},0)$

2. 平移坐标轴，是原点移到 O'，求下列各方程的新方程.

(1) $x=6,O'(2,-1)$；

(2) $x^2+y^2-6x-8y-9=0,O'(3,4)$；

(3)$4x^2+9y^2+16x-18y-11=0,O'(-2,1)$.

3. 用配方法化简下列各方程,并说明曲线的类型.

(1)$x^2+y^2-2x+6x-2=0$;

(2)$y^2+6y-8x+17=0$;

(3)$x^2-4y^2-4x-24y-16=0$.

4. 已知椭圆短轴的两端点的坐标分别为$(-2,3)$,$(-2,1)$,半焦距等于$\sqrt{5}$,求椭圆的方程.

4.8 极 坐 标

1. 极坐标的概念

在直角坐标系中,是用两个距离来确定点的位置,这种方法很重要,但它不是确定点位置的唯一方法. 例如,炮兵射击时,是用方位角和距离来确定目标的位置. 这说明,在有些情况下,可以用一个角度和一个距离来确定点的位置.

如图 4-50 所示,在极坐标平面上,任意一点 P 的位置,以线段 OP 的长度和以 Ox 为始边、OP 为终边的角度 θ 来确定.

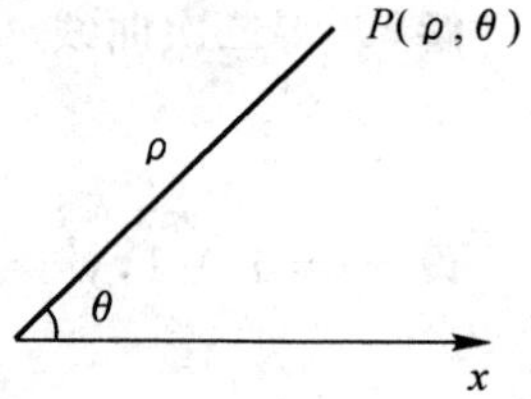

图 4-50

设点 P 到极点 O 的距离为 ρ,以 Ox 为始边、OP 为终边的角度为 θ,则称有序数对(ρ,θ)为点 P 的极坐标,记作 $P(\rho,\theta)$. ρ 称为点 P 的极径,θ 称为点 P 的极角.

在此,我们规定:$\rho\geqslant 0$, $-\pi<\theta\leqslant\pi$. 在此规定之下,极坐标平面上面的任意一点 P(极点除外)就与它的极坐标(ρ,θ),是一一对应的关系. 特别地,极点的坐标为$(0,\theta)$,其中 θ 可以取任意实数.

【例 4-46】 在极坐标平面上,作出极坐标为 $A(2,\frac{\pi}{4})$,$B(3,\frac{2\pi}{3})$,$C(5,-\frac{5\pi}{6})$,$D(6,-\frac{\pi}{12})$,$E(6,-\frac{\pi}{2})$,$F(4,\pi)$ 的点.

解 如图 4-51 所示. 过基点 O 作射线 OA,使 OA 与 Ox 成$\frac{\pi}{4}$角;再在射线 OA 上取点 A,使 $|OA|=2$,则点 A 即为极坐标为$(2,\frac{\pi}{4})$的点.

类似地,可以作出点 B,C,D,E,F.

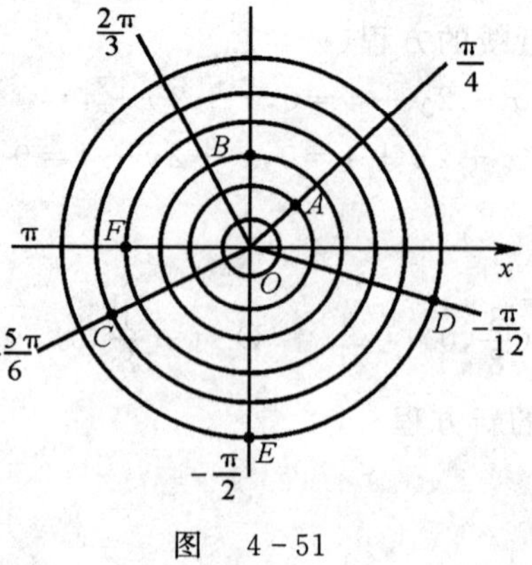

图 4-51

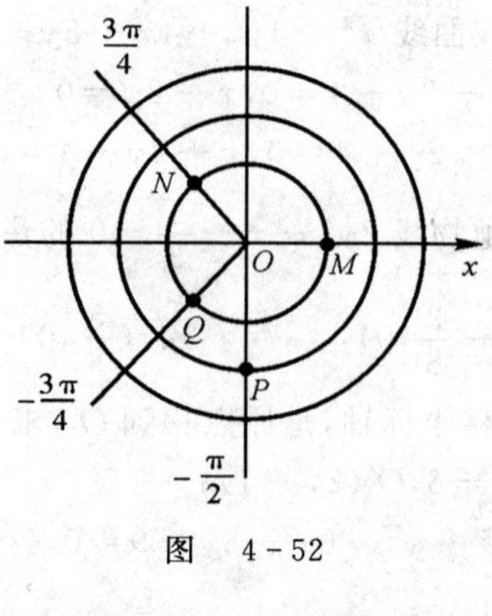

图 4-52

【例 4 - 47】　写出图 4 - 52 所示极坐标平面上的点 N,M,P,Q 的极坐标.

解　因为 $|OM|=1$,点 M 的极角 $\theta=0$,所以点 M 的极坐标为 $(1,0)$. 同理可得 $N(2,\frac{3\pi}{4})$, $P(3,-\frac{\pi}{2})$, $Q(2,-\frac{3\pi}{4})$.

练习 4 - 20　在极坐标平面,作出极坐标 $M_1(3,\frac{\pi}{6})$, $M_2(1,\frac{\pi}{2})$, $M_3(4,-\frac{\pi}{2})$.

2. 极坐标方程的建立

在极坐标系中可以建立曲线的极坐标方程. 求曲线的极坐标方程的方法和步骤与直角坐标方程类似,就是把曲线看作是合适某种条件的点的轨迹,将已知的条件作用曲线上点的流动坐标 ρ,φ 的关系式表示出来,就得到曲线的极坐标方程.

【例 4 - 48】　求经过点 $A(a,0)(a\neq 0)$ 且和极轴垂直的直线的极坐标方程.

解　如图 4 - 53 所示,设 $M(\rho,\varphi)$ 是所求直线上任意一点,连结 OM,则 $OM=\rho$,又因为 $\angle AOM=\varphi$,得 $\cos\varphi=\frac{a}{\rho}$,即 $\rho=\frac{a}{\cos\varphi}$ 这就是所求直线的极坐标方程.

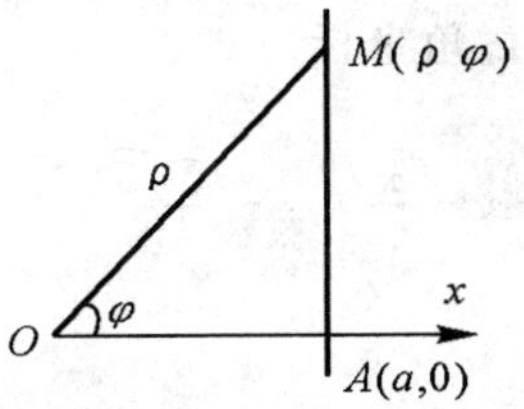

图　4 - 53

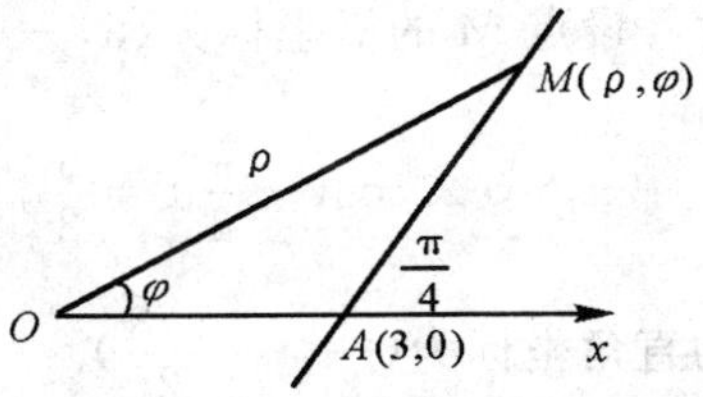

图　4 - 54

【例 4 - 49】　求经过点 $A(3,0)$ 且和极轴成 $\frac{\pi}{4}$ 的角线的极坐标方程.

解　如图 4 - 54 所示,设 $M(\rho,\varphi)$ 是所求直线上任一点,连结 OM,则 $OM=\rho$,又因为 $\angle MAx=\frac{\pi}{4}$,所以 $\angle OAM=\frac{3\pi}{4}$, $\angle OMA=\pi-(\varphi+\frac{3\pi}{4})=\frac{\pi}{4}-\varphi$,根据正弦定理,得

$$\frac{\rho}{\sin\frac{3\pi}{4}}=\frac{3}{\sin(\varphi-\frac{\pi}{4})}$$

化简,得　$\rho\cos\varphi-\rho\sin\varphi-3=0$

所以,所求直线的方程为　$\rho\cos\varphi-\rho\sin\varphi-3=0$

练习 4 - 21

1. 设有一圆经过极点 O,圆心 C 在极轴上,半径为 a,求它的极坐标方程.

2. 求圆心在 $C(r,\frac{\pi}{2})$,半径为 r 的圆的极坐标方程.

3. 极坐标和直角坐标的互化

极坐标系和直角坐标系是两种不同的坐标系,同一个点可以用极坐标表示,也可以用直角坐标表示. 为了研究问题,有时需要把它们进行互化. 如图 4 - 55 所示,把直角坐标系的原点作

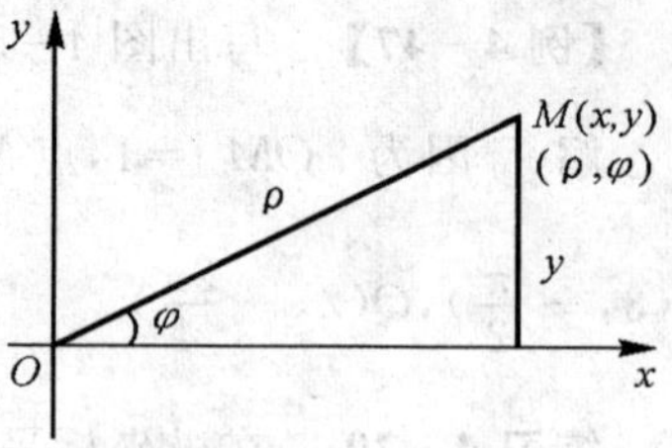

图 4-55

为极点，x 的正半轴作为极轴，并在两种坐标系中取相同的单位长度.

设 M 是平面上任意一点，它的直角坐标是(x,y)，极坐标(ρ,φ)，显然可知

$$\cos\varphi=\frac{x}{\rho},\quad \sin\varphi=\frac{y}{\rho}$$

即
$$\begin{cases}x=\rho\cos\varphi\\ y=\rho\sin\varphi\end{cases}\tag{1}$$

由式(1) 可得

$$x^2+y^2=\rho^2(\sin^2\varphi+\cos^2\varphi)=\rho^2$$
$$\frac{y}{x}=\frac{\rho\sin\varphi}{\rho\cos\varphi}=\tan\varphi$$

即
$$\begin{cases}x^2+y^2=\rho^2\\ \tan\varphi=\dfrac{y}{x}\end{cases}\tag{2}$$

利用式(2) 可以把极坐标化为直角坐标，把极坐标方程化为直角坐标方程.

【例 4-50】 设点 M 的极坐标为$(5,-\frac{\pi}{3})$，求它的直角坐标.

解 $x=5\times\cos(-\frac{\pi}{3})=\frac{5}{2}$，$y=5\times\sin(-\frac{\pi}{3})=-\frac{5\sqrt{3}}{2}$

于是得点的直角坐标为$(\frac{5}{2},-\frac{5\sqrt{3}}{2})$.

【例 4-51】 把极坐标方程 $\rho=\frac{a}{\cos\varphi}$ 化为直角坐标方程.

解 因为 $\rho=\frac{a}{\cos\varphi}$，所以 $\rho\cos\varphi=a$，由式(1) 可得 $x=a$.

【例 4-52】 把极坐标方程 $\rho\cos\varphi-\rho\sin\varphi-3=0$ 化为直角坐标方程.

解 由式(1) 可得 $\rho\cos\varphi=x$，$\rho\sin\varphi=y$

则直角坐标方程 $x-y-3=0$.

【例 4-53】 把极坐标方程 $\rho=2a\cos\varphi$ 化为直角坐标方程.

解 方程两边同乘以 ρ，得

$$\rho^2=2a\rho\cos\varphi$$

所以 $x^2+y^2=2ax$，即

$$x^2+y^2-2ax=0$$

习题 4-8

1. 求过点 $A(2,0)$，且垂直与极轴的直线的极坐标方程.
2. 求过点 $A(4,0)$，且与极轴成45°角的极坐标方程.
3. 把下列各点的极坐标化为直角坐标.

$A(4,\frac{\pi}{4})$； $B(2,-\frac{\pi}{2})$； $C(3,-\frac{5\pi}{6})$.

4. 把下列各点的直角坐标化为极坐标.

$A(-2,-2\sqrt{3})$；　　$B(0,4)$；　　$C(3,0)$；　　$D(1,-1)$.

5. 把下列极坐标方程化为直角坐标方程：

(1)$\rho\cos\theta=4$；　　(2)$\rho=5$；　　(2) $\rho=2r\sin\theta$.

6. 求圆心在 $C(r,0)$，半径为 r 的圆的极坐标方程.

第 4 章复习

(1) 直线的斜率是平面直角坐标系中表示直线位置的重要特征数值，在直线的方程判定两条直线是否平行、垂直和确定它们的夹角等问题中起着关键作用.

(2) 直线方程介绍了点斜式、两点式等直线方程的特殊形式，也研究了直线方程的一般式，也就是二元一次方程. 在平面直角坐标系中，每一个二元一次方程都表示一条直线；反过来，表示一条直线的方程都可以写成二元一次方程.

(3) 曲线和方程的关系，反映了现实世界空间形式和数量关系之间的某种联系，我们把曲线看作适合某种条件 P 的点 M 的集合，则

$$P=\{M \mid P(M)\}$$

在建立坐标系后，点集 P 中任一元素 M 都有一个有序实数对 (x,y) 和它对应，(x,y) 是某一个二元方程 $f(x,y)=0$ 的解，也就是说，它的解集 $Q=\{(x,y) \mid f(x,y)=0$中的一个元素；反过来；对于解集 Q 中任一元素 (x,y)，都有一点 M 与它对应，且点 M 是点集 P 的一个元素，P 和 Q 的这种对应关系就是曲线和方程的关系.

(4) 本章介绍了圆的标准方程、一般方程和参数方程. 圆心为 (a,b)，半径为 r 的圆的标准方程：

$$(x-a)^2+(y-b)^2=r^2$$

以及参数方程：$\begin{cases} x=a+r\cos\theta \\ y=b+r\sin\theta \end{cases}$ (θ 为参数)

圆的一般方程 $x^2+y^2+Dx+Ey+F=0$，其中 $D^2+E^2-4F>0$.

(5) 椭圆、双曲线、抛物线分别满足某些条件的点的轨迹，由这些条件可以求出它们的标准方程，并通过分析标准方程研究这 3 种曲线的几何性质.

3 种曲线的标准方程(各取一种) 和图形、性质见表 4-4.

表　4-4

	椭　圆	双曲线	抛物线
几何条件	与两个顶点的距离的和等于常数	与两个顶点的距离的差的绝对值等于常数.	与一个定点和一条定直线的距离相等.
标准方程	$\frac{x^2}{a^2}+\frac{y^2}{b^2}=1$ $(a>b>0)$	$\frac{x^2}{a^2}-\frac{y^2}{b^2}=1$ $(a>0,b>0)$	$y^2=2px$ $(p>0)$
图　形	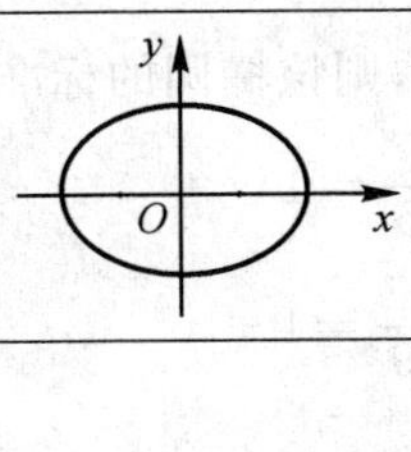	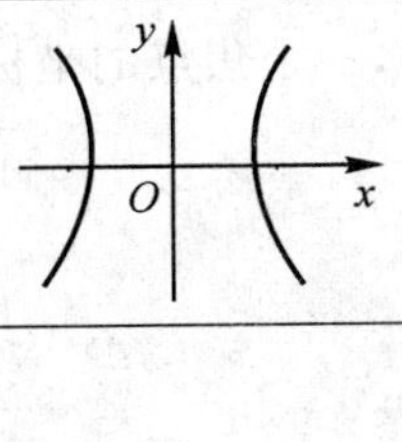	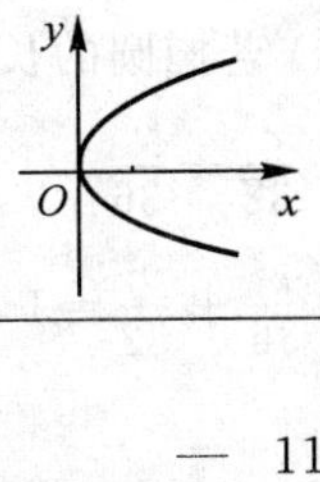

续表

	椭　圆	双曲线	抛物线
顶点坐标	$(\pm a,0)$ $(0,\pm b)$	$(\pm a,0)$	$(0,0)$
对称轴	x 轴，长轴长 $2a$； y 轴，短轴长 $2b$；	x 轴，实轴长 $2a$； y 轴，虚轴长 $2b$；	x 轴
焦点坐标	$(\pm c,0)$ $c=\sqrt{a^2-b^2}$	$(\pm c,0)$ $c=\sqrt{a^2+b^2}$	$(\frac{p}{2},0)$
离心率 $e=\frac{c}{a}$	$0<e<1$	$e>1$	$e=1$
渐近线		$y=\pm\frac{b}{a}x$	

(6) 本章介绍坐标变换中的坐标平移公式

$$\begin{cases}x'=x-h\\y'=y-k\end{cases}\quad 或 \quad\begin{cases}x=x'+h\\y=y'+k\end{cases}$$

(7) 本章介绍了极坐标的概念、方程的建立、以及直角坐标系与极坐标的互换.

复习题四

1. 选择题

(1) 在下面各对方程中，表示同一曲线的一对方程是(　　).

A. $y=\sqrt{x}$ 与 $y^2=x$　　B. $y=|x|$ 与 $y^2=x^2$

C. $|y|=|x|$ 与 $y^2=x^2$　　D. $\frac{y-1}{x}=2$ 与 $2x-y+1=0$

(2) 设曲线 c 的方程 $(x-3)^2+(y-2)^2=2$，直线 l 的方程为 $x+y-3=0$，点 M 的坐标为 $(2,1)$，则(　　).

A. 点 M 在直线 l 上，但不在曲线 c 上

B. 点 M 在曲线 c 上，但不在直线 l 上

C. 点 M 既在直线 l 上，又在曲线 c 上

D. 点 M 既不在直线 l 上，又不在曲线 c 上

(3) 直线 $5x+12y-8=0$ 与圆 $(x-1)^2+(y+3)^2=2$ 的位置关系(　　).

A. 相交且过圆心　　B. 相交但不过圆心

C. 相切　　D. 相离

(4) 若椭圆的长轴长等于 6，一个焦点的坐标是 $(0,2)$，则该椭圆的标准方程为(　　).

A. $\frac{x^2}{32}+\frac{y^2}{36}=1$　　B. $\frac{x^2}{9}+\frac{y^2}{5}=1$

C. $\frac{x^2}{36}+\frac{y^2}{32}=1$　　D. $\frac{x^2}{5}+\frac{y^2}{9}=1$

(5) 抛物线 $x^2+y=0$ 的焦点位于(　　).

A. x 轴的负半轴上　　B. x 轴的正半轴上

C. y 轴的负半轴上　　D. y 轴的正半轴上

(6) 若平移坐标轴,使原点移到 $O(1,-3)$,则原坐标系中的曲线 $y=x^2$ 在新坐标系中的方程是(　　).

A. $y'-3=(x'+1)^2$　　B. $y'+3=(x'-1)^2$

C. $y'-3=(x'-1)^2$　　D. $y'+3=(x'+1)^2$

2. 填空题

(1) 直线 $x+y+1=0$ 和曲线 $x^2+y^2=1$ 的交点的坐标是__________.

(2) 若 $x^2+y^2+2x-6x+m=0$ 表示圆的方程,则 m 的取值范围是__________.

(3) 若椭圆的两个顶点分别是 $(-3,0)$ 和 $(3,0)$,且长轴长是短轴长的 3 倍,则椭圆的标准方程是__________.

(4) 若方程 $\frac{x^2}{25-k}+\frac{y^2}{16+k}=1$,所表示的曲线是双曲线,则 k 的取值范围是__________.

(5) 抛物线 $y^2+4x=0$ 的准线方程是__________.

(6) 准线方程是 $y=-\frac{1}{3}$ 的抛物线的标准方程是__________.

(7) 若平移坐标系,使原点移到 $O'(3,-4)$,则点 $(-2,1)$ 在新坐标系中的坐标是__________.

(8) 以原点为圆心,半径为 2 的圆的参数方程是__________.

3. 已知 $\triangle ABC$ 顶点坐标是 $A(2,3)$,$B(5,3)$,$C(2,7)$,求 $\angle A$ 的平分线长及所在直线方程.

4. 已知两条直线 $l_1:x+(1+m)y=2-m$,$l_2:2mx+4y=-16$,当且仅当 m 为何值时,l_1 和 l_2 有以下关系:

(1) 相交　　(2) 平行　　(3) 垂直

5. 求平行于直线 $2x-y-2=0$ 且与它的距离为 $2\sqrt{2}$ 的直线方程.

6. 求下列各圆的方程

(1) 过点 $A(4,3)$,圆心为 $(8,-2)$;　(2) 过三点 $A(-2,5)$,$B(4,4)$,$C(6,-2)$.

7. 求经过点 $A(5,0)$ 并与极轴成 $60°$ 角的直线的极坐标方程.

8. 求半径为 10,且与直线 $4x+3y-70=0$ 相切与点 $A(10,10)$ 的圆的方程.

9. 求以椭圆 $\frac{x^2}{8}+\frac{y^2}{5}=1$ 的焦点为顶点,椭圆的顶点为焦点的双曲线方程.

10. 已知抛物线的顶点在原点,它的准线经过双曲线 $\frac{x^2}{a^2}-\frac{y^2}{b^2}=1$ 的焦点,且准线与双曲线交于 $P(2,3)$ 和 $P(2,3)$ 两点,求此抛物线和双曲线方程.

阅读材料

数形结合

数形结合就是把问题的数量关系和空间形式结合起来考察,根据解决问题的需要,可以把数量关系的问题转化为图形的性质问题去讨论,或者把图形的性质问题转化为数量关系的问题来研究，简言之“数形相互取长补短”．数形结合作为一种常见的数学方法，沟通了代数、三角与几何的内在联系．一方面，借助于图形的性质可以将许多抽象的数学概念和数量关系形象化、简单化，给人以直觉的启示．另一方面，将图形问题转化为代数问题，以获得精确的结论．因此，数形结合不应仅仅作为一种解题方法，而应作为一种十分重要的数学思想方法，它可以拓宽学生的解题思路，提高他们的解题能力，将它作为知识转化为能力的“桥”．

数与形是数学中的两个最古老，也是最基本的研究对象，它们在一定条件下可以相互转化．中学数学研究的对象可分为两大部分，一部分是数，一部分是形，但数与形是有联系的，这个联系称之为数形结合或形数结合．我国著名数学家华罗庚曾说过：“数形结合百般好，隔裂分家万事非”，“数”与“形”反映了事物两个方面的属性．我认为，数形结合主要指的是数与形之间的一一对应关系．数形结合就是把抽象的数学语言、数量关系与直观的几何图形、位置关系结合起来，通过“以形助数”或“以数解形”，即通过抽象思维与形象思维的结合，可以使复杂问题简单化，抽象问题具体化，从而起到优化解题途径的目的．

作为一种数学思想方法，数形结合的应用大致又可分为两种基本形式，一是“形”的问题转化为用数量关系去解决，运用代数、三角知识进行讨论，它往往把技巧性极强的推理论证转化可具体操作的代数运算，很好地起到化难为易的作用．在解析几何中就常常利用数量关系去解决图形问题．二是“数”的问题转化为形状的性质去解决，它往往具有直观性，易于理解与接受的优点．数形结合在解题过程中应用十分广泛，如在解决集合问题，求函数的值域和最值问题，解方程和解不等式问题，三角函数问题，解决线性规划问题，解决数列问题，解决解析几何问题中都有体现，运用数形结合思想解题，不仅直观易于寻找解题途径，而且能避免繁杂的计算和推理，简化解题过程．下面就数形结合思想在集合问题、函数、方程、不等式、线性规划、数列及解析几何中的应用做一个系统的分析．

一、解决集合问题

在集合运算中常常借助于数轴、文氏图来处理集合的交、并、补等运算，从而使问题得以简化，使运算快捷明了．

【例附 4－1】　已知集合 $A=[0,4]$，$B=[-2,3]$，求 $A\cap B$．

分析：对于这两个有限集合，我们可以将它们在数轴上表示出来，就可以很清楚的知道结果．如附图 4－1 所示，由图我们不难得出 $A\cap B=[0,3]$．

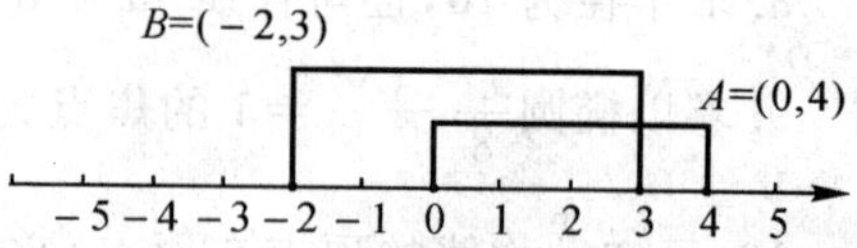

附图　4－1

二、解决函数问题

利用图形的直观性来讨论函数的值域(或最值)，求解变量的取值范围，运用数形结合思想考查化归转化能力、逻辑思维能力，是函数教学中的一项重要内容．

【例附 4－2】　对于 $x\in\mathbf{R}$，y 取 $4-x$，$x+1$，$\frac{1}{2}(5-x)$ 三个值的最小值．求 y 与 x 的函数关系及最大值．

分析：在分析此题时，要引导学生利用数形结合思想，在同一坐标系中，先分别画出 $y=4-x$，$y=x+1$，$y=\frac{1}{2}(5-x)$ 的图像，如附图 4－2 所示．易得：$A\ (1,\ 2)$，$B\ (3,\ 1)$，分段

观察函数的最低点，故 y 与 x 的函数关系式为

$$y=\begin{cases}x+1, & x\leqslant 1\\ \frac{1}{2}(5-x), & 1<1\leqslant 3\\ 4-x, & x>3\end{cases}$$

它的图像是图形中的实线部分. 结合图像很快可以求得，当 $x=1$ 时，y 的最大值是 2.

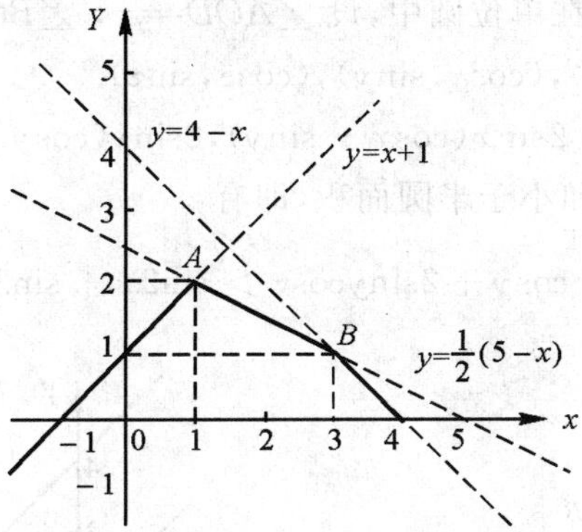

附图　4－2

三、解决方程与不等式的问题

处理方程问题时，把方程的根的问题看作两个函数图像的交点问题；处理不等式时，从题目的条件与结论出发，联系相关函数，着重分析其几何意义，从图形上找出解题的思路.

【例附 4－3】　已知关于 x 的方程 $\sqrt{(x^2-4x+3)^2}=px$，有 4 个不同的实根，求实数 p 的取值范围.

分析：设 $y=(x^2-4x+3)^2=|x^2-4x+3|$ 与 $y=px$ 这两个函数在同一坐标系内，画出这两个函数的图像，如附图 4－3 所示. 可知：

(1) 直线 $y=px$ 与 $y=-(x-4x+3)$，$x\in[1,3]$ 相切时原方程有 3 个根.

(2) $y=px$ 与 x 轴重合时，原方程有两个解，故满足条件的直线 $y=px$ 应介于这两者之间，由：$\begin{cases}y=-(x^2-4x+3)\\ y=px\end{cases}$ 得 $x+(p-4)x+3=0$，再由 $\triangle=0$ 得，$p=4\pm2\sqrt{3}$，当 $p=4+2\sqrt{3}$ 时，$x=-\sqrt{3}\notin\sqrt{3}$.

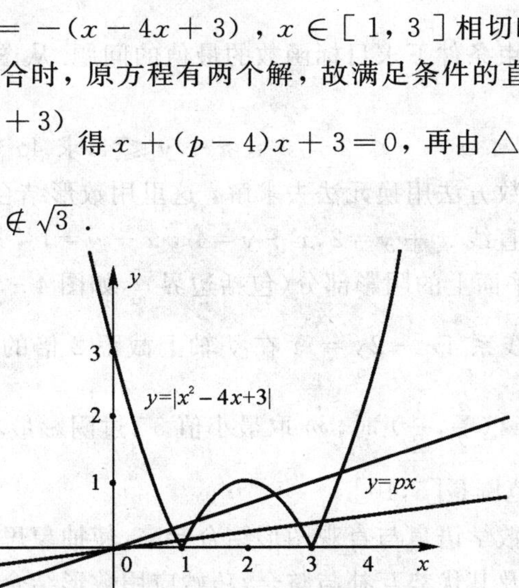

附图　4－3

四、解决三角函数问题

有关三角函数单调区间的确定或比较三角函数值的大小等问题，一般借助于单位圆或三角函数图像来处理，数形结合思想是处理三角函数问题的重要方法.

【例附 4-4】　已知$\frac{p}{2}$，求证：$\frac{p}{2}+2\sin x\cos y+2\sin y\cos z>\sin 2x+\sin 2y+\sin 2z$.

证明：如附图 4-4 所示，在单位圆中，设 $\angle AOD=x$，$\angle BOD=y$，$\angle COD=z$，则 A,B,C 点的坐标分别为$(\cos x,\sin x)$，$(\cos y,\sin y)$，$(\cos z,\sin z)$.

图中 3 个矩形面积分别为 $2\sin x(\cos x-\sin y)$，$2\sin y(\cos y-\sin z)$，$2\sin z\cos z$.

显然，这 3 个矩形面积之和小于半圆面积，即有

$$\frac{p}{2}+2\sin x\cos y+2\sin y\cos z>\sin 2x+\sin 2y+\sin 2z$$

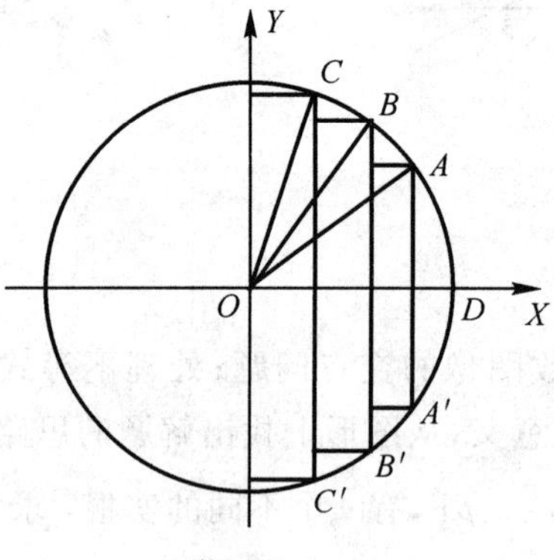

附图　4-4

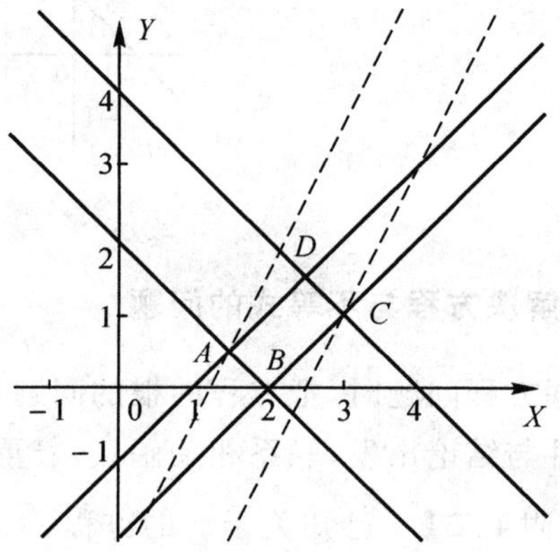

附图　4-5

五、解决线性规划问题

线性规划问题是在约束条件下求目标函数的最值的问题. 从图形上找思路恰好就体现了数形结合思想的应用.

【例附 4-5】　已知 $1\leqslant x-y\leqslant 2$ 且 $2\leqslant x+y\leqslant 4$，求 $4x-2y$ 的范围.

解此题可直接利用代数方法用换元法去求解，这里用数形结合法来解决.

在平面坐标系中作出直线 $x+y=2$，$x+y=4$，$x-y=1$，$x-y=2$，则 $1\leqslant x-y\leqslant 2$ 和 $2\leqslant x+y\leqslant 4$ 表示平面上的阴影部分(包括边界)，如图 4-5 所示，令 $4x-2y=m$，则 $y=2x-\frac{m}{2}$，显然 m 为直线系 $4x-2y=m$ 在 y 轴上截距 2 倍的相反数，易看出，直线 $4x-2y=m$ 过阴影最左边的点 $A\left(\frac{3}{2},\frac{1}{2}\right)$ 时，m 取最小值 5；过阴影最右边的点 $C(3,1)$ 时，m 取最大值 10. 即 $4x-2y$ 的范围是$[5,10]$.

数形结合是将抽象的数学语言与直观图形结合起来，使抽象思维与形象思维结合起来，发挥数与形两种信息的转换及其优势互补与整合，巧妙应用数形结合的思想方法，不仅能直观地发现解题的途径，而且能避免复杂的计算与推理，大大简化解题的过程. “数无形时不直观，形

无数时难入微”. 华罗庚先生恰当地指出了“数”与“形”的相互依赖、相互制约的辩证关系，是对数形结合方法最通俗的、最深刻的剖析.

总之，在教学中要注重数形结合思想方法的培养，在培养学生数形结合思想的过程中，要充分挖掘教材内容，将数形结合思想渗透于具体的问题中，在解决问题中让学生正确理解“数”与“形”的相对性，使之有机地结合起来. 当然，要掌握好数形结合的思想方法并能灵活运用，就要熟悉某些问题的图形背景，熟悉有关数学式中各参数的几何意义，建立结合图形思考问题的习惯，在学习中不断摸索，积累经验，加深和加强对数形结合思想方法的理解和运用. 用数学思想指导知识，方法的灵活运用，培养思维的深刻性、抽象性；通过组织引导对解法的简洁性的反思评估、不断优化思维品质、培养思维的严谨性、批判性. 丰富的合理的联想，是对知识的深刻理解及类比、转化、数形结合、函数与方程等数学思想运用的必然. 数学方法、数学思想的自如运用往往使我们运算简捷、推理机敏，是提高数学能力的必由之路.“授之以鱼，不如授之以渔”，方法的掌握、思想的形成，才能受益终生.

第5章　立体几何

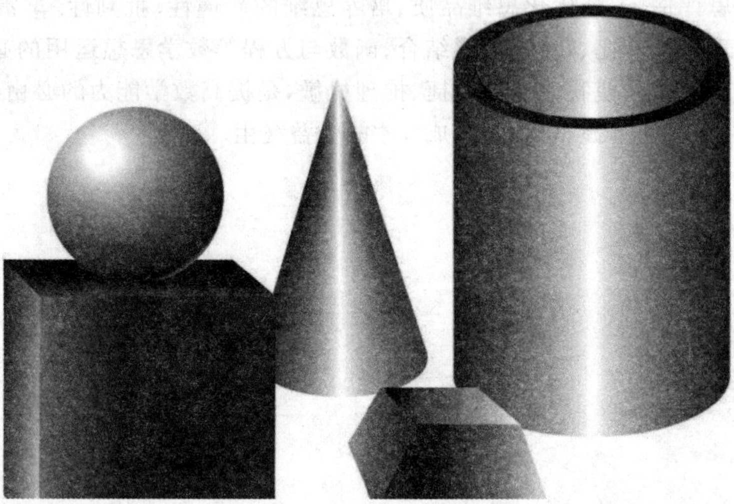

数学上，立体几何(Solid geometry)是3维欧氏空间的几何的传统名称.因为实际上这大致就是我们生活的空间.一般作为平面几何的后续课程.立体几何主要介绍平面、圆柱、圆锥、球、棱柱等等.

平面到立体：制作立方体包装盒时，需要按照立方体展开的平面图形裁剪纸板，然后拼接制作完成，如图5-1所示.

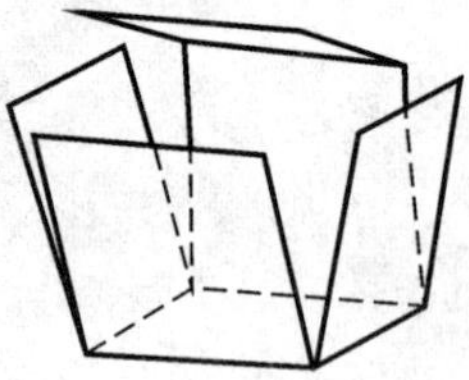

图　5-1

什么是平面图形？什么是平面？

5.1　平面及其平面的性质

1. 平面的表示方法

几何里的平面和直线一样，是无限延展的；也就是说，平面是没有边界的. 常见的桌面，黑板面，平静的水面都是平面的局部形象.

我们不能把一个无限延展的平面在纸上表示出来，通常用平面的一部分表示平面. 例如，常用平行四边形，不过要把它想象成无限延展的.

平面可以用一个小写希腊字母表示，如平面α，平面β，平面γ等；也可以用平面上表示3个（或3个以上）在不同直线上点的字母表示. 例如，如图5-2所示，在图的长方体$ABCD-A_1B_1C_1D_1$中，下面可用“平面$ABCD$”表示；有时，也用平行四边形对角线上的顶点字母表示平面，例如，“平面$ABCD$”，也可表示为“平面AC”或“平面BD”.

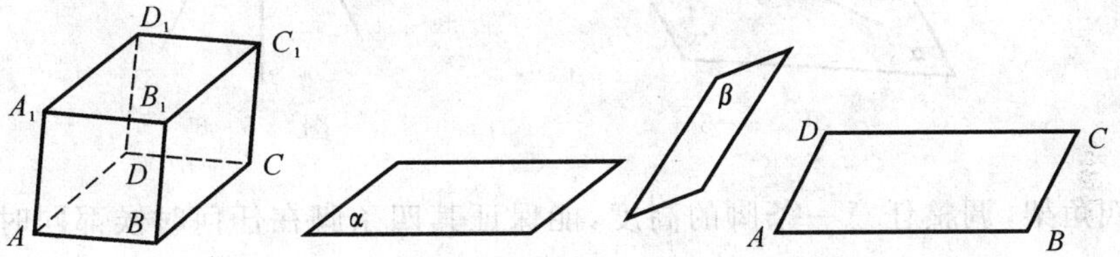

图　5-2

当一个平面的部分被另一个平面遮住时，被遮部分的线段应画成虚线或不画，如图5-3所示.

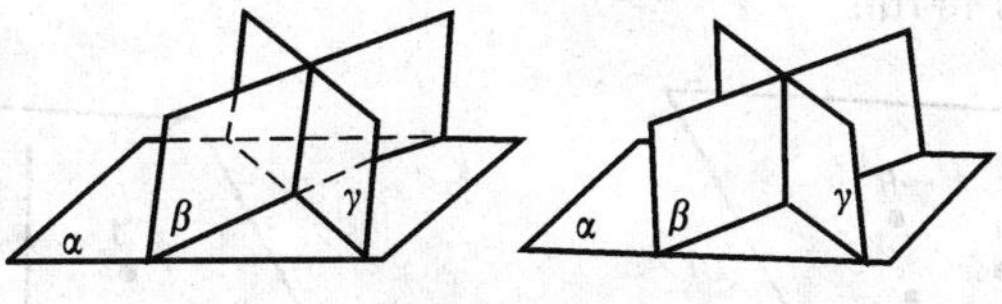

图　5-3

练习 5-1

判断下列说法是否正确，并说明理由

(1) 平面的形状是平行四边形.　（　　）

(2) 任何一个平面图形都可以表示平面.　（　　）

(3) 一个平面长 5m，宽 2m.　（　　）

(4) 空间图形中，后引的辅助线都是虚线.　（　　）

(5) 平面是没有厚度的.　（　　）

2. 平面的基本性质

找一块平板，在它的某一面（该面平整）上任意画出点A，B，如图5-4所示. 使用直尺在点A，B间画线，可以发现，只要直尺边缘有两点分别于A，B重合，那么直尺边缘就会全都在平板的平面上.

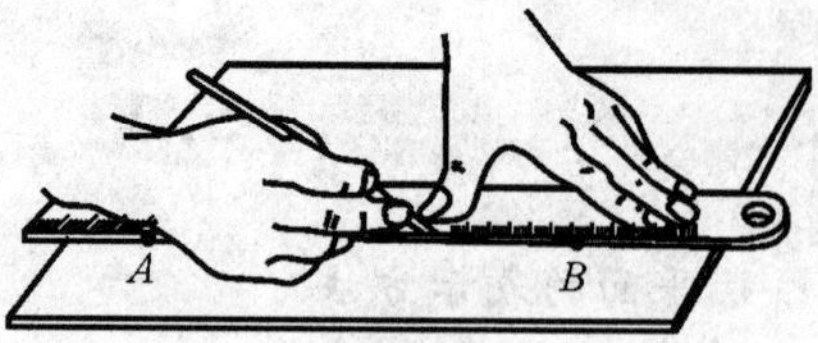

图　5-4

公理1　如果一条直线上有两个点在一个平面内，那么这条直线的所有点都在这个平面内(见图5-5).

$$\left.\begin{array}{l}A\in l\\B\in l\\A\in\alpha\\B\in\alpha\end{array}\right\}\Rightarrow l\subset\alpha$$

观察图相机的三脚架，在它的调节范围内，调节任意一条腿的高度，都可以标准三脚架三点着地，稳定地立在平面上，如图5-6所示.

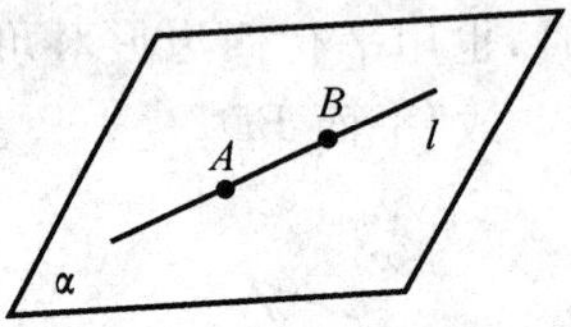

图　5-5

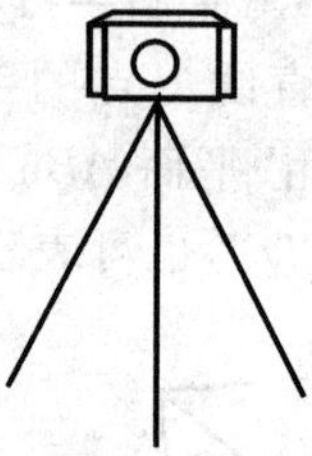
图　5-6

如果是四角架，调整任意一条脚的高度，能保证其四条脚在任何时候都同时着地吗？为什么？

公理2　不共线(不在同一条直线上)的3个点确定一个平面(见图5-7).

公理2也可简单地说成，不共线的三点确定一平面. 即：A,B,C不共线$\Rightarrow A,B,C\subset$平面α且平面α是唯一的.

根据公理1，公理2，可得出：

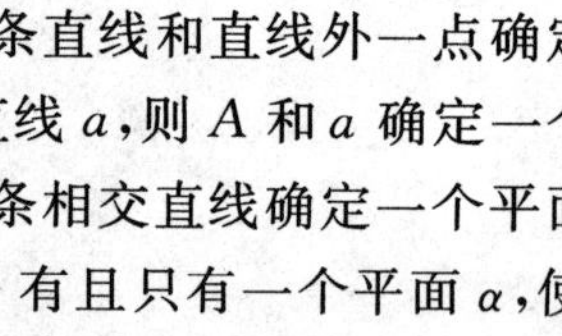

图　5-7

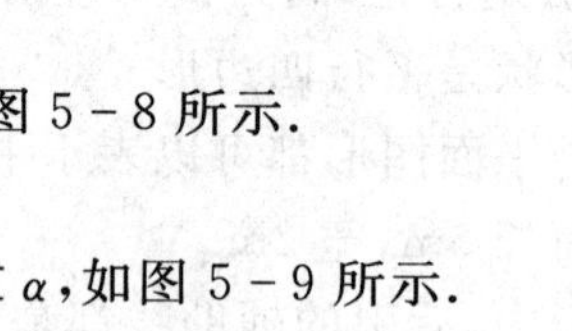

图　5-8

推论1　一条直线和直线外一点确定一个平面.

若点$A\notin$直线a，则A和a确定一个平面α，如图5-8所示.

推论2　两条相交直线确定一个平面.

$a\cap b=P\Rightarrow$有且只有一个平面α，使$a\subset\alpha$，$b\subset\alpha$，如图5-9所示.

推论3　两条平行直线可确定一个平面.

$a\parallel b\Rightarrow$有且只有一个平面α，使$a\subset\alpha$，$b\subset\alpha$，如图5-10所示.

观察教室(长方体)在左上墙面与顶面一个交点，而左侧墙面与顶面相交于过这交点的一条直线.

公理3　如果两个不重合的平面有一个公共点，那么它们有且只有一条直线经过这条直线.

如图5-11所示，点A是平面α和β的一个公共点，则α和β有且只有一条经过点A的公

共直线 l,这时也称 α 和 β 相交于 l.

即 $A\in\alpha$,且 $B\in\alpha\Rightarrow\alpha\cap\beta=l$,且 $A\in l$.

如果空间几个点或几条直线都在同一个平面内,那么我们就说它们共面.

如果构成图形的所有点都在同一平面内,这个图形叫作平面图形.例如我们学过的三角形、平行四边形、梯形和椭圆等都是平面图形.如果构成图形的点不都在同一平面,这种图形叫作立体图形,例如长方体、球等都是立体图形.

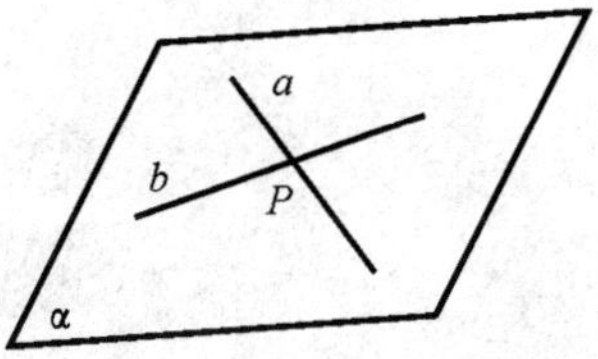

图　5-9

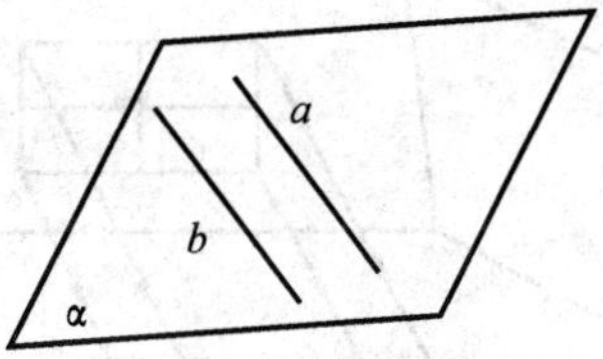

图　5-10

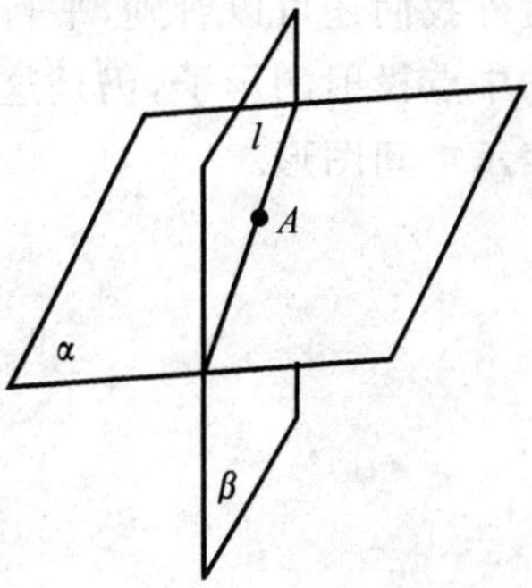

图　5-11

我们学过的平面图形的某些性质,例如全等、平行、相似等,对空间里的平面图形仍然成立.

我们把空间看作点的集合.这就是说,点是空间的基本元素,直线平面都是空间的子系.

【例 5-1】　将下列文字语言转化为符号语言

(1) 点 A 在直线 a 上;　　(2) 点 A 在平面 α 内;;

(3) 直线 l 在平面 α 内;　　(4) 直线 l 和直线 m 相交于 A;

(5) 平面 α 与平面 β 相交于直线 a.

解　(1) $A\in a$;　(2) $A\in\alpha$;　(3) $l\subset\alpha$;　(4) $l\cap m=A$;　(5) $\alpha\cap\beta=a$.

练习 5-2

1. 下列推断中,错误的是(　　).

A. $A\in l, B\in l, B\in\alpha\Rightarrow l\subset\alpha$

B. $A\in\alpha, A\in\beta, B\in\alpha, B\in\beta\Rightarrow\alpha\cap\beta=AB$

C. $l\subset\alpha, A\in l, \Rightarrow A\in\alpha$

D. $A,B,C\in\alpha, A,B,C\in\alpha$,且 A,B,C 不共线 $\Rightarrow\alpha,\beta$ 重合

2. 判断下列说法是否正确

(1) 如图 5-12(a) 所示,我们能说,"平面 α 与平面 β 只有一个交点 A"吗?

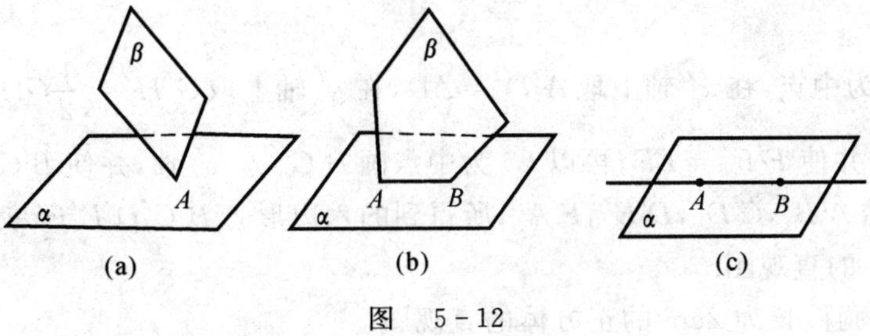

图　5-12

(2) 如图 5-12(b) 所示，我们能说，“平面 α 与平面 β 只有相交于线段 AB”吗？

(3) 如图 5-12(c) 所示，我们能说，“线段 AB 平面 α 与平面 β 只有相交于”吗？

3. 空间图形在平面内表示方法

观察图 5-13，太阳光线(假定太阳光线是平行) 把一个长方形形状的窗框投射到地板上，变成了平行四边形的形状. 边框的长度、边框之间的夹角有所改变，但框边的平行性没有改变. 另外我们还可以看到，平行直线段或同一直线上的两条线段的比也没有改变. 例如，一条线段的中点投射的影子，仍是这条直线影子的中点. 正是这些不变性质，使我们能够用平面图形来表示空间图形.

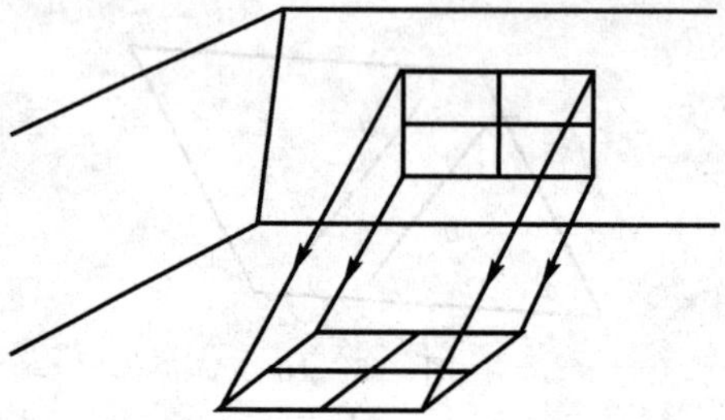

图　5-13

表示空间图形的平面图形，叫作空间图形的直观图.

画空间图形的直观图，一般都遵守统一的规则. 下列举例说明空间图形直观图的画法.

【例 5-2】　画水平放置的正六边形的直观图.

画法：(1) 在已知正六边形 $ABCDEF$(见图 5-14) 中，取对角线 AD 所在的直线为 x 轴，取对称轴 GH 为 y 轴，x 轴、y 轴相交于点 O；任取点 O'，画出对应的 x' 轴、y' 轴，使 $\angle x'O'y'=45°$.

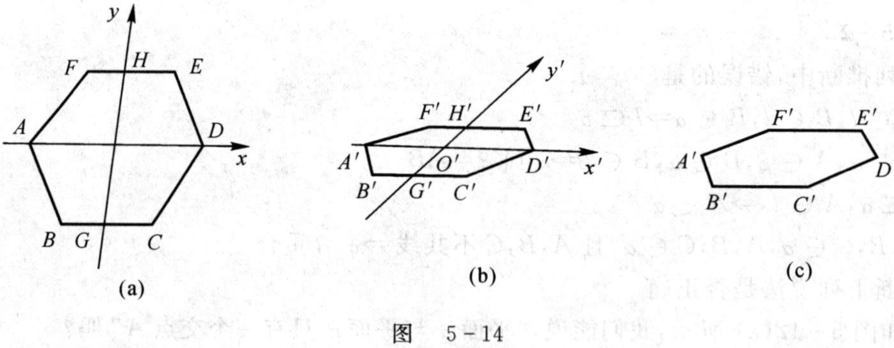

图　5-14

(2) 以点 O' 为中点，在 x' 轴上取 $A'D'=AD$，在 y' 轴上取 $G'H'=\frac{1}{2}GH$，以点 H' 为中点画 $F'E' \mathbin{/\mkern-5mu/} x'$ 轴，并使 $F'F'=EF$；再以 G' 为中点画 $B'C' \mathbin{/\mkern-5mu/} x'$ 轴，并使 $B'C'=BC$.

(3) 顺次连结 $A'B'$，$C'D'$，$D'E'$，$F'A'$，所得到的六边形 $A'B'C'D'E'F'$ 就是水平放置的正六边形 $ABCDEF$ 的直观图.

【例 5-3】　画棱长为 2cm 的正方体的直观图.

画法：(1) 作水平放置的正方形的直观图形 $ABCD$（见图 5-15），使 $\angle BAD = 45°$，$AB = 2\text{cm}$，$AD = 1\text{cm}$.

(2) 过 A 作 z' 轴使 $\angle BAz' = 90°$，分别过点 A,B,C,D，沿 z' 轴的正方向取

$$AA' = BB' = CC' = DD' = 2\text{cm}$$

(3) 连结 $A'B'$，$B'C'$，$C'D'$，$D'A'$，得到的图形就是所求的正方体直观图.

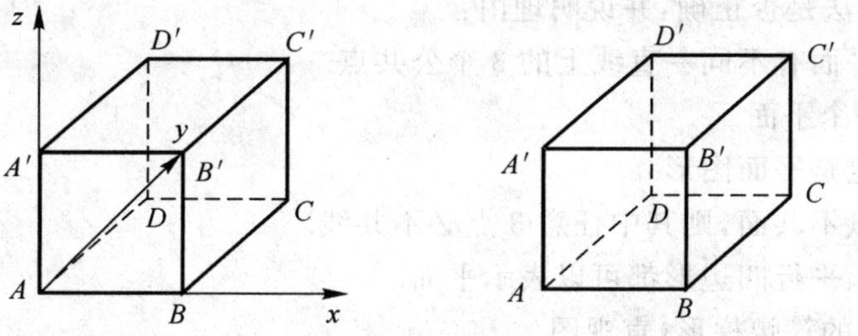

图　5-15

上面画直观图的方法叫作斜二测画法. 这种画法有以下规定.

(1) 在已知图形中取水平平面，取相互垂直的轴 Ox，Oy，再取 Oz 轴，使 $\angle xOz = 90°$，且 $\angle yOz = 90°$.

(2) 画直观图时，把它们画成对应的轴 $O'x$，$O'y$，$O'z$，使 $\angle x'O'y' = 45°$，$\angle x'Oz' = 90°$. $\angle x'O'y'$ 所确定的平面表示水平.

(3) 已知图形中平行于 x 轴，y 轴或 z 轴的线段，在直观图中，分别画成平行 x' 轴，y' 轴或 z' 轴的线段.

(4) 已知图形中平行于 x 轴，z 轴的线段，在直观图保持长度不变；平行于 y 轴的线段，长度为原来的一半.

上述我们介绍了空间图形直观图的斜二测画法. 为了简便，如果要求不太严格，那么长度和角度可“适当地”选取，只要有一定的立体感就可以了. 例如，三角形的直观图可“适当地”画成三角形，长方形的直观图可“适当地”画成平行四边形（见图 5-16）. 但下面的习题中要求按斜二测画的，还应该按要求画.

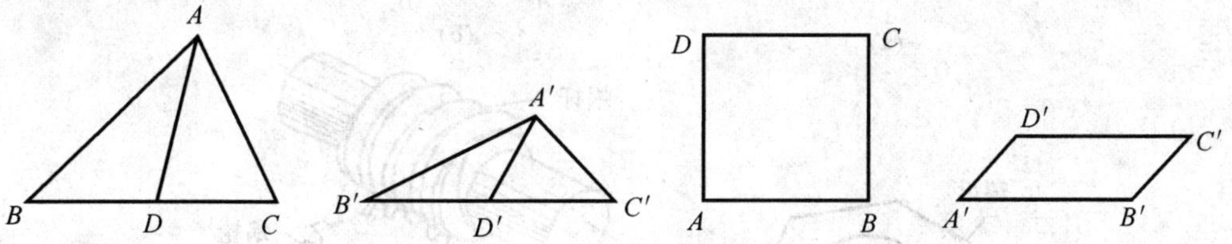

图　5-16

练习 5-3

1. 用斜二测画法画下列图形：

(1) 边长为 6 cm 的正方形；　　(2) 长、宽、高为 5 cm，4 cm，3 cm 的长方体.

2. 判断题

① 两条直线相交的直观图可能平行.　　(　　)

② 水平放置的正方形的直观图可能是梯形.　　(　　)

③ 菱形的直观图仍是菱形. ( )

习题 5-1

1. 4 条线段首尾连结,所得的图形一定是平面图形吗? 为什么?

2. 一条直线和两条平行直线都相交,这 3 条直线共面吗?

3. 一条直线经过平面内一点和平面外一点,它和这个平面有几个公共点? 为什么?

4. 判断下列说法是否正确,并说明理由:

① 两个相交平面有不同一直线上的 3 个公共点. ( )

② 3 点确定一个平面. ( )

③ 一个角一定是平面图形. ( )

④ 若任意 4 点不共面,则其中任意 3 点必不共线. ( )

⑤ 三角形、圆、平行四边形都可以表示平面. ( )

5. 画水平放置的等腰梯形,直观图.

5.2 空间直线的位置关系

在同一平面内不重合的两条直线,只有相交和平行两种位置关系. 观察图 5-17 中的空间图形,判断下列各组中的两条直线是否也只是有这两种位置关系.

图(a) 所示长方体的棱 AA_1 和 BC 所在直线;

图(b) 所示正四棱锥 SA 和棱 BC 所在直线;

图(c) 所示六角螺母的棱 AB 和棱 CD 所在直线;

图(d) 所示蜗轮蜗杆传动中蜗轮与蜗杆的轴线.

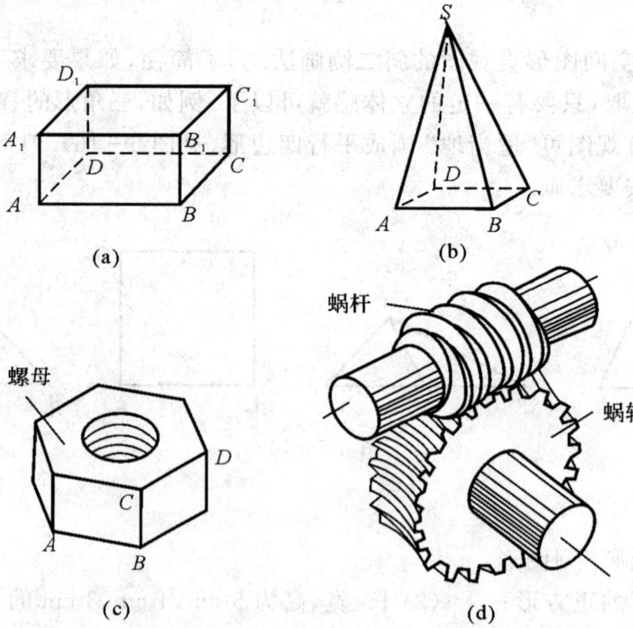

图 5-17

通过观察可以发现:上述每一组图中指定的两条直线不同在任何一个平面内,既不相交也不平行.

1.空间直线位置关系的种类

我们把类似于图中的那些不同在任何一个平面内的两条直线称为异面直线.空间中不重合的两条直线的位置关系有且只有3种(见图5-18):

(1) 平行 —— 两条直线在同一个平面内,且无公共点;

(2) 相交 —— 两条直线在同一个平面内,有且只有一个公共点;

(3) 异面 —— 两条直线不同在任何一个平面内,无公共点.

显然,两条异面直线具有下列特征:不平行、不相交、不同在任何一个平面内.

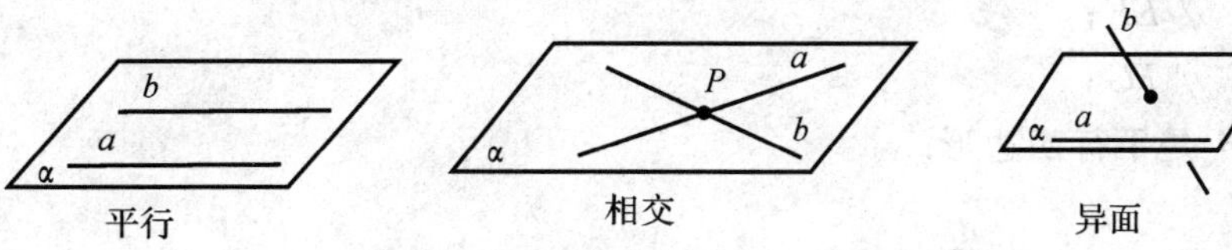

图　5-18

画异面直线时,要以辅助平面作衬托,把两条直线明显地画在不同的平面内,以体现"异面"的特点,如图5-19所示.

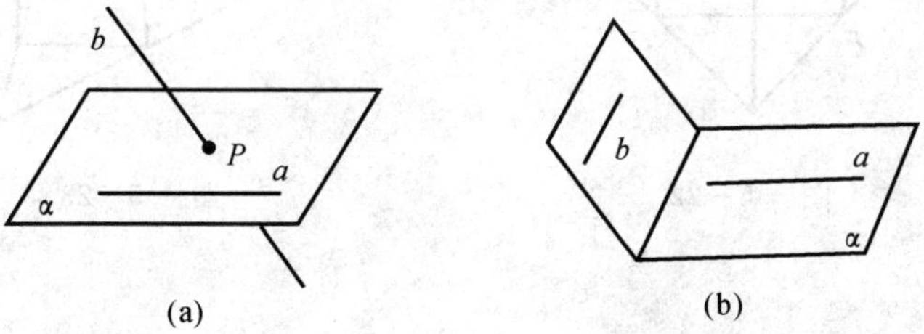

图　5-19

练习 5-4

根据图5-20,指出下列直线与直线 AA_1 的位置关系.

(1) BB_1；　(2) BC；　(3) B_1C；　(4) A_1B_1；　(5) BD_1.

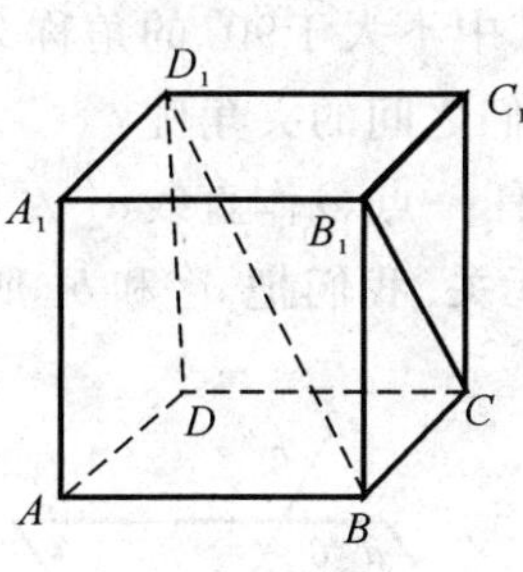

图　5-20

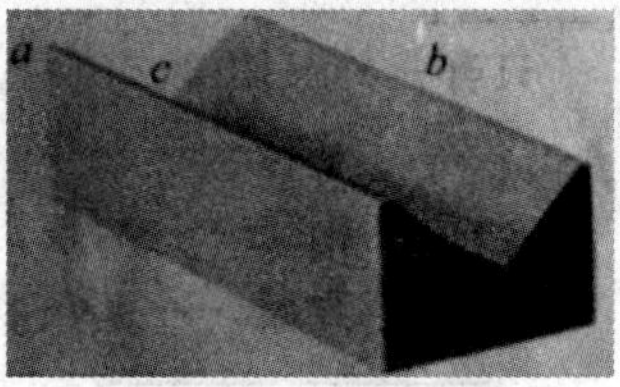

图　5-21

2.空间平行的直线

观察图5-21所示的V形架,它的两条侧边 a 和 b 均平行于V形架底边 c,即 $a \parallel c$,$b \parallel c$.

容易看出，两条侧边 a 和 b 也相互平行，即 $a \parallel b$.

公理 4　平行于同一直线的两条直线相互平行.

公理 4 所表述的性质，通常称为空间平行线的传递性.

等角定理：如果一个角的两边和另一角的两边分别平行并且方向相等，那么这两个角相等.

【例 5-4】　已知 E,F,G,H 分别是空间四边形四条边 AB,CD,DA 的中点，如图 5-22 所示，求证四边形 $EFGH$ 是平行四边形.

证明：连结 AC,BD. 因为 E,F 是 $\triangle ABC$ 的 AB、BC 边上的中点，所以 $EF \parallel AC$；

同理，$GH \parallel AC$；

所以　$GH \parallel EF$；

同理　$EH \parallel FG$；

故四边形 $EFGH$ 是平行四边形.

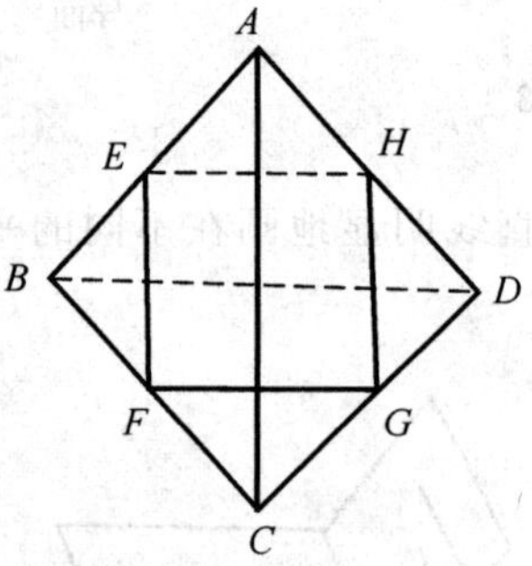

图　5-22

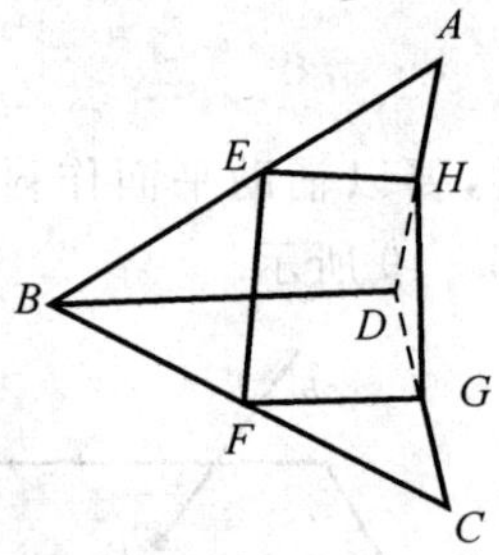

图　5-23

练习 5-5

如图 5-23 所示，已知四边形 $ABCD$ 是空间四边形，E,H 分别是边 AB,AD 的中点，F,G 分别是 CB,CD 上一点，且 $\frac{CF}{CB}=\frac{CG}{CD}=\frac{2}{3}$，求证：四边形 $EFGH$ 有一组对边平行，但不相等.

3. 异面直线及其夹角

我们知道，平面图形中的两条直线相交成 4 个角，其中不大于90° 的角称为它们的夹角，而空间图形中的两条异面直线并不相交，那么怎样确定它们之间的夹角呢？

如图 5-24 所示，已知两条异面直线 a,b，经过空间任一点 O 作直线 $a' \parallel a$，$b' \parallel b$. 根据等角定理可知，a' 和 b' 所成角的大小与点 O 位置的选取无关. 我们把 a' 和 b' 所成的锐角（或直角）称为异面直线 a 与 b 所成的角（或夹角）.

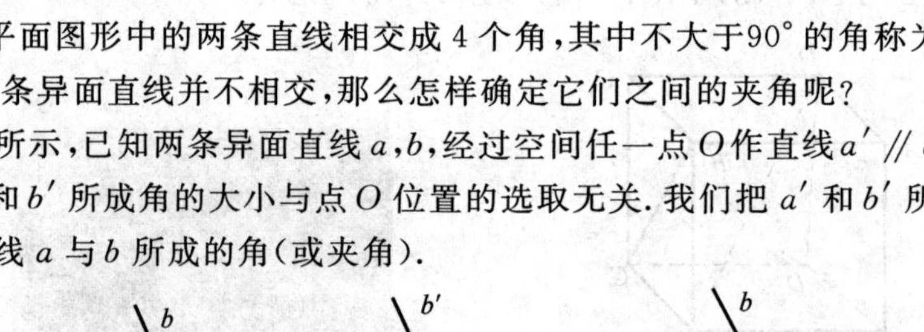

图　5-24

如果两条异面直线 a,b 所成的角是直角,则称这两条异面直线相互垂直,记作 $a \perp b$.

【例 5-5】 如图 5-25 所示,点 A 是 $\triangle ABC$ 所在平面外一点,$AD = BC$,E,F 分别是 AB,CD 的中点,当 $EF = \frac{\sqrt{2}}{2}AD$ 时,求异面直线 AD 和 BC 所成的角.

解 如图 5-25 所示,设 G 为 AC 的中点,连结 EF,FG.

因为 E,F,G 分别为 AB,CD,AC 的中点;所以 $EG \parallel BC$,且 $EG = \frac{1}{2}BC$;$FG \parallel AD$,且

$$FG = \frac{1}{2}AD$$

又因为

$$AD = BC$$

所以

$$EG = FG = \frac{1}{2}AD$$

得 EF 与 FG 所成的角即为 AD 和 BC 所成的角.

在 $\triangle EFG$ 中,由于

$$EG = FG = \frac{1}{2}AD$$

又因为 $EF = \frac{\sqrt{2}}{2}$,所以

$$EG^2 + FG^2 = EF^2$$

即

$$EG \perp FG$$

故 $\angle EGF = 90°$,即 AD 和 BC 所成的角为90°.

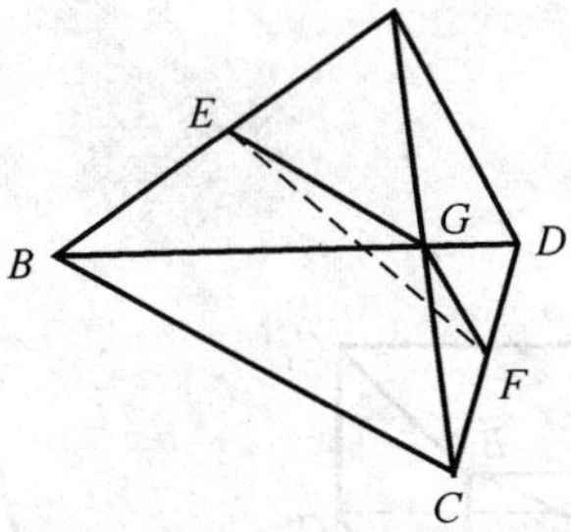

图　5-25

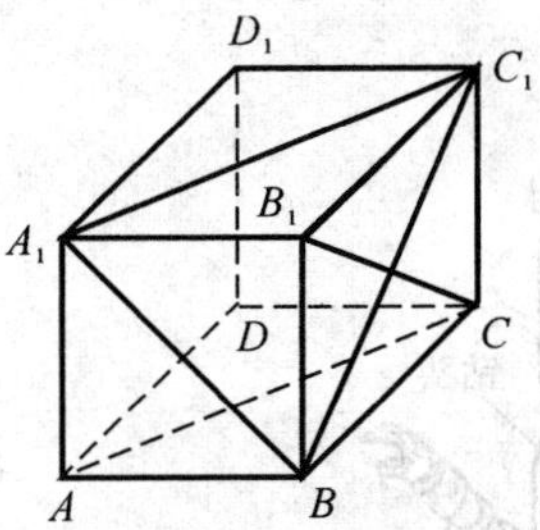

图　5-26

练习 5-6

如图 5-26 所示,在正方体 $ABCD-A_1B_1C_1D_1$ 中:

(1) 求 A_1C_1 与 B_1C 所成角的大小;

(2) 若 E,F 分别是 AB,AD 的中点,求 A_1C_1 与 EF 所成角的大小;

(3) 求 A_1B 与 CD 所成角的大小;

(4) 求 BC_1 与 A_1D 所成角的大小.

习题 5-2

1. 如图 5-27 所示,在正方体 $ABCD-A_1B_1C_1D_1$ 中,哪些棱所在的直线与直线 BA_1 是异面直线?

2. 与两条异面直线 AB,CD 都相交的两条直线 AC,BD 一定是异面直线,为什么?

3. 如图 5-28 所示,在正方体中 $AE = A'E'$,$AF = A'F'$,求证:$EF \perp EF'$.

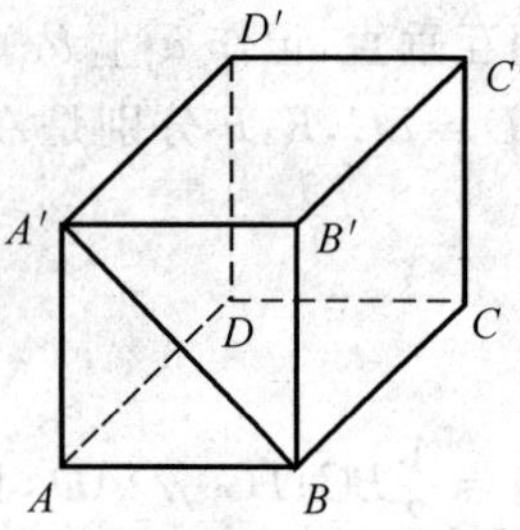

图　5-27

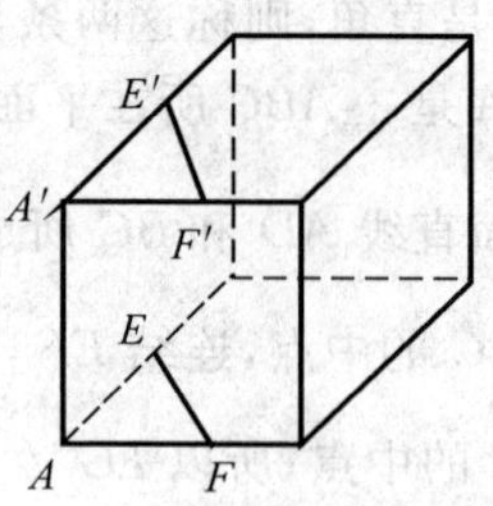

图　5-28

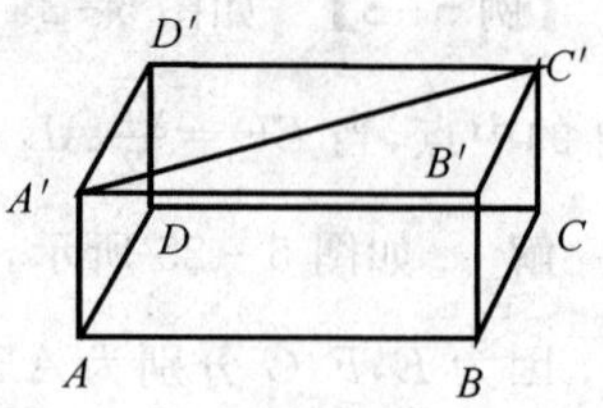

图　5-29

4. 如图 5-29 所示，已知长方体的长与宽都是 4cm，高是 2cm；

(1) 求 BC 与 $A'C'$，AA' 与 BC' 所成的角的余弦值；

(2) 求 AA' 与 BC，AA' 与 CD，AA' 与 CC' 所成的角.

5. 什么叫作异面直线所成的角？什么叫作异面直线垂直？

6. 根据图 5-30，分别画出线段 A_1C_1，AC，A_1C，BD_1 并说明下列各对直线的位置关系.

(1) A_1A 与 CD；　(2) A_1C 与 AC；　(3) A_1C 与 BD_1.

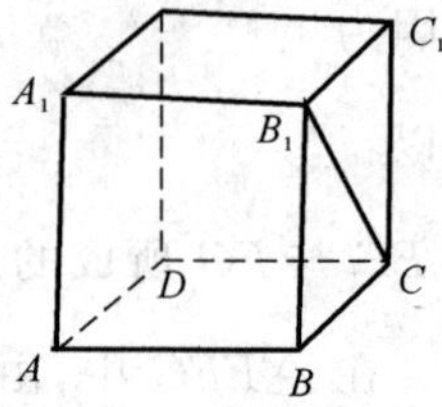

图　5-30

5.3　直线与平面的位置关系

钻孔：在工件上钻削与工件表面成90°的垂直孔时，必须保证钻头与工件表面垂直（见图 5-31），如果将钻削用的钻头看作直线，工件表面看作平面，那么这就是直线和平面垂直关系的应用.

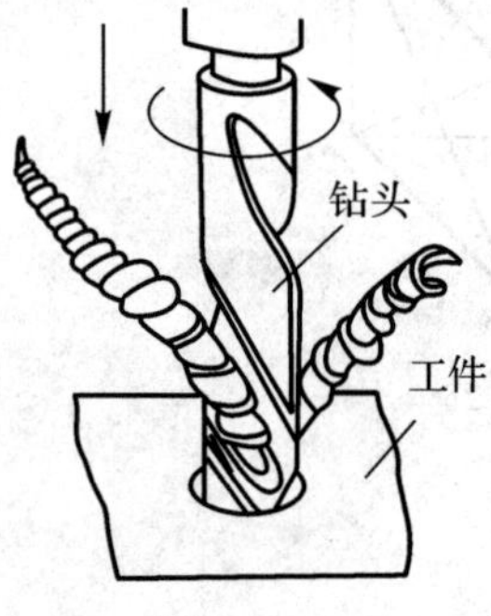

图　5-31

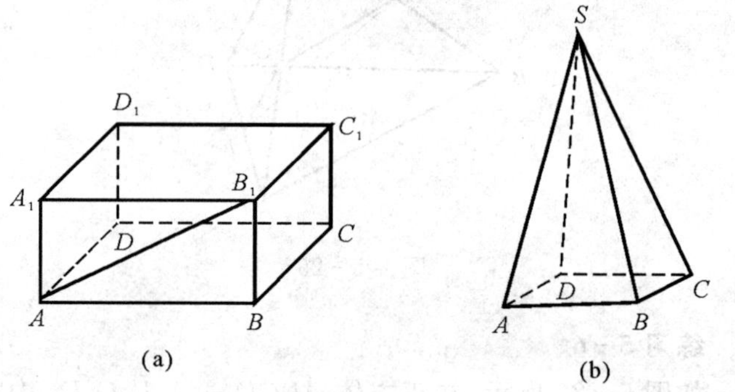

图　5-32

1. 空间直线和平面的 3 种位置关系

观察图 5-32 中线段 AB_1 所在直线与长方体 $ABCD-A_1B_1C_1D_1$ 的 6 个面的位置关系；再观察图中正四棱锥侧棱 SA 所在直线与正四棱锥的五个面的位置关系.

通过大量的实例观察与分析，我们可以得到空间直线和平面的位置关系有且只有一下 3 种，见表 5-1.

直线在平面内，相交和平行. 直线 l 与平面 α 相交和平行可以统称为直线在平面外，记作 $l\not\subset\alpha$.

表　5-1

关　系	直线与平面的公共点	记　作	图　示
直线在平面内	无数个	$l \subset \alpha$	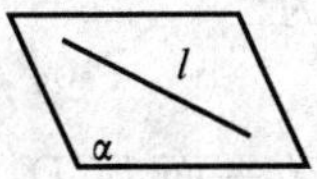
直线与平面相交	一个	$l \cap \alpha = \{A$	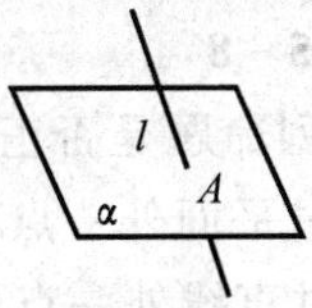
直线与平面平行	无	$l \parallel \alpha$	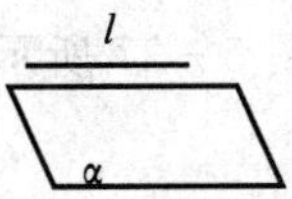

练习 5-7

1. 回答下列问题：

(1) 是否有可能直线 l 与平面 α 只有两个交点 A, B？

(2) 如果直线 l 在平面 α 外，l 是否一定与平面 α 平行？

(3) 如果直线 l 不平行与平面 α，l 必与平面 α 相交吗？

2. 用纸折一个如图 5-33 所示的正五棱柱，试指出侧棱 AB 与棱柱各个面之间的关系.

2. 直线和平面平行

直线和平面平行应该怎样判断呢？现在我们来观察一扇门(见图 5-34)，门框左右两条边所在的直线 a, b. 把墙面所在的平面记作 α. 若门关着，a, b 同在平面 α，且 $a \parallel b$；若门开着，a 离开了平面 α，但仍保持与 b 平行，而且 a 与平面 α 也是平行的.

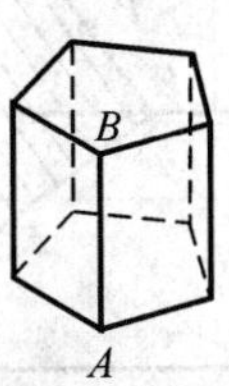

图　5-33

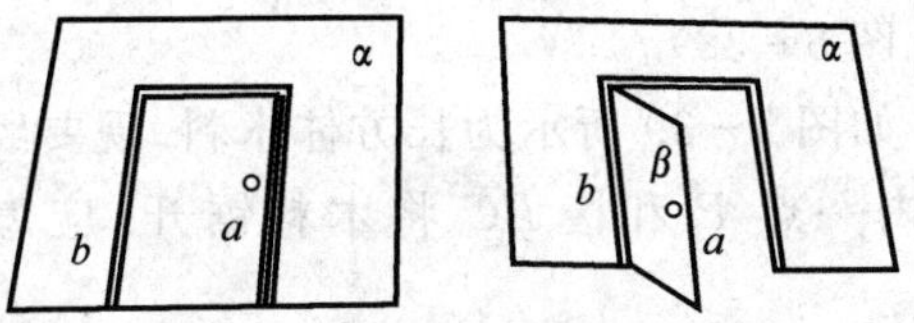

图　5-34

一般地，我们可以得到下面的定理：

线面平行判定定理　如果平面外一条直线与该平面内一条直线平行，那么这条直线与这个平面平行，如图 5-35 所示. 用符号表示为

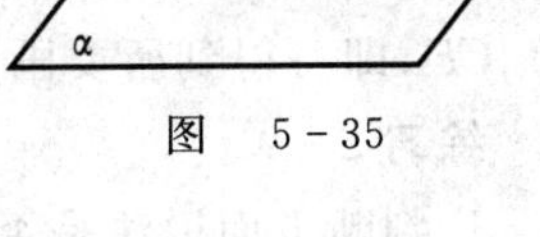

图　5-35

$$\begin{array}{l} a \not\subset \alpha \\ b \subset \alpha \Rightarrow a \parallel \alpha \\ a \parallel b \end{array}$$

【例 5-6】　已知：空间四边形 $ABCD$ 中，E, F 分别是 AB, AD 的中点(见图 5-36) 求证：$EF \parallel$ 平面 BCD.

证明：连结 BD，在 $\triangle ABC$ 中；

因为 E,F 分别是 AB,AD 的中点，所以 $EF \parallel BD$.

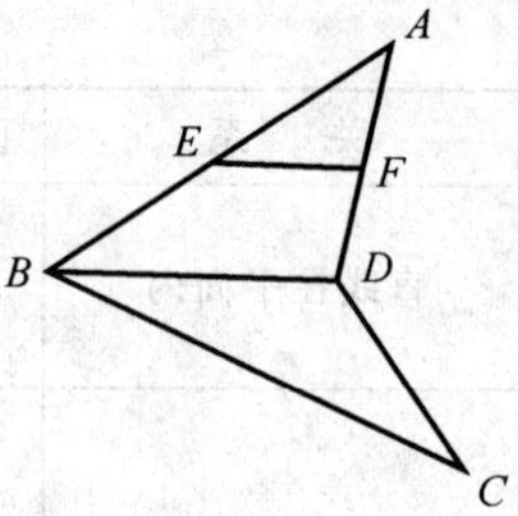

图　5-36

又因为 $\begin{cases} EF \not\subset 平面\ BCD \\ BD \subset 平面\ BCD \\ EF \parallel BD \end{cases}$

所以 $EF \parallel$ 平面 BCD.

练习 5-8

1. 下列命题是否正确，并说明理由.

(1) 过平面外一点有无数条直线与这个平面平行；

(2) 过直线外一点可以作无数个平面与已知直线平行.

2. 如图 5-37 所示，求证：直线 $BA' \parallel$ 平面 $CC'D$.

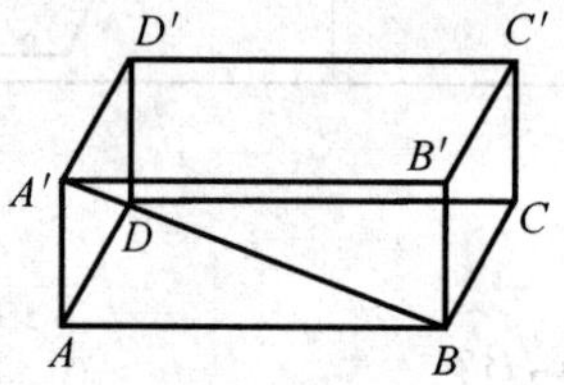

图　5-37

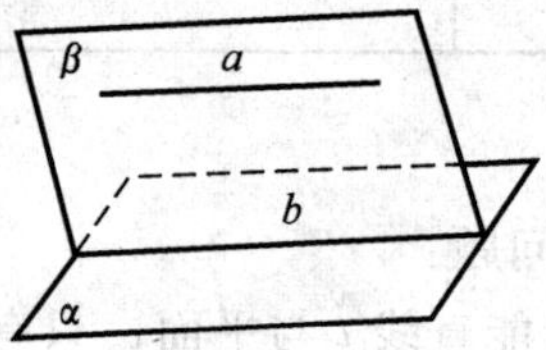

图　5-38

如果把图5-38中的墙面和门面所在的平面分别记为 α 和 β，则门边缘所在的直线 b 是 α 与 β 的交线，且 $a \parallel b$. 这表明，当直线 a 和平面 α 平行时，过 a 的平面 β 与平面 α 的交线必与 a 平行.

由此，我们得到直线和平面平行的性质定理：

线面平行性质定理　如果一条直线与一个平面平行，经过这条直线的平面与这个平面相交，那么这条直线就与这个交线平行(见图 5-38).

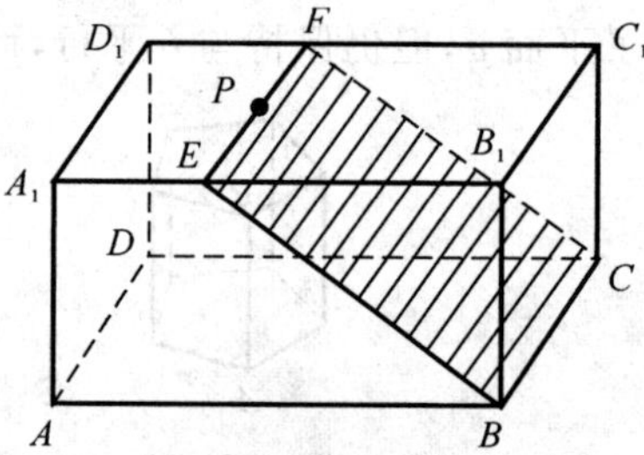

图　5-39

【例 5-7】　如图 5-39 所示为长方体木料. 现要经过木料表面 A_1C_1 内一点 P 和棱 BC 将木料锯开，应怎样画线?

分析：点 P 和棱 BC 确定一个平面 PBC，为了沿着平面 PBC 将木料锯开，必须先画出平面 PBC 与木料表面 A_1C_1 的交线 EF，然后连接 BE,FC，即可得到所要画的线段.

解　先在木料表面 A_1C_1 内过点 P 画直线 $EF \parallel B_1C_1$，分别交棱与 E,F 点，在分别连接 EB、CF，即可得到所要画的线段.

练习 5-9

1. 判断下面说法是否正确.

(1) 如果一条直线和一个平面平行，则它和这个平面内的任何直线平行.　(　　)

(2) 平行与同一个平面的两条直线互相平行.　(　　)

2. 如图 5-40 所示，$a \parallel \alpha$，点 A 与直线 a 分别在平面 α 的两侧，点 B,C 和 D 都在直线 a 上，线段 AB,AC,AD 分别交 α 与 E,F,G 点，若 $BD=4,AF=5,CF=4$，求 EG.

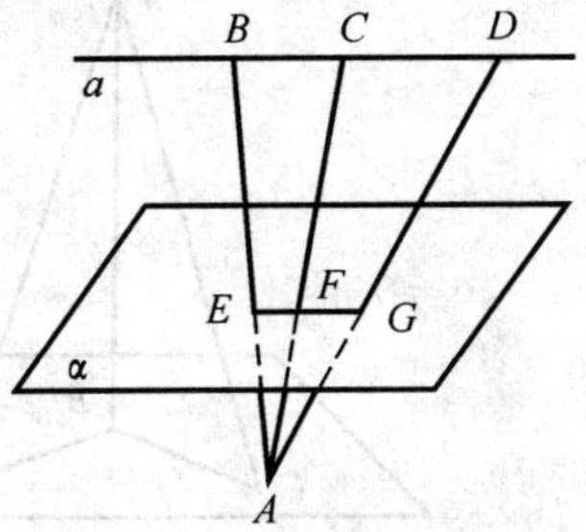

图　5-40

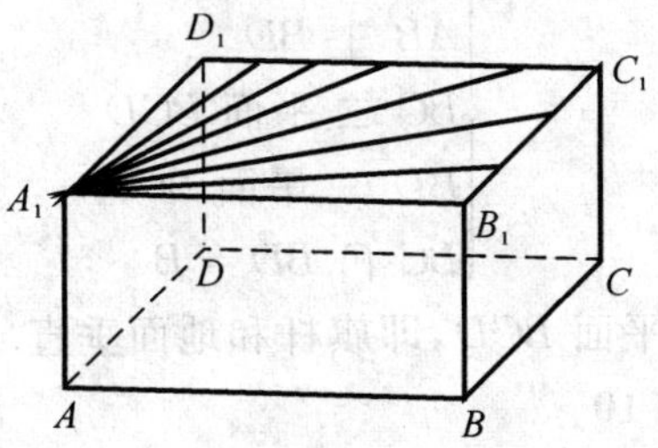

图　5-41

3. 直线和平面垂直

观察图 5-41 中所示长方体 $ABCD-A_1B_1C_1D_1$，在上底面 A_1C_1 中，过点 A_1 作任意线段，可以发现它们都与侧棱 AA_1 垂直.

如果直线 l 与平面 α 内的任何一条直线都垂直，则称直线与平面互相垂直，记作 $l\perp\alpha$，l 称为平面 α 的垂线，α 称为直线 l 的垂线，l 与 α 的交点为垂足.

从平面外一点向平面引垂线，这个点到垂足的距离称为这个点到这个平面的距离.

一般地，我们可以得到下面的定理：

线面垂直判定定理　如果一条直线与一个平面内的两条直线相交直线都垂直，那么这条直线垂直于这个平面(见图 5-42)，用符号表示为

$$a\subset\alpha$$
$$b\subset\alpha$$
$$a\cap b=P\Rightarrow l\perp\alpha$$
$$l\perp a$$
$$l\perp b$$

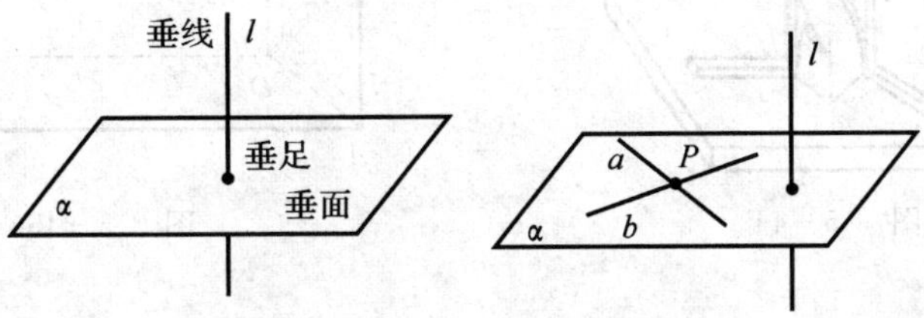

图　5-42

【例 5-8】　有一根旗杆 AB 高 8m，它的顶端 A 挂有一条长 10m 的绳子，拉紧绳子并把它的下端放在地面上的两点(和旗杆不在同一条直线上)C，D，如图 5-43 所示，如果这两点都和旗杆脚 B 的距离是 6m，那么旗杆就和地面垂直，为什么？

解　在 $\triangle ABC$ 和 $\triangle ABD$ 中，因为

$$AB=8\text{m},\quad BC=BD=6\text{m},\quad AC=AD=10\text{m}$$

所以

$$AB^2+BC^2=6^2+8^2=10^2=AC^2$$
$$AB^2+BD^2=6^2+8^2=10^2=AD^2$$
$$\angle ABC=\angle ABD=90^\circ$$

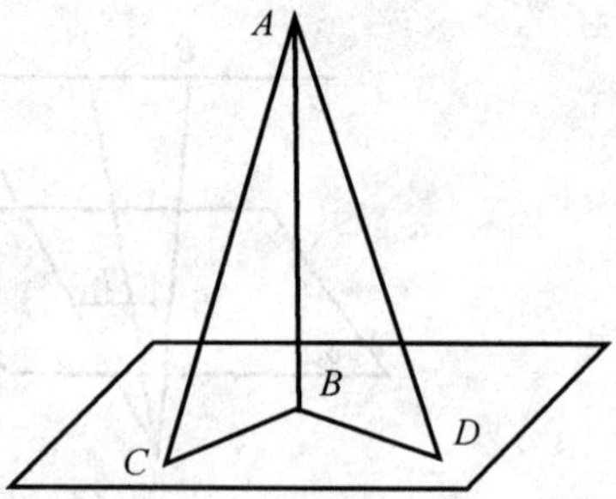

图　5 - 43

即
$$\begin{cases} AB \perp BC \\ AB \perp BD \\ BC \subset \text{平面 } BCD \\ BD \subset \text{平面 } BCD \\ BC \cap BD = B \end{cases}$$

所以 $AB \perp$ 平面 BCD,即旗杆和地面垂直.

练习 5 - 10

1. 回答下列问题

(1) 直线 l 垂直于平面 α 内的一条直线 m,是否能说 $l \perp \alpha$?

(2) 直线 l 垂直于平面 α 内的两条直线 m,n,是否能说 $l \perp \alpha$?

(3) 直线 l 垂直于平面 α 内的无数条直线,是否能说 $l \perp \alpha$?

(4) 直线 l 垂直于一个三角形的两条边,这条直线是否和第三边垂直?

(5) 3 条直线相交于一点,且两两垂直其中任一条直线是否垂直于另两条直线所确定的平面?

2. 钻孔时,为了确保钻头与工件平面垂直,常把角尺的一边放在工件平面上,看角尺的另一边是否与钻头贴合,然后换个位置(不与原来的位置在同一直线上) 再检查一次,如图 5 - 44 所示,如果两侧检查,钻头都能与角尺的边贴合,即可判断钻头与工件平面是垂直的,想一想,如果不转换位置检查,能得到正确的判断吗?

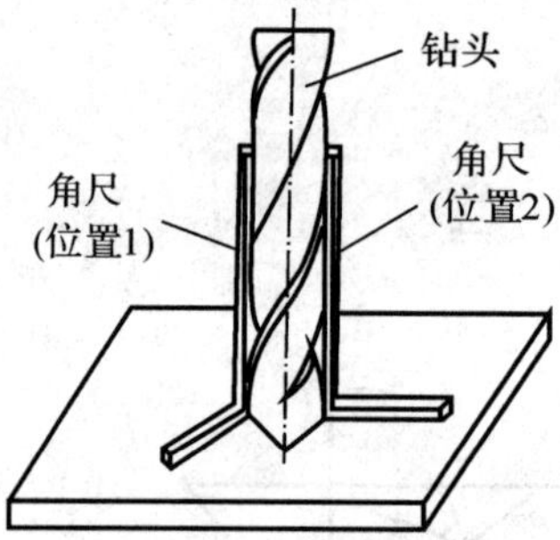

图　5 - 44

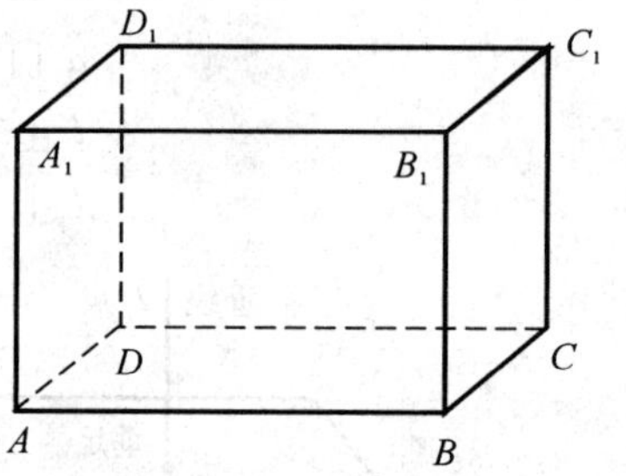

图　5 - 45

如图 5 - 45 所示,在长方体 $ABCD - A_1B_1C_1D_1$ 中,棱 AA_1,BB_1,CC_1,DD_1 所在的直线垂直于平面 $ABCD$,而我们知道这 4 条棱是相互平行的.

一般地,我们可以得到直线与平面垂直的性质定理:

线面垂直性质定理　如果两条直线同垂直于一个平面,那么这两条直线平行. 即 $a \perp \alpha$,$b \perp \alpha \Rightarrow a \parallel b$.

【例 5 - 9】　已知,如图 5 - 46 所示,直线 $a \perp \alpha$,直线 $b \perp \beta$,且 $AB \perp a$,$AB \perp b$,$\alpha \cap \beta = c$,求证:$AB \parallel c$.

证明:过点 B 引直线 $a' \parallel a$,a' 与 b 确定平面 γ.

因为　$a \perp \alpha$,　$b \perp \beta$,　$\alpha \cap \beta = c$

所以　$c \perp a$,　$c \perp b$

由因为 $a' \parallel aa' \perp AB$，所以 $c \perp a'$.

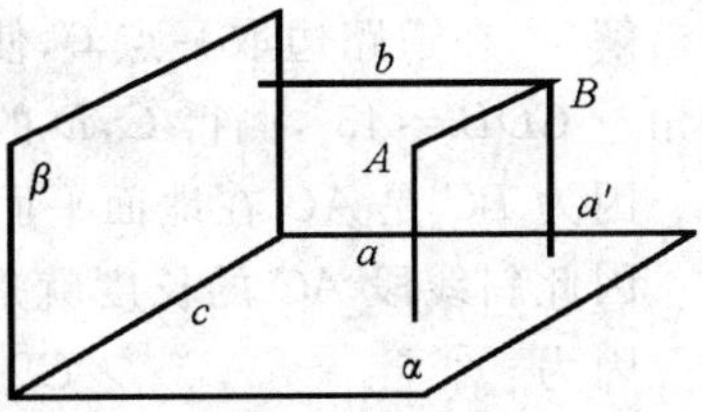

图　5-46

因为 $\begin{cases} c \perp a' \\ c \perp b \\ a' \subset \gamma \\ b \subset \gamma \\ a' \cap b = B \end{cases}$

所以 $c \perp \gamma$

同理可得 $AB \perp \gamma$，$AB \parallel c$

练习 5-11

1. 判断题

(1) 若直线 $l \perp$ 平面 α，直线 l_1 不平行于 l，则 l_1 不垂直与 α.　(　　)

(2) 若直线 $l \parallel$ 平面 α，直线 l_1 垂直于 l，则 l_1 垂直与 α.　(　　)

(3) 若直线 $l \parallel$ 平面 α，直线 l_1 不垂直于 l，则 l_1 不垂直与 α.　(　　)

(4) 若直线 $l \parallel l_1$，由它们所确定平面为 α，若直线 $m \perp l$，则 $m \perp \alpha$.　(　　)

2. 已知一直杆垂直于地面，从杆顶向地面拉紧一条绳，绳系在地面的一端距杆底部的距离是 12m，又知道绳比杆长 4m，求杆长和绳长.

自一点 P 向平面 α 引垂线，垂足 P' 叫作点 P 在平面 α 内的正射影(简称射影). 如果图形 F 上的所有点在一平面内的射影构成图形 F'，则 F' 叫作图像 F 在这平面内的射影(见图 5-47).

如果一条直线和一个平面相交，但不和这个平面垂直，那么这条直线叫作这个平面的斜线. 斜线和平面的交点叫作斜足. 斜线上一点与斜足间的线段叫作斜线段.

容易看出，平面的斜线在平面内的射影是一条直线. 例如在图 5-48 中，斜线 PA 上的点 A 是斜足，$PO \perp \alpha$，点 O 是垂足，则 PA 在平面 α 内的射影就是直线 OA.

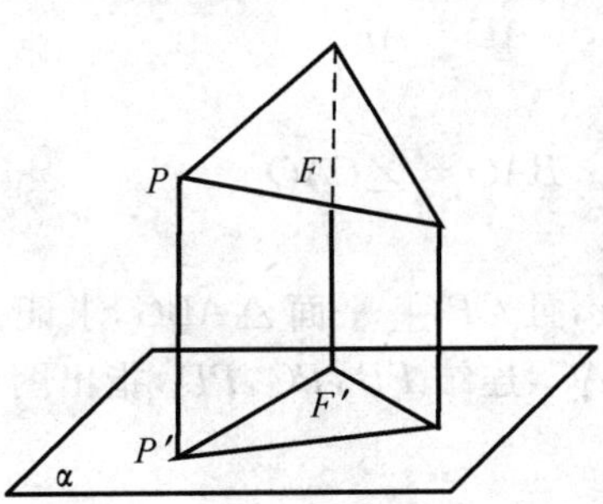

图　5-47

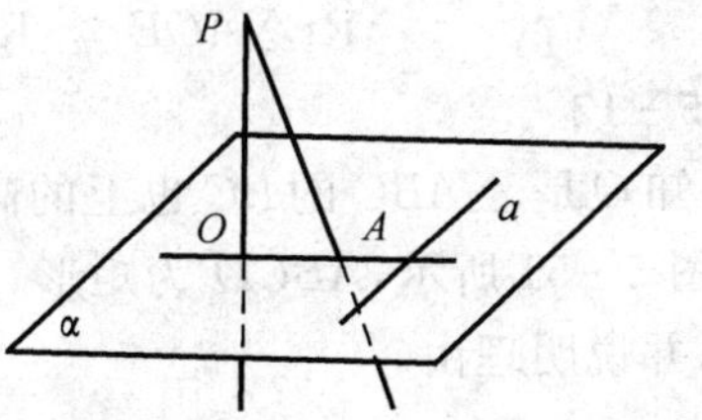

图　5-48

关于平面的斜线和它在平面内的射影有以下性质：

三垂线定理　在平面内的一条直线，如果它和这个平面的一条斜线的射影垂直，那么它也和这条斜线垂直.(提示平面的垂线垂直平面内任一条直线)

三垂线定理的逆定理　在平面内的一条直线，如果它和这个平面的一条斜线垂直，那么它也和这条斜线在平面内的射影垂直.

【例 5-10】　如图 5-49 所示，道路旁有一条河，河对岸有电塔 AB，高为 15m，只用量角器和卷尺作为侧量工具，能否电塔顶点与道路的距离.

解　在道路边取一点 C，使 BC 道路边所成的水平角等于90°，再在道路边取一点 D，是水平角 $\angle CDB=45°$，测得 C,D 的距离等于 20cm.

因为 BC 是 AC 在地面平面内的射影，且 $CD\perp BC$，所以 $CD\perp AC$（三垂线定理）.

因此斜线段 AC 的长度就是电塔顶与道路的距离

因为　$\angle CDB=45°$，$CD\perp BC$，$CD=20\text{cm}$

所以　$BC=20\text{m}$

在 Rt△ABC 中，得　$AC=\sqrt{AB^2+BC^2}=\sqrt{15^2+20^2}=25\text{m}$

答：电塔顶与道路的距离是 25m.

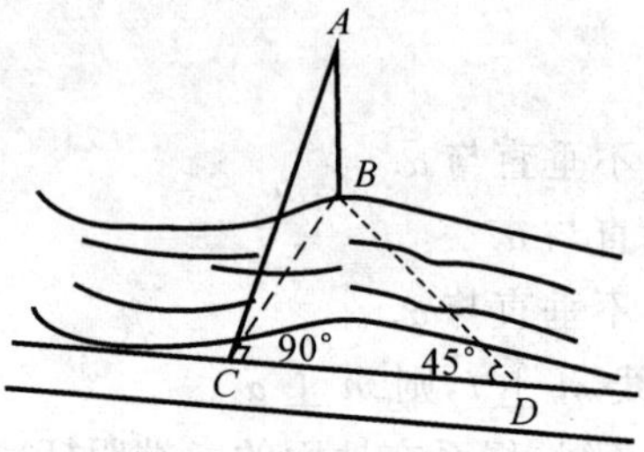

图　5-49

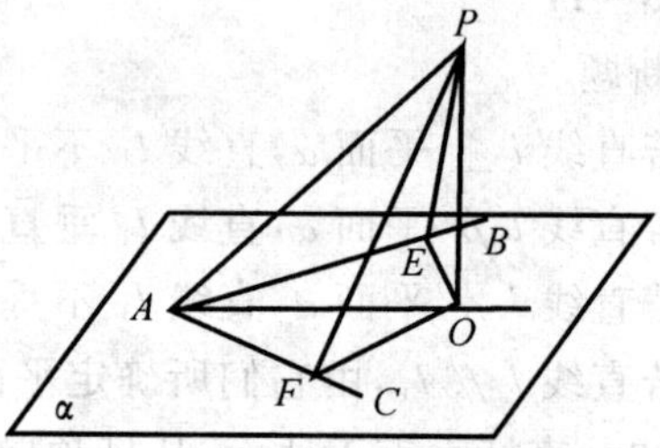

图　5-50

【例 5-11】　求证：如果一个角所在平面外一点到角的两边的距离相等，那么这点在平面内的射影在这个角的平分线上.

已知：$\angle BAC$ 在平面 α 内，点 $P\in\alpha$，$PE\perp AB$，$PF\perp AC$，$PO\perp\alpha$，垂足分别是 E,F,O，$PE=PF$（见图 5-50）.

求证：$\angle BAO=\angle CAO$.

因为 $PE\perp AB$，$PF\perp AC$，$PO\perp\alpha$，所以 $OE\perp AB$，$OF\perp AC$（三垂线定理的逆定理）.

因为　$PE=PF$，$PA\perp PA$

所以　Rt△$PAE\cong$Rt△PAF，$AE=AF$

又因为　$AO=OA$

所以　Rt△$AOE\cong$Rt△AOF，$\angle BAO=\angle CAO$

练习 5-12

1. 已知O是△ABC 的BC 也上的高的任意一点，且 $OP\perp$ 平面△ABC，求证：$PA\perp BC$.

2. 如图 5-51 所示，$ABCD$ 为矩形，$PA\perp$ 平面 AC，连结 PB,PC,PD，指出图中有哪些直角三角形，并说明理由.

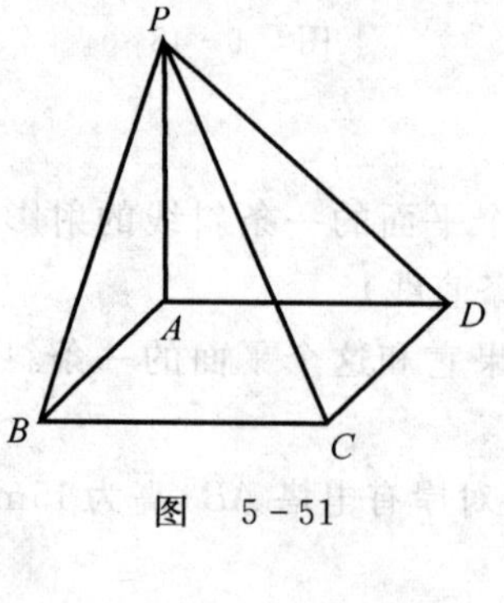

图　5-51

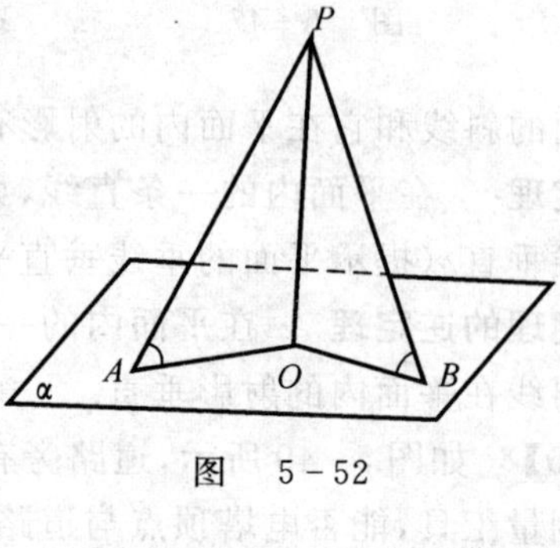

图　5-52

4. 直线与平面所成的角

斜线段和它在平面内的射影所成的锐角，称为这条斜线段与平面所成的角. 例如图 5－52 中，$\angle PAO$ 和 $\angle PBO$ 分别为斜线 PA 和 PB 与平面 α 所成的角.

如果直线与平面垂直，则规定它们所成的角是直角；如果直线与平面平行或在平面内，则规定它们所成角的角度是 0°.

【例 5－12】 在矩形 $ABCD$ 中，$AB=4$，$AD=3$，P 是矩形 $ABCD$ 所在平面外的一点，$PA\perp$ 平面 $ABCD$，$PA=3$. 计算：

(1) 点 P 到 BC 边的距离；

(2) 直线 PD 与平面 $ABCD$ 所成角的大小.

解 (1) 在矩形 $ABCD$ 中，$BC\perp AB$，又因为 $PA\perp$ 平面 $ABCD$，所以 $BC\perp PA$. 根据线面垂直.

判定定理，$BC\perp$ 平面 PAB. 由此可知 $BC\perp PB$.

点 P 到 BC 的距离是 PB 的长度，即

$$AB=\sqrt{PA^2+AB^2}=\sqrt{3^2+4^2}=5$$

(2) 因为 $PA\perp$ 平面 $ABCD$，所以直线 PD 与平面 $ABCD$ 所成角的大小就是 $\angle PDA$ 的大小，由

$$\tan\angle PDA=\frac{PA}{AD}=\frac{3}{3}=1$$

解得

$$\angle PDA=45^\circ$$

练习 5－13

如图 5－53 所示，自等边 $\triangle ABC$ 的顶点 A，作三角形所在平面的垂线段 AP 长均为 a，D 为 BC 的中点. 求：

(1) PB 的长；

(2) PB 与平面 ABC 所成的角；

(3) PD 与平面 ABC 所成的角的正切值.

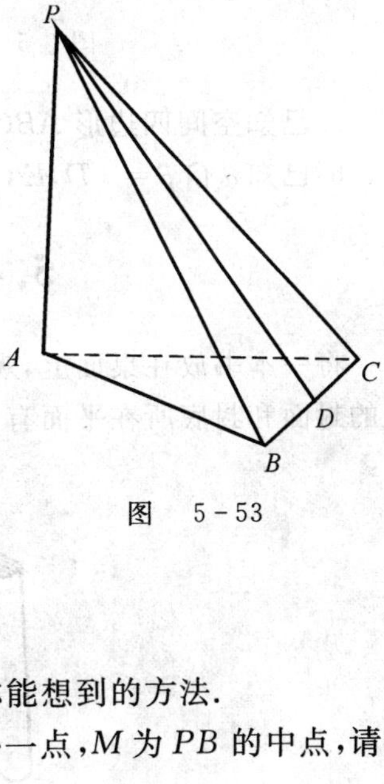

图　5－53

习题 5－3

1. 安装日光灯时，怎么才能使灯管与房顶、地板平行？记下你能想到的方法.

2. 如图 5－54 所示，已知 P 为平行四边形 $ABCD$ 所在平面外一点，M 为 PB 的中点，请指出直线 PD 与平面 MAC 的位置关系，并说明理由.

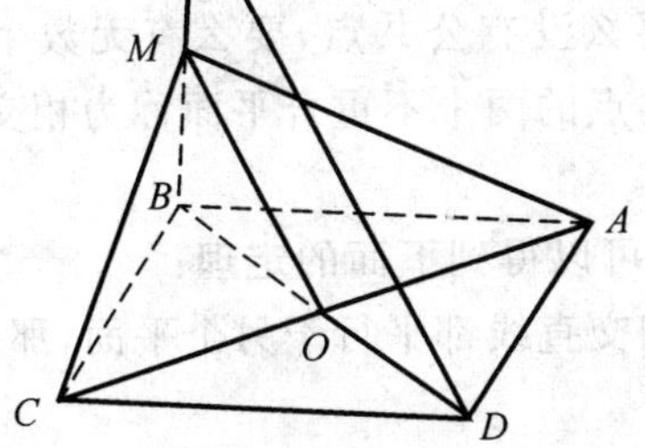

图　5－54

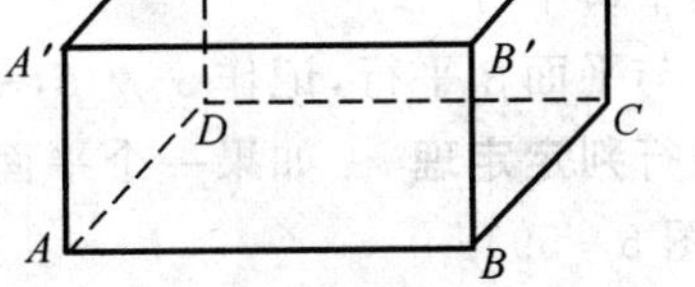

图　5－55

3. 如图 5-55 所示，钳工检查长方块工件的棱 BB' 是否和底面 $A'C'$ 垂直，只要检查 $\angle BB'A'$ 和 $\angle BB'C'$ 是否直角就可以了，为什么？

4. 如图 5-56 所示，$AB=5\text{cm}$，$BC\perp AB$，$BD\perp AB$，在 BC，BD 所在的平面 α 内有一点 E，$BE=7\text{cm}$.

(1) EB 和 AB，CD 和 AB 各成多少度角？

(2) AE 的长度是多少？

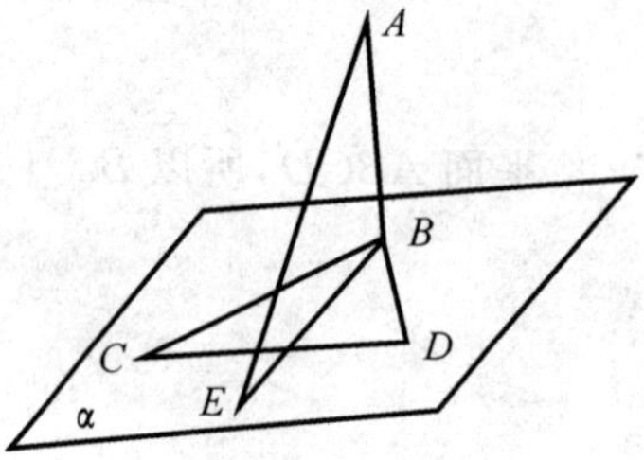

图　5-56

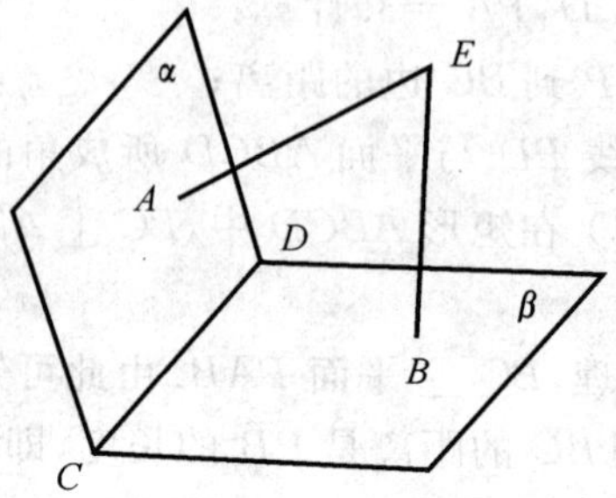

图　5-57

5. 已知空间四边形 $ABCD$，$AB=AC$，$DB=DC$，求证 $BC\perp AD$.

6. 已知 $\alpha\cap\beta=CD$，$EA\perp\alpha$，垂足为 A，$BE\perp\beta$，垂足为 B，如图 5-57 所示，求证 $CD\perp AB$.

5.4　平面与平面的位置关系

将一本书放在桌面上，观察它的封面和封底所在平面有什么关系. 将该书打开，再次观察它的封面和封底所在平面有什么关系(见图 5-58).

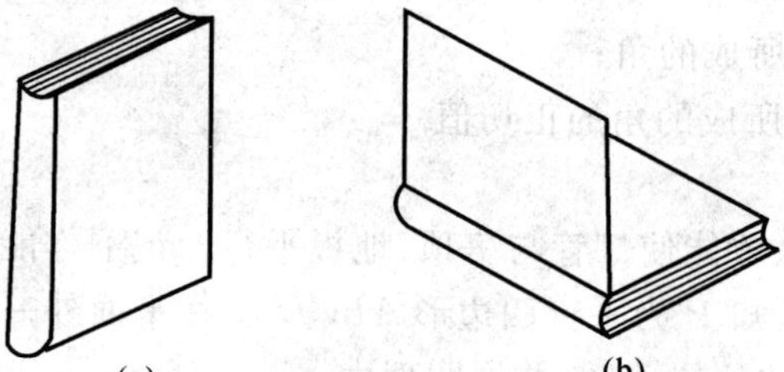

(a)　　(b)

图　5-58

通过大量的实例可以发现，两个不重合的平面要么没有公共点，要么有无数个公共点. 我们将没有公共点的两个平面称为平面平行，将有公共点的两个不重合平面称为相交平面.

1. 两个平面平行

平面 α 与平面 β 平行，记作 $\alpha\,/\!/\,\beta$，一般地，我们可以得到下面的定理：

面面平行判定定理　如果一个平面内有两条相交直线都平行于另个平面，那么这两个平面平行(见图 5-59).

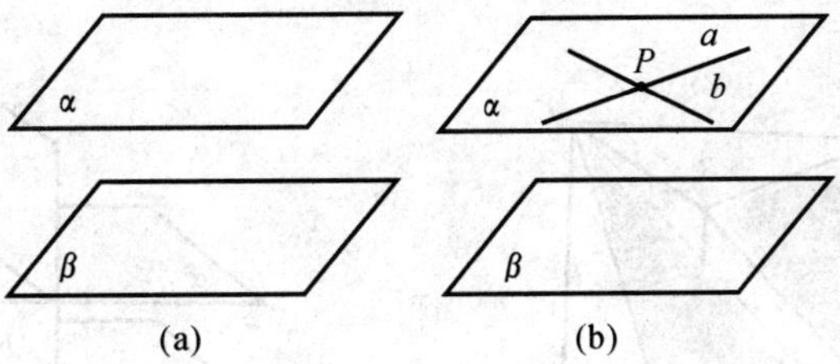

图 5-59

根据上述定理，我们还能得到下述两个推论：

推论 1 如果一个平面内的两条相交直线分别平行与另一个平面内的两条相交直线，那么这两个平面平行线(见图 5-60).

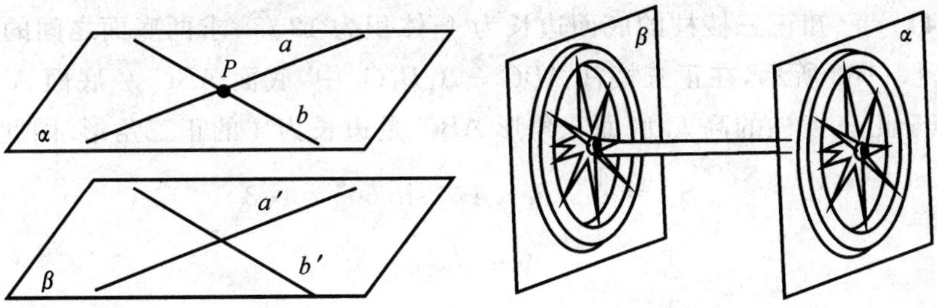

图 5-60

推论 2 垂直于同一条直线的两个平面平行

安装车轮时(见图 5-60)，只要使轮轴两端的两个车轮所在平面都垂直于轴，这两个车轮就互相平行. 这是推论 2 的一个应用例.

【例 5-13】 已知正方体 $ABCD-A_1B_1C_1D_1$(见图 5-61)，求证：平面 AB_1D_1 // 平面 C_1BD.

证明：因为 $ABCD-A_1B_1C_1D_1$ 为正方体，所以 $C_1D_1 \parallel A_1B_1$，$D_1C_1=A_1B_1$.

又 $AB \parallel A_1B_1$，$AB=A_1B_1$

所以 $D_1C_1 \parallel AB$，$D_1C_1=AB$

所以 D_1C_1AB 为平行四边形.

所以 $D_1A \parallel C_1B$.

由直线与平面平行的判定定理得 $D_1A \parallel$ 平面 C_1BD

同理 $D_1B_1 \parallel$ 平面 C_1BD

又 $D_1A \cap D_1B_1=D_1$，

所以，平面 $AB_1D_1 \parallel$ 平面 C_1BD.

一般地，我们可以得到下面的定理：

面面平行性质定理 如果两个平面同时和第三个平面相交，那么它们的交线平行，如图 5-62 所示.

我们把两个平行平面间垂直线段的长，称为这两个平行平面间的距离.

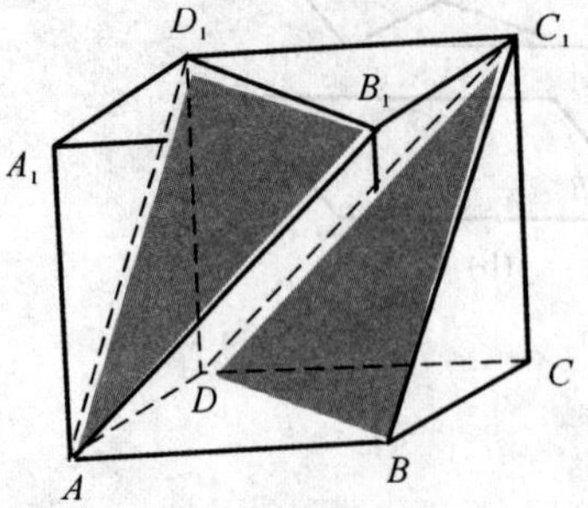

图 5-61

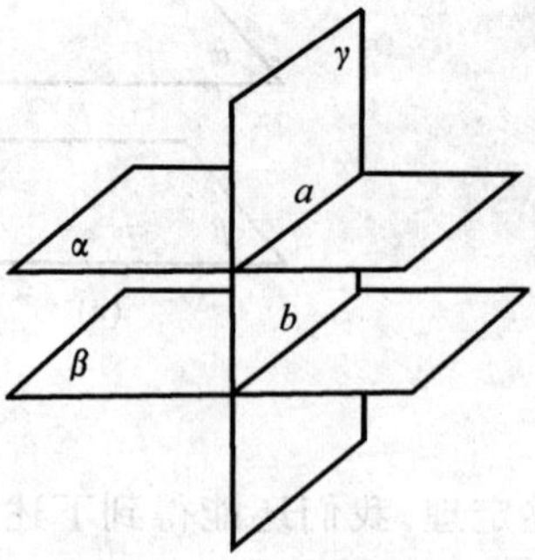

图 5-62

【例 5-14】 已知正三棱柱的底面边长为 4，体积为 $12\sqrt{3}$，求两底面之间的距离.

解 如图 5-63 所示，在正三棱柱 $ABC-A_1B_1C_1$ 中，底面 ABC // 底面 $A_1B_1C_1$，两底面间的距离就等于正三棱柱的高 h. 底面三角形 ABC 是边长为 4 的正三角形. 因此

$$S_{底}=\frac{1}{2}\times 4\times 4\times \sin 60°=4\sqrt{3}$$

由

$$V=S_{底}\ h$$

得

$$h=\frac{12\sqrt{3}}{4\sqrt{3}}=3$$

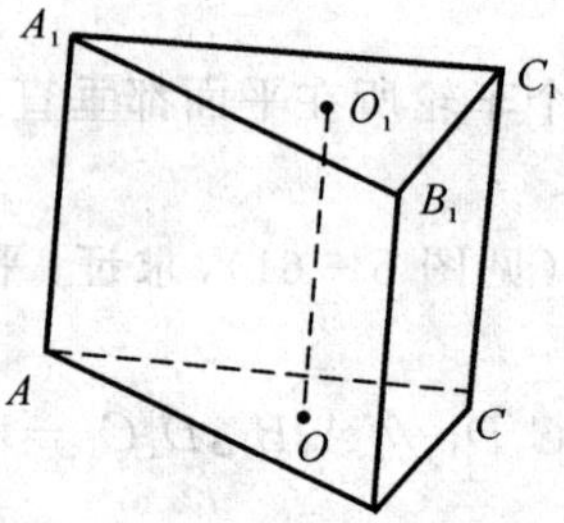

图 5-63

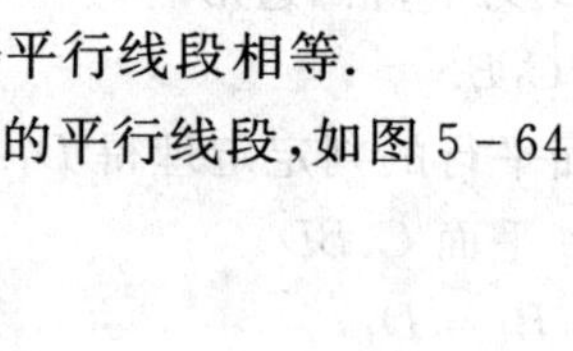

图 5-64

【例 5-15】 求证：夹在两个平行平面间的两条平行线段相等.

已知：平面 α // 平面 β，AB 和 CD 为夹在 α，β 间的平行线段，如图 5-64 所示. 求证：$AB=CD$.

证明：因为

$$AB\ /\!/\ CD$$

所以 AB 和 DC 确定平面 AC.

又因直线 AD，BC 分别是平面 AC 与平面 α，β 的交线，所以 AD // BC，四边形 $ABCD$ 是平行四边形.

故得

$$AB=CD$$

练习 5-14

1. 判断题.

(1) 若平面 α 内的一条直线与平面 β 平行，则 α 与 β 平行. （ ）

(2) 若平面 α 内的两条直线分别与平面 β 平行，则 α 与 β 平行.（　　）

(3) 若平面 α 内的无数直线分别与平面 β 平行，则 α 与 β 平行.（　　）

(4) 若平面 α 内的任意一条直线都与平面 β 平行，则 α 与 β 平行.（　　）

2. 已知平面 α // 平面 β，点 P 是平面 α，β 外一点，且直线 PAB，PCD 分别与 α，β 相交于 A，B，C，D.

(1) 求证：$AC \parallel BD$；

(2) 如果 $PA = 4\text{cm}$，$AB = 5\text{cm}$，$PC = 3\text{cm}$，求 PD 的长.

2. 二面角及其平面角

图 5-65 所示为普通车刀刀头，它的各个刀面与水平面、垂直面所成角度对车削加工的质量、效率影响很大. 其中，前刀面与水平面（即基面）所成的角称为前角. 前角越大，车刀越锋利，但会降低车刀的强度. 因此，生产中要根据需要选择适当的前角. 又如，建筑堤坝时，为了使其经久耐用，必须使堤坝的斜面和水平面成适当的角度. 下面，我们来研究两个平面所成的角.

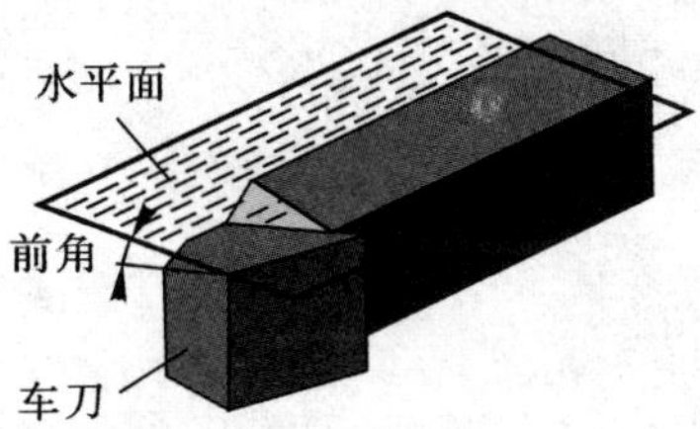

图　5-65

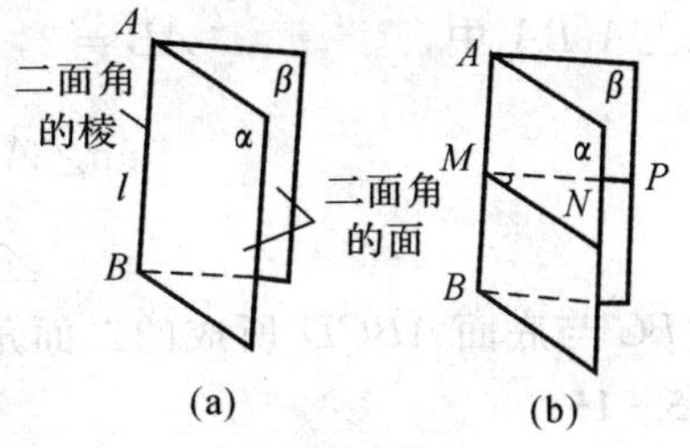

图　5-66

沿着平面内的一条直线将平面对折，得到两个半平面，这两个半平面组成的图形称为二面角，这条直线称为二面角的棱，这两个半平面称为二面角的面，如图 5-66 所示. 如果棱用 AB 表示，二面角可以记作 $\alpha - AB - \beta$，如果棱用 l 表示，则可记作 $\alpha - l - \beta$.

如果以二面角 $\alpha - AB - \beta$ 的棱 AB 上任意一点 M 为端点，在两个面 α，β 内分别作垂直于棱的射线 MN，MP，则称 $\angle NMP$ 为这个二面角的平面角. 二面角的大小用它的平面角来度量，且与点 M 在棱上的位置无关.

平面角为 90° 的二面角称为直二面角.

例如教室的墙壁与地面就组成直二面角，此时称两个平面垂直，平面 α 与平面 β 垂直，记作 $\alpha \perp \beta$.

【例 5-16】　在正方体 $ABCD - A_1B_1C_1D_1$ 中（见图 5-67），求二面角 $D_1 - AD - B$ 的大小.

解　AD 为二面角的棱，AA_1 与 AB 是分别在二面角的两个平面内并且棱 AD 垂直的射线，所以 $\angle A_1AB$ 为二面角 $D_1 - AD - B$ 的平面角.

因为在正方体 $ABCD - A_1B_1C_1D_1$ 中，$\angle A_1AB$ 是直角，所以二面角 $D_1 - AD - B$ 为 90°.

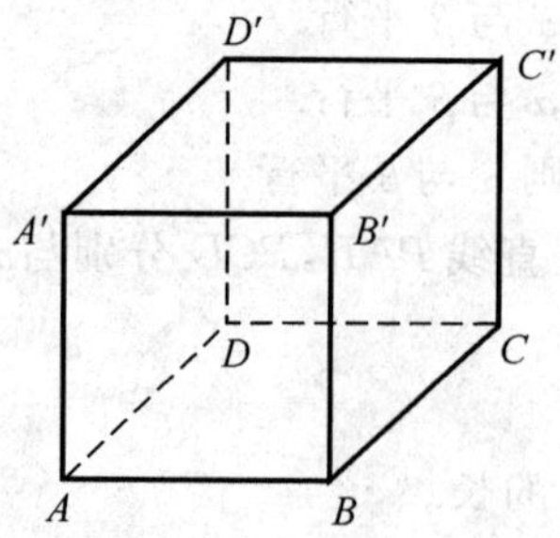

图　5-67

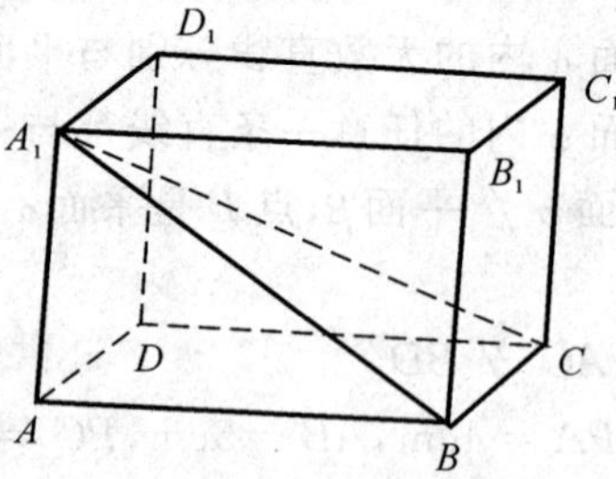

图　5-68

【例 5-17】 如图 5-68 所示，在长方体 $ABCD-A_1B_1C_1D_1$ 中，$AB=3$，$DD_1=\sqrt{3}$，求平面 A_1BC 与平面 $ABCD$ 所成的二面角的大小.

解　在 $ABCD-A_1B_1C_1D_1$ 中，因为 $BC\perp$ 平面 ABB_1A_1，且 A_1B，AB 都在平面 ABB_1A_1 内，所以 $A_1B\perp BC$，$AB\perp BC$，因此 $\angle A_1BA$ 为平面 A_1BC 与底面 $ABCD$ 所成的二面角的平面角.

在 $\mathrm{Rt}\triangle A_1BA$ 中，　$AB=3$，　$AA_1=DD_1=\sqrt{3}$

得到
$$\tan\angle A_1BA=\frac{A_1A}{AB}=\frac{\sqrt{3}}{3}$$

所以
$$\angle A_1BA=30°$$

即平面 A_1BC 与底面 $ABCD$ 所成的二面角为30°.

练习 5-15

1. 如图 5-69 所示，在正方体 $ABCD-A_1B_1C_1D_1$ 中，求二面角 $A-DD_1-B$ 的大小.

2. 如图 5-69 所示，在正方体 AC_1，求平面 ABC_1D_1 与平面 $ABCD$ 所成的二面角.

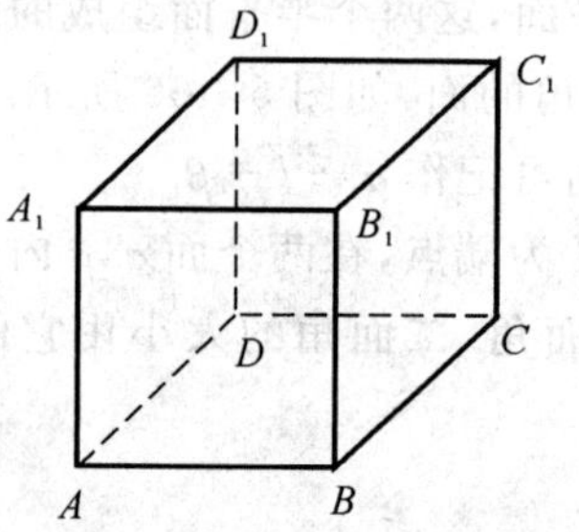

图　5-69

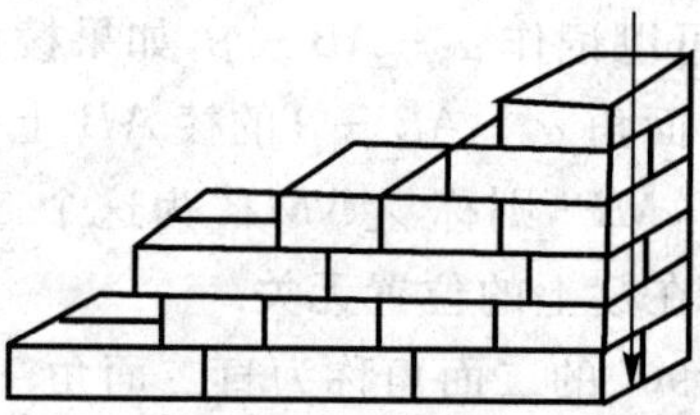
图　5-70

3. 两个平面垂直

建筑工人在砌墙时，常用一端系有铅锤的线来检查所砌的墙是否与水平面垂直（见图 5-70）. 这是为什么？

两个平面相交，如果所成的二面角是直二面角，那么称这两平面互相垂直，平面 α 与平面 β 垂直，记作 $\alpha\perp\beta$.

画表示两个互相垂直平面的图形时，一般将两个平行四边形的一组对边画成垂直的位置，可以把直立平面画成矩形，如图 5-71 所示，也可以把直立的平面画成平行四边形.

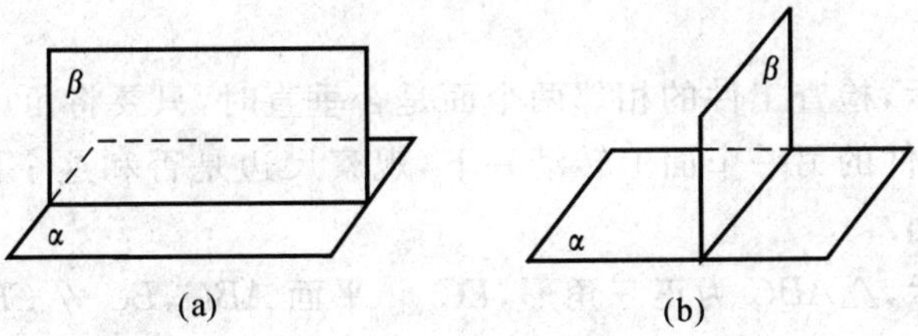

图　5-71

一般地，我们可以得到如下平面与平面垂直的判定定理：

面面垂直判定定理　如果一个平面经过另一个平面的垂线，那么这两个平面互相垂直（见图 5-72）.

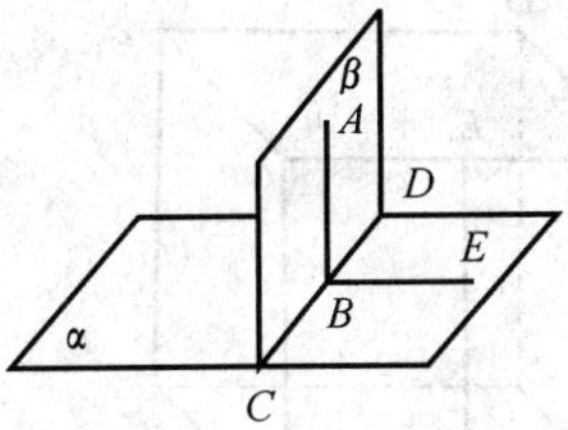

图　5-72

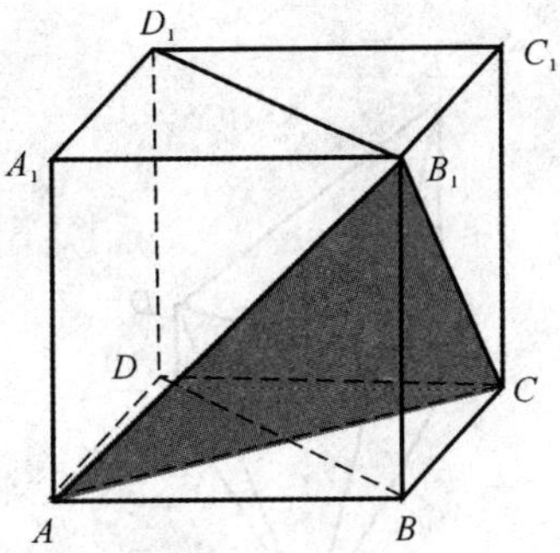

图　5-73

【例 5-18】　在正方体 $ABCD-A_1B_1C_1D_1$（见图 5-73）中，判断平面 B_1AC 与平面 B_1BDD_1 是否垂直.

解　在正方体 $ABCD-A_1B_1C_1D_1$ 中，$B_1B\perp$ 平面 $ABCD$，所以 $BB_1\perp AC$，在底面正方形 $ABCD$ 中，$BD\perp AC$，因为 $AC\perp$ 平面 B_1BDD_1，因为 AC 在平面 B_1AC 内，所以平面 B_1AC 与平面 B_1BDD_1 垂直.

【例 5-19】　如图 5-74 所示，AB 是圆 O 的直径，PA 垂直于圆 O 所在的平面，C 是圆周上不同于 A，B 的任意一点，求证平面 $PAC\perp$ 平面 PBC.

证明：设圆 O 所在平面为 α，由已知条件，$PA\perp\alpha$，BC 在 α 内，所以 $PA\perp BC$.

因为 C 是圆周上不同于 A，B 的任意一点，AB 是圆 O 的直径，所以 $\angle BCA$ 是直角，$AC\perp BC$.

又因为 PA 与 AC 是 $\triangle PAC$ 所在平面内的两条相交直线，所以，$BC\perp$ 平面 PAC，又因为 BC 在平面 PBC 内，所以，平面 $PAC\perp$ 平面 PBC.

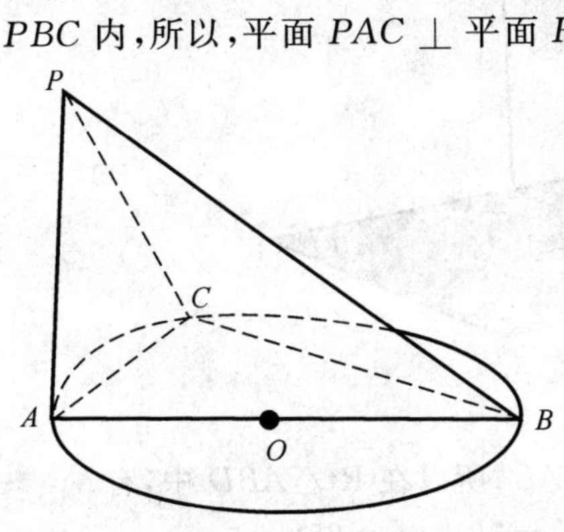

图　5-74

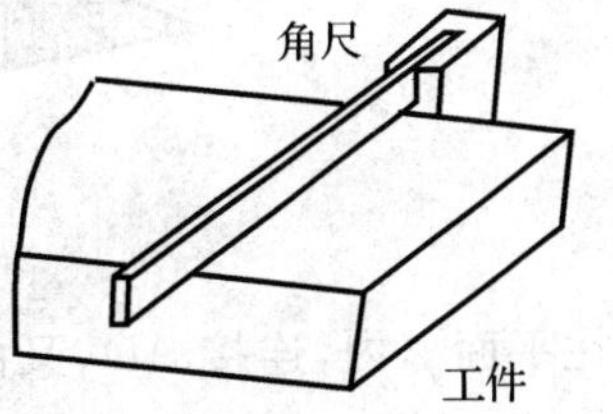

图　5-75

练习 5－16

1. 如图 5－75 所示，检查工件的相邻两个面是否垂直时，只要将角尺的一边紧靠在工件的一个面上，另一边在工件的另一个面上转动一下，观察尺边是否和这个面密合就可以了. 请说明采用这种方法的理由.

2. 如图 5－76 所示，$\triangle ABC$ 为正三角形，$EC \perp$ 平面 ABC，$BC \parallel CE$，且 $CE = CA = 2BD$，M 是 EA 的 中点，求证：

(1) $DE = DA$；(2) 平面 $BDM \perp$ 平面 ECA.

如图 5－77 所示，在正方体 A_1C 的侧面 A_1ABB_1 中，作 $EE_1 \perp AB$，观察 EE_1 底面 $ABCD$ 的关系.

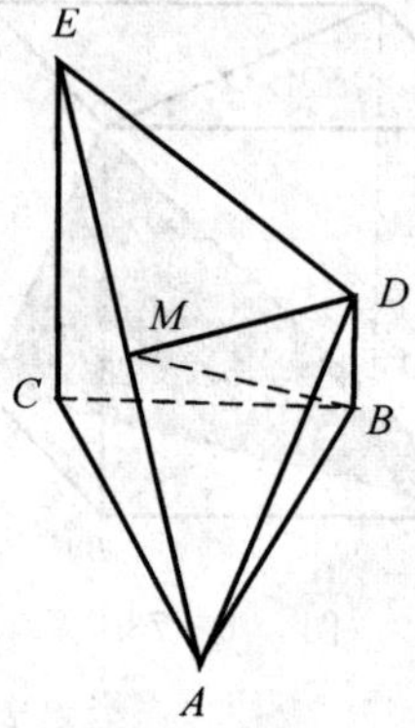

图　5－76

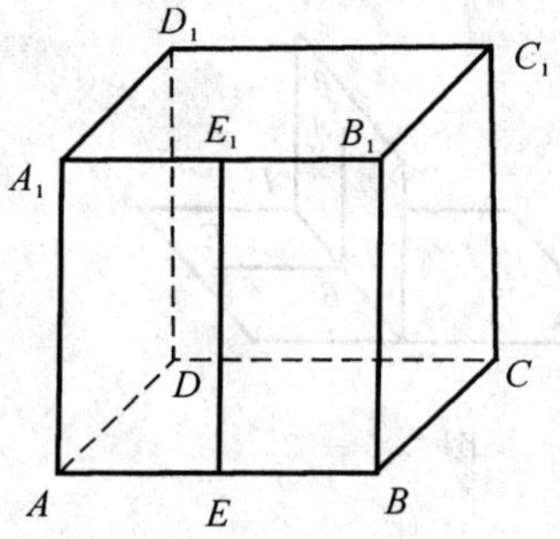

图　5－77

可以看到，由于 $EE_1 \perp AB$，故 $EE_1 \parallel BB_1$，又 $BB_1 \perp BC$. 这样，EE_1 就与底面 $ABCD$ 中的两条相交直线 AB，BC 都垂直，所以 EE_1 与底面 $ABCD$ 垂直.

由大量的观察与实践，归纳出平面与平面垂直的性质：

如果两个平面垂直，那么一个平面内垂直于交线的直线与另一个平面垂直.

【例 5－20】 如图 5－78 所示，平面 $\alpha \perp$ 平面 β，AC 在平面 α 内，且 $AC \perp AB$，BD 在平面 β 内，且 $BD \perp AB$，$AC = 12\text{cm}$，$AB = 3\text{cm}$，$BD = 4\text{cm}$，求 CD 的长.

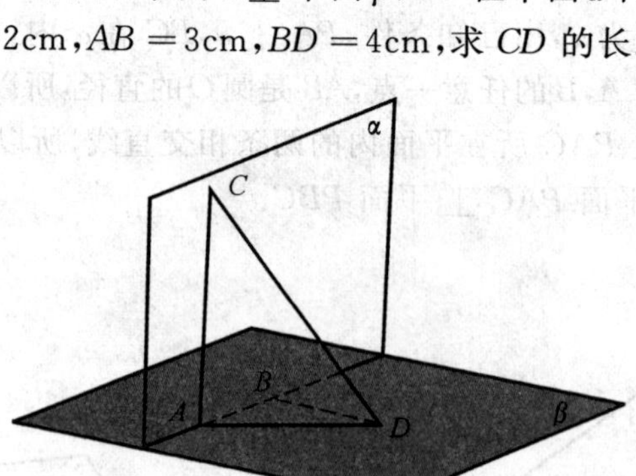

图　5－78

解　在平面 β 内，连接 AD，又由于 $BD \perp AB$，所以在 $\text{Rt}\triangle ABD$ 中，有

$$AD^2 = AB^2 + BD^2 = 3^2 + 4^2 = 25$$

故
$$AD = 5\text{cm}$$

因为 $\alpha \perp \beta$，AC 在平面 α 内，且 $AC \perp AB$，AB 为平面 α 与 β 的交线，所以 $AC \perp \beta$，因此 $AC \perp AD$.

在直角三角形 ACD 中，$CD^2 = AC^2 + AD^2 = 12^2 + 5^2 = 169$ 故 $CD = 13\text{cm}$.

【例 5-21】 如图 5-79 所示，直二面角 $\alpha - l - \beta$ 的棱 l 上有 A，B 两个点，在 α 内过 A 作 $AC \perp l$，在 β 内过 B 作 $BD \perp l$，已知 $AC = 6$，$BD = 24$，$AB = 8$，求 CD 的长.

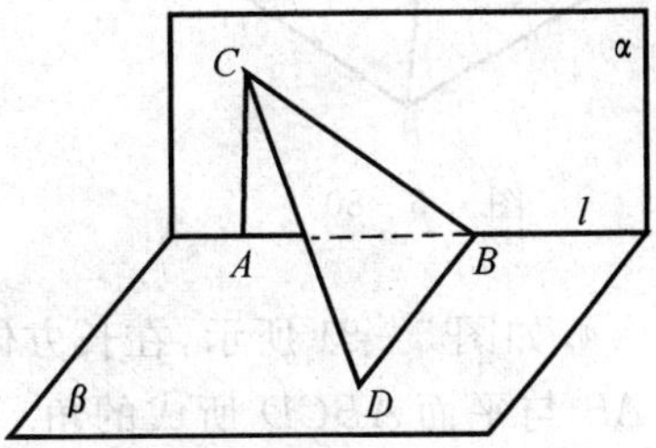

图　5-79

解　连接 BC，CD，因为 A，B 在 l 上，$AC \perp l$，所以 $AC \perp AB$；

在 Rt$\triangle ABC$ 中，有
$$BC = \sqrt{AC^2 + AB^2} = \sqrt{6^2 + 8^2} = 10$$

因为 $\alpha - l - \beta$ 是直二面角，$BD \perp l$，BD 在平面 β 内，所以由面面垂直性质定理得：$BD \perp \alpha$.

又因为 BC 在平面 α 内，所以 $BD \perp BC$.

在 Rt$\triangle DBC$ 中，有
$$CD = \sqrt{BD^2 + BC^2} = \sqrt{24^2 + 10^2} = 26$$

练习 5-17

1. 判断题

(1) 若平面 $\alpha \perp$ 平面 β，则平面 α 内所有直线都垂直于平面 β.　(　　)

(2) 若平面 $\alpha \perp$ 平面 β，则平面 α 内一定存在直线平行于平面 β.　(　　)

(3) 若平面 α 不垂直于平面 β，则平面 α 内一定不存在直线垂直于平面 β.　(　　)

(4) 若平面 $\alpha \perp$ 平面 β，平面 $\beta \perp$ 平面 γ，则平面 $\alpha \perp$ 平面 γ.　(　　)

2. 一个直二面角内一点到两个平面的距离分别是 5cm 和 12cm，求该点到直二面角的棱的距离.

习题 5-4

1. 判断题

(1) 如果两个平面不相交，那么它们就没有公共点.　(　　)

(2) 如果一个平面内的两条直线平行于另一个平面，那么这两个平面平行.　(　　)

(3) 如果一个平面内的任何一条直线都平行于另一个平面，那么这两个平面平行.　(　　)

(4) 分别在两个平面内的两条直线平行.　(　　)

2. 下列命题正确的是(　　).

A. 平行于同一条直线的两个平面平行

B. 垂直于同一条直线的两个平面平行

C. 直线 a // 平面 α，直线 b // 平面 α，则 a // b

D. 两条直线都和一个平面平行，那么过这两条直线的平面也和这个平面平行.

3. 如图 5-80 所示，已知四面体 $PABC$，D，E，F 分别是棱 PA，PB，PC 的中点，求证：平面 DEF // 平面 ABC.

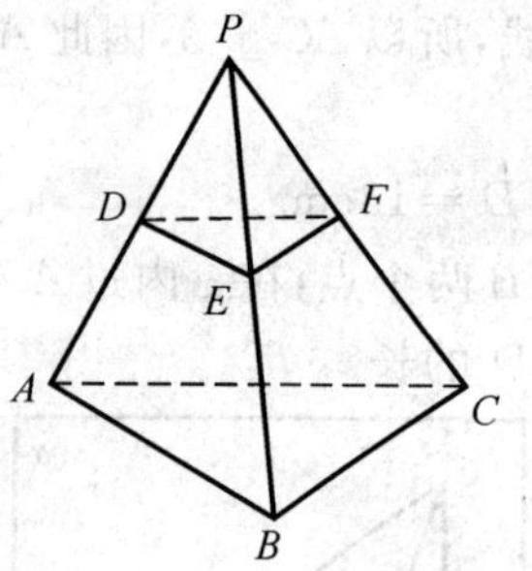

图　5-80

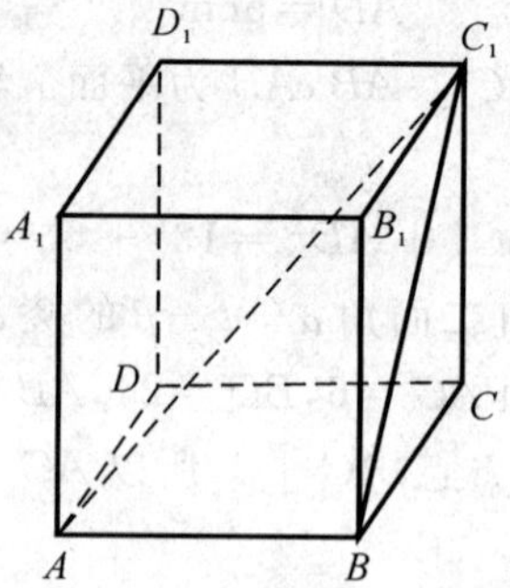

图　5-81

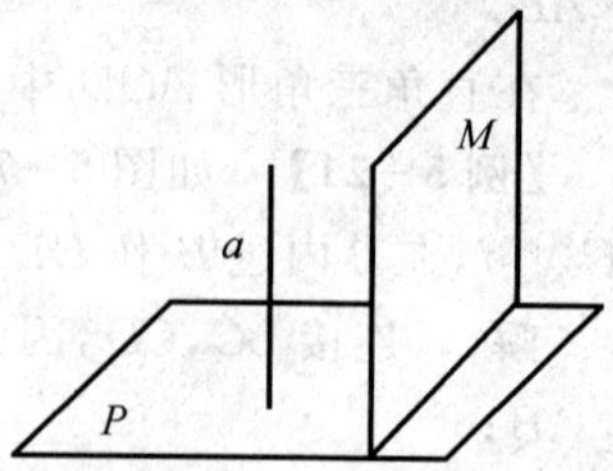

图　5-82

4. 如图 5-81 所示，在长方体 $ABCD-A_1B_1C_1D_1$ 中，$AB=3$，$BC=1$，$CC_1=\sqrt{3}$，求平面 C_1AB 与平面 $ABCD$ 所成的角.

5. 在平面角为45°的二面角的一个面内有一点 A，它到另一个面的距离是 a，求点 A 到二面角的棱的距离.

6. 如图 5-82 所示，已知直线 a // 平面 M，$a \perp$ 平面 P. 求证：平面 $M \perp$ 平面 P.

5.5　空间几何体

1. 多面体

由若干个平面多边形围成的封闭的几何体叫作多面体，围成多面体各个多边形叫作多面体的面，两个面的公共边叫作多面体的棱，棱与棱的交点叫作多面体的顶点，不在同一个面上的两个顶点的连线叫作多面体的对角线.

像圆柱、圆锥、球的封闭几何体叫作旋转体.

2. 棱柱与它的性质

我们常见的一些物体，例如三棱镜，方砖以及螺杆的头部等，都呈现棱柱的形状（见图5-83）.

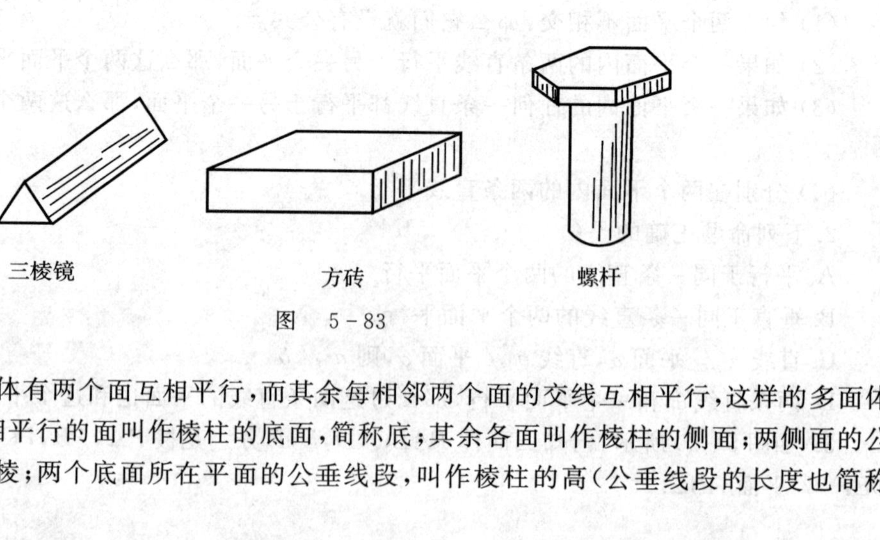

图　5-83

如果一个多面体有两个面互相平行，而其余每相邻两个面的交线互相平行，这样的多面体叫作棱柱. 两个互相平行的面叫作棱柱的底面，简称底；其余各面叫作棱柱的侧面；两侧面的公共边叫作棱柱的侧棱；两个底面所在平面的公垂线段，叫作棱柱的高（公垂线段的长度也简称高）.

棱柱用底面各顶点的字母来表示，如图5-84中的棱柱，记作棱柱 $ABCDE-A'B'C'D'E'$，或用表示一条对角线的顶端的字母来表示，例如棱柱 AC'.

侧棱不垂直于底面的棱柱叫作斜棱柱(图)，侧棱垂直于底面的棱柱叫作直棱柱，底面是正多边形的直棱柱叫作正棱柱(图).

棱柱的底面可以是三角形、四边形、五边形 …… 我们把这样的棱柱分别叫作三棱柱(见图 5-85(a))、四棱柱(见图 5-85(b))、五棱柱(见图 5-85(c))……

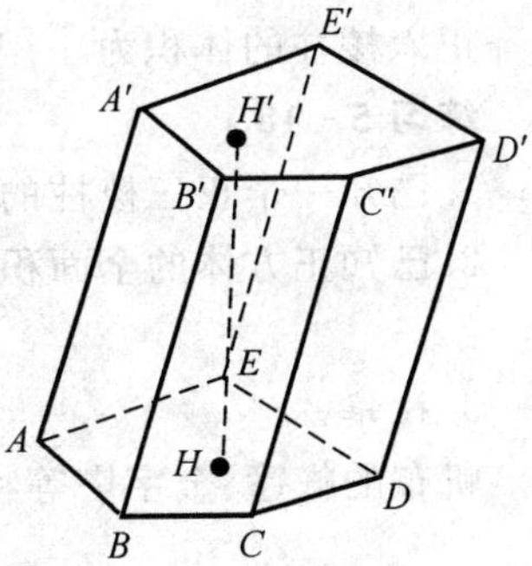

图　5-84

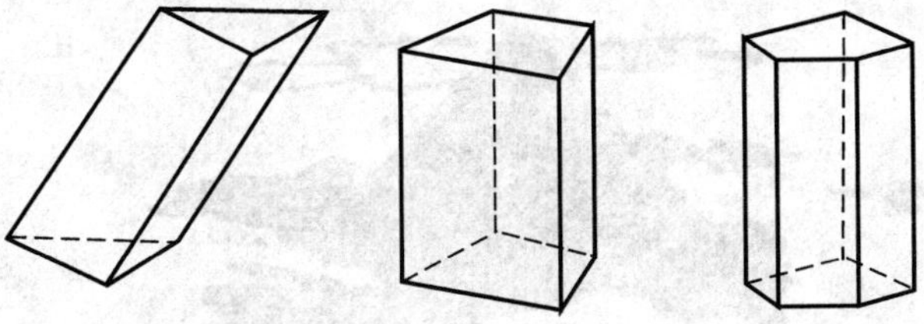

(a)　(b)　(c)

图　5-85

正棱柱有下述性质：

(1) 侧棱垂直于底面，每条侧棱长都相等，并且等于正棱柱的高.

(2) 两个底面中心的连线是正棱柱的高.

正棱柱所有侧面的面积之和，叫作正棱柱的侧面积. 正棱柱的侧面积与两个底面面积之和，叫作正棱柱的全面积(表面积).

观察正棱柱的表面展开图(见图 5-86)，可以得到正棱柱的侧面积、全面积(表面积)计算公式分别为

$$S_{正棱柱侧}=Ch,\quad S_{正棱柱全}=Ch+2S_{底}$$

式中，C 表示正棱柱底面的周长，h 表示正棱柱的高，$S_{底}$ 表示正棱柱底面的面积.

可以得到正棱柱的体积计算公式为(公式推导略)

$$V_{正棱柱}=S_{底}\,h$$

式中，$S_{底}$ 表示正棱柱底面的面积，h 表示正棱柱的高.

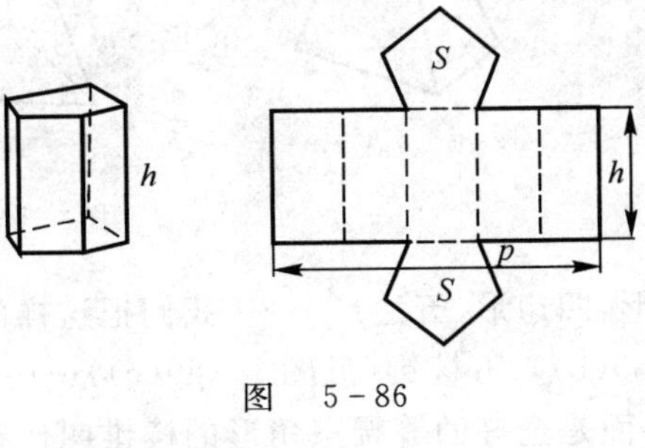

图　5-86

【例 5-22】　已知正棱柱底面边长为 10cm，高为 15cm，求它的侧面积与体积.

解　正六棱柱的侧面积为：　$S_{侧}=Ch=6\times10\times15=900\text{cm}^2$

正六边形的面积为：$S_{底}=6\times\frac{1}{2}\times10\times10\times\sin60^\circ=150\sqrt{3}\,\text{cm}^2$

正六棱柱的体积为 $V=S_{底}\ h=150\sqrt{3}\times 15=2\ 250\sqrt{3}\ cm^3$

练习 5－18

1. 已知一个正三棱柱的底面边长为 4cm，高为 5cm，求这个正三棱柱的全面积和体积.
2. 已知正方体的全面积是 $18cm^2$，求这个正方体的体积.

3. 棱锥

帆布的帐篷、金字塔等物体，都给我们棱锥的形象（见图 5－87）.

图　5－87

如果一个多面体的一个面是多边形，其余各面是有一个公共顶点的三角形，那么这个多面体叫作棱锥.

如图 5－88 所示，在棱锥中有公共顶点（S）的各三角形，叫作棱锥的侧面；余下的那个多边形，叫作三棱锥的底面或底. 两个相邻侧面的公共边，叫作棱锥的侧棱，各侧面的公共顶点（S），叫作棱锥的顶点；由顶点到底面所在平面的垂线段（SO）叫作棱锥的高（垂线段的长也简称高）.

棱锥用表示顶点和底面各顶点的字母，或者用表示顶点和底面的一条对角线端点的字母来表示. 例如图中的棱锥可表示为 $S-ABCDE$，或者棱锥 $S-AC$.

图　5－88

图　5－89

棱锥的底面可以是三角形，四边形、五边形 …… 我们把这样的棱锥分别叫作三棱锥（见图 5－89(a)）、四棱锥（见图 5－89(b)）、五棱锥（见图 5－89(c)）……

底面是正多边形，其余各面是全等的等腰三角形的棱锥叫作正棱锥.

正棱锥有以下性质：

(1) 各侧棱的长相等.

(2) 各侧面都是全等的等腰三角形. 各等腰三角形底边上的高都叫作正棱锥的斜高.

(3) 顶点到底面中心的连线垂直于地面，是正棱锥的高.

(4) 正棱锥的高、斜高与斜高在底面的射影组成一个直角三角形.

(5) 正棱锥的高、侧棱与侧棱在底面的射影也组成一个直角三角形.

观察正棱锥的表面展开图(见图 5-90),可以得到正棱柱的侧面积、全面积(表面积)计算公式分别为

$$S_{正棱锥侧}=\frac{1}{2}Ch',\quad S_{正棱侧全}=\frac{1}{2}Ch'+S_{底}$$

式中,C 表示正棱锥底面的周长,h' 是正棱锥的斜高,$S_{底}$ 表示正棱锥的底面的面积,h 是正棱锥的高.

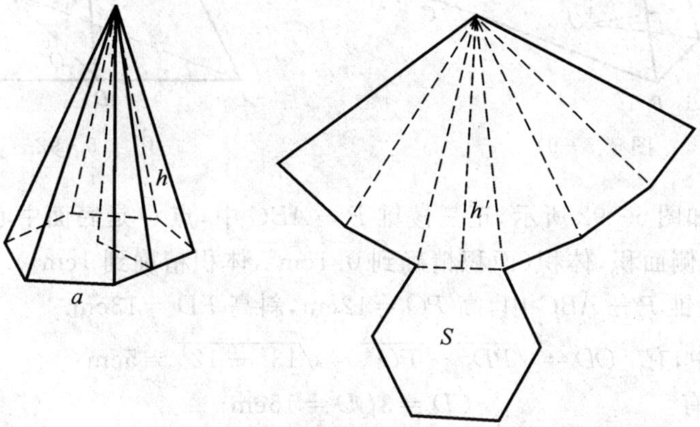

图　5-90

动动手:准备好同底等高的正三棱锥与正三棱柱的容器,将三棱锥容器中装满沙子,然后倒入正三棱柱形状的容器中,发现:连续倒三次正好将正三棱柱容器装满.

实验表明,对于同底等高的棱锥与棱柱,棱锥的体积是棱柱体积的 1/3,即

$$V_{正棱锥}=\frac{1}{3}S_{底}\ h$$

式中,$S_{底}$ 表示正棱锥的底面的面积,h 是正棱锥的高.

【例 5-23】　已知正三棱锥 $S-ABC$ 的高 $SO=h$,斜高 $SM=l$,求经过 SO 的中点 O' 平行于底面的截面 $\triangle A'B'C'$ 的面积(见图 5-91).

解　连结 OM,OA,在 $\mathrm{Rt}\triangle SOM$ 中,$OM=\sqrt{l^2-h^2}$,因为棱锥 $S-ABC$ 是正棱锥,所以点 O 是正三角形 ABC 的中心,有

$$AB=2AM=2OM\cdot\tan 60°=2\sqrt{3}\cdot\sqrt{l^2-h^2}$$

$$S_{\triangle ABC}=\frac{\sqrt{3}}{4}AB^2=\frac{\sqrt{3}}{4}\times 4\times 3(l^2-h^2)=3\sqrt{3}(l^2-h^2)$$

因为
$$\triangle A'B'C'\cong\triangle ABC;\frac{S_{\triangle A'B'C'}}{S_{\triangle ABC}}=\frac{h'^2}{h^2}=\frac{1}{4}$$

所以
$$S_{\triangle A'B'C'}=\frac{3\sqrt{3}}{4}(l^2-h^2)$$

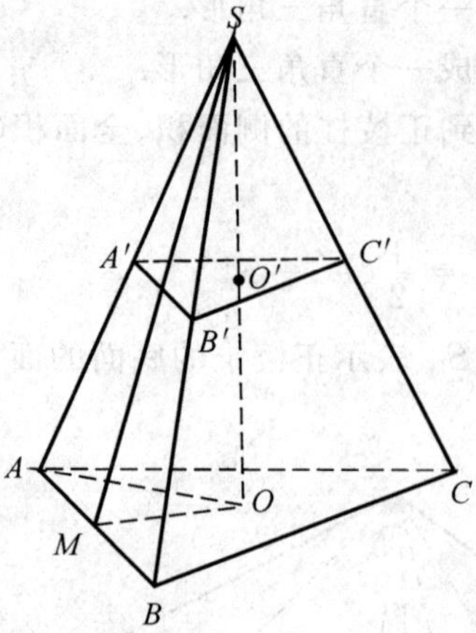

图　5-91

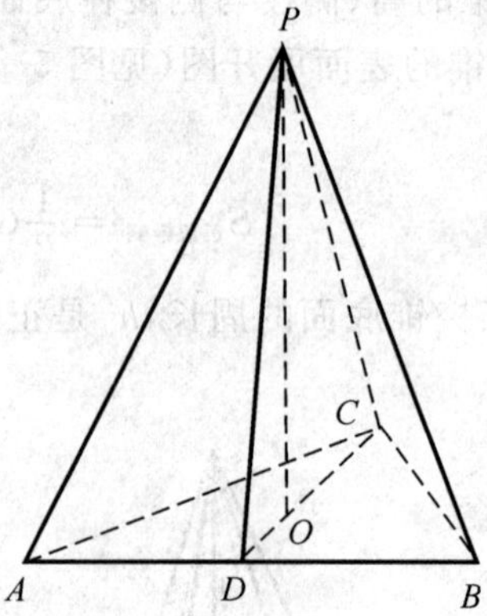

图　5-92

【例 5-24】　如图 5-92 所示，正三棱锥 $P-ABC$ 中，点 O 是底面中心，$PO=12\text{cm}$，斜高 $PD=13\text{cm}$. 求它的侧面积，体积（面积精确到 0.1cm^2，体积精确到 1cm^3）.

解　在正三棱锥 $P-ABC$ 中，高 $PO=12\text{cm}$，斜高 $PD=13\text{cm}$.

在 Rt$\triangle POD$ 中，有　$OD=\sqrt{PD^2-PO^2}=\sqrt{13^2-12^2}=5\text{cm}$

在 $\triangle ABC$ 中，有　$CD=3OD=15\text{cm}$

所以 $\triangle ABC$ 的边长为　$AC=10\sqrt{3}\,\text{cm}$

所以侧面积与体积分别为

$$S_{侧}=\frac{1}{2}Ch'=\frac{1}{2}\times 3\times 10\sqrt{3}\times 13\approx 337.7\text{cm}^2$$

$$V=\frac{1}{3}\times\frac{1}{2}\times 10\sqrt{3}\times 10\sqrt{3}\times\frac{\sqrt{3}}{2}\times 12\approx 520\text{cm}^3$$

练习 5-19

1. 设正三棱锥的高为 m，底面边长为 $2m$，求它的全面积与体积.

2. 已知底面边长是 a，高是 h，求下列的棱锥的侧棱与斜高.

(1) 正三棱锥；　(2) 正四棱锥；　(3) 正六棱锥.

4. 圆柱

以矩形的一边所在直线为旋转轴，其余各边旋转形成的曲面（或平面）所围成的几何体叫作圆柱，旋转轴叫作圆柱的轴. 垂直于轴的边旋转形成的圆面叫作圆柱的底面. 平行于轴的边旋转成的曲面叫作圆柱的侧面，无论旋转到什么位置，这条边都叫作侧面的母线. 两个底面间的距离叫作圆柱的高. 圆柱用表示轴的字母表示. 如图 5-93 中的圆柱表示圆柱 OO'.

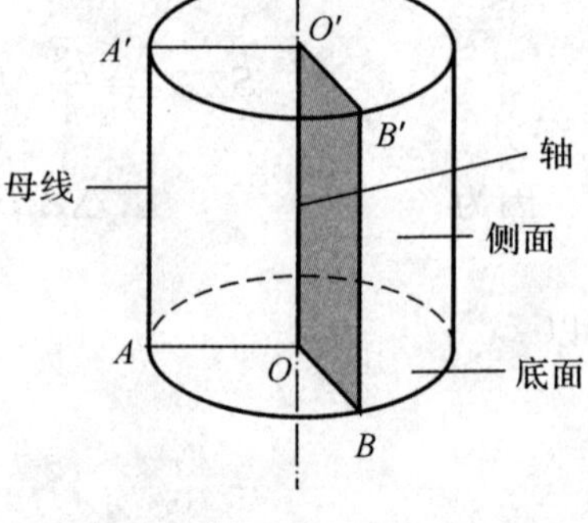

图　5-93

观察圆柱，可以得到圆柱的下述性质（证明略）：

(1) 圆柱的两个底面是半径相等的圆，且互相平行.

(2) 圆柱的母线平行且相等,并且等于圆柱的高.

(3) 平行于底面的截面是与底面半径相等的圆.

(4) 轴截面是宽为底面的直径、长为圆柱高的矩形.

圆柱的侧面积、全面积(表面积) 体积的计算公式为

$$S_{圆柱侧}=2\pi rh,\quad S_{圆柱全}=2\pi r(h+r),\quad V_{圆锥}=\pi r^2h$$

式中,r 为底面半径,h 为圆柱的高.

【例 5-25】 已知圆柱的底面半径为 2,体积为 8π,求圆柱的高与全面积.

解 由于底面半径为 1cm,所以 $\pi h=8\pi$,解得圆柱的高 $h=8$.

所以圆柱的全面积为

$$S_{圆柱全}=2\pi r(h+r)=2\pi\times1\times(8+1)=18\pi$$

练习 5-20】 在一个圆柱中,底面半径等于 4cm,高为 8cm,求它的体积、全面积.

5. 圆锥

以直角三角形的一条直角边为旋转轴旋转一周,其余各边 旋转而形成曲面(或平面) 所围成的几何体叫圆锥(见图 5-94),旋转轴叫作圆锥的轴. 另一条直角边旋转而形成的圆面叫作底面. 斜边旋转而形成的曲面叫作侧面,无论旋转到什么位置,斜边都叫作侧面的母线. 母线与轴的交点叫作顶点,顶点到底面的距离叫作圆锥的高.

圆锥用表示轴的字母表示,如图所示圆锥表示为圆锥 AO,观察圆锥 AO,可以得到圆锥的下述性质:

(1) 平行于底面的截面是圆.

(2) 顶点与底面圆周上任意一点的距离都相等,且等于母线的长度.

(3) 轴截面为等腰三角形,其底边上的高等于圆锥的高.

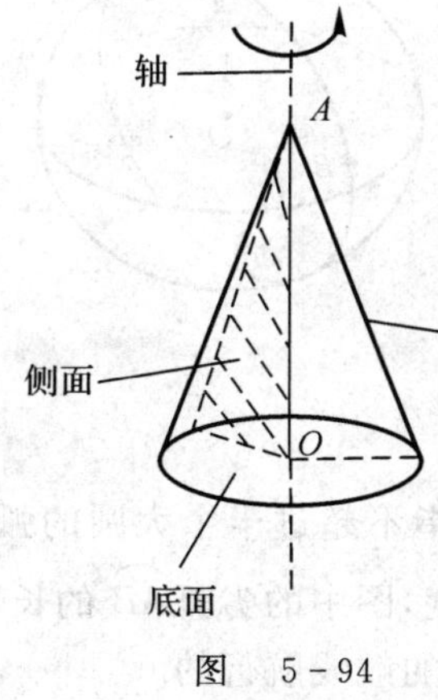

图 5-94

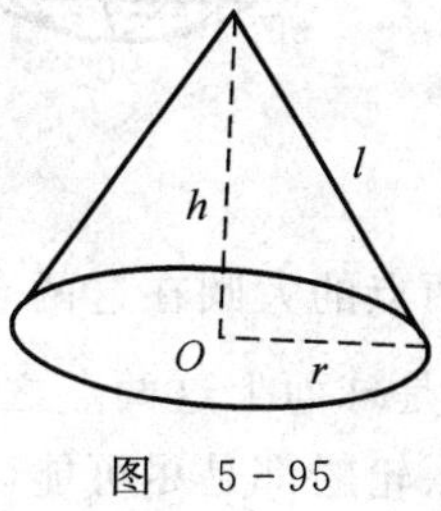

图 5-95

如图 5-95 所示的圆锥的侧面积、全面积(表面积) 及体积的计算公式为

$$S_{圆锥侧}=\pi rl,\quad S_{圆锥全}=\pi r(l+r),\quad V_{圆锥}=\frac{1}{3}\pi r^2h$$

式中,r 为底面半径,l 为母线长,h 为圆锥的高.

【例 5-26】 已知圆锥的母线长为 5cm 圆锥的高为 4cm,求圆锥的体积.

解 由图知:

$$r=\sqrt{l^2-h^2}=3\text{cm}$$

故圆锥的体积为 $$V=\frac{1}{3}\pi\cdot 3^2\times 4=12\pi\ (\text{cm}^3)$$

练习 5－21

1.把一个直角边长为 3 的等腰三角形分别绕直角边和斜边旋转一周,求所得旋转体的侧面积和体积.

2.已知圆锥底面半径为 a,母线与底面成$60°$ 的角,求它的体积.

6.球

以半圆的直径所在的直线为旋转轴旋转一周,所形成的曲面叫作球面(见图 5－96).球面围成的几何体叫作球体,简称球.半圆的圆心叫作球心,半圆的半径叫作球的半径.经常用表示球心的字母来表示球,如图中所示的球记作球 O.

如图所示,用平面去截球,观察截面的图形,可以得到球的如下性质:

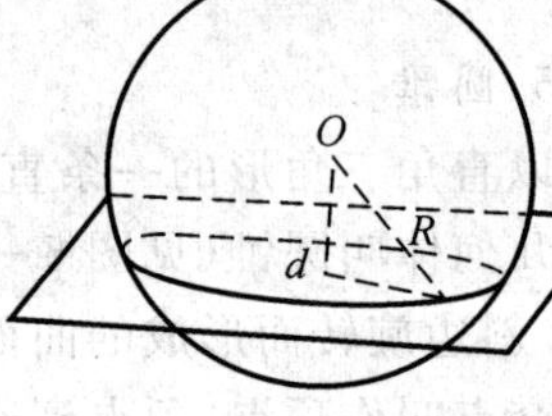

图 5－96

球的截面是圆面,并且球心与截面圆心的连线垂直于截面.

设球心到截面的距离为 d,球的半径 R,截面上圆的半径为 r,则

$$r=\sqrt{R^2-d^2}$$

经过球心的平面截球面所得的圆叫作球的大圆.此时 $d=0$,$r=R$,截得的圆半径最大.不经过球心的平面截球面所得的圆叫作球的小圆.

把地球近似地看作一个球时,经线就是球面上从北极到南极的半个大圆;赤道是一个大圆,其余的纬线都是小圆;如图 5－97 所示.

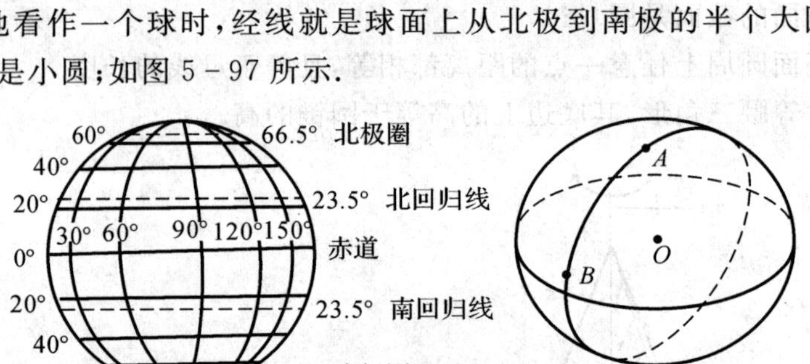

图 5－97

经过球面上两点的大圆在这两点间的一段劣弧(指不超过半个大圆的弧)的长度叫作两点的球面距离.它是球面上这两点之间最短连线的长度,图中的劣弧$\overset{\frown}{AB}$ 的长度就是 A,B 两点的球面距离.飞机、轮船都是尽可能以大圆弧为两点间的航线航行的.

球的表面积与体积的计算公式为

$$S_{球}=4\pi R^2,\quad V_{球}=\frac{4}{3}\pi R^3$$

式中,R 为球的半径.

【例 5－27】 球的半径是$\frac{40}{\pi}$cm,求这个球的表面积与体积(保留 4 位有效数字).

解
$$S_{球}=4\pi R^2=4\pi\times\left(\frac{40}{\pi}\right)^2\approx 2.037\times10^3\ \text{cm}^3$$

$$V_{球}=\frac{4}{3}\pi R^3\approx\frac{4}{3}\pi\left(\frac{40}{\pi}\right)^3\approx 8.646\times10^3\ \text{cm}^3$$

练习 5－22

1. 一个球的半径为 4cm，求这个表面积与体积.（保留 4 位有效数字）

2. 球的大圆周长是 80cm，求它的表面积与体积.（保留 4 位有效数字）

7. 简单组合体

柱、锥、球及其简单组合在机械制造，建筑工程及日常生活中有广泛的应用.

【例 5－28】 如图 5－98 所示，学生小王设计的邮筒是由直径为 0.6m 的半径与底面直径为 0.6m、高为 1m 的圆柱组合成的几何体. 求邮筒的表面积（不含其底部，且投信口略计，精确到 0.01m^2）.

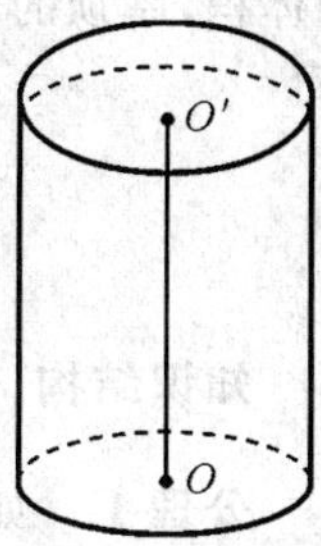

图　5－98

解　邮筒顶部半球面的面积为

$$S_{球}=\frac{1}{2}\times4\pi\times(0.3)^2\approx0.565\ \text{m}^2$$

邮筒下部圆柱的侧面积为

$$S_{侧}=2\pi\times0.3\approx1.885\ \text{m}^2$$

所以邮筒的表面积约为

$$0.565+1.885=2.45\ \text{m}^2$$

练习 5－23

1. 如图 5－99 所示，混凝土桥桩是由正四棱柱与正四棱柱组合而成的几何体，已知正四棱柱的底面边长为 5m，高为 10m，正四棱锥的高为 4m. 求这根桥桩约需多少混凝土（精确到 0.01t）?（混凝土的密度为 2.25t/m^3）

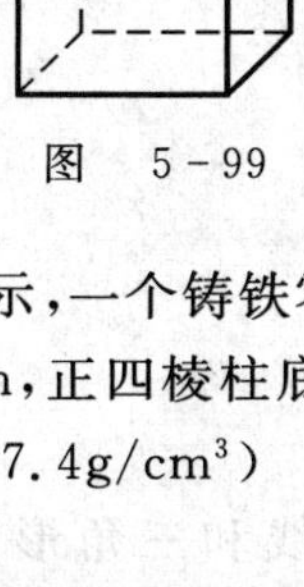
图　5－99

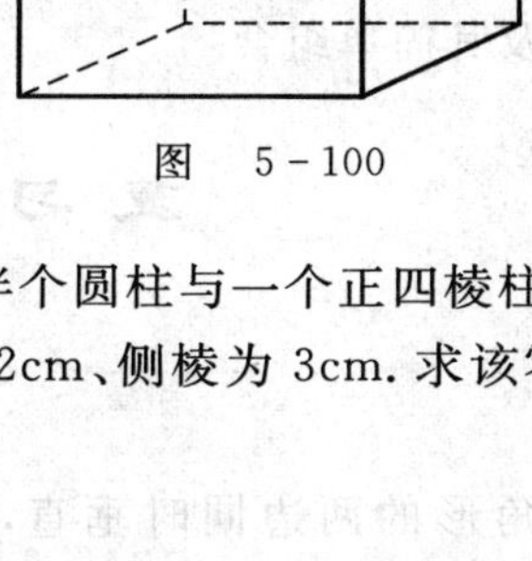
图　5－100

2. 如图 5－100 所示，一个铸铁零件，是由半个圆柱与一个正四棱柱组合的几何体，圆柱的底面直线与高均为 2cm，正四棱柱底面边长为 2cm、侧棱为 3cm. 求该零件的质量（精确到 0.1g）.（铸铁的密度约为 7.4g/cm^3）

习题 5－5

1. 已知正三棱柱底面边长为 3cm，高为 6cm，求它的全面积和体积.

2. 圆柱的轴截面边长 3 的正方体，求其侧面和体积.

3. 已知圆锥的底面半径为 5cm，母线与底面成30°的角，求它的体积.

4. 把直径分别为 10cm，20cm 的两个铁球熔成一个球时，如果不考虑损耗，求这个熔成的球的体积.（精确到 $0.1cm^3$）

5. 正四棱锥的高为 20cm，侧棱与底面成45°，求它的体积.

6. 一个金属屋分为上、下两个部分，如图 5-101 所示，下部分是一个柱体，高为2m，底面为正方形，边长为5m，上部分是一个椎体，它的底面与柱体的底面相同，高为 3m，金属屋的体积，屋顶的侧面积为多少.（精确到 $0.01m^2$）

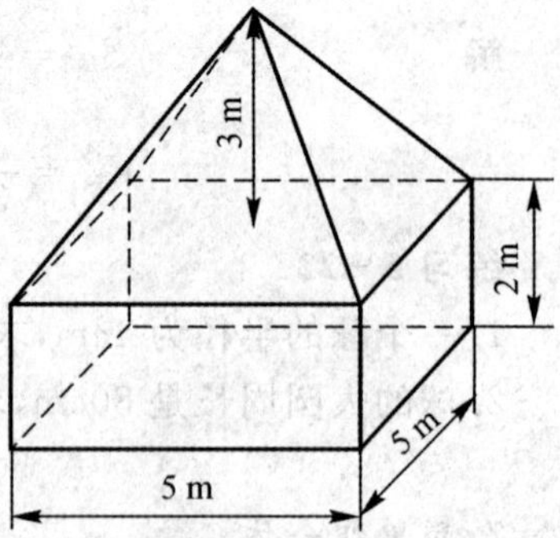

图　5-101

第 5 章复习

知识结构

公理 1　如果一条直线上的两点在一个平面内，那么这条直线在此平面内.

公理 2　过不在一条直线上的三点，有且只有一个平面.

公理 3　如果两个不重合的平面有一个公共点，那么它们有且只有一条过该点的公共直线.

公理 4　平行于同一条直线的两条直线平行.

直线与直线的位置关系：平行、相交和异面直线.

直线与平面的位置：平行、垂直和直线与平面所成的角.

平面与平面的位置：平行、垂直和二面角.

棱柱：有两个面互相平行，而其余每相邻两个面的交线互相平行.

棱锥：一个多面体的一个面是多边形，其余各面是有一个公共顶点的三角形.

圆柱：以矩形的一边所在直线为旋转轴，其余各边旋转形成的曲面（或平面）所围成的几何体.

圆锥：以直角三角形的一条直角边为旋转轴旋转一周，其余各边旋转而形成曲面（或平面）所围成的几何体.

球：以半圆的直径所在的直线为旋转轴旋转一周，所形成的曲面.

组合体：柱、锥、球及其简单组合.

复 习 题 五

一、选择题

1. 一条直线和三角形的两边同时垂直，则这条直线和三角形的第三边的位置关系是（　　）.

A. 垂直　　　B. 平行　　　C. 相交不垂直　　　D. 不确定

2. 线 m,n 和平面 α,β,能得出 $\alpha\perp\beta$ 的一个条件是(　　).

A. $m\perp n,m//\alpha,n//\beta$　　　　B. $m\perp n,\alpha\cap\beta=m,n\subset\alpha$

C. l　　　　D. α,β

3. 平面 $l//\alpha$ 与平面 $l//\beta$ 平行的条件可以是(　　).

A. $\alpha//\beta$ 内有无穷多条直线与 $l\perp\alpha$ 平行

B. 直线 $a//l\perp\beta,a//\alpha//\beta$

C. 直线 $al\perp\alpha$,直线 $bl//\beta$,且 $a//\alpha//\beta,b//\alpha\perp\beta$

D. $l//\alpha$ 内的任何直线都与 $l\perp\beta$ 平行

4. 设 m,n 是两条不同的直线,α,β,γ 是3个不同的平面,给出下列4个命题:

① 若 $m\perp\alpha,n//\alpha$,则 $m\perp n$;　　② 若 $\alpha//\beta,\beta//\gamma,m\perp\alpha$,则 $m\perp\gamma$;

③ 若 $m//\alpha,n//\alpha$,则 $m//n$;　　④ 若 $\alpha\perp\gamma,\beta\perp\gamma$,则 $\alpha//\beta$.

其中正确命题的序号是(　　).

A. ① 和 ②　　B. ② 和 ③　　C. ③ 和 ④　　D. ① 和 ④

5. 若 l,m,n 是互不相同的空间直线,α,β 是不重合的平面,则下列命题中为真命题的是(　　).

A. 若 $\alpha//\beta,l\subset\alpha,n\subset\beta$,则 $l//n$　　B. 若 $\alpha\perp\beta,l\subset\alpha$,则 $l\perp\beta$

C. 若 $l\perp\alpha,l//\beta$,则 $\alpha\perp\beta$　　D. 若 $l\perp n,m\perp n$,则 $l//m$

6. 已知两个平面垂直,下列命题中正确的个数是(　　).

① 一个平面内的已知直线必垂直于另一个平面的任意一条直线;

② 一个平面内的已知直线必垂直于另一个平面的无数条直线;

③ 一个平面内的任一条直线必垂直于另一个平面;

④ 过一个平面内任意一点作交线的垂线,则垂线必垂直于另一个平面.

A. 3　　B. 2　　C. 1　　D. 0

二、填空题

7. 在棱长为2的正方体 $ABCD—A_1B_1C_1D_1$ 中,E,F 分别是棱 AB,BC 中点,则三棱锥 $B—B_1EF$ 的体积为________.

8. 对于空间四边形 $ABCD$,给出下列4个命题:① 若 $AB=AC,BD=CD$,则 $BC\perp AD$;② 若 $AB=CD,AC=BD$,则 $BC\perp AD$;③ 若 $AB\perp AC,BD\perp CD$,则 $BC\perp AD$;④ 若 $AB\perp CD,BD\perp AC$,则 $BC\perp AD$;其中真命题序号是________.

9. 已知直线 $b//$ 平面 α,平面 $\alpha//$ 平面 β,则直线 b 与 β 的位置关系为________.

三、解答题

10. 如图5-102所示,$\triangle ABC$ 是直角三角形,$\angle ACB=90°$,$PA\perp$ 平面 ABC,此图形中有________个直角三角形.

11. 如图5-102所示,$PA\perp$ 平面 ABC,平面 $PAB\perp$ 平面 PBC.求证:$AB\perp BC$.

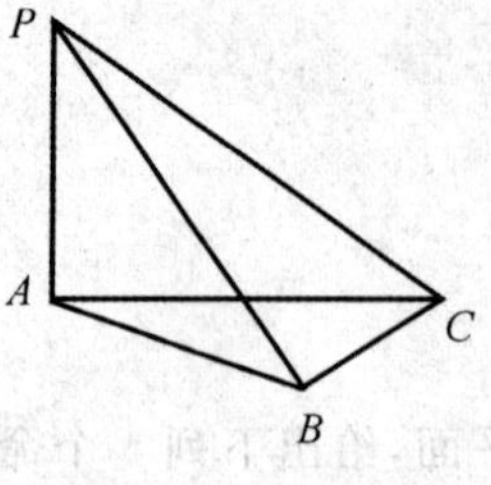

图　5-102

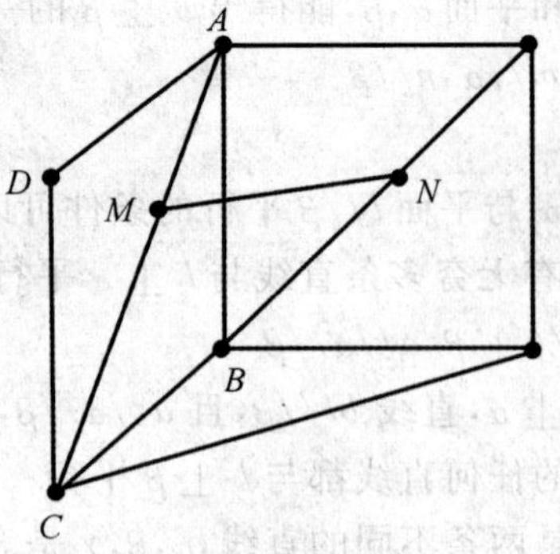

图　5-103

12. 如图 5-103，$ABCD$ 和 $ABEF$ 都是正方形，$M \in AC$，$N \in FB$，且 $AM = FN$. 求证：$MN //$ 平面 BCE.

13. 如图 5-104 所示，P 为 $\triangle ABC$ 所在平面外一点，$PA \perp$ 平面 ABC，$\angle ABC = 90°$，$AE \perp PB$ 于 E，$AF \perp PC$ 于 F.

求证：(1) $BC \perp$ 平面 PAB；(2) 平面 $AEF \perp$ 平面 PBC；(3) $PC \perp EF$.

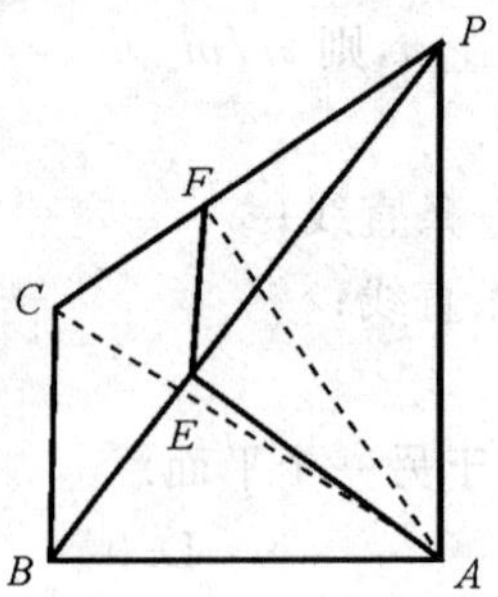

图　5-104

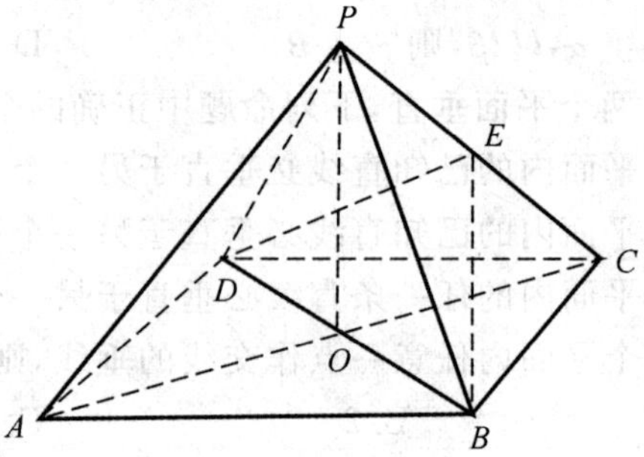

图　5-105

14. 如图 5-105，$ABCD$ 是正方形，O 是正方形的中心，$PO \perp$ 底面 $ABCD$，E 是 PC 的中点.

求证：(1) $PA //$ 平面 BDE；(2) 平面 $PAC \perp$ 平面 BDE.

阅读材料

几何原本

《几何原本》是古希腊数学家欧几里得的一部不朽之作，是当时整个希腊数学成果、方法、思想和精神的结晶，自它问世之日起，在长达两千多年的时间里一直盛行不衰. 它历经多次翻译和修订，自 1482 年第一个印刷本出版后，至今已有 1 000 多种不同的版本，是至今流传最广、影响最大的一部世界数学名著.

《几何原本》的重要性并不在于书中提出的哪一条定理. 书中提出的几乎所有的定理在欧几里德之前就已经为人知晓，使用的许多证明亦是如此. 欧几里得的伟大贡献在于他将这些材料做了整理，并在书中作了全面的系统阐述. 这包括首次对公理和公设作了适当的选择（这是非常困难的工作，需要超乎寻常的判断力和洞察力）. 然后，他仔细地将这些定理做了安排，使每一个定理与以前的定理在逻辑上前后一致.在需要的地方,他对缺少的步骤和不足的证明也作了补充.值得一提的是,《几何原本》虽然基本上是平面和立体几何的发展,也包括大量代数和数论的内容.《几何原本》作为教科书使用了2 000多年.在形成文字的教科书之中,无疑它是最成功的.欧几里得的杰出工作,使以前类似的东西黯然失色.该书问世之后,很快取代了以前的几何教科书,而后者也就很快在人们的记忆中消失了.

公元前7世纪之后,希腊几何学迅猛地发展,积累了丰富的材料.欧几里得在前人工作的基础之上,对希腊丰富的数学成果进行了收集、整理,用命题的形式重新表述,对一些结论作了严格的证明.他最大的贡献就是选择了一系列具有重大意义的、最原始的定义和公理,并将它们严格地按逻辑的顺序进行排列,然后在此基础上进行演绎和证明,形成了具有公理化结构的,具有严密逻辑体系的《几何原本》.

《几何原本》的希腊原始抄本已经流失了,它的所有现代版本都是以希腊评注家泰奥恩(Theon,约比欧几里得晚700年)编写的修订本为依据的.《几何原本》的泰奥恩修订本分13卷,总共有465个命题,其内容是阐述平面几何、立体几何及算术理论的系统化知识.

第一卷首先给出了一些必要的基本定义、解释、公设和公理,还包括一些关于全等形、平行线和直线形的熟知的定理.该卷的最后两个命题是毕达哥拉斯定理及其逆定理.这里我们想到了关于英国哲学家T.霍布斯的一个小故事:有一天,霍布斯在偶然翻阅欧几里得的《几何原本》,看到毕达哥拉斯定理,感到十分惊讶,他说:"上帝啊! 这是不可能的."他由后向前仔细阅读第一章的每个命题的证明,直到公理和公设,他终于完全信服了.

第二卷篇幅不大,主要讨论毕达哥拉斯学派的几何代数学.

第三卷包括圆、弦、割线、切线以及圆心角和圆周角的一些熟知的定理.这些定理大多都能在现在的中学数学课本中找到.

第四卷则讨论了给定圆的某些内接和外切正多边形的尺规作图问题.

第五卷对欧多克斯的比例理论作了精彩的解释,被认为是最重要的数学杰作之一.据说,捷克斯洛伐克的一位并不出名的数学家和牧师波尔查诺(Bolzano,1781－1848),在布拉格度假时,恰好生病,为了分散注意力,他拿起《几何原本》阅读了第五卷的内容.这种高明的方法使他兴奋无比,以致于从病痛中完全解脱出来.此后,每当他朋友生病时,他总是把这作为一剂灵丹妙药向病人推荐.

第七八九卷讨论的是初等数论,给出了求两个或多个整数的最大公因子的"欧几里得算法",讨论了比例、几何级数和许多关于数论的重要定理.

第十卷讨论无理量,即不可公度的线段,是很难读懂的一卷.

最后三卷,即第十一、第十二和第十三卷,论述立体几何.目前中学几何课本中的内容,绝大多数都可以在《几何原本》中找到.

《几何原本》按照公理化结构,运用了亚里士多德的逻辑方法,建立了第一个完整的关于几何学的演绎知识体系.所谓公理化结构就是:选取少量的原始概念和不需证明的命题,作为定义、公设和公理,使它们成为整个体系的出发点和逻辑依据,然后运用逻辑推理证明其他命题.《几何原本》成为了2 000多年来运用公理化方法的一个绝好典范.

诚然,正如一些现代数学家所指出的那样,《几何原本》存在着一些结构上的缺陷,但这丝毫无损于这部著作的崇高价值.它的影响之深远,使得"欧几里得"与"几何学"几乎成了同义语.它集中体现了希腊数学所奠定的数学思想、数学精神,是人类文化遗产中的一块瑰宝.

第6章　概率与统计初步

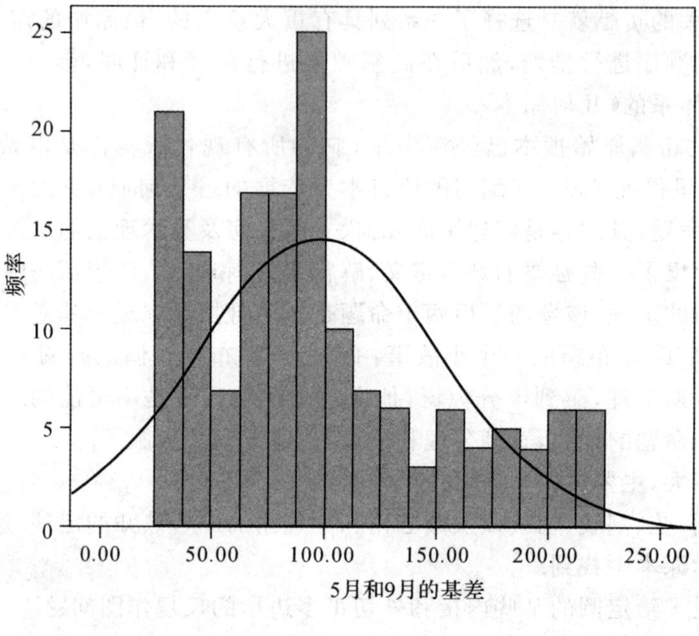

概率是概率论的基本概念.概率是对随机事件发生的可能性的度量,一般以一个在0到1之间的实数表示一个事件发生的可能性大小.越接近1,表示该事件越可能发生;越接近0,表示该事件越不可能发生.人们常说某人有百分之多少的把握能通过这次考试,某件事发生的可能性是多少,这就是概率的实例.

本章我们将介绍概率的基本知识和统计方法.

随着我国人民生活水平的不断提高,"家庭理财"已经成为普通家庭一个经常关注的问题,某公司王先生选择了人民币定期储蓄和购买国债两种投资方式,其中人民币定期储蓄从一年期和两年期两种中选择一种,购买国债从一年期,两年期和三年期中选择一种.王先生工作初期,由于收入有限,只有一笔"结余",可以从上述方案中选择一种来投资,则王先生共有多少种不同的理财方式?后来王先生工资逐年提高,他决定将"结余"的钱分成两笔,其中一笔存入人民币定期储蓄,另一笔购买国债,则王先生共有多少种不同的理财方法?

6.1　计数原理

1. 分类技术原理

完成一件事有两类不同方案，在第 1 类方案中有 m 种不同的方法，在第 2 类方案中有 n 种不同的方案，那么完成这件事共有 $N=m+n$ 种不同的方法.

推广：完成一件事有 n 类不同的方案，在第 1 类方案中有 m_1 种不同的方法，在第 2 类方案中有 m_2 种不同的方法，…，在第 n 类方案中有 m_n 种不同的方法，那么完成这件事共有 $N=m_1+m_2+\cdots+m_n$ 种不同的方法.

上面的计数原理叫作分类计数原理.

【例 6-1】 3 个袋子里分别装有 19 个红色球，10 个蓝色球，和 8 个白色球，任取出一个球，共有多少种取法？

解　取出一个球，可能是红色球，蓝色球或白色球.

第 1 类：取红色球，从 19 个红色球中任意取出一个，有 $K_1=19$ 种方法.

第 2 类：取蓝色球，从 10 个蓝色球中任意取出一个，有 $K_2=10$ 种方法.

第 3 类：取白色球，从 8 个红色球中任意取出一个，有 $K_3=8$ 种方法.

由分类计数原理知，不同的取法共有 $N=19+10+8=37$ 种.

练习 6-1

1. 学校电会一班的学生分为 3 个小组，甲组有 20 人，乙组有 11 人，丙组有 13 人. 现要选派 1 人参加学校的技能活动，有多少种不同的方法.

2. 一个 3 层书架的上层放有 15 本不同的语文书，中层放有 10 本不同的数学书，下层放有 9 本不同的物理书. 某人从中取出一本书，有多少种不同的取法？

2. 分步计数原理

从唐华、张凤、薛贵 3 个候选人中，选出 2 个人分别担任班长和团支部书记，会有多少种选举结果呢？

解决这个问题需要分步骤进行研究. 第一步选出班长，第二步选出团支部书记. 每一步并不能完成选举工作，只有各步骤都完成，才能完成选举这件事.

如图 6-1 所示，第一步从 3 个人中选出 1 个人，共有 3 种结果，对第一步的每种结果，第二步都有 2 种结果. 因此共有 $3\times2=6$ 种结果.

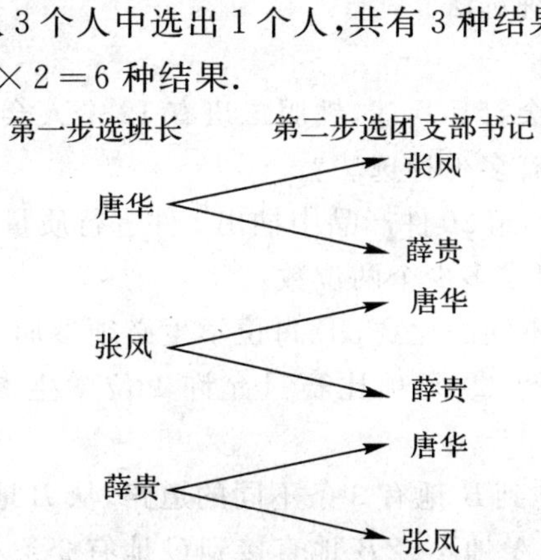

图　6-1

完成一件事需要两个步骤，做第1步有m种不同的方法，做第2步有n种不同的方法，那么完成这件事共有 $N=m\times n$ 种不同的方法.

推广：完成一件事需要n个步骤，做第1步有m_1种不同的方法，做第2步有m_2种不同的方法，做第3步有m_3种不同的方法，…，做第n步有m_n种不同的方法，那么完成这件事共有 $N=m_1\times m_2\times m_3\times\cdots\times m_n$ 种不同的方法.

上面的计数原理叫作分步计数原理.

【例6-2】 某校电会二班有男生26人，女生20人，若要选男、女生各1人作为学生代表参加学校伙食管理委员会，共有多少种选法？

解 这件事可以分成两个步骤完成：

第一步：从26名男生中选出1人，有$k_1=26$种选法；

第二步：从20名女生中选出1人，有$k_2=20$种选法.

由分步计数原理有

$$N=26\times 20=520 \text{ 种}$$

故共有520种选法.

【例6-3】 (1) 从8本不同的书中任选3本分给同学，每人1本，有多少种不同的分法？

(2) 将4封信投入3个邮箱，有多少种不同的投法？

解 (1)分三步，每位同学分一本书，第1,2,3个同学分别有8,7,6种分法，因而由分步计数原理可得不同的分法，共有

$$N=8\times 7\times 6=336 \text{ 种}$$

(2) 完成这件事分四步：第一步，投第一封信，可在3个邮筒中任选一个，有3种投法；

第二步，投第二封信，同样有3种投法；

第三步，投第三封信，也同样有3种投法；

第四步，投第四封信，仍有3种投法.

由分步乘法计数原理可得不同的投法共有

$$N=3\times 3\times 3\times 3=81 \text{ 种}$$

练习6-2

1. 怀化市电话号码为七位数字，问怀化市电信局有多少个7位数字的电话号码？

2. 电会一班有45个学生，电会二班有38个学生.故从电会一班选一人，电会二班选一人参加学校知识竞赛.共有多少种选法？

习题6.1

1.某校铁服一班有10人会打乒乓球，铁服二班有12个人会打乒乓球，从这两个班选出1人参加学校乒乓球表演赛，共有多少种选法？

2.从甲组的40件产品与乙组20件产品中抽出1件进行质量检测，共有多少种抽取方法？

3.用数字1,2,3,4可以组成多少个两位数？

4.有4位学生参加32项不同的比赛，① 每位学生必须参加1项比赛，有多少种不同的结果？② 每项比赛只允许1位学生参加，有多少种不同的结果？

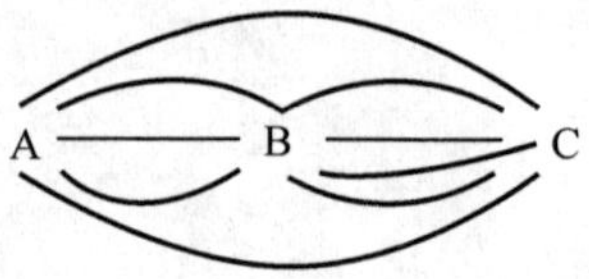

图 6-2

5.如图6-2所示，从A地到B地有3条不同的道路，从B地到C地有4条不同的道路.从A地不经B地直接到C地有2条不同的道路，从A地到C地有

多少种不同的走法？

6.2 概　　率

日常生活中，经常会遇到一些无法事先预测结果的事情，它们被称为随机事件. 例如，抛掷一枚硬币，它是正面朝上还是反面朝上；明天早上到校的准确时间是几点；购买本期福利彩票是否能够中奖 …… 这些事情的结果都有不确定性，是无法预知的. 但当我们把随机的事件放在一起时，它们可能会表现出令人惊奇的规律性. 例如，如果你将同样的硬币抛掷 100 次，尽管事先不能准确预知结果，但由于我们知道正面朝上与反面朝上的可能性各占 50%，因此它将差不多 50 次正面朝上，50 次反面朝上. 为研究这种随机事件的规律性，数学中引进了概率.

概率是描述随机事件发生可能性大小的度量，它已经渗透到人们的日常生活中，成为一个常用词汇，概率的准确含义是什么呢？用什么样的方法法呢？

1. 随机事件

客观世界中，有些事情的发生是偶然的，有些事情的发生是必然的，而且偶然与必然之间往往有某种内在联系. 例如，怀化地区一年四季的变化有着确定的、必然的规律，但怀化地区一年里哪一天最热，哪一天最冷，哪一天降雨量最大，哪一天降雪量最大等又不是确定的、偶然的. 又如，一方面，某种水稻种子发芽后，在一定条件（温度，水分，土壤，阳光）下，一定会经历分蘖，生长，颖花，结穗，成熟等过程，这个生长过程是确定的；另一方面，在这个过程中，每一粒发芽种子的分蘖数是多少，结穗率是多少，茎杆高是多少，结穗实粒有多少，不实率是多少，粒重又是多少？这些却都是不确定的. 农业生产实践告诉我们，在一定条件 S（温度，水分，土壤，阳光）下，发芽种子一定会分蘖. 像这种在一定的条件 S（温度，水分，土壤，阳光）下，必然会发生的事件（发芽种子的分蘖）称为必然事件，但一粒发芽种子会分多少蘖，是 1 支、2 支，还是 3 支 …… 这些又不是确定的，像这种在条件 S 下，不能事先预测结果的事件称为随机事件. 另外，“发芽的种子不分蘖”这一事件一定不会发生，像这种在条件 S 下一定不会发生的事件称为不可能事件.

一般地，我们把在条件 S 下，一定会发生的事件，叫作相对于条件 S 的必然事件，简称必然事件.

在条件 S 下，一定不会发生的事件，叫作相对于条件 S 不可能事件，简称不可能事件.

必然事件与不可能事件统称为相对于条件 S 的确定事件，简称确定事件.

在条件 S 下可能发生也可能不发生的事件，叫作相对于条件 S 的随机事件，简称随机事件.

确定事件和随机事件统称为事件，一般用大写字幕 $A,B,C,\cdots$ 表示.

【例 6-4】　设在 100 件商品中有 3 件次品.

$A=\{$随机抽取 1 件是次品$\}$；$B=\{$随机抽取 4 件是次品$\}$；$C=\{$随机抽取 10 件含正品$\}$，指出其中的必然事件及不可能事件.

解　由于 100 件商品中含有 3 件次品，随机地抽取 1 件，可能是次品，也可能是正品；随机地抽取 4 件，全是次品是不可能的；随机地抽取 10 件，其中含有正品是必然的.

因此，事件 B 是不可能事件，事件 C 是必然事件.

练习 6-3　下列事件是什么事件？

(1) 抛掷一枚硬币,正面向上.

(2) 在一天中的某一时刻,测试某个人的体温为36.8℃.

(3) 定点投篮球,第一次就投中篮筐.

(4) 在标准大气压下,将水加热到100℃时,水沸腾.

(5) 在标准大气压下,100℃时,金属铁变为液态.

2. 频率与概率

对于随机事件,知道它发生的可能性大小是非常重要的. 用概率(Probability)度量随机事件发生的可能性大小能为我们的决策提供关键性的依据. 那么,如何才能获得随机事件发生的概率呢? 最直接的方法就是试验(观察).

实验:全班每人各取一枚同样的硬币. 做20次掷硬币的试验,每人记录下试验结果,填在表6-1中.

表　6-1

姓　名	试验次数	正面朝上的次数	正面朝上的比例

请一个同学把全班的试验结果统计一下,填入表6-2中.

表　6-2

班级	试验总次数	正面朝上的总次数	正面朝上的比例

请同学们找出掷硬币时,"正面朝上"这个事件发生的规律性.

在相同的条件S下重复n次试验,观察某一事件A是否出现,称n次试验中事件A出现的次数n_A为事件A出现的频数,称事件A出现的比例$f_n(A)=\dfrac{n_A}{n}$为事件A出现的频率.

在抛掷一枚硬币的试验中,观察事件A={出现正面向上}发生的概率,当试验的次数较少时,很难找到什么规律,但是,如果试验次数增多,情况就不同了. 几位同学抛掷硬币试验的一些结果见表6-3.

表　6-3

实验者	抛掷次数(n)	正面朝上的次数(m)	A发生的频率(m/n)
王聪	4040	2048	0.5069
张勇	12000	6019	0.5016
刘波	24000	12012	0.5005
袁媛	30000	14994	0.4998

从表6-3中可以看出,当抛掷次数n很大时,事件A发生的概率总落在0.5附近. 这说明事件A发生的频率具有稳定性,常数0.5就是事件A发生的频率的稳定值. 可以用它来描述事件A发生的可能性大小,从而认识事件A发生的规律.

一般地，当试验次数充分大时，如果事件 A 发生的频率 $\frac{m}{n}$ 总稳定在某个常数附近，那么，就把这个常数叫作事件 A 发生的概率，记作 $P(A)$.

因为在 n 次重复试验中，事件 A 发生的次数 m 总是满足 $0 \leqslant m \leqslant n$，所以 $0 \leqslant \frac{m}{n} \leqslant 1$. 因此得到事件的概率具有下列性质：

(1) 对于必然事件 Ω，$P(\Omega)=1$；

(2) 对于不可能事件 $\varnothing$，$P(\varnothing)=0$；

(3) $0 \leqslant P(A) \leqslant 1$.

我们通常是通过频率的计算来估计概率，并利用事件 A 的概率 $P(A)$ 来描述试验中事件 A 发生的可能性.

【例 6-5】　连续抽样某车间一周内的产品，结果见表 6-4(精确到 0.001).

表　6-4

星　期	星期一	星期二	星期三	星期四	星期五	星期六	星期日
生产产品总数(n)	60	150	600	900	1 200	1 800	24 001
次品数(m)	7	19	52	100	109	169	248
频率(m/n)	0.117	0.127	0.087	0.111	0.091	0.094	0.103

求：(1) 星期五该厂生产的产品是次品的频率为多少？

(2) 本周内，该厂生产的产品是次品的概率为多少？

解　(1) 设 $A=\{$生产的产品是次品$\}$，则事件 A 发生的频率为

$$\frac{m}{n}=\frac{109}{1200}\approx 0.091$$

即星期五该厂生产的产品是次品的概率约为 0.091.

(2) 本周内生产的产品是次品的概率约为 0.100.

练习 6-4

1. 某人在相同条件下进行了十组射击练习，成绩见表 6-5，试求此人射击一次中靶的概率.

表　6-5

实验序号	1	2	3	4	5	6	7	8	9	10
射击次数(n)	50	50	100	100	40	150	150	150	200	200
中靶次数(m)	37	39	75	76	74	112	113	113	151	149
中靶频率(m/n)	0.74	0.78	0.75	0.74	0.747	0.753	0.753	0.76	0.755	0.745

2. 做同时掷两枚硬币的试验，观察试验结果.

(1) 试验可能出现的结果有几种？分别把它们表示出来.

(2) 做 100 次试验，每种结果出现的频数、概率各是多少？

与其他几名同学的试验结果汇总,你会发现什么?你能估计每种结果出现的概率吗?

3.做掷骰子试验,掷一个骰子100次,并填入表6-6中.

表　6-6

	频　数	频　率
实验的总次数		
出现数字1		
出现数字5		
出现的数字小于7		
出现的数字大于7		
出现的数字为奇数		

3.概率的意义

(1)概率的正确理解.有人说,既然抛掷一枚硬币出现正面的概率为0.5,那么连续两次抛掷一枚质地均匀的硬币,一定是一次正面朝上,一次反面朝上,你认为这种想法正确吗?

尽管每次抛掷硬币的结果出现正、反的概率都是0.5,但连续两次抛掷硬币的结果不一定恰好是正面朝上、反面朝上各一次.每个同学连续抛掷硬币两次硬币,统计全班同学的试验结果,可以发现有3种可能的结果:"两次正面朝上""两次反正朝上""一次正面朝上,一次反面朝上",这正体现了随机事件发生的随机性.

实验:全班同学各取一枚同样的硬币,连续两次抛掷,观察它落地后的朝向,并记录结果,重复上面的过程20次.将全班同学的试验结果汇总.计算3种结果发生的概率,你有什么发现?

随着试验次数的增加,可以发现,"正面朝上、反面朝上各一次"的频率与"两次均正面朝上""两次均反面朝上"的频率是不一样的,而且"两次均正面朝上"的频率与"两次均反面朝上"的频率大致相等;"正面朝上、反面朝上各一次"的频率大于"两次均正面朝上"或"两次均反面朝上"的频率.事实上,"两次均正面朝上"的概率为0.25,"两次均反面朝上"的概率也为0.25,"正面朝上、反面朝上各一次"的概率是0.5.

上述试验告诉我们,随机事件在一次试验中发生与否是随机的,但随机性中含有规律性,认识了这种随机性中的规律性,就能使我们比较准确地预测随机事件发生的可能性,例如,做连续抛掷两枚硬币的试验100次,可以预见:"两个均正面朝上"大约出现25次;"两个均反面朝上"大约出现25次;"正面朝上、反面朝上各一个"大约出现50次.出现"正面朝上、反面朝上各一个"的机会比出现"两个均正面朝上"或"两个均反面朝上"的机会大.

思考:如果某种彩票的中奖概率为$\frac{1}{1\,000}$,那么买1 000张这种彩票一定能中奖吗?

有的同学认为,中奖概率$\frac{1}{1\,000}$,那么买1 000张彩票就一定能中奖,但这种想法是不正确的.

实际上,买1 000张彩票相当于做1 000次试验,因为每次试验的结果都是随机的,所以做

1 000次的结果也是随机的.这就是说,每次彩票既可能中奖也可能不中奖.因此,1 000张彩票中可能没有一张中奖,也可能有一张、两张、… 中奖.

虽然中奖张数是随机的,但这种随机性中具有规律性.随着试验次数的增加,即随着所买彩票张数的增加,其中中奖彩票所占的比例可能越接近于$\frac{1}{1\,000}$.

(2) 决策中的概率思想.如果连续10次掷一枚骰子,结果都是出现1点,你认为这枚骰子的质地均匀吗?为什么?

利用刚学过的概率知识我们可以进行推断,如果它是均匀的,通过试验和观察,可以发现出现各个方面的可能性都应该是$\frac{1}{6}$,连续10次出现1点的概率约为0.000 000 016 538,这在一次试验(即连续10次投掷一枚骰子)中是几乎不可能发生的.而当骰子不均匀时,特别是当6点的那面比较重时(例如灌了铅或水银),会使出现1点的概率最大,便有可能连续10次出现1点.

现在我们面临两种可能的决策:一种是这枚骰子的质地均匀,另一种是这枚骰子的质地不均匀.当连续10次投掷这枚骰子,结果都是出现1点,这时我们更愿意接受这种情况:这枚骰子靠近6点的那面比较重.原因是在这种假设下,更有可能出现10个1点.

如果我们面临的是从多个可选答案中挑选正确答案的决策任务,那么"使得样本出现的可能性最大"可以作为决策的准则,例如对上述思考题所作的推断.这种判断问题的方法称为极大似然法.极大似然法是统计中重要的统计思想方法之一.

练习6-5

1. 明天本地降水概率为80%,请用概率知识解释其含义.

2. 彩票中奖概率为$\frac{1}{100\,000}$,其含义是什么?

4. 古典概型

实验:裁好10个同样大小的正方形纸片,分别写上数字0,1,2,3,4,5,6,7,8,9.并将它们团成小纸团,放在容器中,充分搅拌,然后取出一个纸团,观察所得数字.

观察这个实验,可以看到小纸团的构成完全一样,又是随机抽取的,所以可以认为:每个数字被抽到的可能性都相同,应该是$\frac{1}{10}$.像这样,如果一个随机试验的基本事件只有有限个,并且各个基本事件发生的可能性相同,那么称这个随机试验属于古典模型.

设试验共有n个基本事件,并且每一个基本事件发生的可能性都相同,事件A包含m个基本事件,那么事件A发生的概率为

$$P(A)=\frac{m}{n}$$

【例6-6】 把一枚硬币任意地投掷一次,求出现正面向上的概率.

解 这是古典概型问题.投掷硬币一次可能出现正面向上或反面向上两种情况,而且这两种情况的出现是等可能的.

设A={出现正面向上},则出现正面向上只是其中的一种情况,所以事件A包含的基本事件数$m=1$,故出现正面向上的概率为

$$P(A)=\frac{m}{n}=\frac{1}{2}$$

【例 6-7】 抛掷一颗骰子，求出现的点数是 5 的概率.

解　这是古典概型问题. 投掷一颗骰子出现的点数分别为 1，2，3，4，5，6. 而这 6 个基本事件是等可能性事件.

设 $A=\{$出现的点数是 5$\}$，则 A 是 6 个基本事件中的一个，即 $m=1$，故事件 A 发生的概率为

$$P(A)=\frac{m}{n}=\frac{1}{6}$$

【例 6-8】 单选题是标准化考试中常用的题型，一般是从 A,B,C,D 四个选项中选择一个正确答案. 如果考生掌握了考查的内容，他可以选择唯一的正确的答案. 假设考生不会做，他随机地选择一个答案，问他答对的概率是多少?

解　这是古典概型问题，因为试验的可能结果只有 4 个：选择 A、选择 B、选择 C、选择 D，即基本事件共有 4 个，考生随机地选择一个答案是指选择 A,B,C,D 的可能性是相等的. 由古典概型的概率计算公式得

$$P(\text{“答对”})=\frac{\text{“答对”所包含的基本事件的个数}}{4}=\frac{1}{4}=0.25$$

【例 6-9】 同时掷两个骰子，计算向上的点数之和是 5 的概率是多少?

解　掷一个骰子的结果有 6 种. 我们把两个骰子标上记号 1，2 以便区分，由于 1 号骰子的每一个结果都可与 2 号骰子的任意一个结果配对，组成同时掷两个骰子的一个结果，因此同时掷两个骰子的结果共有 36 种，向上的点数之和为 5 的结果(记为事件 A) 有 4 种.

由于所有 36 种结果是等可能的，因此，由古典概型的概率计算公式可得

$$P(A)=\frac{4}{36}=\frac{1}{9}$$

练习 6-6

1. 在 20 瓶饮料中，有 2 瓶已过了保质期. 从中任务 1 瓶，取到已过保质期的饮料的概率是多少?

2. 在夏令营的 7 名成员中，有 3 名同学已去过北京. 从这 7 名同学中任选 2 名同学，选出的这 2 名同学恰是已去过北京的概率是多少?

3. 5 本不同的语文书，4 本不同的数学书，从中任意取出 2 本，取出的书恰好都是数学书的概率为多少?

问题：抛掷一颗骰子，观察掷出的点数. 设 $A=\{$点数为 3$\}$，$B=\{$点数为 2$\}$，事件 A 和事件 B 能同时发生吗?

显然，每次掷出骰子向上的面只有一个点数，因此事件 A 和事件 B 不可能同时发生.

像这样，不可能同时发生的两个事件叫作互斥(或互不相容) 事件.

下面我们来分析事件 $C=\{$点数为 2 或 3$\}$ 与事件 $A=\{$点数为 3$\}$ 和事件 $B=\{$点数为 2$\}$ 的关系.

事件 C 发生，就意味着事件 A 与事件 B 中至少有一个发生，这时把事件 C 叫作事件 A 与事件 B 的和事件，记作 $C=A\cup B$.

抛掷一颗骰子，可能出现的结果有 6 个，即有 6 个基本事件，而事件 C 包含两个基本事件，由等可能事件的概率公式，得

$$P(C)=\frac{2}{6}=\frac{1}{3}$$

我们知道，$P(A)=\frac{1}{6}$，$P(B)=\frac{1}{6}$，恰巧得到

$$P(C)=P(A)+P(B)$$

一般地，对于互斥事件 A 和 B，有

$$P(A\cup B)=P(A)+P(B)$$

叫作互斥事件的概率加法公式（公式证明略）.

互斥事件的概率加法公式是计算概率的基本公式之一，运用它可以计算出某些复合事件的概率.

【例 6－10】　抛掷一颗骰子，观察掷出的点数，求 $C=\{$点数为奇数或 2$\}$ 的概率.

解　设 $A=\{$点数为奇数$\}$，$B=\{$点数为 2$\}$，则事件 A 与事件 B 为互斥事件，并且

$$P(A)=\frac{3}{6}=\frac{1}{2},\quad P(B)=\frac{1}{6}$$

所以

$$P(C)=P(A\cup B)=P(A)+P(B)=\frac{1}{2}+\frac{1}{6}=\frac{2}{3}$$

【例 6－11】　如果从不包括大小王的 52 张扑克牌中随机抽取一张，那么取到红心（事件 A）的概率是 $\frac{1}{4}$，取到方片（事件 B）的概率是 $\frac{1}{4}$. 问：

取到红色牌（事件 C）的概率是多少？

取到黑色牌（事件 D）的概率是多少？

解　(1) 因为 $C=A\cup B$，且 A 与 B 不会同时发生，所以

$$P(C)=P(A)+P(B)=\frac{1}{2}$$

(2)C 与 D 也是互斥事件，又由于 $C\cup D$ 为必然事件所以

$$P(D)=1-P(C)=\frac{1}{2}$$

【例 6－12】　袋中有 6 个红色球、3 个黄色球、4 个黑色球、5 个绿色球，现从袋中任取一个球. 求取到的球不是绿色的概率.

解　设 $A=\{$取到红色$\}$，$B=\{$取到黄色球$\}$，$C=\{$取到黑色球$\}$，$M=\{$取到的球不是绿色球$\}=\{$取到红色球或黄色球或黑色球$\}$，则事件 A,B,C 两两互斥，$M=A\cup B\cup C$. 基本事件个数为 $n=18$. 故

$$P(A)=\frac{6}{18}=\frac{1}{3},\quad P(B)=\frac{3}{18}=\frac{1}{6},\ P(A)=\frac{4}{18}=\frac{2}{9}$$

所以

$$P(M)=P(A)+P(B)+P(C)=\frac{1}{3}+\frac{1}{6}+\frac{2}{9}=\frac{13}{18}$$

练习 6－7

1. 冰箱里放了形状相同的 3 罐可乐，2 罐橙汁和 4 罐冰茶，小明从中任意取出 1 罐引用. 设事件 $C=\{$取出可乐或橙汁$\}$，试用概率的加法公式计算 $P(C)$.

2. 在 10 张奖券中，有 1 张一等奖，2 张二等奖，从中抽取 1 张，求中奖的概率.

习题 6－2

1. 判定下列各事件是必然事件，不可能事件，还是随机事件.

(1) 当 x 是实数时，$|x| \geqslant 0$；

(2) 导体通电，发热；

(3) 从含有 5 件次品的 100 件产品中任意取出 3 件，没有一件次品；

(4) 在标准大气压下温度为 50℃ 的水处于气态.

2. 从 52 张扑克牌（没有大小王）中随机地抽一张牌，这张牌出现下列情形的概率：

(1) 是 7；　(2) 不是 7；　(3) 是方片；　(4) 是 J 或 Q 或 K；

(5) 既是红心又是草花；　(6) 比 6 大比 9 小；　(7) 是红色；　(8) 是红色或黑色.

3. 学校一年级 50 个学生第二学期数学期末考试成绩中，有 8 人不及格，试求该校一年级学生第二学期数学期末考试的及格率.

4. 袋中有红、白、黄 3 种不同颜色的球各一个，这 3 个球除颜色外，外形、质地等完全相同，从中任取一个球，求取到的是白色球的概率?

5. 从 5 人中选出 2 个人参加座谈会，有多少种选法?

6. 从 1,2,3,4 这 4 个数中选取两个数，计算两数都是偶数的概率?

7. 抛掷两次骰子，求：

(1) 两次都出现 1 点的概率；　(2) 恰有一次出现 1 点的概率；　(3) 没有出现 1 点的概率.

在一个盒中装有 6 支圆珠笔，其中 3 支一等品，2 支二等品和一支三等品，从中任取 3 支，问下列事件的概率有多大?

(1) 恰有一支一等品；　(2) 恰有两支一等品；　(3) 没有三等品.

6.3　随机抽样

我们生活在一个数字化时代，时刻都在与数据打交道，例如产品的合格率、农作物的产量、商品的销售量、当地的气温、自然资源、就业状况、电视台的收视率，等等. 你知道这些数据是怎么来的吗? 实际上它们是通过调查获得的. 怎样调查呢，是对考察对象进行全面调查吗? 例如，为了了解一批计算器的使用寿命，我们能将它们逐一测试吗? 很明显，这既不可能，也没必要. 实践中，由于所考察的总体中的个体数往往很多，而且许多考察带有破坏性，因此，我们通常只考察总体中的一个样本，通过样本来了解总体的情况. 进一步从节约费用的角度考虑，在保证样本估计总体达到一定精度的前提下，样本总包含的个体数越少越好. 于是，如何设计抽样方法，使抽取的样本能够真正代表总体，就成为我们要关注的一个关键问题，否则，如果样本的代表性不好，那么对总体的判断就会出现错误.

那么，怎样从总体中抽取样本呢，如何表示样本数据呢，如何从样本数据总提取基本信息(样本分布、样本数字特征等) 来推断总体的情况呢?

一、总体的样本

试验：商店进了一批苹果，小王从中任意选取了 10 个苹果，编上号并称出质量，得到的数据见表 6－7.

表　6－7

苹果编号	1	2	3	4	5	6	7	8	9	10
质量 /kg	0.21	0.17	0.19	0.16	0.20	0.22	0.21	0.18	0.19	0.17

利用这些数据，就可以估计出这批苹果的平均质量及苹果的大小是否均匀.

在统计中，所研究对象的全体叫作总体，组成总体的每个对象叫作个体.

上述实验中，这批苹果的质量是研究对象的总体，每个苹果的质量是研究的个体.

要了解总体的情况，最好是能对总体中每个个体逐个进行试验，但是，这样做实际上往往是不可能或不允许的.一方面是总体的容量太大，无法逐个试验.例如，中央电视台为了调查某个节目的收视率，不会(也不可能)把全国所有家庭都调查到；另一方面，有些试验具有破坏性，不允许逐个进行测定.例如，要测定一批炮弹的射程就不能逐个测定.

经常采用的办法是，随机地从总体中抽取一部分个体，对这些个体做试验，然后根据试验结果来推测总体的性质，如前面的试验中，小王通过 10 个苹果的质量，来推测这批苹果的质量.

被抽取出来的个体的集合叫作总体的样本，样本所含个体的数目叫作的样本容量.

小王抽查的苹果质量的样本是 10 个苹果的平均质量，样本容量为 10.

【例 6－13】 某地区为了掌握 7 岁儿童身高状况，随机抽取 200 名儿童测试身高，请指出其中的总体、个体、样本与样本容量.

解　该地区所有 7 岁儿童的身高是总体，每一个 7 岁儿童的身高是个体，被抽取的 200 名 7 岁儿童的身高是样本，样本容量是 200.

练习 6－8

1. 在某班级中，随机选取 10 名同学去参加学校的表彰大会，指出其总体、个体、样本与样本容量.

2. 要测定一批炮弹的射程，随机抽取 20 颗炮弹通过发射进行测试.指出其中的总体、个体、样本与样本容量.

二、抽样

问题：用样本估计总体时，样本抽取得是否恰当，直接关系到总体特性估计的准确程度.那么，应该如何抽取样本呢?

1. 简单随机抽样

从一批苹果中选取 10 个，每个苹果被选中的可能性一般是不相等的，放在上面的苹果更容易被选中，实际过程又不允许将整箱苹果倒出来，搅拌均匀.因此，10 个苹果做样本的代表意义就会打折扣.

我们采用抽签的方法，将苹果按照某种顺序(比如箱层、行、列顺序)编号，写在小纸片上，将小纸片揉成小团，放到一个不透明的袋子中，充分搅拌后，再从中逐个抽出 10 个小纸团.最后根据编号找到苹果.这样抽样叫作简单随机抽样.

简单随机抽样必须保证总体的每个个体被抽到的机会是相同的.也就是说，简单随机抽样是等概率抽样.

一般地,设一个总体含有 N 个个体,从中逐个不放回地抽取 n 个个体作为样本($n \leqslant N$),如果每个抽取时总体内的各个个体被抽到的机会都相等,就把这种抽样方法就做简单随机抽样.

最常用的简单随机抽样方法有两种 —— 抽签法和随机数法.

(1) 抽签法(抓阄法). 抽签法是大家最熟悉的,也许同学们在做某种游戏,或者选派一部分人参加某项活动时就用过抽签法. 例如,数控(2) 班有 45 名学生,现要从中抽取 8 名学生去参加一个座谈会,每名学生的机会均等. 我们可以把 45 名学生的学号写在小纸片上,揉成小球,放到一个不透明袋子中,充分搅拌后,再从中逐个抽出 8 个号签,从而抽出 8 名参加座谈会的学生.

一般地,抽签法就是把总体中的 N 个个体编号,把号码写在号签上,将号签放在一个容器中,搅拌均匀后,每次从中抽取一个号签,连续抽取 n 次,就得到一个容量为 n 的样本.

抽签法简单易行,当总体中的个体数不多时,使总体处于"搅拌均匀"的状态比较容易,这时,每个个体有均等的机会被抽中,从而能够保证样本的代表性. 但是,当总体中的个体数较多时,将总体"搅拌均匀"就比较困难,用抽签法产生的样本代表性差的可能性很大.

(2) 随机数法. 随机抽样中,另一个经常被采用的方法是随机数法,即利用随机数表、随机数骰子或计算机产生的随机数进行抽样. 这里仅介绍随机数表法.

随机数表由数字 0,1,2,…,9 组成,并且每个数字在表中各个位置出现的机会都是一样的.

怎样利用随机数表产生样本呢? 下面通过例子来说明.

假设我们要考察某公司生产的 500g 袋装牛奶的质量否达标,先从 800 袋牛奶中抽取 60 袋进行检验. 利用随机数表抽取样本时,可以按照下面的步骤进行:

第一步,先将 800 袋牛奶编号,可以编为 000,001,…,799.

第二步,在随机鼠标中任选一个数,例如选出第 8 行第 7 列的数 7(为了便于说明,下面摘取了表 6 - 8 的第 6 行至第 10 行).

表 6 - 8

16 22 27 94 39	49 54 43 54 82	17 37 93 23 78	87 35 20 96 43	84 26 34 91 64
84 42 17 53 31	57 24 55 06 88	77 04 74 47 67	21 76 33 50 25	83 92 12 06 76
63 01 63 78 59	16 95 55 67 19	98 10 50 71 75	12 86 73 58 07	44 39 52 38 79
33 21 12 34 29	78 64 56 07 82	52 42 07 44 38	15 51 00 13 42	99 66 02 79 54
57 60 86 32 44	09 47 27 96 54	49 17 46 09 62	90 52 84 77 27	08 02 73 43 28

第三步,从选定的数 7 开始向右读(读数的方向也可以是向左、向上、向下等),得到一个 3 位数 785,由于 $785 < 799$,说明号码 785 在总体内,将它取出;继续向右读,得到 916,由于 $916 > 799$,将它去掉,按照这种方法继续向右读,又取出 567,199,507,…,依次下去,直到样本的 60 个号码全部取出. 这样我们就得到一个容量为 60 的样本.

【例 6 - 14】 某班有 50 名同学,学号为 $1 \sim 50$,试利用随机数从中抽取 10 名同学去参加义务劳动.

解　将计算器的精确度设为 0.01. 取小数点后面的两位数作为抽取的学号，如果超过 50 就舍去，重复的也舍去. 这样，用计算器得到随机数，见表 6－9.

表　6－9

0.08	0.03	0.75	0.53	0.13	0.10	0.44	0.78	0.12	0.79
0.38	0.78	0.74	0.97	0.19	0.90	0.87	0.21	0.53	0.50

所以抽到的同学的学号是

$$8,3,13,10,44,12,38,19,21,50$$

练习 6－9

1. 假设要从 15 级数控班共有 300 人中随机抽出 30 人参加一项活动，请分别用抽签法和随机数表法抽出人选，写出抽取过程.

2. 你认为用随机数表法抽取样本有什么优点和缺点？

2. 系统抽样

学校为了了解 15 级经管系的学生对教师教学的意见，打算从 15 级 500 名学生中抽取 50 名进行调查. 除了简单随机抽样获取样本外，你能否设计其他抽取样本的方法？

我们按照这样的方法来抽样：首先将这 500 名学生从 1 开始进行编号，然后按号码顺序以一定的间隔进行抽取. 由于 $\frac{500}{50}=10$，所以抽取的两个相等号码之差可定为 10，即从 1 ～ 10 总随机抽取一个号码，例如抽到的是 6 号，每次增加 10，得到 6,16,26,36,…,496.

这样我们就得到一个容量为 50 的样本. 这种抽样方法是一种系统抽样.

一般地，假设要从容量为 N 的总体中抽取容量为 m 的样本，我们可以按下列步骤进行系统抽样：

(1) 先将总体的 N 个个体编号. 有时可直接利用个体自身所带的号码，如学号、准考证号、门牌号等.

(2) 确定分段间隔 k，对编号进行分段. 当 $\frac{N}{n}$（n 是样本容量）是整数式，取 $k=\frac{N}{n}$.

(3) 在第 1 段用简单随机抽样确定第一个个体编号 $l(l\leqslant k)$.

(4) 按照一定的规则抽取样本. 通常是将 l 加上间隔 k 得到第 2 个个体编号 $(l+k)$，再加 k 得到第 3 个个体编号 $(l+2k)$，依次进行下去，直到获取整个样本.

【例 6－15】　某中职学校为了解 2015 级新生的身体发育情况，从 1 000 名新生中，利用系统抽样，抽取一个容量为 50 的样本. 请你来完成这个抽样.

解　将这 1 000 名学生编号(也可以利用新生录取号)，由于 $\frac{1\,000}{50}=20$，所以取每段间隔为 20，将编号分成 50 段，规定各段抽取第 16 个顺序号的学生，得到容量为 50 的样本. 其学生号码依次为 16,36,56,76,…,996.

练习 6－10

1. 你认为系统抽样有哪些优点和缺点？

2.设某校共有118名教师.为了支援西部的教育事业,现要从中随机地抽出16名教师组成暑假西部讲师团.请用系统抽样法选出讲师团成员.

3.分层抽样

假设某地区有高中生2 400人,初中生10 900人,小学生11 000人.此地区教育部门为了了解本地区中小学生的近视情况及其形成原因,要从本地区的中小学生中抽取1% 的学生进行调查,你认为应当怎样抽取样本?

我们知道,影响学生视力的因素是非常复杂的.例如,不同年龄阶段的学生的近视情况可能存在明显的差异.因此,应将全体学生分成高中、初中和小学三部分分别抽样.另外,3个部分的学生人数相差较大,因此,为了提高样本的代表性,还应考虑他们在样本中所占比例的大小.

由于样本容量与总体中的个体数的比是1:100,因此,样本中包含的各部分的个体数应该是$\frac{2\ 400}{100}$,$\frac{10\ 900}{100}$,$\frac{11\ 000}{100}$,即抽取24名高中生,109名初中生和110名小学生作为样本.

这样,如果从学生人数这个角度来看,按照这种抽样方法所获得的样本结构与这一地区全体中小学生的结构是基本相同的.

一般地,在抽样时,将总体分成互不交叉的层,然后按照一定的比例,从各层独立地抽取一定数量的个体,将各层取出的个体合在一起作为样本,这种抽样方法是一种分层抽样.

从上面的抽样过程可以看出,分层抽样尽量利用了调查者对调查对象(总体)事先所掌握的各种信息,并充分考虑了保持样本结构与总体结构的一致性,这对提高样本的代表性是非常重要的.所以,分层抽样在实际中有着非常广泛的应用.通常,在总体是由差异明显的几个部分组成时,往往选用分层抽样的方法.

【例6-16】 考察某地区7岁儿童的身高状况,应该如何抽取样本较好?(该地区城乡儿童比例为3:7)

分析 由于我国城乡儿童的身高存在差异,故本题中的总体是由有明显差的两个部分组成.这时,可将总体按差异情况分成两个部分,然后按各个部分占的比例进行分层抽样.

解 按照3:7的比例从该地区的城市和农村中的7岁儿童中抽取样本.

练习6-11

1.一支田径队有男运动员56人,女运动员42人,请用分层抽样的方法从全体运动员中抽出一个容量为28的样本.

2.某农场在两块地种小麦,其中平地种120亩,坡地种80亩.现需对10亩地小麦进行估产,应该如何抽取样本较好?

习题6-3

1.从一个提取随机抽取20名老人测量血压,测得血压为(舒张压):

75,73,80,88,75,71,99,102,89,76,77,86,74,81,71,98,76,103,79,84.

指出其中的总体、个体、样本、样本容量.

2.请分别用抽签法和随机数法,从某班的40人中抽出8个人参加学校的教学质量调查会议,写出抽取的过程.

3.利用系统抽样,从645个加工零件中,抽出13个零件进行质量抽查,请你来完成.

4. 利用系统抽样，从 500 人中抽出 80 人，进行身体检查，写出抽取的过程.

5. 校学生会希望调查有关本学期学生活动计划的意见. 你自愿担任调查员，并打算在学校里抽取 10% 的同学作为样本.

(1) 你怎样安排抽样，以保证样本的代表性?

(2) 在抽样中你可能遇到哪些问题?

(3) 这些问题可能会影响什么?

(4) 你打算怎样解决这些问题?

中央电视台希望在春节联欢晚会播出后一周内获得当年春节联欢晚会的收视率. 下面是 3 名同学为电视台设计的调查方案.

同学 A：我把这张《春节联欢晚会收视率调查表》放在互联网上，只要上网登录该网址的人就可以看到这张表，他们填表的信息可以很快地反馈到我的电脑中. 这样，我就可以很快统一出收视率了.

同学 B：我给我们居民小区的每一个住户发一份是否在除夕那天晚上看过中央电视台春节连环的调查表，只要一两天就可以统计出收视率.

同学 C：我在电话号码本上随机地选出一定数量的电话号码，然后逐个给他们打电话，问一下他们是否收看了中央电视台春节联欢晚会. 我不出家门就可以统计出中央电视台联欢晚会的收视率.

请问：上述 3 名同学设计的调查方案能够获得比较准确的收视率吗? 为什么?

6.4　用样本估计总体

上一节我们研究了通过抽样来收集数据的方法，了解了提高样本代表性的一些具体规范. 数据被收集后，必须从中寻找所包含的信息，以使我们能通过样本估计总体，由于数据多而且杂乱，我们往往无法直接从原始数据中理解它们的含义. 因此，必须通过图、表、计算来分析数据，帮助我们找出数据中的规律，使数据所包含的信息转化成直观的容易理解的形式. 在此基础上，我们就可以对总体作出相应的估计. 这种估计一般分成两种，一种是用样本的频率分布估计总体的分布，另一种是用样本的数字特征（如平均数、标准差等）估计总体的数字特征.

1. *用样本的频率分布估计总体分布*

初中我们曾经学过频数分布图和频数分布表，利用它们可以清楚地看到数据分布在各个组内的个数.

【例 6-17】　某工厂从去年全年生产某种零件的日产记录（件）中随机抽取 30 份得到以下数据，列出频率分布表：

346	345	347	357	349	352	341	345	358	350
354	344	346	342	345	358	348	345	346	357
350	345	352	349	346	356	351	355	352	348

解　分析样本的数据，其最大值是 358，最小值是 341，它们的差是 $358-341=17$. 取组距为 3，确定分点，将数据分为 6 组. 数据分布表见表 6-10.

表　6－10

分　组	频数累计	频　数
340.5～343.5	丅	2
343.5～346.5	正　正	10
346.5～349.5	正	5
349.5～352.5	正　一	6
352.5～355.5	丅	2
355.5～358.5	正	5
合　计	30	30

各组内数据的个数，叫作该组的频数. 每组的频数与全体数据的个数之比叫作该组的频率.

计算上面的频数分布表中各组的频率，得到频率分布表见表 6－11.

表　6－11

分组	频数	频率
340.5～343.5	2	0.067
343.5～346.5	10	0.333
346.5～349.9	5	0.167
349.5～352.5	6	0.2
352.5～355.5	2	0.067
355.5～358.5	5	0.166
358.5～361.5	30	1

根据频率分布表，可以画出频率分布直方图如图 6－3 所示.

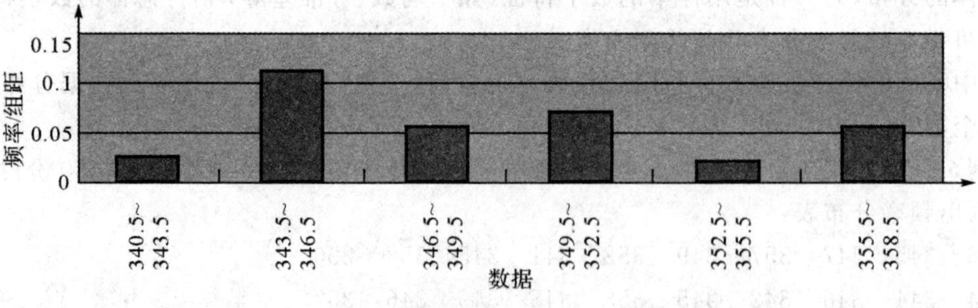

图　6－3

频率分布直方图的横轴表示数据分组情况，以组距为单位，纵轴表示频率与组距之比. 因此，某一组距的频率数值上等于对应矩形的面积.

图 6－3 表示，日产量为 344～346 件的天数最多，其频率等于该矩形的面积，即

$$0.111\times 3=0.333\approx \frac{1}{3}$$

根据样本的数据，可以推测，去年生产这种零件的情况：去年约有 $\frac{1}{3}$ 的天数日产量为 344 ～ 346 件.

频率分布直方图可以直观地反映样本数据的分布情况.由此可以推断和估计总体中某事件发生的概率.样本选择的恰当，这种估计是比较可信的.

如上所述，用样本的频率分布估计总体的步骤为：

(1) 选择恰当的抽样方法得到样本数据.

(2) 计算数据最大值和最小值，确定组距和组数，确定分点并列出频率分布表.

(3) 绘制频率分布直方图.

(4) 观察频率分布表与频率分布直方图，根据样本的频率分布，估计总体中某事件发生的概率.

类似有频率分布折线图，连接频率分布直方图中各小长方形上段的中点，就得到频率分布折线图，如图 6－4 所示.

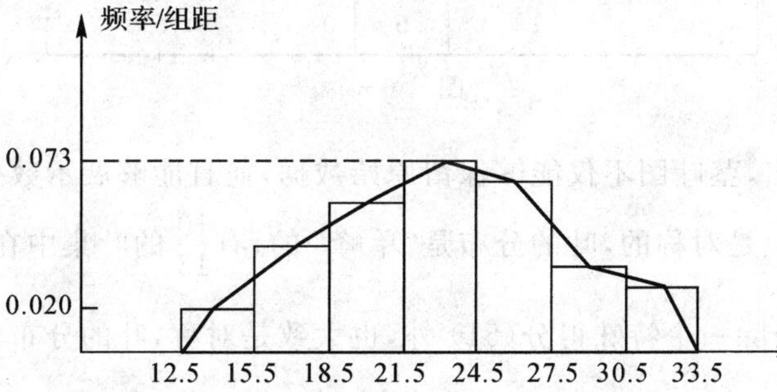

图　6－4

可以想象，随着样本容量的增加，作图时所分的组数的增加，组距减小，相应的频率折线图会越来越接近于一条光滑的曲线，统计中称这条光滑曲线为总体密度曲线，如图 6－5 所示.总体密度曲线反映了总体在各个范围内取值的百分比，它能给我们提供更加精细的信息.例如，图中有阴影部分的面积，就是总体在区间(a,b)内取值的百分比.

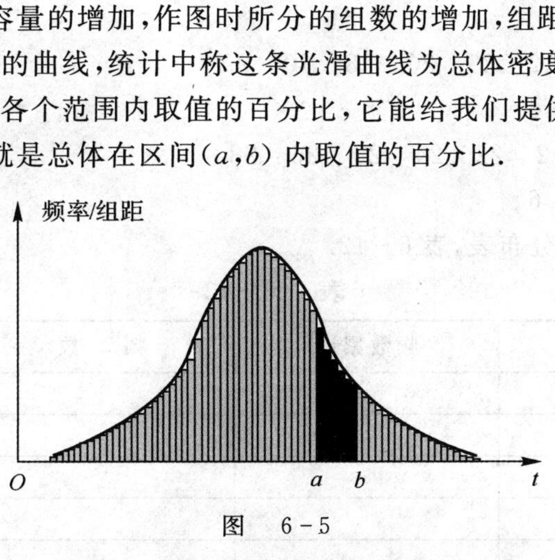

图　6－5

实际上，尽管有些总体密度曲线是客观存在的，但是在实际应用中，并不知道它的具体表达形式，需要用样本来估计.由于样本是随机的，不同的样本得到的频率分布折线图不同；即使对于用一样本，不同的分组情况得到的频率分布折线图也不同. 频率分布折线图是随着样本的容量和分组情况的变化而变化的，因此不能由样本的频率分布折线图得到准确的总体密度曲线.

除了上面几种图表能帮助我们理解样本数据外，统计中还有一种被用来表示数据的图叫作茎叶图. 我们结合下面的例子来说明茎叶图的方法，以及从茎叶图中提取样本数据信息的方法.

某赛季甲、乙两名篮球运动员每场比赛得分的原始记录如下：

甲运动员得分：13，51，23，8，26，38，16，33，14，28，39；

乙运动员得分：49，24，12，31，50，31，44，36，15，37，25，36，39.

用茎叶图表示，如图 6-6 所示. 顾名思义，茎是指中间的一列数，叶就是从茎的旁边生长出来的数. 中间的数字表示得分的十位数，旁边的数字分别表示两个人得分的个位数.

甲		乙
8	0	
4 6 3	1	2 5
3 6 8	2	5 4
3 8 9	3	1 6 1 6 7 9
	4	4 9
1	5	0

图　6-6

从茎叶图可以看出，茎叶图不仅能够保留原始数据，而且能够展示数据的分布情况. 比如，乙运动员的得分基本上是对称的，叶的分布是“单峰”的，有$\frac{10}{13}$的叶集中在茎 2，3，4 上，中位数是 36；甲运动员的得分除一个特殊得分(51) 外，也大致是对称，叶的分布也是“单峰”的，有$\frac{9}{11}$的叶主要集中在茎 1，2，3 上，中位数是 26. 由此可以看出.

练习 6-12

1. 已知一个样本为：

2　21　23　2　2　29　26　28　30　29
5　　　　　5　6
2　24　25　2　2　22　24　25　26　28
6　　　　　7　6

(1) 填写下面的频率分布表，表 6-12.

表　6-12

分　组	频数累计	频　数	频　率
20.5 ～ 22.5			
22.5 ～ 24.5			
24.5 ～ 26.5			
26.5 ～ 28.5			
28.5 ～ 30.5			
合　计			

(2) 画出频率分布直方图.

2.下面一组数据是某生产车间 30 名工人某日加工零件的个数,请设计适当的茎叶图表示这组数据,并由图出发说明一下这个车间此日的生产情况.

134	112	117	126	128	124	122	116	113	107
116	132	127	128	126	121	120	118	108	110
133	130	124	116	117	123	122	120	112	112

2.用样本的数字特征估计总体的数字特征

(1) 样本均值.观察某个样本,得到一组数据 $x_1, x_2, x_3 \cdots, x_k$ 那么

$$\bar{x} = \frac{x_1 + x_2 + x_3 \cdots + x_n}{n}$$

叫作这个样本的均值.样本均值反映出样本的平均水平.平均数的估计值等于频率分布直方图中每个小矩形的面积乘以小矩形底边中点的横坐标之和.

【例 6-18】 要从每个射击选手中选拔一位参加射击比赛,经测试,两位选手的 10 次射击成绩,如下:

射击序号	1	2	3	4	5	6	7	8	9	10
甲选手射击成绩	9.2	9.0	9.5	8.7	9.9	10.0	9.1	8.6	8.5	9.1
乙选手射击成绩	9.1	8.9	9.3	9.7	9.9	9.9	8.9	9.2	9.6	8.8

你觉得选哪位选手参加比赛合适呢?

解 将这 10 次射击成绩作为一个样本,来对两名选手的射击水平进行估计.分别计算数据的平均值,得

$$\bar{x}_{甲} = \frac{1}{10}(9.2 + 9.0 + 9.5 + 8.7 + 9.9 + 10.0 + 9.1 + 8.6 + 8.5 + 9.1) = 9.16$$

$$\bar{x}_{乙} = \frac{1}{10}(9.1 + 8.9 + 9.3 + 9.7 + 9.9 + 9.9 + 8.9 + 9.2 + 9.6 + 8.8) = 9.33$$

显然:

$$\bar{x}_{甲} < \bar{x}_{乙}$$

由此估计,乙的射击平均水平高于甲,所以应选择选手乙去参加比赛.

练习 6-13

从一块小麦地里随机抽取 10 株小麦,测得各株高为(单位:cm)

71　80　77　78　75　84　79　82　79　75

求样本均值,并说明样本均值的意义.

(2) 标准差.平均数向我们提供了样本数据的重要信息,但是,平均数有时也会使我们作出对总体的片面判断.某地区的统计报表显示,此地区的年平均家庭收入是 10 万元,给人的印象是这个地区的家庭收入普遍较高.但是,如果这个平均数是从 200 户贫困家庭和 20 户极富有的家庭收入计算出来的,那么,它就既不能代表贫困户家庭的年收入,也不能代表极富有家庭的年收入.因此这个平均数掩盖了一些极端的情况,而这些极端情况显然是不能忽视的.因

此，只有平均数还难以概括样本数据的实际状态.

某学校英语提高班采用小班教学，每班15人.现有A，B两个班参加统一的口语考试，成绩见表6－13.

表　6－13

A班同学成绩	67	72	93	69	86	84	45	77	88	91	81	76	84	90	63
B班同学成绩	78	96	56	83	86	48	98	67	62	70	64	97	96	79	86

试问哪个班的成绩较好些？

将这次成绩作为样本，来评价两个班的成绩.分别计算均值，得

$$\bar{x}_A=\frac{1}{15}(67+72+93+69+86+84+45+77+88+91+81+76+84+90+63)=77.73$$

$$\bar{x}_B=\frac{1}{15}(78+96+56+83+86+48+98+67+62+70+64+97+96+79+86)=77.73$$

两个班的平均成绩相同，也就是均值相同.

我们再来比较两个班同学的成绩对于平均成绩的偏离程度，偏离程度越大，说明其成绩波动越大，教学两级分化，偏离程度越小，说明其成绩波动越小，教学水平均衡稳定.

分别计算A班同学成绩与均值之差，见表6－14.

表　6－14

序号 i	1	2	3	…	14	15
成绩 x_i	67	72	93	…	90	63
偏差 $x_i-\bar{x}$	－10.73	－5.73	15.27	…	12.27	－14.73

这些偏差有正数，也有负数.如果直接相加，就会出现偏差相互抵消，不能反映偏离程度.所以我们用偏差平方的均值来描述这种偏离程度.

如果样本由 n 个数 $x_1, x_2, \cdots, x_n$ 组成，那么样本的方差为

$$s^2=\frac{1}{n-1}[(x_1-\bar{x})^2+(x_2-\bar{x})^2+\cdots+(x_n-\bar{x})^2]$$

分别计算两个班成绩的方差，得：

$$S_A^2=\frac{1}{14}[(67-77.73)^2+(72-77.73)^2+\cdots+(63-77.73)^2]\approx 167.07$$

$$S_B^2=\frac{1}{14}[(78-77.73)^2+(96-77.73)^2+\cdots+(86-77.73)^2]\approx 255.92$$

由 $S_A^2<S_B^2$ 估计，A班的考试成绩比B班的波动小，因此A班同学的学习成绩更稳定.

由于样本方差的单位是数据的单位的平方，使用起来不方便.因此，人们常使用它的算术平方根来表示个体与样本均值之间的偏离程度，叫作样本标准差，即

$$S=\sqrt{\frac{1}{n-1}(x_1-\bar{x})^2+(x_2-\bar{x})^2+\cdots+(x_n-\bar{x})^2}$$

计算样本的方差（或标准差）一般是很麻烦的.可以使用计算器或计算机软件完成计算.下面通过实例来说明.

【例 6-19】 求由数据 156,178,170,173,169,156,164,163,152,157 所组成样本的均值、方差、标准差(精确到 0.1).

解 采用函数型计算器(这里是用 CASIOfx82 ES PLUS 型计算器)计算样本均值、样本方差和样本标准差的步骤如下:

(1) 将计算器设置为统计(STAT)状态:

操作 z:按一次 MODE 键,显示 1:COMP 2:STAT 3:TABLE,表示进入计算状态选项,按 2 进入统计计算状态.

(2) 输入数据:

操作:在统计计算状态下,按键 1 进入单个变量输入数据状态,依次输入各个数据,每输入一个数据后,都要按键 =,输入最后一个数据 157 按键 = 后再按键 AC

显示计算结果:

依次按键:SHIFT → 1,然后按键 4,最后一次按键 1 →=,显示样本容量为:$n=10$.

依次按键:SHIFT → 1,然后按键 4,最后一次按键 2 →=,显示样本均值为:$\overline{x}=163.8$.

依次按键:SHIFT → 1,然后按键 4,最后一次按键 1 →=,显示样本标准差为:$s=8.6$.

在显示样本标准差的基础上,依次按键:x^2 =,显示样本方差为 $s^2=73.3$.

【例 6-20】 甲乙两人同时生产内径为 25.40mm 的一种零件. 为了对两人的生产质量进行评比,从他们生产的零件中各抽出 20 件,量得其内径尺寸如下(单位:mm):

甲

25.46	25.32	25.45	25.39	25.36
25.34	25.42	25.45	25.38	25.42
25.39	25.43	25.39	25.40	25.44
25.40	25.42	25.35	25.41	25.39

乙

25.40	25.43	25.44	25.48	25.48
25.47	25.49	25.49	25.36	25.34
25.33	25.43	25.43	25.32	25.47
25.31	25.32	25.32	25.32	25.48

从生产的零件内径的尺寸看,谁的生产的质量较高?

分析:同一个工人生产的所有零件的内径尺寸组成一个总体,由于零件的生产标准(内径 25.40mm)已经给出,生产质量可以从总体的平均数与标准差两个角度来衡量. 总体的平均数与内径标准尺寸 25.40mm 的差异大时质量低,差异小时质量高;当总体的平均数与标准尺寸很接近时,总体的标准差小的时候质量高,标准差大的时候质量低. 这样,比较两人的生产质量,只要比较他们所生产的零件内径尺寸所组成的两个总体的平均数与标准差的大小即可. 但是,这两个总体的平均数与标准差都是不知道的,根据用样本估计总体的思想,我们可以通过抽样分别获得相应的样本数据,然后比较这两个样本的平均数、标准差,以此作为两个总体之间差异的估计值.

解 用计算器计算可得

$$\overline{x}_{甲}\approx 25.401;\quad \overline{x}_{乙}\approx 25.406;\quad s_{甲}\approx 0.037;\quad s_{乙}\approx 0.068$$

从样本平均数看,甲生产的零件内径比乙的更接近内径标准(25.40mm),但二者差异很小；从样本标准差看，由于 $s_{甲}$ $s_{乙}$，因此甲生产的零件内径比乙的稳定程度高得多，于是，可以作出判断，甲生产的零件的质量比乙的高一些.

从上述例子我们可以看到，对一名工人生产的零件内径（总体）的质量判断，与所抽取的零件内径（样本数据）直接相关. 显然，我们可以从这名工人生产的零件中获取许多样本（为什么？）. 这样，尽管总体是同一个，但由于样本不同，相应的样本频率分布与平均数、标准差等都会发生改变，这就会影响到我们对总体情况的估计. 如果样本的代表性差，那么对总体所作出的估计就会产生偏差；样本没有代表性时，对总体作出错误估计的可能性就非常大. 这也正是我们在前面讲随机抽样时反复强调样本代表性的理由. 在实际操作中，为了减少错误的发生，条件许可时，通常采取适当增加样本容量的方法. 当然，关键还是要改进抽样方法，提高样本的代表性.

练习 6－14

科技人员在研究地里的麦苗长势时，随机抽样 20 株测得各株高为（单位：mm）

67，58，67，65，64，59，62，58，66，59，60，63，58，60，62，60，63，63.

习题 6－4

1. 为估计某铲平寿命的分布，抽样调查结果见表 6－15.

表　6－15

寿命 /h	频　数	频　率
100 ～ 200	10	
200 ～ 300	15	
300 ～ 400	40	
400 ～ 500	20	
500 ～ 600	15	
合　计	100	

(1) 填写表中的概率；

(2) 绘频率分布直方图.

2. 有一种鱼的身体吸收汞，汞的含量超过体重的 1.00ppm（即百万分之一）时就会对人体产生危害，在 30 条鱼的样本中发现的汞含量是：

0.07，0.24，0.95，0.98，1.02，0.98，1.37，1.40，0.39，1.02，1.44，1.58，0.54，1.08，0.61，0.72，1.20，1.14，1.62，1.68，1.85，1.20，0.81，0.82，0.84，1.29，1.26，2.10，0.91，1.31.

(1) 用前两位数作为茎，画出样本数据的茎叶图；

(2) 描述一下汞含量的分布特点；

(3) 从实际情况看，许多鱼的汞含量超标在于有些鱼在出售之前没有被检查过，每批这种鱼的平均汞含量都比 1.00ppm 大吗？

(4) 求出上述样本数据的平均数和标准差；

(5) 有多少条鱼的汞含量在平均数与 2 倍标准差的和（差）的范围内？

3. 某工厂在一次技能比赛中，对甲、乙两个工人生产的零件质量的评分分别为：

甲　93，95，95，96，96，95，94，97，94，95.

乙　94,95,96,95,95,96,95,94,94,96.

试判断谁生产的零件更好.

4.某班一次数学测验的成绩如下:

59,46,79,44,60,66,55,63,74,82,

91,75,46,78,66,75,72,68,65,42,

60,68,54,81,65,71,68,65,70,63,

87,68,55,62,68,72,65,58,64,80.

(1) 求及格率;

(2) 求平均分;

(3) 列频率分布表;

(4) 绘频率分布直方图.

5.在去年的足球甲超联赛上,一队每场比赛平均失球数是 1.5,全年比赛失球个数的标准差为 1.1;二队每场比赛平均失球数是 2.1,全年失球个数的标准差是 0.4,你认为下列说法中哪一种是正确的,为什么?

(1) 平均说来一队比二队防守技术好;

(2) 二队比一队技术水平更稳定;

(3) 一队有时表现很差,有时表现又非常好;

(4) 二队很少不失球.

6.5　一元线性回归

一、相关关系

思考:在学校里,老师对学生经常这样说:"如果你的数学成绩好,那么你的物理学习就不会有什么大问题."按照这种说法,似乎学生的物理成绩与数学成绩之间存在着一种相关关系,这种说法有没有根据呢?

凭我们的学习经验可知,物理成绩确实与数学成绩有一定的关系,但除此以外,还存在其他影响物理成绩的因素.例如,是否喜欢物理,用在物理学习上的时间等等.当我们主要考虑数学成绩对物理成绩的影响时,就是要考察这两者之间的相关关系.

两个变量之间的关系还有另外一种情况.我们看一块农田的水稻产量与施肥量之间的关系.在这个问题里,水稻产量不仅受到施肥量的影响,还受到其他不少因素(诸如气候情况、浇水、除虫等)的影响.因此,当施肥量一定时,水稻产量在取值上带有一定的随机性,像这种自变量取值一定时,因变量的取值带有一定随机性的两个变量之间的关系叫作相关关系.

我们以前学过的函数关系是一种确定性关系,例如正方形的面积 s 与边长 x 之间的关系 $s=x^2$ 就是一种确定性关系,即对于自变量边长的每一个确定的值,都有唯一确定的面积的值与之对应.与函数关系不同,相关关系是一种非确定性关系.它的特点是,当一个变量或 n 个变量的值确定后,另一个交点的值虽然与它(或它们)有着密切的关系,但却无法完全确定.

练习 6-15

1.请举出相关关系变量的实例.

2.有关法律规定，香烟盒上必须印上“吸烟有害健康”的警示语，吸烟是否一定会引起健康问题？你认为“健康问题不一定是由吸烟引起的，所以可以吸烟”的说法对吗？

二、一元线性回归

表 6-16 是随机抽取的 8 个学生的身高（单位：cm）与体重（单位：kg）的数据.

表　6-16

编　号	1	2	3	4	5	6	7	8
身高 x	172	150	170	165	180	176	155	160
体重 y	60	47	85	70	75	80	50	65

建立平面直角坐标系 Oxy，x 轴表示身高（单位：cm），y 轴表示体重（单位：kg）. 上述样本中每位学生的身高与体重组成的有序数对 (x,y)，对应于平面上一个点，这些点组成的图形叫作散点图. 如图 6-7 所示.

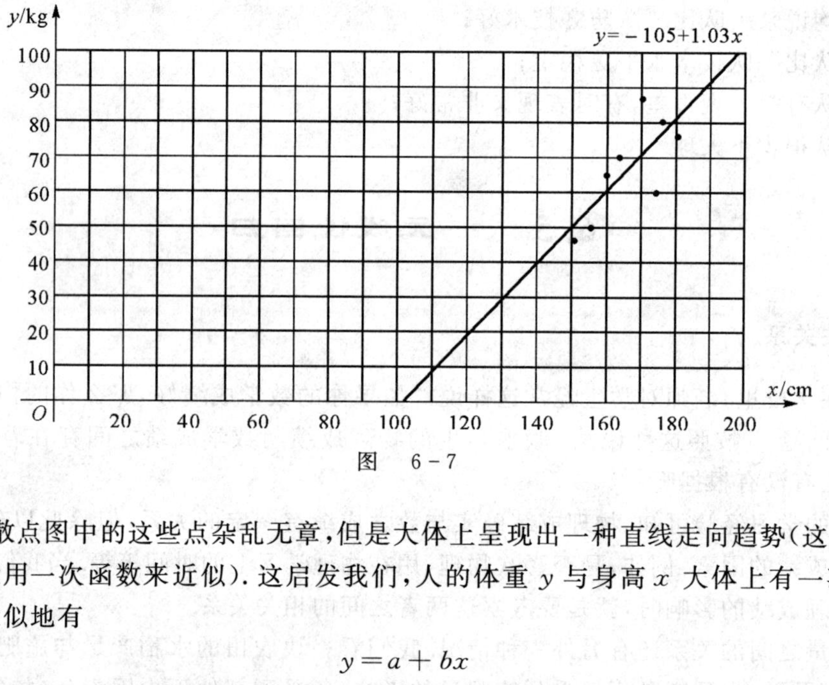

图　6-7

表面上散点图中的这些点杂乱无章，但是大体上呈现出一种直线走向趋势（这是非常重要的，否则不能用一次函数来近似）. 这启发我们，人的体重 y 与身高 x 大体上有一次函数的关系，即可以近似地有

$$y=a+bx$$

其中，a，b 是未知的，可以用样本的数据去估计 a，b 的值，估计值分别写作 $\hat{a}$ 和 $\hat{b}$. 一般地，用 $(x_1,y_1)(x_2,y_2)$，…，(x_n,y_n) 表示样本数据的 n 个有序实数对，则可证明得到 $\hat{a}$ 与 $\hat{b}$ 的计算公式为

$$\hat{b}=\frac{n\sum_{i=1}^{n}x_iy_i-(\sum_{i=1}^{n}x_i)(\sum_{i=1}^{n}y_i)}{n\sum_{i=1}^{n}x_i-(\sum_{i=1}^{n}x_i)^2},\quad \hat{a}=\bar{y}-\hat{b}\bar{x}$$

其中

$$\bar{x}=\frac{1}{n}\sum_{i=1}^{n}x_i,\quad \bar{y}=\frac{1}{n}\sum_{i=1}^{n}y_i$$

方程

$$\hat{y}=\hat{a}+\hat{b}x$$

叫作 y 关于 x 的一元线性回归方程,它的图形叫作回归直线.

可以利用计算器来求出 $\hat{a}$ 和 $\hat{b}$,具体步骤如下：

设置统计计算状态(STAT)：操作：按一次 MODE ，会显示 1:COMP 2:STAT 3:TABLE,表示进入计算状态选项,按 2 进入统计计算模块. 见表 6－17.

表　6－17

x	1.08	1.12	1.19	1.28	1.36	1.48	1.59	1.68	1.80	1.87	1.98	2.07
y	2.25	2.37	2.40	2.55	2.64	2.75	2.92	3.03	3.14	3.26	3.36	3.50

(1) 画出散点图；

(2) 求月总成本 y 与月产量 x 之间的回归直线方程.

解　(1) 画出的散点图如图 6－8 所示.

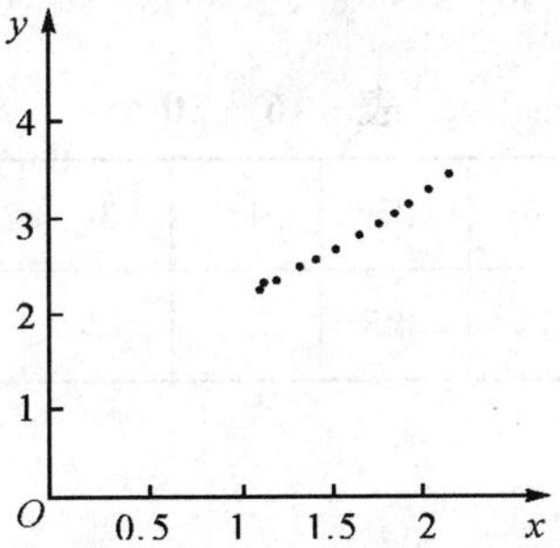

图　6－8

(2) 列出表 6－18,并用科学计算器进行有关计算.

表　6－18

i	1	2	3	4	5	6	7	8	9	10	11	12
x_i	1.08	1.12	1.19	1.28	1.36	1.48	1.59	1.68	1.80	1.87	1.98	2.07
y_i	2.25	2.37	2.40	2.55	2.64	2.75	2.92	3.03	3.14	3.26	3.36	3.50
x_iy_i	2.43	2.654	2.856	3.264	3.590	4.07	4.643	5.090	5.562	6.096	6.653	7.245

$\overline{x}=\dfrac{18.5}{12}$,　$\overline{y}=\dfrac{34.17}{12}=2.847\,5$,　$\sum\limits_{i=1}^{12}x_i^2=29.808$,　$\sum\limits_{i=1}^{12}y_i^2=99.208\,1$,$\sum\limits_{i=1}^{12}x_iy_i=54.243$.

于是可得

$$b=\frac{\sum\limits_{i=1}^{12}x_iy_i-12\overline{x}\overline{y}}{\sum\limits_{i=1}^{12}x_i^2-12x^2}=\frac{54.243-12\times\dfrac{18.5}{12}\times 2.847\,5}{29.808-12\times\left(\dfrac{18.5}{12}\right)^2}\approx 1.215$$

$$a=\overline{y}=b\overline{x}=2.847\,5-1.215\times\frac{18.5}{12}\approx 0.974$$

因此所求的回归直线方程是

$$\hat{y}=1.215x+0.974$$

习题 6－5

1. 某中学期中考试后，对成绩进行分析，从 13 班中选出 5 名学生的总成绩和外语成绩见表 6－19.

表　6－19

学科＼学生	1	2	3	4	5
总成绩(x)	482	383	421	364	362
外语成绩(y)	78	65	71	64	61

则外语成绩对总成绩的回归直线方程是________________.

2. 商品零售商要了解每周的广告费 x 及消费额 y（单位：万元）之间的关系，记录见表 6－20.

表　6－20

广告费 x	40	18	33	36	25	43	38	30	50	20	42	46
消费额 y	400	395	420	475	385	525	480	400	560	365	510	540

(1) 画出散点图；

(2) 求销售额 y 对广告费 x 的一元线性回归方程；

(3) 求出两个变量的相关系数.

复习题六

一、选择题

1. 某高中校 3 个年级人数见表 6－21.

表　6－21

年级	高一	高二	高三
人数	300	300	400

通过分层抽样从中抽取 40 人进行问卷调查，现在从答卷中随机抽取一张，恰好是高三学生的答卷的概率是(　　).

A. $\dfrac{1}{10}$　　B. $\dfrac{1}{40}$　　C. $\dfrac{2}{3}$　　D. $\dfrac{2}{5}$

2. 某赛季甲、乙两名篮球运动员各 13 场比赛得分情况用茎叶图表示如图 6－9 所示.

甲		乙
9 8 8	1	7 7 9 9
6 1 0	2	2 5 6 7 9 9
5 3 2 0	3	0 2 3
7 1 0	4	

图　6-9

根据图中所示，对这两名运动员的成绩进行比较，下列四个结论中，不正确的是(　　).

A. 甲运动员得分的极差大于乙运动员得分的极差

B. 甲运动员得分的中位数大于乙运动员得分的中位数

C. 甲运动员的得分平均值大于乙运动员的得分平均值

D. 甲运动员的成绩比乙运动员的成绩稳定

3. 某校共有学生 2 000 名，各年级男、女学生人数见表 6-22，已知在全校学生中随机抽取 1 名，抽到二年级女生的概率是 0.19，现用分层抽样的方法在全校学生中抽取 64 人，则应在三年级抽取的学生人数为(　　).

表　6-22

	一年级	二年级	三年级
女生	385	a	b
男生	375	360	c

A. 24　　B. 18　　C. 16　　D. 12

二、填空题

1. 某年级 120 名学生在一次百米测试中，成绩全部介于 13s 与 18s 之间. 将测试结果分成 5 组：[13,14)，[14,15)，[15,16)，[16,17)，[17,18]，得到如图 6-10 所示的频率分布直方图，如果从左到右的 5 个小矩形的面积之比为 1:3:7:6:3，那么成绩在[16,18] 的学生人数是________.

2. 袋中共有 6 个除了颜色外完全相同的球，其中有 1 个红球，2 个白球和 3 个黑球，从袋中任取一球，两球颜色为白色的概率等于________.

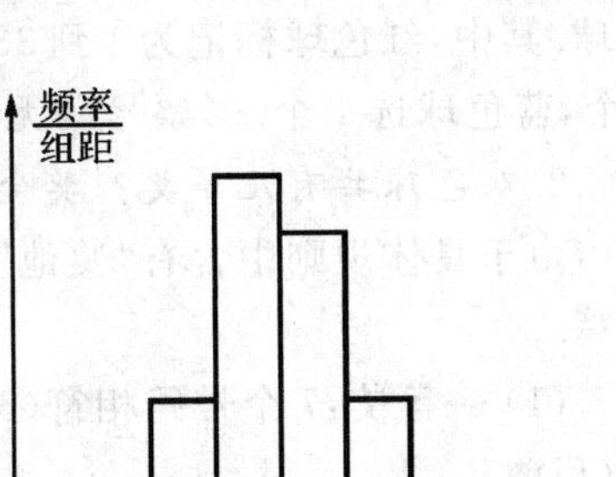

图　6-10

三、简单题

1. 某班级举行一次知识竞赛活动，活动分为初赛和决赛两个阶段、现将初赛答卷成绩(得分均为整数，满分为 100 分) 进行统计，制成频率分布表见表 6-23.

表 6-23

分数(分数段)	频数(人数)	频率
[60,70)	①	0.16
[70,80)	22	②
[80,90)	14	0.28
[90,100)	③	④
合计	50	1

(1) 填充频率分布表中的空格;

(2) 画出频率直方图.

2. 在国民经济中,社会生产与货运之间有着密切关系,下面列出 1991—2000 年中某地区货运量与工业总产值的统计资料见表 6-24.

表 6-24

年份	1991	1992	1993	1994	1995	1996	1997	1998	1999	2000
工业总产值 x (10 亿元)	2.8	2.9	3.2	3.2	3.4	3.2	3.3	3.7	.3.9	4.2
货运量 y(亿 t)	25	27	29	32	34	36	35	39	42	45

(1) 画出散点图;

(2) 如果变量 x 与 y 之间具有线性相关关系,求出回归直线方程.

阅读材料

双色球的中奖概率计算

1. 双色球是什么? 它的规则是什么?

双色球是我们国家官方发行的福利彩票. 开奖时球分为两种颜色(红色和蓝色),所以叫双色球. 其中,红色球标记为 1 到 33 共 33 个球,蓝色球标记为 1 到 16 共 16 个球. 选号时红色球选 6 个,蓝色球选 1 个. 彩票号码无顺序要求. 单注售价 2 元.

2. 双色球共有几等奖? 奖金都是多少?

由于具体规则中含有"奖池",规则较为复杂. 在此处是仅按照一般情况下所能得到的奖金计算.

(1) 一等奖:7 个号码相符(6 个红色球号码和 1 个蓝色球号码);奖金约为 5000000 元人民币(税前).

(2) 二等奖:6 个红色球号码相符;奖金约为 300000 元人民币(税前).

(3) 三等奖:5 个红色球号码和 1 个蓝色球号码相符;奖金为 3000 元人民币.

(4) 四等奖:5 个红色球号码或 4 个红色球号码和 1 个蓝色球号码相符;奖金为 200 元人民币.

(5) 五等奖:4 个红色球号码或 3 个红色球号码和 1 个蓝色球号码相符;奖金为 10 元人民币.

(6) 六等奖:1 个蓝色球号码相符(有无红色球号码相符均可);奖金为 5 元人民币.

3.双色球的各奖中奖概率是多少?

首先,我们计算一下双色球所有可能的组合方式总数是多少:

$$S(总)=C(6,33)\times C(1,16)=1107568\times 16=17721088$$

定义 S 为排列数,定义 E 为期望,定义 P 为概率,概率值均保留 6 位有效数字,下同.然后计算各等奖中奖概率:

(1) 一等奖(5000000 元):

$S(1)=C(6,6)\times C(1,1)=1\times 1=1$

$P(1)=S(1)/S(总)=0.0000000564299=0.00000564299\%$

$E(1)=P(1)\times 5000000=0.282150$

(2) 二等奖(300000 元):

$S(2)=C(6,6)\times C(1,15)=1\times 15=15$

$P(2)=S(2)/S(总)=0.000000846449=0.0000846449\%$

$E(2)=P(2)\times 300000=0.253945$

(3) 三等奖(3000 元):

$S(3)=C(5,6)\times C(1,27)\times C(1,1)=6\times 27\times 1=162$

$P(3)=S(3)/S(总)=0.00000914165=0.000914165\%$

$E(3)=P(3)\times 3000=0.027425$

(4) 四等奖(200 元):

$S(4)=C(5,6)\times C(1,27)\times C(1,15)+C(4,6)\times C(2,27)\times C(1,1)=6\times 27\times 15+15\times 351=7695$

$P(4)=S(4)/S(总)=0.0004342284=0.04342284\%$

$E(4)=P(4)\times 200=0.086846$

(5) 五等奖(10 元):

$S(5)=C(4,6)\times C(2,27)\times C(1,15)+C(3,6)\times C(3,27)\times C(1,1)=15\times 351\times 15+20\times 2925=137475$

$P(5)=S(5)/S(总)=0.00775771=0.775771\%$

$E(5)=P(5)\times 10=0.077577$

(6) 六等奖(5 元):

$S(6)=C(2,6)\times C(4,27)\times C(1,1)+C(1,6)\times C(5,27)\times C(1,1)+C(0,6)\times C(6,27)\times C(1,1)=15\times 17550+6\times 80730+1\times 296010=1043640$

$P(6)=S(6)/S(总)=0.0588925=5.88925\%$

$E(6)=P(6)\times 5=0.294463$

4.关于双色球的其他计算

总期望$=E(1)+E(2)+E(3)+E(4)+E(5)+E(6)-2=-0.977594$

中奖率$=[S(1)+S(2)+S(3)+S(4)+S(5)+S(6)]/S(总)=1188988/17721088=6.709453\%$

不中奖概率＝1－中奖率＝93.290547％

前五等奖中奖概率＝$(S(1)+S(2)+S(3)+S(4)+S(5))/S(\text{总})$＝145348/17721088＝0.820198％

红色球某指定数字出现概率＝18.18％

蓝色球某指定数字出现概率＝6.25％

红色球全未中概率＝$C(6,27)/C(6,33)$＝296010/1107568＝26.73％

红色球中一个概率＝$C(1,6)\times C(5,27)/C(6,33)$＝6×80730/1107568＝43.73％

红色球中两个概率＝$C(2,6)\times C(4,27)/C(6,33)$＝15×17550/ 1107568＝23.77％

红色球中三个概率＝$C(3,6)\times C(3,27)/C(6,33)$＝20×2925/1107568＝5.28％

随机购买 2 注中奖概率＝12.968738％

随机购买 3 注中奖概率＝18.808060％

随机购买 4 注中奖概率＝24.255595％

随机购买 5 注中奖概率＝29.337630％

随机购买 10 注中奖概率＝50.068275％

随机购买 20 注中奖概率＝75.068248％(注:由于是随机,所以蓝球可能没有遍历,故此值仍不为 100％)

随机购买 50 注中奖概率＝96.896283％

随机购买 100 注中奖概率＝99.903669％

根据上述概率的计算可以知道,如果想中 10 元的话,那么平均来讲大约需要买 130 次可以中一次.

如果想中 5 元的话,这个容易一些,大约买 17 次就可以了(花费 34 元人民币)……

第7章　算法初步

算法(Algorithm)是指解题方案的准确而完整的描述，是一系列解决问题的清晰指令，算法代表着用系统的方法描述解决问题的策略机制. 也就是说，能够对一定规范的输入，在有限时间内获得所要求的输出. 如果一个算法有缺陷，或不适合于某个问题，执行这个算法将不会解决这个问题. 不同的算法可能用不同的时间、空间或效率来完成同样的任务. 一个算法的优劣可以用空间复杂度与时间复杂度来衡量.

本章将介绍算法、程序框图、算法语句和几个经典的算法案例.

7.1　算法与程序框图

你能给出 $1^3+2^3+3^3+4^3+\cdots+9999^3$ 的计算结果吗？

你能求出 $1^3+2^3+3^3+4^3+\cdots+n^3>1000000$ 的最小正数 n 吗？

一、算法的概念

实际上，算法对我们来说并不陌生，它是完成一件事的步骤．在数学中，算法通常是指按照一定规则解决某一类问题的明确和有限的步骤．现在算法通常可以编成计算机程序，让计算机执行并解决问题．

【例 7-1】　(1) 设计一个算法，判断 26 是否能整除 1574.

(2) 设计一个算法，判断 35 是否是质数.

算法分析：

(1) 根据整除的定义，可以这样判断：用 26 除 1547，如果余数为 0，则 26 能整除 1574；否则 26 不能整除 1574.

根据以上分析，可以写出如下的算法：

用 26 除 1547，得到余数 14. 因为余数不为 0，所以 26 不能整除 1574.

(2) 根据，可以写出“判断 35 是否为质数”的算法：

第一步，用 2 除 35，得到余数 1. 因为余数不为 0，所以 2 不能整除 35.

第二步，用 3 除 35，得到余数 2. 因为余数不为 0，所以 3 不能整除 35.

第三步，用 4 除 35，得到余数 3. 因为余数不为 0，所以 4 不能整除 35.

第四步，用 5 除 35，得到余数 0. 因为余数为 0，所以 5 能整除 35；因此，35 不是质数.

对于任意的整数 $n(n>0)$，若用 i 表示 $2\sim(n-1)$ 中的任意整数，则“判断 n 是否为质数”的算法包含下面的重复操作：

用 i 除 n，得到余数 r 是否为 0，若是，则 n 不是质数；否则，将 i 的值增加 1，再执行同样的操作.

这个操作一直要进行到 i 的值等于 $n-1$ 为止. 因此，“判断 n 是否为质数”的算法可以写成：

第一步，给定大于 2 的整数 n；

第二步，令 $i=2$.

第三步，用 i 除 n，得到余数 r.

第四步，判断“$r=0$”. 若是，则 n 不是质数，结束算法；否则，将 i 的值增加 1，仍然用 i 表示.

第五步，判断“$i>(n-1)$”是否成立，若是，则 n 是质数，结束算法；否则，返回第三步.

【例 7-2】　已知函数 $f(x)=\begin{cases}x^2-x+1, & (x\geqslant 2)\\ x+1, & (x<2)\end{cases}$ 设计一个算法，求函数的任一函数值.

解　算法：第一步：输入 a；

第二步：判断“$a<2$”是否成立，若是，则执行第三步；否则执行第四步；

第三步：输出 $a+1$.

第四步：输出 a^2-a+1.

练习 7-1

1. 写出解方程 $x^2-2x-3=0$ 的一个算法.

2. 任意给定一个大于 1 的整数 n，设计一个算法求出 n 的所有因数.

二、程序框图与算法的基本逻辑结构

从以上算法的定义可以看出，算法步骤有明确的顺序性，而且有些步骤只有在一定条件下才会被执行，有一些步骤在一定条件下会被重复执行. 因此，我们有必要探究使算法表达更加直观、准确的方法.

1. 程序框图

程序框图又称流程图，是一种用程序框、流程线及文字说明来表示算法的图形.

在程序框图中，一个或几个程序的组合表示算法中的一个步骤；带有方向箭头的流程线将程序框连接起来，表示算法步骤的执行顺序. 表 7－1 给出了几个基本的程序框、流程线和它们表示的功能.

表　7－1

程序框	名　称	功　能
	终端框（起止框）	表示一个算法的起始和结束
	输入、输出框	表示一个算法输入和输出的信息
	处理（执行）框	赋值、计算
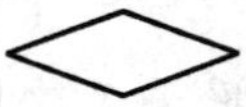	判断框	判断一个条件是否成立
	流程线	连接程序框

例如“判断整数 35 是否为质数”的算法就可以用图 7－1 的程序框图表示.

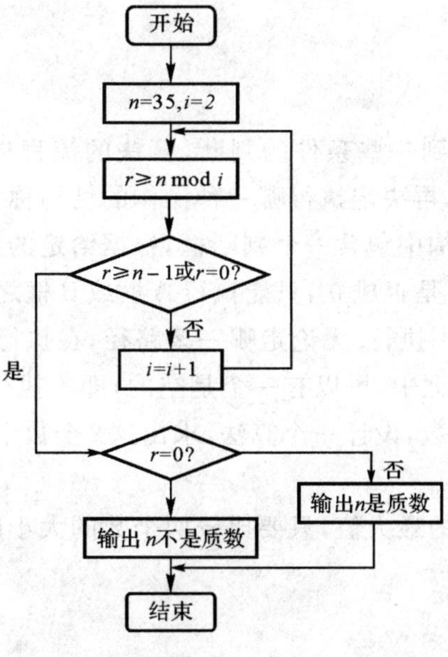

图　7－1

2. 算法的基本逻辑结构

用程序框图包含顺序、条件和循环 3 种逻辑结构,表示算法时逻辑结构非常清楚地体现在程序框图中.

(1) 顺序结构.顺序结构是最简的算法结构,它是由若干个依次执行的步骤组成的,语句与语句之间,框图与框图之间是按从上到下的顺序进行的.它是由若干个依次执行的处理步骤组成的,它也是任何一个算法离不开的一种算法结构,可用图表示顺序结构的示意图,如图 7-2 所示,其中 A 和 B 两个处理框是一次执行的,只有在执行完成 A 所指定的操作后,才能接着执行 B 所指定的操作.

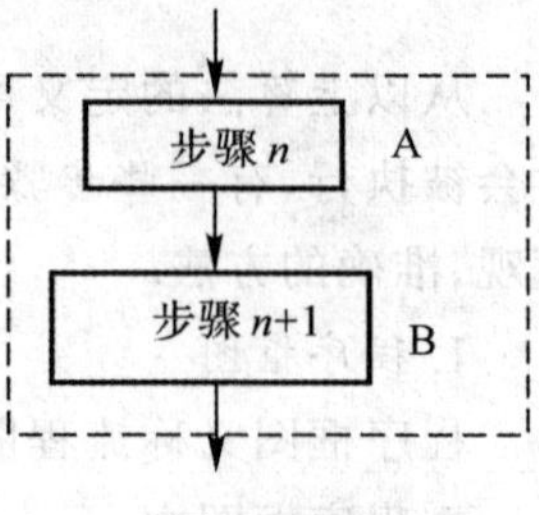

图 7-2

【例 7-3】 已知 4 个数 a,b,c,d,设计一个计算它们平均值的算法,并画出程序框图表示.

算法分析:这个问题简单,只要想算出它们的和 s,再除以个数,最后输出结果.用顺序结构就能表达出算法.

算法步骤如下:

第一步,输入 4 个数 a,b,c,d;

第二步,计算 $s=a+b+c+d$;

第三步,计算平均值 $t=\frac{s}{4}$;

第四步,输出 t.

程序框图如图 7-3 所示.

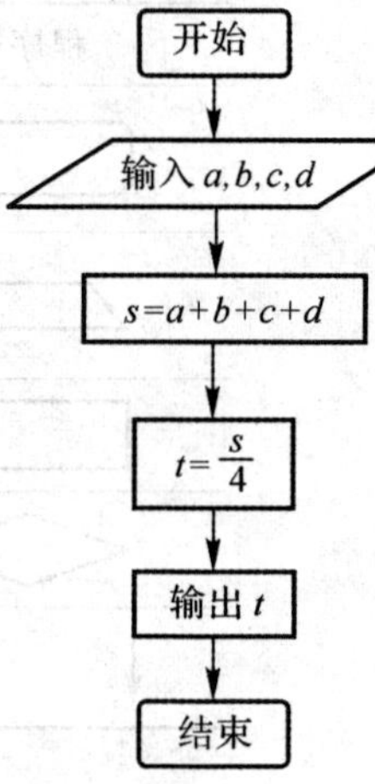

图 7-3

练习 7-2

已知一个三角形 3 条边的边长分别为 a,b,c,利用海伦 — 秦九韶公式设计一个计算三角形面积的算法,并画出程序框图表示.

提示:海伦 — 秦九韶公式:已知一个三角形三条边的边长分别为 a,b,c,则三角形的面积 $S=\sqrt{p(p-a)(p-b)(p-b)}$,其中 $p=\frac{a+b+c}{2}$.

在一个算法中,经常会遇到一些条件的判断,算法的流程根据条件是否成立有不同的流向.这种先根据条件作出判断,再决定执行哪一种操作的结构称为条件分支结构,如图 7-4 所示的一个条件分支结构,此结构中包含一个判断框,根据给定的条件 p 是否成立而选择执行 A 框或 B 框,请注意,无论 p 条件是否成立,只能执行 A 框或 B 框之一,不可能既执行 A 框又执行 B 框,也不可能 A 框和 B 框都不执行.无论走哪一条路径,在执行完 A 框或 B 框之后,脱离本条件分支结构.A 框或 B 框两个框中,可以有一个是空的,即不执行任何操作.

【例 7-4】 任意给定 2 个数,设计一个算法,求出这 2 个数中的较大的数,并画出这个算法的程序框图.

算法分析:判断 2 个数中的最大值,只要比较两个数的大小即可.

算法步骤如下:

第一步:输入 2 个数 a,b;

第二步：判断 $a > b$ 是否成立，若是，则较大的数是 a；否则就是 b.

程序框图如图 7－5 所示.

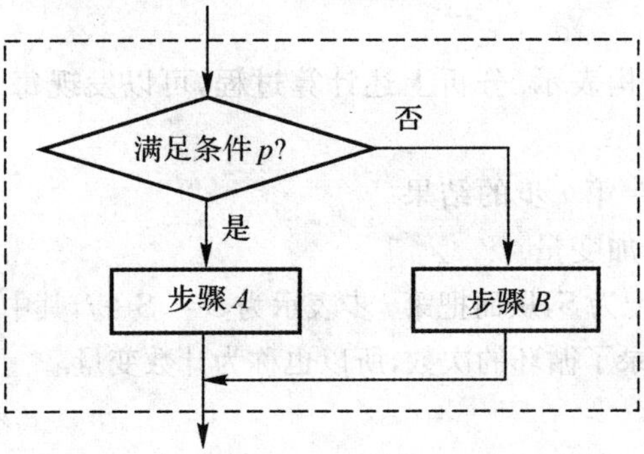

图　7－4

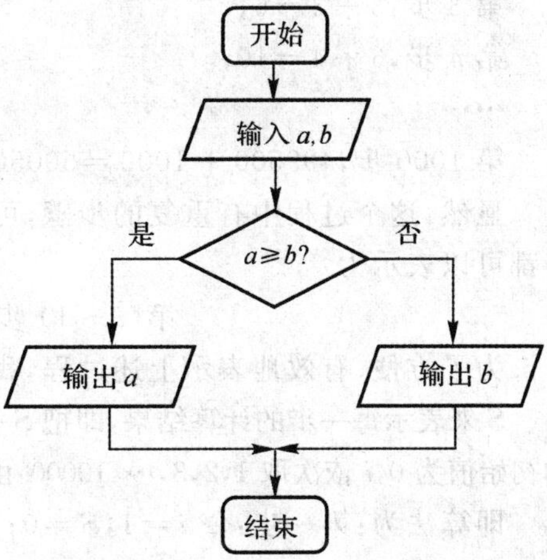

图　7－5

练习 7－3

1. 任意给定 3 个正实数，设计一个算法，判断以这 3 个正实数为 3 条边边长的三角形是否存在，并画出这个算法的程序框图.

2. 设计一个求解一元二次方程 $ax^2 + bx + c = 0$，$(a \neq 0)$ 的算法，并画出程序框图.

(2) 循环结构. 需要重复执行同一操作的结构称为循环结构，即从某处开始，按照一定条件反复执行某一处理步骤，反复执行的处理步骤称为循环体. 循环结构中通常都有一个起循环计数作用的变量，这个变量的取值一般都包含在执行或终止循环的条件中. 循环结构有 while 型循环(也称当型循环) 和 until 型循环(也称直到型循环) 两种. 注意这两种循环的联系和区别.

以上两种不同形式的循环结构可以看出，循环结构中一定包含条件结构，用于确定何时终止执行循环体.

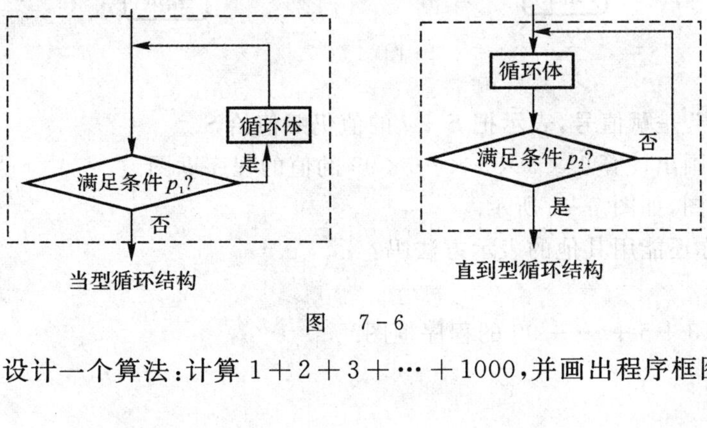

图　7－6

【例 7－5】　设计一个算法：计算 $1 + 2 + 3 + \cdots + 1000$，并画出程序框图.

算法分析：

通常，我们按照下列过程计算 $1 + 2 + 3 + \cdots + 1000$ 的值.

第 1 步，$0+1=1$；

第 2 步，$1+2=3$；

第 3 步，$3+3=6$；

第 4 步，$6+4=10$；

……

第 1000 步，$499500+1000=500500$

显然，这个过程中有重复的步骤，可以用循环结构表示. 分析上述计算过程，可以发现每一步都可以表示为

第$(i-1)$步的结果$+i=$第 i 步的结果

为了方便、有效地表示上述过程，我们用一个累加变量.

S来表示每一步的计算结果，即把$S+i$的结果仍记为S，从而把第i步表示为$S=S+i$，其中S的初始值为 0，i 依次取 1，2，3，…，10000. 由于 i 同时记录了循环的次数，所以也称为计数变量.

即算法为：第一步：令 $i=1$，$S=0$；

第二步：若 $i\geqslant 1\ 000$ 成立，则执行第三步；否则，输出 S，结束算法.

第三步：$S=S+i$；

第四步：$i=i+1$，返回第二步.

程序框图如图 7-7 所示.

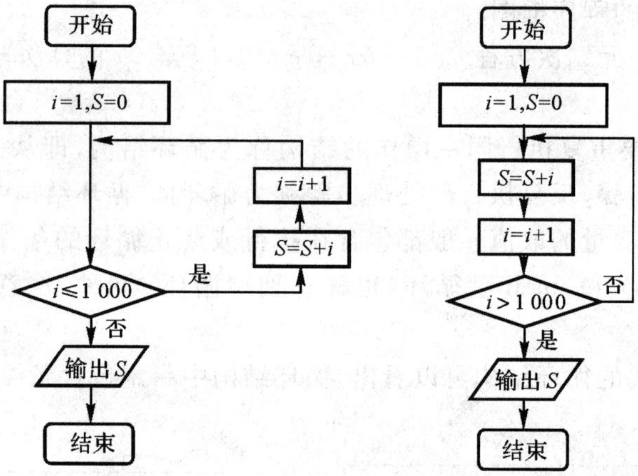

图 7-7

注：这里的"="是赋值号，表示把 $S+i$ 的值仍赋值给 S.

【例 7-6】 画出计算 $1\times 3\times 5\times\cdots\times 99$ 的值的程序框图.

解 程序框图，如图 7-8 所示.

注：想一想：你还能用其他的表示方法吗？

练习 7-4

画出 $S=1+3+5+\cdots+99$ 的程序框图.

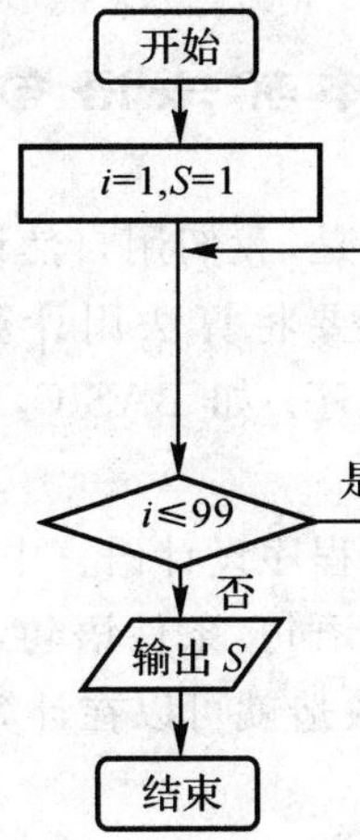

图　7－8

习题 7－1

1. 设计一个求实数 x 的绝对值的算法，并画出相应的流程图.

2. 到银行办理个人异地汇款(不超过 100 万元)，银行收取一定的手续费，汇款额不超过 100 元，收取 1 元手续费；超过 100 元但不超过 5000 元，按汇款额的 1% 收取；超过 5000，一律收取 50 元手续费，试用条件语句描述汇款额为 x 元时，银行收取手续费 y 元的过程，画出程序框图.

3. 写出分段函数 $y=\begin{cases}2x-1,{}^{x}>0\\ x^2+1,{}^{0}\leqslant x<1\\ x^2+2x,{}^{x}\geqslant 1\end{cases}$ 的函数值的算法，并画出相应的流程图.

4. 设计一个算法 $1^2+2^2+3^2+\cdots+99^2+100^2$ 的值，并画出程序框图.

5. 如图 7－9 的程序框图的输出结果是__________.

6. 如图 7－10 所示的程序框图运行结果为 2 550，循环终止条件为__________.

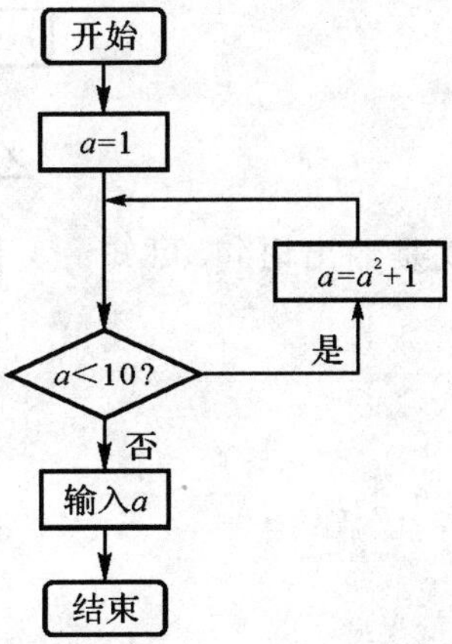

图　7－9

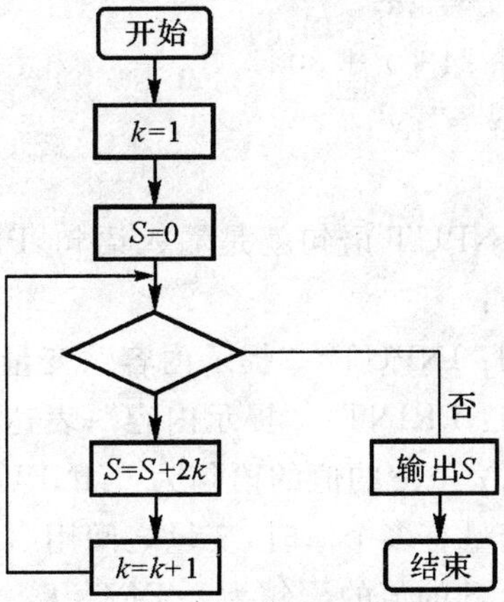

图　7－10

7.2　基本算法语句

计算机完成任何一项任务都需要算法,但是,我们用自然语言或程序框图描述的算法,计算机是无法“看得懂,听得见”的. 因此还需要将算法用计算机能够理解的程序设计语言(Programming language)翻译成计算机程序. 如 BASIC,Foxbase,C 语言,C ++,J ++,VB 等.

为了实现算法的三种基本逻辑结构,各种程序设计语言中都包含下列基本的算法语句,并且形式是类似的.如输入语言,输出语言,赋值语句,条件语句,循环语句,等等.我们使用的语句形式和语法规则与 BASIC 语言类似,稍加改造就可以在计算机上运行实现.

1.输入语句、输出语句和赋值语句

输入语句、输出语句分别与程序框图中的输入、输出框对应,用来输入和输出信息.

赋值语句与程序框图中表示赋值的处理框对应,用来给变量赋值.

现在举例说明这几种语句的应用.

【例 7-7】　已知 $y=x^2+24x+30$,编写程序计算当 x 分别为下列各数对应的函数值.

$$x=20\quad x=22\quad x=24\quad x=26\quad x=28\quad x=30$$

算法分析:由题意,对应每一个输入的自变量的值,都要输出相应的函数值.算法步骤如下:

第一步:输入一个自变量 x 的值;

第二步:计算 $y=x^2+24x+30$;

第三步:输出 y.

程序框图如图 7-11 所示.

程序按照框图中流程线的方向,这是典型的顺序结构构成的算法.按照框图中的内容依次写成相应算法语句如下:

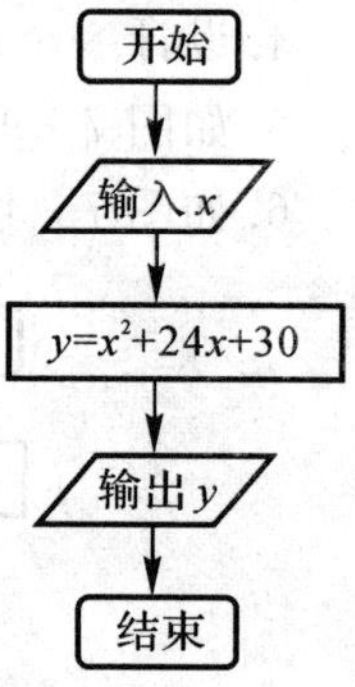

图　7-11

程序:

```
INPUT“x=”;x
y=x^2+24*x+30
PRINT“y=”;y
END
```

程序中,INPUT 语句就是输入语句,PRINT 语句就是输出语句.可知其一般格式为:

输入语句:INPUT　“提示内容”;变量

输出语句:PRINT　“提示内容”;表达式

例如输入 a,b,c 的值的语句为　INPUT　“$a,b,c=$”;a,b,c

输入的变量有多个值时,变量之间用“,”隔开.

例如输出 S 的值的语句为　PRINT　“$S=$”;S

“提示内容”提示用户输出什么样的信息;表达式是指程序要输出的数据,可以是变量,计算公式或系统信息.

【例 7-8】　判断下列输入、输出语句是否正确?为什么?

(1) 输入语句 INPUT $a;b;c$

(2) 输入语句 INPUT $x=3$

(3) 输入语句 PRINT $A=4$

(4) 输入语句 PRINT 20,3 * 2

解　(1) 错;变量之间应用逗号“,”隔开.

(2) 错;INPUT 语句只能是变量而不能是表达式.

(3) 错;INPUT 语句中不能再用赋值符号“=”.

(4) 对.

除了输入语句,在表述一个算法时,经常要引入变量,并赋给该变量一个值,用来表明给某一个变量一个具体的确定值的语句叫作赋值语句.

赋值语句的一般格式是:变量=表达式

赋值语句中的“=”称作赋值号,赋值语句中的“=”(赋值号)与代数运算中的“=”意义是不同的,赋值号是将“=”右边表达式的值赋给“=”左边的变量.例如:$X=3*Y+1.5$,执行过程为:先计算表达式的值,再将该值赋给变量 X.因此,赋值语句具有计算和赋值双重功能,先计算后赋值.而代数运算中的“=”是连接两边的表达式,表示左右两边的表达式具有相等的值.如语句 $i=i+1$,在赋值语句中表示 i 的值自身加 1,而在代数式中是不成立的.

赋值号左边只能是变量的名字,而不是表达式,并且赋值号左右不能交换.例如“$A=B$”与“$B=A$”的含义和运行结果是不同的,又如“$x=5$”是对的,“$5=x$”是错的.

“表达式”可以是一个数据、常数或算式,如果“表达式”是一个算式时,赋值语句的作用是先计算出“=”右边表达式的值,然后将该值赋给“=”左边的变量.

不能利用赋值语句进行代数式(或符号)的演算(如因式分解,化简等).例如 $y=x^2-1=(x+1)(x-1)$ 是错误的,在赋值语句中的赋值号右边的表达式中的每一个变量都必须事先赋给确定的值.在一个赋值语句中能给一个变量赋值,不能出现两个或两个以上的“=”号.

对于一个变量可以多次赋值,如 $x=6,x=8,x=9$,则执行时 x 的最后值是 9;变量的值也可以多次给别的变量赋值,如 $A=6,B=A,C=B$,最后执行时 C 的值仍然是 6.

【例 7-9】　交换两个变量 A 和 B 的值,并输出交换前后的值.

解　程序:

```
INPUT  A,B
PIRINT A,B
x=A
A=B
B=x
PRINT A,B
```

【例 7-10】　请写出下面的运算输出的结果.

```
(1)a=1
b=a
c=a+b
b=a+c-b
(2) a=10
```

```
b=20
c=30
b=c
c=a
PRINT"a=,b=,c=";a,b,c
```

解　(1) 由 b=a 得 b 的值为 1,由 c=a+b 知 c 的值是 1+1=2,由 b=a+c-b 知 b 的值为 1+2-1=2,即最后输出的 b 应是最后一次赋值的值 2.

(2) 由 a=b 知 a 的值为 20,由 b=c 得 b 的值为 30,由 c=a 知 c 的值为 20(这里 a 的值是最后一次赋值的值 20).

练习 7-5

1.春节到了,糖果店的售货员忙极了.请你设计一个程序,帮忙售货员算账.已知水果糖 10.4 元/kg,奶糖 15.6 元/kg,果仁巧克力 25.2 元/kg,那么依次购买这 3 种水果 a,b,c 千克,应收取多少钱?

2.编写一个程序,计算两个非零实数的加减乘除运算的结果(要求输入两个为 0 实数,输出运算结果).

2.条件语句

程序框图中的条件结构有两种,一种是"双分支结构",另一种是"羊分支结构".

(1) IF—THEN—ELSE 语句.其一般格式为

```
IF 条件 THEN
语句 1
ELSE
语句 2
END IF
```

在 IF—THEN—ELSE 语句中,"条件"表示判断的条件,"语句 1"表示满足条件时执行的操作内容,"语句 2"表示不满足条件时的执行操作内容,END IF 表示条件语句的结束.计算机在执行时,首先对 IF 后的条件进行判断,如果条件符合,就执行 THEN 后面的语句 1;若条件不符合,就执行 ELSE 后面的语句 2.

该语句对应的程序框图如图 7-12 所示.

(2) IF—THEN 语句.其一般格式为

```
IF 条件 THEN
语句
END IF
```

"条件"表示判断的条件,"语句"表示满足条件是执行的操作内容,条件不满足时,结束程序,END IF 表示条件语句结束.计算机在执行时首先对 IF 后的条件进行判断,如果条件符合,就执行 THEN 后面的语句;若条件不符合,则直接结束该条件语句,转而执行其他语句.

该语句对应的程序框图如图 7-13 所示.

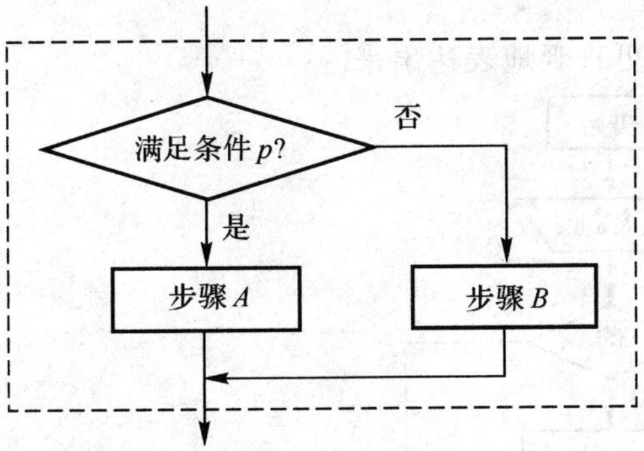

图　7-12

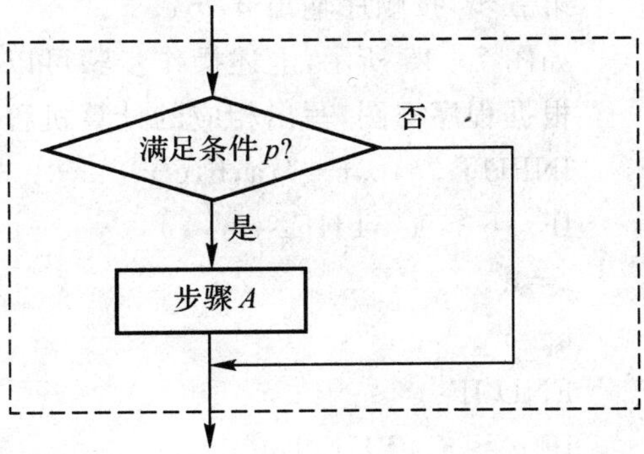

图　7-13

【例 7-11】　编写一个程序，求实数 x 的绝对值.

算法分析：

首先，我们来设计求实数 x 的绝对值的算法. 因为实数 x 的绝对值为 $|x|=\begin{cases}x\ (x\geqslant 0)\\-x\ (x<0)\end{cases}$，所以算法步骤可以写成：

第一步，输入一个实数 x；

第二步，判断 x 的符号；若 $x\geqslant 0$，则输出 x；否则，输出 $-x$.

显然，"第二步" 可以用条件结构来实现.

程序框图如图 7-14 所示.

程序：

```
INPUT  x
IF  x>=0  THEN
PRINT  x
ELSE
PRINT  -x
END IF
END
```

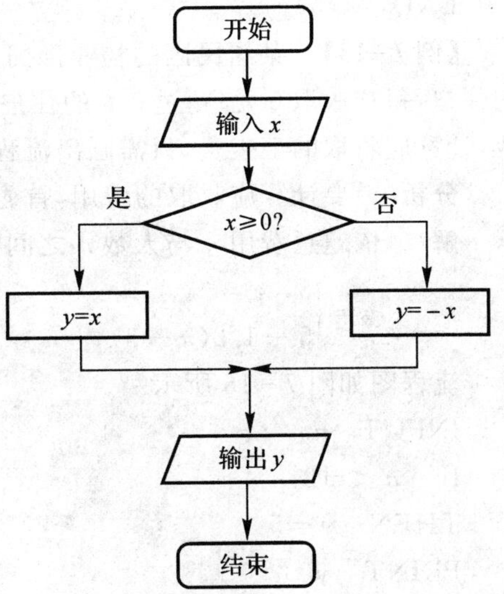

图　7-14

【例 7-12】　编写程序，使任意输入的 3 个整数按从大到小的顺序输出.

算法分析：

用 a,b,c 表示输入的 3 个整数. 为了节约变量，把它们重新排列后，仍用 a,b,c 表示，并使 $a\geqslant b\geqslant c$. 具体操作步骤如下：

第一步，输入 3 个整数 a,b,c；

第二步，将 a 与 b 比较，并把小者赋值给 b，大者赋给 a；

第三步，将 a 与 c 比较，并把小者赋值给 c，大者赋给 a；(此时 a 已是三者中最大的).

第四步，将 b 与 c 比较，并把小者赋值给 b，大者赋给 b；(此时 a,b,c 已按从大到小的顺序排列好)

第五步，按顺序输出 a,b,c.

如图 7－15 所示，上述操作步骤可以用程序框图更直观地表达出来.

根据程序框图，写出相应的计算机程序.

```
INPUT “a,b,c =”;a,b,c
IF  b > a  THEN
t = a
b = t
END IF
IF c > a  THEN
t = a
a = c
c = t
END IF
IF  c > b  THEN
t = b
b = c
c = t
END IF
PRINT a,b,c
END
```

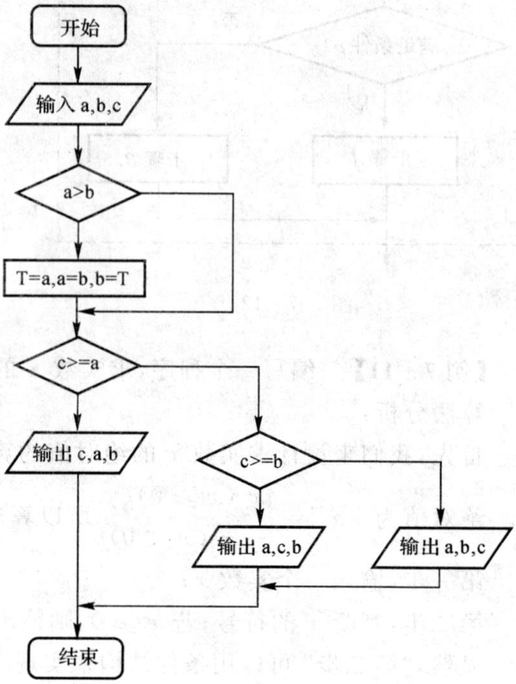

图　7－15

【例 7－13】　某居民区的物业部门每月向居民收取卫生费，计算方法如下：3 人和 3 人以下的住户，每户收取 5 元；超过 3 人的住户，每超出 1 人加收 1.2 元. 设计一个算法，根据输入的人数，计算应收取的卫生费，只需画出流程图即可.

分析　要计算应收取的费用，首先要将费用与人数的关系表示出来.

解　依题意费用 y 与人数 n 之间的关系为

$$y=\begin{cases}5, & n\leqslant 3\\ 5+1.2(n-3), & n>3\end{cases}$$

流程图如图 7－16 所示.

```
INPUT  n
IF  n <= 3
THEN  y = 5
PRINT  y
ELSE
y = 5 + 1.2(n - 3)
PRINT  y
END IF
END
```

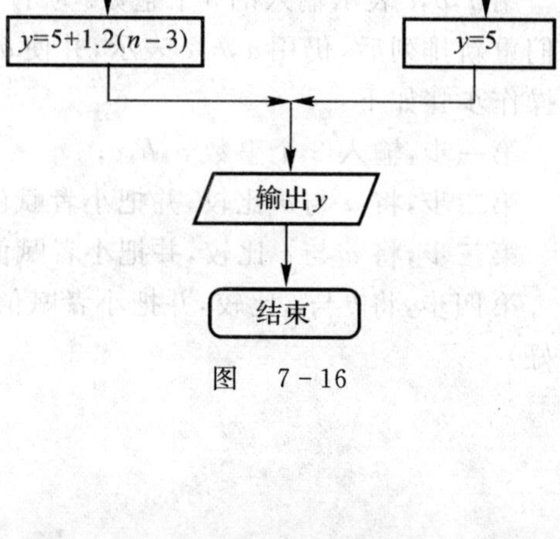

图　7－16

练习 7－6

1. 目前高中毕业会考中,成绩在85～100为"A",70～84为"B",60～69为"C",60分以下为"D".编制程序,输入学生的考试成绩(百分制,若有小数则四舍五入),输出相应的等级.

2. 某地电信部门规定:拨打市内电话时,如果通话时间不超过3min,则收取通话费0.22元;如果通话时间超过3min,则超过部分按每分钟0.1元收取通话费,不足1min按1min计.设通话时间为t(min),通话费用为y(元),如何设计一个计算通话费用的算法?

3. 循环语句

循环语句与程序框图中的循环结构相对应.一般程序设计语言中有直到型(UNTIL)和当型(WHILE)两种循环结构,分别对应于程序框图中的直到型和当型循环.

直到型循环结构对应的UNTIL语句为

```
DO
  循环体
LOOP  UNTIL  条件
```

当计算机执行上述语句时,先执行一次DO和UNTIL之间的循环,再对UNTIL后的条件进行判断.如果条件不符合,继续执行循环体;然后再检查上述条件,如果条件仍不符合,再次执行循环条件,直到条件符合时为止.这时,计算机将不执行循环体,直接跳到UNTIL语句后,接着执行UNTIL语句之后的语句.

当型循环结构对应的WHILE语句为

```
WHILE  条件
  循环体
WEND
```

当计算机遇到WHILE语句时,先判断条件的真假,如果条件符合,就执行WHILE和WEND之间的循环体,然后再检查上述条件,如果条件仍然符合,再执行循环体,这个过程反复进行,直到某一次条件不符合为止.这时,计算机将不执行循环体,直接跳到WEND语句后,接着执行WEND之后的语句.

【例7－14】 编写程序,计算自然数1＋2＋3＋…＋99＋100的和.

分析:这是一个累加问题.我们可以用WHILE型语句,也可以用UNTIL型语句.

解　方框图如图7－17所示,程序为

```
i=0
S=0
WHILE i<=100
S=S+i
i=i+1
WEND
```

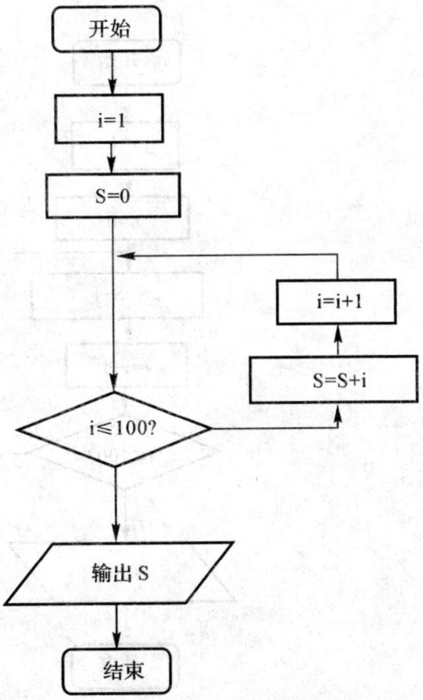

图　7－17

```
PRINT S
END
i=1
S=0
Do
S=S+i
i=i+1
LOOP UNTIL i>100
PRINT S
END
```

【例 7-15】 编写程序求:n! $=1\times2\times3\times4\times5\times\cdots\times n$ 的值.

解　程序框图如图 7-18 所示.

程序为

```
INPUT"n=";n
i=1
S=1
WHILE i<=n
S=S*1
i=i+1
WEND
PRINT S
END
```

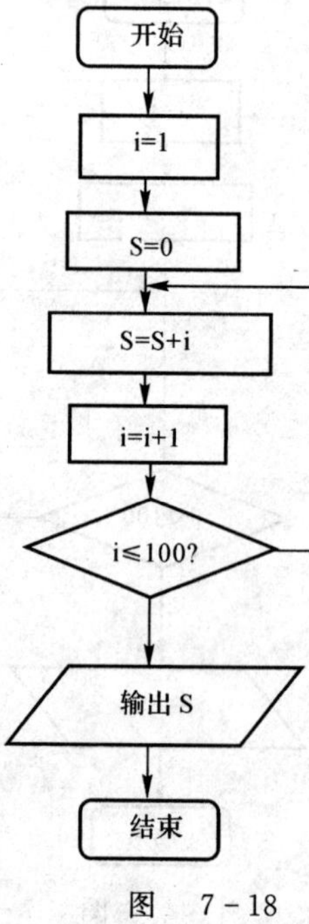

图　7-18

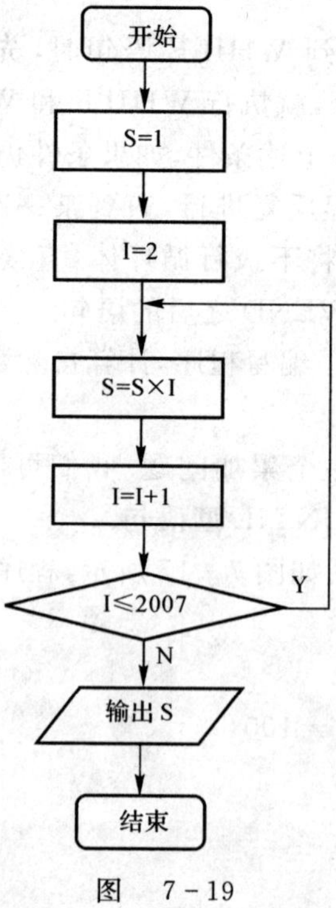

图　7-19

练习 7－7

1. 对于函数 $y=x2-3x+5$,连续求出 1～20 自变量的相应的函数值,并输出.

2. 试根据流程图 7－19 回答:在执行循环内容时,① 共经过多少次的判断? ② 共经过多少次循环体?

习题 7－2

1. 求满足 $1\times3\times5\times7\times\cdots\times n>10000$ 的最小整数 n 的伪代码如下:

```
S ← 1
I ← 3
While  S ≤ 10000
    S ← S · I
    I ← I + 2
End  while
Print   ①
```

则 ① 处的内容为(　　)

A. I　　B. I＋2　　C. I－2　　D. I＋1

2. 设购物款为 x 元,优惠价为 y 元,则优惠付款公式为 $y=\begin{cases}x, & x<100\\0.95x, & 100\leqslant x<200\\0.9x, & 200\leqslant x<300\\0.85x, & 300\leqslant x<500\\0.8x, & x\geqslant500\end{cases}$ 试画出程序框图,并写出程序.

3. 这是一个算法的操作说明:

① 初始值为 n ← 0,x ← 1,y ← 1,z ← 0;

② n ← n＋1;

③ x ← x＋2;

④ y ← 2y;

⑤ z ← z＋xy;

⑥ 如果 z＞7000,则执行语句 ⑦;否则回到语句 ② 继续执行;

⑦ 打印 n,z;

⑧ 程序终止.

由语句 ⑦ 打印出的数值为________,________.

7.3　算法案例

1. 进位制

进位制是人们为了计数和运算方便而约定的记数系统,约定满二进一,就是二进制;满十进一,就是十进制;满十二进一,就是十二进制;满六十进一,就是十六进制;等等.也就是说,"满几进一"就是几进制,几进制的基数就是几.

在日常生活中，我们最熟悉、最常用的是十进制，据说这与古人曾以手指计数有关. 爱好天文学的古人也曾经采用七进制、十二进制、六十进制，至今我们仍然使用一周 7 天，一年 12 个月、1 小时 60 分的历法.

十进制使用 $0 \sim 9$ 十个数字. 计数时，几个数字排成一行，从右起，第一位是个位，个位上的数字是几，就表示几个一；第二位是十位，十位上的数字是几，就表示几个十；接着是百位、千位、万位 …

例如，十进制数 3721 中的 3 表示 3 个千，7 表示 7 个百，2 表示 2 个十，1 表示 1 个一. 于是，我们得到：

$$3721 = 3 \times 10^3 + 7 \times 10^2 + 2 \times 10^1 + 1 \times 10^0$$

与十进制类似，其他的进位制也可以按照位置原则计数. 由于每种进位制的基数不同，所用的数字个数也不同. 如二进制用 0 和 1 两个数字，七进制用 $0 \sim 6$ 七个数字.

一般地，若 k 是一个大于 1 的整数，那么以 k 为基数的 k 进制数可以表示为一串数字连写在一起的形式

$a_n a_{n-1} \cdots a_1 a_0 (a_n, a_{n-1}, \cdots, a_1, a_0 \in \mathrm{N}, 0 < a_n < k, 0 \leqslant a_n, a_{n-1}, \cdots, a_1, a_0 < k)$

其他进位制的数也可以表示成不同位上数字与基础的幂的乘积之和的形式，如

$110011 = 1 \times 2^5 + 1 \times 2^4 + 0 \times 2^3 + 0 \times 2^2 + 1 \times 2^1 + 1 \times 2^0$

$7342 = 7 \times 8^3 + 3 \times 8^2 + 4 \times 8^1 + 2 \times 8^0$

二进制只用 0 和 1 两个数字，这正好与电路的通和断两种状态相对应，因此计算机内部都是使用二进制. 计算机在进行数的运算时，先接受到的数转化成二进制数进行运算，再把运算结果转化为十进制数输出.

二进制数与其他进位制数之间是怎样转化的呢？下面我们用例子来说明.

【例 7－16】 把二进制数 $110011_{(2)}$ 化为十进制数.

分析 先把二进制数写成不同位上数与 2 的幂的乘积之积的形式，再按照十进制数的运算规则计算出结果.

解 $110011 = 1 \times 2^5 + 1 \times 2^4 + 0 \times 2^3 + 0 \times 2^2 + 1 \times 2^1 + 1 \times 2^0 =$

$1 \times 32 + 1 \times 16 + 1 \times 2 + 1 = 51$

【例 7－17】 设计一个算法，把 k 进制数 a（共有 n 位）化为十进制数 b.

算法分析：

从例 7－16 的计算过程可以看出，计算 k 进制数 a 的右数第 i 位数字 a_i 与 k^{i-1} 的乘积，$a_i \cdot k^{i-1}$，再将其累加，这是一个重复操作的步骤. 所以，可以用循环结构来构造算法.

算法步骤如下：

第一步：输入 a, k 和 n 的值.

第二步：将 b 的值初始化为 0，i 的初始化为 1.

第三步：$b = b + a_i \cdot k^{i-1}, i = i + 1$.

第四步：判断 $i > n$ 是否成立. 若是，则执行第五步；否则，返回第三步.

第五步：输出 b 的值.

【例 7－18】 把 89 化为二进制数.

解 根据二进制数“满二进一”的原则，可以用 2 连续去除 89 或所得商，然后取余数，具体计算方法如下：

因为　$89=2\times 44+1$

$44=2\times 22+0$

$22=2\times 11+0$

$11=2\times 5+1$

$5=2\times 2+1$

$2=2\times 1+0$

$1=2\times 0+1$

所以　$89=2\times(2\times(2\times(2\times(2\times 2+1)+1)+0)+0)+1$

$89=1\times 2^6+0\times 2^5+1\times 2^4+1\times 2^3+0\times 2^2+0\times 2^1+1\times 2^0$

$89=1011001_{(2)}$

这种算法叫作除2取余法，还可以用下面的除法算式表示：

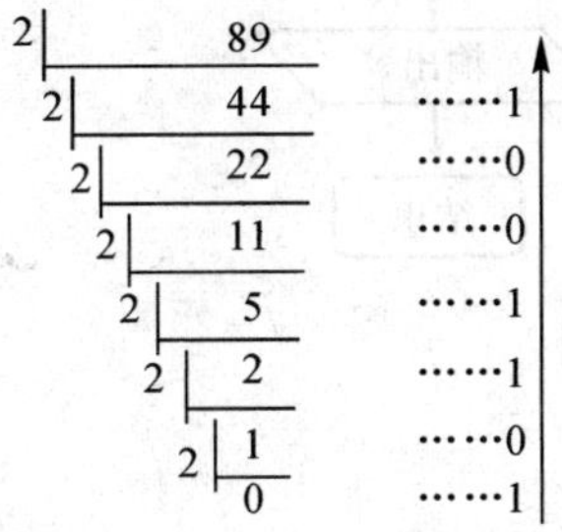

把上式中各步所得的余数从下到上排列，得到

$$89=1011001_{(2)}$$

上述方法可以推广为把十进制数化为 k 进制数的算法，称为除 k 取余法.

【例7-19】　设计一个程序，实现"除 k 取余法"($k\in \mathrm{N},2\leqslant k\leqslant 9$).

算法分析：

从例7-18的计算过程可以看出下述的规律：

若十进制数 a 除以 k 所得商是 q_0，余数是 r_0，即 $a=k\cdot q_0+r_0$，则 r_0 是 a 的 k 进制数的右数第一位数；

若 q_0 除以 k 所的商是 q_1，余数是 r_1，即 $q_0=k\cdot q_1+r_1$，则 r_0 是 a 的 k 进制数的右数第二位数；

……

若 $q_{n-1}q_0$ 除以 k 所的商是0，余数是 r_n，即 $q_{n-1}=r_n$，则 r_n 是 a 的 k 进制数的左数第一位数.

这样，我们可以得到算法步骤如下：

第一步，给定十进制正整数 a 和转化后的数的基数 k.

第二步，求出 a 除以 k 所得的商 q，余数 r.

第三步，把得到的余数依次从右到左排列.

第四步，若 $q\neq 0$，则 $a=q$，返回第二步；否则，输出全部余数 r 排列得到的 k 进制数.

程序框图如图7-20所示.

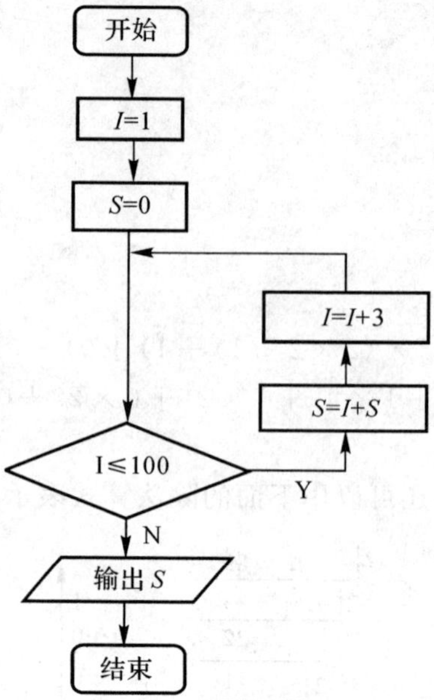

图　7-20

练习 7-8

1. 下列各数$85_{(9)}$，$210_{(6)}$，$1000_{(4)}$，$111111_{(2)}$中最小的数是__________.

2. 把"五进制"数$1234_{(5)}$转化为"十进制"数，再把它转化为"八进制"数.

2. 辗转相除法与更相减损术

在小学，我们学过求两个正整数的最大公约数的方法：先用两个数公有的质因数连续去除，一直除到所得的商是互质数为止，然后把所有的除数连乘起来.

当两个数公有的质因数比较大时（8251 与 6105），使用上述方法求最大公约数就比较困难. 下面我们介绍一种古老而有效的算法——辗转相除法. 这种算法是由欧几里得在公元前 300 年左右首先提出的，因而又叫欧几里得算法.

例如，用辗转相除法求 8251 与 6105 的最大公约数，我们可以考虑用两数中较大的数除较小的数，求得商和除数：$8251 = 6105 \times 1 + 2146$.

由此可得，6105 与 2146 的公约数也就是 8251 与 6105 的公约数，反过来，8251 与 6105 的公约数也是 6105 与 2146 的公约数，所以它们的最大约数相等. 对 6105 与 2146 重复上述步骤：$6105 = 2146 \times 2 + 1813$.

同理，2146 与 1813 的最大公约数也是 6105 与 2146 的最大公约数. 继续重复上述步骤：

$2146 = 1813 \times 1 + 333$

$1813 = 333 \times 5 + 148$

$333 = 148 \times 2 + 37$

$148 = 37 \times 4$

最后的除数 37 是 148 和 37 的最大公约数，也就是 8251 与 6105 的最大公约数.

这就是辗转相除法. 由除法的性质可以知道，对于任意两个正整数，上述除法步骤总可以在有限步之后完成，从而总是可以用辗转相除法求出两个正整数的最大公约数.

算法分析：

从上面的例子可以看出，辗转相除法中包含重复操作的步骤，因此可以用循环结构来构造算法.

算法步骤如下：

第一步，给定两个正整数 m，n.

第二步，计算 m 除以 n 所得的余数 r.

第三步，$m=n$，$n=r$.

第四步，若 $r=0$，则输出 m；否则，返回第二步.

程序框图如图 7-21 所示.

```
INPUT  m , n
DO
r = m MOD n
m = n
n = r
LOOP UNTIL  r = 0
PRINT  m
END
```

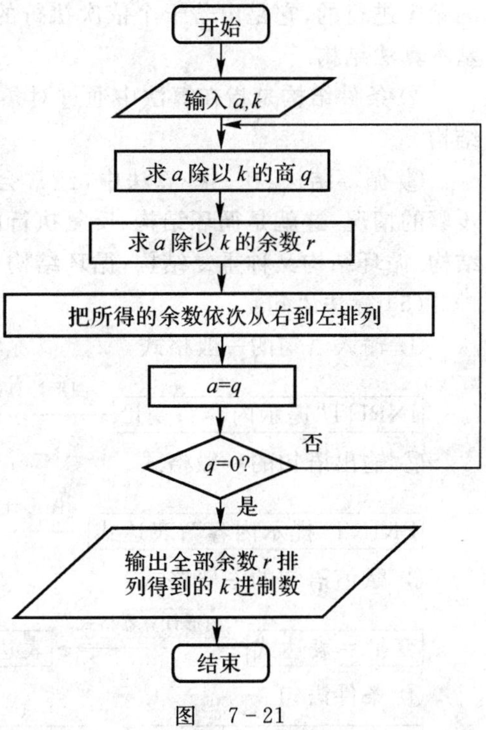

图　7-21

《九章算术》是中国古代的数学专著，其中的"更相减损术"也可以用来两个数的最大公约数，即"可半者半之，不可半者，副置分母、子之数，更相减损，求其等也. 以等数约之."

翻译为现代语言如下：

第一步，任意给定两个正整数，判断它们是否都是偶数. 若是，用 2 约简；若不是，执行第二步.

第二步，以较大的数减去较小的数，接着把所有的差与较小的数比较，并以大数减小数. 继续这个操作，直到所得的数相等为止，则这个数（等数）或这个数与约简的数的乘积就是所求的最大公约数.

下面我们用一个例子来说明这个算法.

【例 7-20】　用更相减损术求 98 与 63 的最大公约数.

解　由于 63 不是偶数，把 98 和 63 以大数减小数，并辗转相减，

$98-63=35$　　$63-35=38$　　$35-28=7$

$28-7=21$　　$21-7=14$　　$14-7=7$

所以，98 和 63 的最大公约数等于 7.

练习 7-9

用辗转相除法或者更相减损术求两个数 324，243 的最大公约数.

第 7 章复习

(1) 算法概念：是指可以用计算机来解决的某一类问题是程序或步骤，这些程序或步骤必须是明确和有效的，而且能够在有限步之内完成.

(2) 算法的特点：有限性、确定性、顺序性与正确性、不唯一性和普遍性.

(3) 程序构图的概念：程序框图又称流程图，是一种用规定的图形、指向线及文字说明来准确、直观地表示算法的图形.

(4) 算法的 3 种基本逻辑结构：顺序结构、条件结构、循环结构.

① 顺序结构：顺序结构是最简单的算法结构，语句与语句之间，框与框之间是按从上到下的顺序进行的，它是由若干个依次执行的处理步骤组成的，它是任何一个算法都离不开的一种基本算法结构.

② 条件结构是指在算法中通过对条件的判断，根据条件是否成立而选择不同流向的算法结构

③ 循环结构：在一些算法中，经常会出现从某处开始，按照一定条件，反复执行某一处理步骤的情况，这就是循环结构，反复执行的处理步骤为循环体，显然，循环结构中一定包含条件结构. 循环结构又称重复结构，循环结构可细分为两类：当型循环结构和直到型循环结构.

(5) 算法语句：

① 输入语句的一般格式

INPUT“提示内容”；变量 —图形计算器格式→ INPUT“提示内容”，变量

② 输出语句的一般格式

PRINT“提示内容”；表达式 —图形计算器格式→ Disp“提示内容”，变量

③ 赋值语句的一般格式

变量＝表达式 —图形计算器格式→ 表达式——→变量

④ 条件语句

```
IF  条件  THEN
    语句 1
ELSE
    语句 2
END IF
```

```
IF  条件  THEN
    语句
END  IF
```

⑤ 循环语句

```
WHLE  条件
循环体
WEND
```

```
DO
循环体
LOOP  UNTIL  条件
```

复习题七

一、选择题

1. 下面对算法描述正确的一项是(　　).

A. 算法只能用自然语言来描述　　B. 算法只能用图形方式来表示

C. 同一问题可以有不同的算法　　D. 同一问题的算法不同,结果必然不同

2. 对赋值语句的描述正确的是(　　).

①可以给变量提供初值；②将表达式的值赋给变量；③可以给一个变量重复赋值；④不能给同一变量重复赋值.

A. ①②③　　B. ①②　　C. ②③④　　D. ①②④

3. 下列给出的赋值语句中正确的是(　　).

A. 4＝M　　B. M＝－M　　C. B＝A＝3　　D. x＋y＝0

4. 在图 7-22 中,直到型循环结构为(　　).

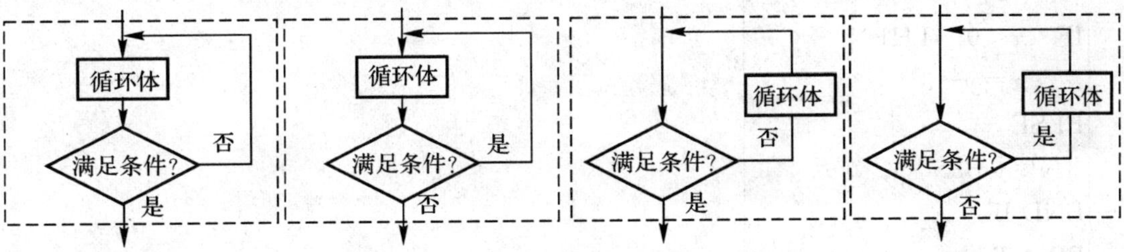

A.　　B.　　C.　　D.

图　7-22

5. 将两个数 a＝8,b＝17 交换,使 a＝17,b＝8,下面语句正确一组是(　　).

A.
```
a=b
b=a
```
B.
```
c=b
b=a
a=c
```
C.
```
b=a
a=b
```
D.
```
a=c
c=b
b=a
```

6. 用“辗转相除法”求得 456 和 357 的最大公约数是(　　).

A. 3　　B. 9　　C. 17　　D. 51

7. 右边程序的输出结果为(　　).

A. 3,4　　B. 7,7　　C. 7,8　　D. 7,11

```
  X=3
  Y=4
  X=X+Y
  Y=X+Y
PRINT   X,Y
```

二、填空题

8. 把求 n!（注：n! ＝n＊(n－1)＊……＊2＊1)的程序补充完整

________“n=”, n

i=1

s=1

________ i<=n

s=s＊i

i=i+1

____

PRINT s

END

9. 程序(见下)运行后输出的结果为____________.

```
x=5
y=-20
IF  x<0  THEN
    x=y-3
ELSE
  y=y+3
END IF
PRINT  x-y; y-x
END
```

10. 图 7－23 是计算 1+2+3+4+…+100 程序框图，请写出对应的程序.

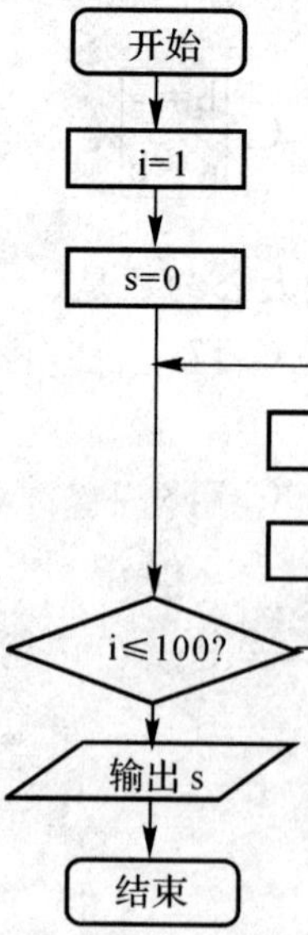

图　7－23

11. 画出求 $P=1\times3\times5\times7\times\cdots\times31$ 的值的算法流程图.

阅读材料

算　法

求解问题类的、机械的、统一的方法，它由有限多个步骤组成，对于问题类中的每个给定的具体问题，机械地执行这些步骤就可以得到问题的解答. 算法的这种特性，使得计算不仅可以由人，而且可以由计算机来完成. 用计算机解决问题的过程可以分成 3 个阶段：分析问题、设计算法和实现算法.

中国古代的筹算口决与珠算口决及其执行规则就是算法的雏形，这里，所解决的问题类是算术运算. 古希腊数学家欧几里得在公元前 3 世纪就提出了一个算法，来寻求两个正整数的最大公约数，这就是有名的欧几里得算法，亦称辗转相除法. 中国早已有"算术"、"算法"等词汇，但是它们的含义是指当时的全部数学知识和计算技能，与现代算法的含义不尽相同. 英文 algorithm(算法)一词也经历了一个演变过程，最初的拼法为 algorism 或 algoritmi，原意为用阿拉伯数字进行计算的过程. 这个词源于公元 9 世纪波斯数字家阿尔·花拉子米的名字的最后一部分.

在古代，计算通常是指数值计算. 现代计算已经远远地突破了数值计算的范围，包括大量的非数值计算，例如检索、表格处理、判断、决策、形式逻辑演绎等.

在 20 世纪以前，人们普遍地认为，所有的问题类都是有算法的. 20 世纪初，数字家们发现有的问题类是不存在算法的，遂开始进行能行性研究. 在这一研究中，现代算法的概念逐步明确起来. 30 年代，数字家们提出了递归函数、图灵机等计算模型，并提出了丘奇一图灵论题(见可计算性理论)，这才有可能把算法概念形式化. 按照丘奇一图灵论题，任意一个算法都可以用一个图灵机来实现，反之，任意一个图灵机都表示一个算法.

按照上述理解，算法是由有限多个步骤组成的，它有下述两个基本特征：每个步骤都明确地规定要执行何种操作；每个步骤都可以被人或机器在有限的时间内完成. 人们对于算法还有另一种不同的理解，它要求算法除了上述两个基本特征外，还要具有第三个基本特征：虽然有些步骤可能被反复执行多次，但是在执行有限多次之后，就一定能够得到问题的解答. 也就是说，一个处处停机(即对任意输入都停机)的图灵机才表示一个算法，而每个算法都可以被一个处处停机的图灵机来实现.

算法分类：算法可大致分为基本算法、数据结构的算法、数论与代数算法、计算几何的算法、图论的算法、动态规划以及数值分析、加密算法、排序算法、检索算法、随机化算法、并行算法.

算法可以宏泛地分为三类：

(1)有限的，确定性算法. 这类算法在有限的一段时间内终止. 它们可能要花很长时间来执行指定的任务，但仍将在一定的时间内终止. 这类算法得出的结果常取决于输入值.

(2)有限的，非确定算法. 这类算法在有限的时间内终止. 然而，对于一个(或一些)给定的数值，算法的结果并不是唯一的或确定的.

(3)无限的算法. 它是哪些由于没有定义终止定义条件，或定义的条件无法由输入的数据满足而不终止运行的算法. 通常，无限算法的产生是由于未能确定的定义终止条件.

算法特征：一个算法应该具有以下五个方面的重要特征：①输入.一个算法有零个或多个输入，以刻画运算对象的初始情况.例如，在欧几里得算法中，有两个输入，即 m 和 n.②确定性.算法的每一个步骤必须要确切地定义.即算法中所有有待执行的动作必须严格而不含混地进行规定，不能有歧义性.例如，欧几里得算法中，步骤1中明确规定"以 m 除以 n，而不能有类似以 m 除 n 以或 n 除以 m 这类有两种可能做法的规定.③有穷性，一个算法在执行有穷步滞后必须结束.也就是说，一个算法，它所包含的计算步骤是有限的.例如，在欧几里得算法中，m 和 n 均为正整数，在步骤1之后，r 必小于 n，若 r 不等于0，下一次进行步骤1时，n 的值已经减小，而正整数的递降序列最后必然要终止.因此，无论给定 m 和 n 的原始值有多大，步骤1的执行都是有穷次.④输出.算法有一个或多个的输出，即与输入有某个特定关系的量，简单地说就是算法的最终结果.例如，在欧几里得算法中只有一个输出，即步骤2中的 n.⑤能行性.算法中有待执行的运算和操作必须是相当基本的，换言之，他们都是能够精确地进行的，算法执行者甚至不需要掌握算法的含义即可根据该算法的每一步骤要求进行操作，并最终得出正确的结果.

算法的描述：①用自然语言描述算法前面关于欧几里得算法以及算法实例的描述，使用的都是自然语言.自然语言是人们日常所用的语言，如汉语、英语、德语等.使用这些语言不用专门训练，所描述的算法也通俗易懂.②用流程图描述算法.在数学课程里，我们学习了用程序框图来描述算法.在程序框图中流程图是描述算法的常用工具由一些图形符号来表示算法.③用伪代码描述算法.伪代码是用介于自然语言和计算机语言之间的文字和符号来描述算法的工具.它不用图形符号，因此，书写方便，格式紧凑，易于理解，便于向计算机程序设计语言过度.

职业模块习题

第 1 章　三角函数

练习一　(锐角三角函数)

一、选择题

1. 若一个直角三角形的直角边分别为 3 和 4,则较小锐角的正弦值为(　).

A. $\frac{3}{4}$　　B. $\frac{4}{3}$　　C. $\frac{3}{5}$　　D. $\frac{4}{5}$

2. 若 $\triangle ABC$ 中,锐角 A,B 满足 $|\sin A-\frac{1}{2}|-(\sin B-\frac{\sqrt{3}}{2})^2=0$,则 $\triangle ABC$ 是(　　).

A. 等腰三角形　　B. 直角三角形　　C. 等腰三角形　　D. 无法确定

3. 在 $\triangle ABC$ 中,$\angle C=90°$,$AC=9$,$BC=40$,则 $\cos A$ 等于(　　).

A. $\frac{9}{41}$　　B. $\frac{40}{41}$　　C. $\frac{9}{40}$　　D. $\frac{41}{40}$

4. 在 Rt$\triangle ABC$ 中,$\angle C=90°$,$\cos B=\frac{1}{2}$,则 $\sin A$ 等于(　　).

A. $\sqrt{3}$　　B. $\frac{\sqrt{3}}{2}$　　C. $\frac{\sqrt{3}}{3}$　　D. $\frac{1}{2}$

5. 计算 $2\sin 30°$,$\cos 60°$ 的结果为(　　).

A. $\frac{\sqrt{3}}{2}$　　B. $\frac{3}{2}$　　C. $\frac{1}{2}$　　D. 1

6. 如题图 1 所示,在矩形 $ABCD$ 中,$BE\perp AC$ 于 E,$AB=6$,$BC=8$,则 $\tan\angle ABE$ 的值为(　　).

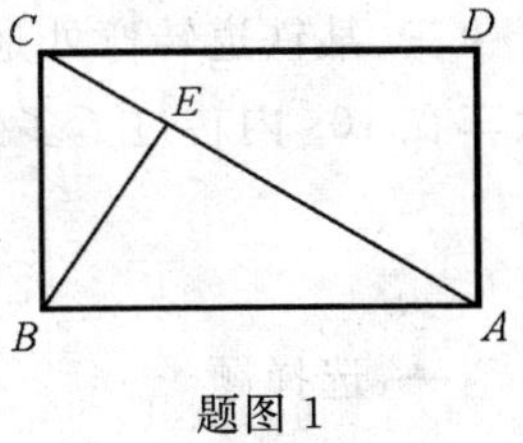

题图 1

A. $\frac{3}{4}$　　B. $\frac{4}{3}$

C. $\frac{3}{5}$　　D. $\frac{4}{5}$

7. 化简 $\sqrt{(\tan 30°-1)}$ 等于(　　).

A. $1-\frac{\sqrt{3}}{3}$　　B. $\sqrt{3}-1$　　C. $\frac{\sqrt{3}}{3}-1$　　D. $1-\sqrt{3}$

二、已知在 $\triangle ABC$ 中,$\sin A=\frac{\sqrt{2}}{2}$,$\cos B=\frac{\sqrt{3}}{2}$,且 $AC=10$cm,求 $\triangle ABC$ 的面积.

三、根据下列条件解直角三角形.

(1) 在 Rt$\triangle ABC$ 中，$\angle C=90^\circ$，$a=35$，$c=35\sqrt{2}$；

(2) 在 Rt$\triangle ABC$ 中，$\angle C=90^\circ$，$a=6$，$b=2\sqrt{3}$；

(3) 在 Rt$\triangle ABC$ 中，$\angle C=90^\circ$，$c=8\sqrt{3}$，$\angle B=60^\circ$.

四、在 $\triangle ABC$ 中，$AB=\sqrt{2}$，$BC=\sqrt{3}+1$，$AC=2$，求 $\angle B$.

五、在 $\triangle ABC$ 中，$AB=6$，$BC=4\sqrt{2}$，$\angle B=45^\circ$，求 AC.

六、已知等腰三角形 ABC 中，$AB=AC$，$\angle BAC=40^\circ$，$BC=10$，求它的腰长和底角(腰长精确到 0.01).

练习二　(角概念的推广、弧度制)

一、选择题

1. 下列命题正确的是(　　).

A. 第一象限角一定为锐角　　B. 第一象限角一定为正角

C. 终边相同的角一定相等　　D. 相等的角终边一定相同

2. 已知角 $\alpha=2100^\circ$，则角 α 的终边在(　　).

A. 第一象限　　B. 第二象限　　C. 第三象限　　D. 第四象限

3. 与 -120° 终边相同的角的集合是(　　).

A. $\{a \mid a=120^\circ-k\cdot 360, k\in \mathbf{Z}\}$　　B. $\{a \mid a=-120^\circ-k\cdot 360, k\in \mathbf{Z}\}$

C. $\{a \mid a=220^\circ+k\cdot 360, k\in Z\}$　　D. $\{a \mid a=120^\circ+k\cdot 360, k\in \mathbf{Z}\}$

二、填空题

1. 在 0° 到 360° 之间与 450° 终边相同的角是________.

2. $-54^\circ=$________弧度，是第________象限角.

3. $\dfrac{3\pi}{5}=$________度，是第________象限角.

4. $1\,000^\circ=$________弧度，是第________象限角.

5. 终边在直线 $y=x$ 上的角的集合是________.

6. 终边与 y 轴正半轴重合的角的集合是________.

三、某铁道转弯处是圆弧形，其圆弧半径为 2km，一列火车以 30km/h 的速度通过，试问该火车在 10s 内转过了多少弧度？

练习三　(任意角的三角函数)

一、选择题

1. 已知 $P(-\sqrt{3}, y)$ 为 β 的终边上的一点，且 $\sin\beta=\dfrac{\sqrt{13}}{13}$，则 y 的值为(　　).

A. $\pm\dfrac{1}{2}$　　B. $\dfrac{1}{2}$　　C. $-\dfrac{1}{2}$　　D. ± 2

2. 化简 $\sqrt{1-\sin^2 100^\circ}$ 的结果是(　　).

A. $\cos 100^\circ$　　B. $-\cos 100^\circ$　　C. $\pm\cos 100^\circ$　　D. $\sin 100^\circ$

3. 如果 $\cos\alpha<0$，$\tan\alpha>0$，则角 α 的终边所在象限是(　　).

A. 第一象限　　B. 第二象限　　C. 第三象限　　D. 第四象限

4. 已知 $\alpha=\frac{21\pi}{5}$，则下列结论正确的是(　　).

A. $\sin\alpha<0,\cos\alpha>0$　　B. $\sin\alpha>0,\cos\alpha<0$

C. $\sin\alpha<0,\cos\alpha<0$　　D. $\sin\alpha>0,\cos\alpha>0$

二、填空题

1. 已知角 α 的终边经过$(3,-4)$，则 $\sin\alpha=$________，$\cos\alpha=$________，$\tan\alpha=$________.

2. 已知 $\cos\alpha=-\frac{4}{5}$，且 α 为第三象限角，则 $\sin\alpha=$________，$\tan\alpha=$________.

3. 化简求值：$\cos 1470^\circ=$________，$\tan\frac{25\pi}{4}=$________.

三、计算

1. $\frac{5\cos\pi+4\tan 0-3\sin\frac{3\pi}{2}}{2\sin\frac{\pi}{6}+4\cos\frac{\pi}{3}-\sqrt{2}\cos\frac{\pi}{4}}$.

2. $2\sin 180^\circ+5\cos 90^\circ-3\sin 270^\circ+4\cos 150^\circ$.

3. 已知 $\tan\alpha=-\frac{1}{2}$，计算$\frac{4\sin\alpha+5\cos\alpha}{2\cos\alpha-3\sin\alpha}$的值.

练习四　(诱导公式)

一、选择题

1. $\sin 135^\circ+\cos 225^\circ+\tan(-120^\circ)$ 的值是(　　).

A. $\sqrt{2}+\sqrt{3}$　　B. $\sqrt{2}-\sqrt{3}$　　C. $\sqrt{3}$　　D. $-\sqrt{3}$

2. $\cos(\alpha+5\pi)=$________.

A. $\cos\alpha$　　B. $-\cos\alpha$　　C. $\sin\alpha$　　D. $-\sin\alpha$

3. 若 $\sin(\alpha-\pi)=\frac{2}{3}$，则 $\cos(2\pi-\alpha)$ 的值是(　　).

A. $-\frac{\sqrt{5}}{3}$　　B. $\pm\frac{\sqrt{5}}{3}$　　C. $\frac{\sqrt{5}}{3}$　　D. $\frac{2}{3}$

二、填空题

1. $\sin(-\frac{\pi}{4})=$________；　$\cos(-\frac{\pi}{4})=$________；　$\tan(-\frac{\pi}{4})=$________.

2. $\sin\frac{3\pi}{4}=$________；　$\cos(-\frac{7\pi}{3})=$________；　$\tan(-\frac{25\pi}{6})=$________.

三、化简

1. $\sin 210^\circ\cdot\tan(-150^\circ)+\cos(-240^\circ)\cdot\tan 390^\circ$.

2. $1+\sin(\alpha+2\pi)\cdot\sin(\pi+\alpha)-2\cos^2(-\alpha)$.

3. $\frac{\sin(-2\pi-\alpha)\cdot\tan(\pi-\alpha)}{\cos(-2\pi+\alpha)\cdot\tan(\pi+\alpha)}$.

练习五 (三角函数的图形和性质)

一、选择题

1. 下列各不等式一定成立的是( ).

A. $\sin 250° > \sin 255$ B. $\sin 155° > \sin 150°$

C. $\sin 255° > \sin 250°$ D. $\cos 250° > \cos 255°$

2. 下列各不等式一定成立的是( ).

A. $\sin 155° > \cos 150°$ B. $\cos 150° > \cos 155°$

C. $\cos(-250°) > \cos(-255°)$ D. $\cos 250° > \cos 255°$

3. 函数 $y=2+\sin x$ 的最大值及取得最大值时 x 的值是( ).

A. $y=3, x=\frac{\pi}{2}$ B. $y=1, x=2k\pi+\frac{\pi}{2}$

C. $y=3, x=2k\pi-\frac{\pi}{2}$ D. $y=3, x=2k\pi+\frac{\pi}{2}$

二、填空题

1. $y=\sin x$ 的定义域是________，值域是________，最小正周期是________，当 $x=$________，y 取最大值为________.

2. $y=\cos x$ 定义域是________，值域是________，最小正周期是________，当 $x=$________，y 取最大值为________.

三、作出下列函数在$[0,2\pi]$上的简图.

1. $y=\sin x+1$； 2. $y=\cos x-1$； 3. $y=\cos 2x$； 4. $y=\frac{1}{2}\sin x$.

练习六 (解斜三角形)

一、选择题

1. 在 $\triangle ABC$ 中，已知 $a=8, B=60°, C=75°$，则 b 等于( ).

A. $4\sqrt{2}$ B. $4\sqrt{3}$ C. $4\sqrt{6}$ D. $\frac{32}{3}$

2. 在 $\triangle ABC$ 中，下列等式成立的是( ).

A. $a\cos C=c\cos A$ B. $a\sin C=c\sin A$

C. $a\sin A=c\sin C$ D. $a\cos A=b\cos B$

3. 在 $\triangle ABC$ 中，$\sin C=\frac{3}{4}, C=9$，则 $\triangle ABC$ 的外接圆的半径 R 为( ).

A. 10 B. 8 C. 6 D. 5

4. 在 $\triangle ABC$ 中，$B=30°, c=2\sqrt{3}, b=2$，$\triangle ABC$ 的面积为( ).

A. $2\sqrt{3}$ B. $\sqrt{3}$ C. $2\sqrt{3}$ 或$\sqrt{3}$ D. 无法确定

5. 在 $\triangle ABC$ 中，$a=2, b=3, c=\sqrt{7}$，则 c 等于( ).

A. 60° B. 120° C. 30° D. 150°

6. 在 $\triangle ABC$ 中，角 A,B,C 的对边分别为 a,b,c，且 $a^2+ab=c^2-b^2$，则角 C 等于( ).

A. $\frac{\pi}{6}$ B. $\frac{\pi}{3}$ C. $\frac{2\pi}{3}$ D. $\frac{\pi}{2}$

二、填空题

1.在 $\triangle ABC$ 中,已知 $BC=12, A=60°, B=45°$,则 $AC=$__________.

2.若三角形 3 个内角之比为 1:2:3,则这个三角形 3 边之比是__________.

3.在 $\triangle ABC$ 中,$\angle A=60°$,最大边与最小边方程 $x^2-9x+8=0$ 的两个根,则边 BC 的长是__________.

三、解答题

1.在 $\triangle ABC$ 中,若 $\angle B=30°, AB=2\sqrt{3}, AC=2$,求 $\triangle ABC$ 的面积.

2.在 $\triangle ABC$ 中,已知 $b=\sqrt{3}, c=3, \angle B=30°$,解三角形.

3.在 $\triangle ABC$ 中,已知下列条件,解三角形(角度精确到 1°,边长精确到 1).

(1)$a=49$, $b=26$, $\angle C=107°$;

(2)$a=9$, $b=10$, $c=15$.

第 1 章自测题

一、选择题

1.在下列各组角中,两个角终边不相同的一组是(   ).

A. 160°,520°　　B. 160°,−220°　　C. 520°,−560°　　D. 520°,1060°

2.已知 $0<\sin\alpha<1$,则角 α 的终边在(   ).

A.第一象限　　B. 第一或第二象限

C.第一或第三象限　　C. 第一或第三象限

3.化简 $\sqrt{1-\sin^2 210°}$ 的结果是(   ).

A. $\cos 210°$　　B. $-\cos 210°$　　C. $\pm\cos 210°$　　D. $\sin 210°$

4. $\sin(-1740°)$ 的值是(   ).

A. $\frac{\sqrt{3}}{2}$　　B. $\frac{1}{2}$　　C. $-\frac{\sqrt{3}}{2}$　　D. $-\frac{1}{2}$

5.如果 α 为第二象限角,则 $\sin\alpha-\tan\alpha$(   ).

A. >0　　B. $=0$　　C. <0　　D. 不能确定

6.若 $\cos(36°-\alpha)=\frac{7}{8}$,则 $\sin(54°+\alpha)$ 的值是(   ).

A. $\frac{8}{7}$　　B. $\frac{7}{8}$　　C. $\frac{\sqrt{15}}{8}$　　D. $\frac{1}{8}$

7.先锋村准备在倾斜角为 α 的山坡上栽树,要求相邻两树之间的水平距离为 5m,那么相邻两树在坡面上的距离为(   ).

A. $5\cos\alpha$　　B. $\frac{5}{\cos\alpha}$　　C. $5\sin\alpha$　　D. $\frac{5}{\sin\alpha}$

8.若三角形的两边分别为 5 和 3,它们夹角的余弦是 $-\frac{3}{5}$,则三角形的另一边长为(   ).

A. $2\sqrt{13}$　　B. 4　　C. 16　　D. 52

9.正弦定理、余弦定理适用范围是(   ).

A. 锐角三角形　　B. 钝角三角形　　C. 任意三角形　　D. 斜三角形

10. 若等腰三角形的两边长分别为 5 和 8，则底角的余弦是(　　).

A. $\frac{5}{8}$　　B. $\frac{5}{16}$　　C. $\frac{5}{9}$　　D. $\frac{4}{5}$ 或 $\frac{5}{16}$

二、填空题

1. $-18° =$ ________弧度，是第________象限角.

2. $-\frac{13\pi}{5} =$ ________度，是第________象限角.

3. 已知 $\sin\alpha = -\frac{\sqrt{3}}{2}$，且 $\frac{3\pi}{2} < \alpha < 2\pi$，则 $\cos\alpha =$ ________.

4. 比较大小

① $\sin(-\frac{14\pi}{5})$ ________ $\sin(-\frac{11\pi}{4})$；

② $\cos(-\frac{12\pi}{5})$ ________ $\cos(-\frac{13\pi}{6})$.

三、化简求值

1. $\frac{\tan(-\alpha-\pi)\cdot\sin(\alpha+\pi)}{\cos(-\alpha)\cdot\tan(2\pi+\alpha)}$.

2. 已知 $\cos\alpha = -\frac{1}{2}$，且 α 是第三象限的角，求 $\sin\alpha$ 和 $\tan\alpha$.

3. 已知 $\tan\alpha = \frac{1}{4}$，求 $\frac{4\cos^2\alpha - 5\sin\alpha\cos\alpha}{6\cos^2\alpha + 7\sin\alpha\cos\alpha}$.

第 2 章　数　　列

练习一　(数列)

一、选择题

1. 以下 4 个数中，是数列 $\{n(n+1)\}$ 中的一项是(　　).

A. 17　　B. 32　　C. 39　　D. 380

2. 数列 0，2，0，2，0，2 … 的一个通项公式是(　　).

A. $a_n = 1 + (-1)^{n-1}$　B. $a_n = 1 + (-1)^n$　　C. $a_n = 1 + (-1)^{n+1}$　　D. $a_n = 2$

3. 某数列为 $\sqrt{2}, \sqrt{5}, 2\sqrt{2}, \sqrt{11} \cdots$ 则 $2\sqrt{5}$ 是这个数列的(　　).

A. 第 6 项　　B. 第 7 项　　C. 第 10 项　　D. 第 11 项

4. 已知数列 $\{a_n\}$ 的通项公式为 $a_n = \frac{2}{n^2+n}$，那么 $\frac{1}{10}$ 是它的(　　).

A. 第 4 项　　B. 第 5 项　　C. 第 6 项　　D. 第 7 项

二、已知数列的一个通项公式为 $a_n = n^2 - n + 2$，请写出数列的前 5 项.

三、写出下面数列的一个通项公式：

(1) $\frac{1}{2}, -\frac{3}{4}, \frac{5}{6}, -\frac{7}{8}, \frac{9}{10}, \cdots$

(2) $\frac{2^2-1}{2},\frac{3^2-1}{3},\frac{4^2-1}{4},\frac{5^2-1}{5},\cdots$

四、判断 63 是不是数列$\{n(n+2)\}$中的项，如果是，是第几项？

练习二 (等差数列)

1. 写出等差数列$\frac{3}{4},1,\frac{5}{4},\cdots$的第 5 项至第 7 项.

2. 已知等差数列 18,15,12,9,…

(1) 请写出a_{20},a_n；

(2) -279是否是这个数列中的项，如果是，是第几项？

3. 在-7和 13 之间插入 3 个数，使这 5 个数成等差数列，求插入的 3 个数.

4. 已知在等差数列$\{a_n\}$中，$d=2,a_n=1,s_n=-15$，求n与a_1.

5. 已知等差数列$\{a_n\}$的通项公式为$a_n=3n-5$，求其前n项和公式及s_{20}.

练习三 (等比数列)

1. 写出等比数列$\frac{1}{6},-\frac{1}{2},\frac{3}{2}\cdots$的通项公式，并求这个数列的第 6 项.

2. 已知等比数列$\{a_n\}$中，$a_1=32$，公比$q=-\frac{1}{2}$，求a_6.

3. 在-3和-48之间插入 3 个数，使这 5 个数成等比数列，求插入的 3 个数.

4. 在等比数列$\{a_n\}$中，已知$a_4=4,a_7=7$，求a_{12}.

5. 在等比数列$\{a_n\}$中，已知$a_1=\frac{3}{2},a_4=96$，求s_4.

6. 某人从银行贷款 30000 元，贷款期限为 2 年，年利率 5.4%，计算到期后此人应还银行多少元？

第 2 章自测题

一、选择题

(1) 数列 0,-1,0,1,0,-1,0,1 … 的一个通项公式是(　　).

A. $a_n=1+(-1)^n$　　B. $a_n=\frac{1}{2}[1+(-1)^n]$

C. $a_n=-\frac{1}{2}[1+(-1)^n]$　　D. $a_n=\cos\frac{n\pi}{2}$

(2) 已知数列$\{a_n\}$的首项为 1，以后各项由公式$a_n=a_{n-1}+2(n\geqslant 2)$给出，则这个数列的一个通项公式是(　　).

A. $a_n=3n-2$　　B. $a_n=2n-1$　　C. $a_n=n+2$　　D. $a_n=4n-3$

(3) 数列$\{a_n\}$的前n项和公式为$s_n=2n^2$，则$a_5=$(　　).

A. 50　　B. 18　　C. 32　　D. 14

(4) 某细菌在培养过程中，每 20min 分裂一次(一个分裂为两个)，经过 3h，这种细菌由一个可以繁殖成(　　).

A. 511 个　　B. 512 个　　C. 1023 个　　D. 1024 个

(5) 设 s_n 为数列 $\{a_n\}$ 的前 n 项和，且 $s_n = n^2$，则这个数列 $\{a_n\}$ 为(　　).

A. 等比数列，且公比不为 1　　B. 等差数列

C. 等比数列，且公比为 1　　D. 既不是等差数列，也不是等比数列

二、填空题

(1) 数列 $\{\frac{1}{n}\}$ 中，第 7 项为________.

(2) 3 个连续整数的和为 45，则这 3 个整数为________.

(3) 通项公式为 $a_n = 3n - 2$ 的数列的公差为________的等差数列.

(4) 通项公式为 $a_n = 3n - 2$ 的数列的前 n 和的公式为________.

(5) 在等比数列 $\{a_n\}$ 中，已知 $a_1 = 3, q = -\frac{1}{2}$，则 $a_4 =$________.

(6) 等比数列 $\{a_n\}$ 是一个公比 $q = 2$，前 n 项和为 s_n，则 $\frac{s_4}{a_2} =$________.

(7) 已知在等比数列 $\{a_n\}$ 中，已知 $a_4 = 6, s_4 = 48$，求 a_7.

三、已知等比数列 $\{a_n\}$ 中，已知 $a_3 = 1, a_5 = \frac{1}{4}$，则 a_7.

四、求等差数列：$-1,2,5,8$ 的前 20 项的和.

五、在等比数列 $\{a_n\}$ 中，$a_3 = -3, a_6 = -\frac{1}{9}$，求 a_{10}.

六、在等差数列 $\{a_n\}$ 中，$a_3 = 2, a_7 = 10$，求 s_{12}.

七、在等比数列 $\{a_n\}$ 中，$a_3 = 4, a_5 = 16$，求 s_5.

八、小王从银行贷款 40 万元，贷款期限为 2 年，年利率为 5.5%. 如果 2 年后一次性付款，那么小王应偿还多少钱？(精确到 0.1 元)

第 3 章　向　量

练习一　(向量)

一、选择题

1. 下列说法不正确的是(　　).

A. 平行向量是相等向量或相反向量　　B. 相反向量是平行向量

C. 相等向量是平行向量　　D. 零向量与任意向量平行

2. 若向量 $\boldsymbol{a} \neq \boldsymbol{b}$，则 $\boldsymbol{a}$ 与 $\boldsymbol{b}$(　　).

A. 不可能是共线向量　　B. 模不可能相等

C. 不可能是平行向量　　D. 不可能都是零向量

3. 如题图 2 所示，菱形 $ABCD$ 中，可以用一条有向线段表示的向量是(　　).

A. $\overrightarrow{DA}$ 与 $\overrightarrow{BC}$　　B. $\overrightarrow{DC}$ 与 $\overrightarrow{AB}$

C. $\overrightarrow{DC}$ 与 $\overrightarrow{BC}$　　D. $\overrightarrow{DC}$ 与 $\overrightarrow{DA}$

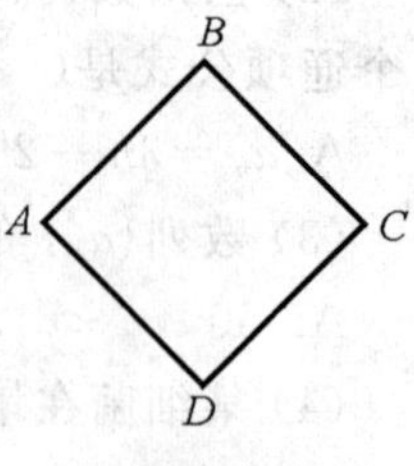

题图 2

4. 设 $\boldsymbol{b}$ 是 $\boldsymbol{a}$ 负向量，则下列说法中不正确的是（　　）.

A. $\boldsymbol{a}$ 与 $\boldsymbol{b}$ 的模一定相等　　B. $\boldsymbol{a}$ 与 $\boldsymbol{b}$ 是平行向量

C. $\boldsymbol{a}$ 与 $\boldsymbol{b}$ 一定不相等　　B. $\boldsymbol{a}$ 一定也是 $\boldsymbol{b}$ 的负向量

5. 物理量：质量、速度、位移、力、路程与密度，其中不是向量的有（　　）.

A. 质量、位移、路程　　B. 质量、路程、密度

C. 质量、速度、路程　　D. 力、路程、密度

二、1. 如题图 3 所示，设 O 是正六边形 $ABCDEF$ 的中心.

(1) 找出与向量 $\overrightarrow{OA}$，$\overrightarrow{OB}$，$\overrightarrow{OC}$ 相等的向量；

(2) 找出与向量 $\overrightarrow{OA}$，$\overrightarrow{OB}$，$\overrightarrow{OC}$ 相反的向量.

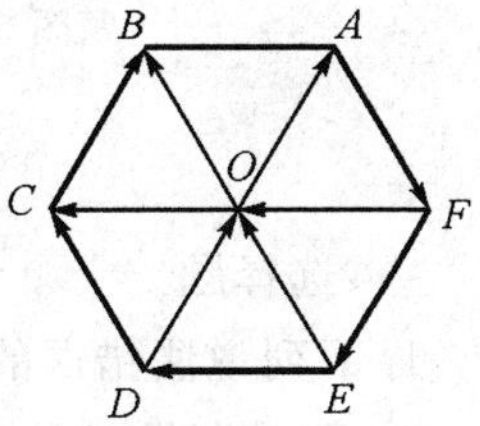

题图 3

2. 如果 $\overrightarrow{AA'}=\boldsymbol{a}$，$\overrightarrow{BB'}=\boldsymbol{b}$，且 $\boldsymbol{a}\neq\boldsymbol{b}$，那么四边形 $ABB'A'$ 是平行四边形吗？为什么？反之，如果 $ABB'A'$ 是平行四边形，那么 $\overrightarrow{AA'}=\overrightarrow{BB'}$ 吗？

练习二　（向量的加法和减法）

一、选择题

1. 下列等式中，不正确的是（　　）.

A. $a+b=b+c$　　B. $a-b=b-c$　　C. $0-a=-a$　　D. $-(-a)=a$

2. 若 C 是线段 AB 的中点，则 $\overrightarrow{AC}+\overrightarrow{BC}=$（　　）.

A. $\overrightarrow{AB}$　　B. $\overrightarrow{BA}$　　C. 0　　D. 以上均不对

3. 如题图 4 所示，D，E，F 分别是 $\triangle ABC$ 各边的中点，下列等式中正确的是（　　）.

A. $\overrightarrow{FD}+\overrightarrow{FC}=\overrightarrow{FE}$　　B. $\overrightarrow{FD}+\overrightarrow{DE}=\overrightarrow{EB}$

C. $\overrightarrow{DE}+\overrightarrow{DA}=\overrightarrow{EB}$　　D. $\overrightarrow{FD}+\overrightarrow{DA}=\overrightarrow{FD}$

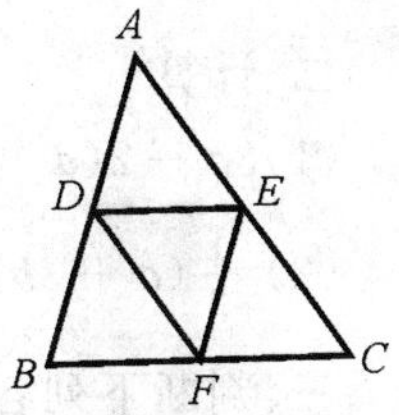

题图 4

4. 化简 $\overrightarrow{AC}-\overrightarrow{BD}+\overrightarrow{CD}-\overrightarrow{AB}$ 得（　　）.

A. $\overrightarrow{AB}$　　B. $\overrightarrow{DA}$

C. $\overrightarrow{BC}$　　D. 0

二、填空题

1. 如题图 5 所示，填空：

(1) $\overrightarrow{AB}+\overrightarrow{BC}=$ ________；　　(2) $\overrightarrow{AC}+\overrightarrow{CD}+\overrightarrow{DO}=$ ________；

(3) $\overrightarrow{AC}+\overrightarrow{CD}+\overrightarrow{DA}=$ ________；　　(4) $\overrightarrow{AB}-\overrightarrow{AD}=$ ________；

(5) $\overrightarrow{BC}-\overrightarrow{BA}=$ ________；　　(6) $\overrightarrow{OA}-\overrightarrow{OB}=$ ________.

2. $(\overrightarrow{AB}-\overrightarrow{CD})+(\overrightarrow{AC}-\overrightarrow{BD})=$ ________.

3. $\overrightarrow{AB}+\overrightarrow{CA}=$ ________.

4. $\overrightarrow{AB}-\overrightarrow{AD}-\overrightarrow{DC}=$ ________.

三、如题图 6 所示，已知平行四边形 $ABCD$，$\overrightarrow{AB}=\boldsymbol{a}$，$\overrightarrow{AD}=\boldsymbol{b}$，用 $\boldsymbol{a}$，$\boldsymbol{b}$ 分别表示向量 $\overrightarrow{AC}$，$\overrightarrow{DB}$.

四、如题图 7 所示，已知 $\boldsymbol{a}$，$\boldsymbol{b}$，求作 $\boldsymbol{c}=\boldsymbol{a}+\boldsymbol{b}$ 与 $\boldsymbol{d}=\boldsymbol{a}-\boldsymbol{b}$.

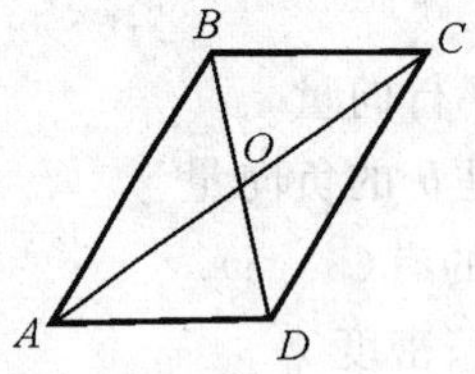

题图 5

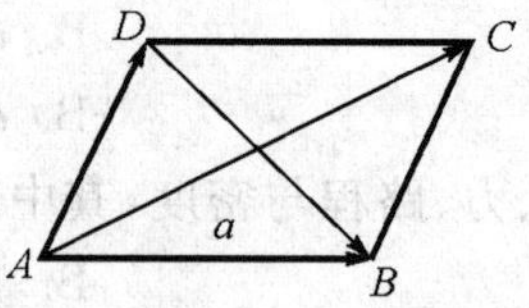

题图 6

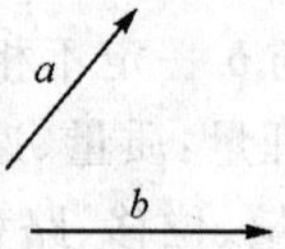

题图 7

练习三　(实数与向量的积)

一、选择题

1. 下列说法错误的是(　　).

A. 数乘向量就是一个实数 λ 与向量 $\boldsymbol{a}$ 的乘积

B. 当 $\lambda>0$ 时,$\lambda\boldsymbol{a}$ 就是把 $\boldsymbol{a}$ 沿同方向放大或缩小

C. 当 $\lambda<0$ 时,$\lambda\boldsymbol{a}$ 就是把 $\boldsymbol{a}$ 沿反方向放大或缩小

D. 当 $\lambda=0$ 时,$\lambda\boldsymbol{a}=0$

2. 设平行四边形 $ABCD$ 中,有 $\overrightarrow{DC}=\frac{1}{2}\overrightarrow{AB}$,且 $|\overrightarrow{AD}|=|\overrightarrow{BC}|$,则这个四边形是(　　).

A. 平行四边形　　B. 矩形　　C. 等腰梯形　　D. 菱形

3. 下列不能判断向量 x 与 y 平行的是(　　).

A. $3x+5y=0$　　B. $x=-3e,y=4e$　　C. $\frac{2}{5}x=-\frac{3}{7}y$　　D. $x=-3e+y$

二、计算

(1) $3\boldsymbol{a}-2(\boldsymbol{a}+\boldsymbol{b})-(\boldsymbol{c}+2\boldsymbol{a}-\boldsymbol{b})$;

(2) $\frac{1}{3}(\boldsymbol{a}+3\boldsymbol{b})+\frac{1}{4}(3\boldsymbol{a}-2\boldsymbol{b})-\frac{1}{2}(\boldsymbol{a}+\boldsymbol{b})$.

三、判断下列各小题中的向量 $\boldsymbol{a}$ 与 $\boldsymbol{b}$ 是否共线.

(1) $\boldsymbol{a}=-2\boldsymbol{e},\boldsymbol{b}=2\boldsymbol{e}$;　　(2) $\boldsymbol{a}=\boldsymbol{e}_1-\boldsymbol{e}_2,\boldsymbol{b}=-2\boldsymbol{e}_1+2\boldsymbol{e}_2$.

四、已知 $\boldsymbol{a}=\boldsymbol{e}_1+3\boldsymbol{e}_2,\boldsymbol{b}=3\boldsymbol{e}_1+2\boldsymbol{e}_2$,求 $2\boldsymbol{a}+4\boldsymbol{b}$,$3\boldsymbol{a}-4\boldsymbol{b}$.

五、根据下列各下题中的条件,分别判断四边形 $ABCD$ 的形状.

(1) $\overrightarrow{AD}=\overrightarrow{BC}$;　　(2) $\overrightarrow{AD}=\frac{1}{3}\overrightarrow{BC}$.

练习四　(平面向量的坐标运算)

一、填空题

1. 已知向量 $\boldsymbol{a}=(1,2)$,$\boldsymbol{b}=(3,1)$,则 $2\boldsymbol{a}-\frac{1}{2}\boldsymbol{b}$ 的坐标是________.

2. 若 $\boldsymbol{a}=(-1,3)$,$\boldsymbol{b}=(x,-1)$,且 $\boldsymbol{a}\parallel\boldsymbol{b}$,则 x 等于________.

3. 已知点 $A(-3,5)$,$B(-2,4)$,M 为线段 AB 的中点,O 是直角坐标原点,则 $\overrightarrow{OA}=$________,$\overrightarrow{OB}=$________,$\overrightarrow{OM}=$________.

4. 已知 $A(3,5)$,$B(6,9)$,则 $\overrightarrow{AB}=$________,$\overrightarrow{BA}=$________.

5. 已知 $A(2,-4)$,$B(-2,3)$,则 $|\overrightarrow{BA}|=$________.

二、已知 $A(0,0)$，$\overrightarrow{AB}=(-2,1)$，求点 B 的坐标.

三、已知 $\boldsymbol{a}=(2,1)$，$\boldsymbol{b}=(3,4)$，求 $\boldsymbol{a}+\boldsymbol{b}$，$\boldsymbol{a}-\boldsymbol{b}$，$3\boldsymbol{a}+4\boldsymbol{b}$ 的坐标.

四、已知 $A(0,1)$，$B(1,0)$，$C(1,2)$，$D(2,1)$，求证 $AB // CD$.

五、$\boldsymbol{a}=(4,2)$，$\boldsymbol{b}=(6,y)$，且 $\boldsymbol{a} // \boldsymbol{b}$，求 y.

练习五 （平面向量数量积）

一、填空题

1. 已知 $|\boldsymbol{a}|=14$，$|\boldsymbol{b}|=5$，$\boldsymbol{a},\boldsymbol{b}>=150^\circ$，$\boldsymbol{a}\cdot\boldsymbol{b}=$________；

2. 向量 $\boldsymbol{a}$，$\boldsymbol{b}$ 的坐标分别是 $(2,-3)$，$(5,-4)$，$\boldsymbol{a}\cdot\boldsymbol{b}=$________；

3. 设 $|\boldsymbol{a}|=4$，$|\boldsymbol{b}|=3$，$\boldsymbol{a}\cdot\boldsymbol{b}=-6\sqrt{2}$，则 $\boldsymbol{a}$ 与 $\boldsymbol{b}$ 的夹角为________；

4. 设 $|\boldsymbol{a}|=4$，$|\boldsymbol{b}|=3$，$\boldsymbol{a}\cdot\boldsymbol{b}=-6\sqrt{2}$，$(2\boldsymbol{a}-\boldsymbol{b})\cdot(\boldsymbol{a}+2\boldsymbol{b})=$________.

二、已知向量 $\overrightarrow{OA}=(-1,2)$，$\overrightarrow{OB}=(3,m)$，且 $\overrightarrow{OA}\perp\overrightarrow{OB}$，求实数 m 的值.

三、设 $\boldsymbol{a}=(-4,0)$，$\boldsymbol{b}=(3,-2)$，求 $(\boldsymbol{a}-3\boldsymbol{b})\cdot(4\boldsymbol{a}+\boldsymbol{b})$

四、判断下列各组向量是否互相垂直

(1) $\boldsymbol{a}=(-5,1)$，$\boldsymbol{b}=(1,5)$；　　(2) $\boldsymbol{a}=(3,4)$，$\boldsymbol{b}=(-3,-4)$.

五、已知向量 $\boldsymbol{a}=(-\sqrt{3},1)$，$\boldsymbol{b}=(-1,0)$. 求(1) $\boldsymbol{a}\cdot\boldsymbol{b}$；(2) $|\boldsymbol{b}|$(3) $<\boldsymbol{a},\boldsymbol{b}>$.

第3章自测题

一、选择题

1. 若 $\boldsymbol{a}$，$\boldsymbol{b}$ 是两个非零向量，则下列命题正确的是（　　）.

A. $\boldsymbol{a}\perp\boldsymbol{b}\Rightarrow\boldsymbol{a}\cdot\boldsymbol{b}=0$　　B. $\boldsymbol{a}\cdot\boldsymbol{b}=|\boldsymbol{a}|\cdot|\boldsymbol{b}|$

C. $\boldsymbol{a}\cdot\boldsymbol{b}=-\boldsymbol{b}\cdot\boldsymbol{a}$　　D. $\boldsymbol{a}\cdot\boldsymbol{b}=-|\boldsymbol{a}|\cdot|\boldsymbol{b}|$

2. 设 $A(1,3)$，$B(-2,-3)$，$C(x,7)$，若 //，则 x 的值为（　　）.

A. 0　　B. 3　　C. 15　　D. 18

3. 已知 $|\boldsymbol{a}|=3$，$|\boldsymbol{b}|=4$，$(\boldsymbol{a}+\boldsymbol{b})\cdot(\boldsymbol{a}+3\boldsymbol{b})=33$，则 $\boldsymbol{a}$ 与 $\boldsymbol{b}$ 的夹角为（　　）.

A. 30°　　B. 60°　　C. 120°　　D. 150°

4. 若 $|\boldsymbol{a}|=|\boldsymbol{b}|=1$，$\boldsymbol{a}\perp\boldsymbol{b}$，且 $2\boldsymbol{a}+3\boldsymbol{b}$ 与 $k\boldsymbol{a}-4\boldsymbol{b}$ 也互相垂直，则 k 的值为（　　）.

A. -6　　B. 6　　C. 3　　D. -3

5. 设 $\boldsymbol{a}=(-1,2)$，$\boldsymbol{b}=(1,-1)$，$\boldsymbol{c}=(3,-2)$ 且 $\boldsymbol{c}=p\boldsymbol{a}+q\boldsymbol{b}$，则实数 p，q 的值为（　　）.

A. $p=4,q=1$　　B. $p=1,q=4$　　C. $p=0,q=1$　　D. $p=1,q=-4$

6. 若 $\boldsymbol{i}=(1,0)$，$\boldsymbol{j}=(0,1)$，则与 $2\boldsymbol{i}+3\boldsymbol{j}$ 垂直的向量是（　　）.

A. $3\boldsymbol{i}+2\boldsymbol{j}$　　B. $-2\boldsymbol{i}+3\boldsymbol{j}$　　C. $-3\boldsymbol{i}+2\boldsymbol{j}$　　D. $2\boldsymbol{i}-3\boldsymbol{j}$

7. 已知向量 $\boldsymbol{i}$，$\boldsymbol{j}$，$\boldsymbol{i}=(1,0)$，$\boldsymbol{j}=(0,1)$ 与 $2\boldsymbol{i}+\boldsymbol{j}$ 垂直的向量为（　　）.

A. $2\boldsymbol{i}-\boldsymbol{j}$　　B. $\boldsymbol{i}-2\boldsymbol{j}$　　C. $2\boldsymbol{i}+\boldsymbol{j}$　　D. $\boldsymbol{i}+2\boldsymbol{j}$

8. 已知 $\boldsymbol{a}^2=2\boldsymbol{a}\cdot\boldsymbol{b}$，$\boldsymbol{b}^2=2\boldsymbol{a}\cdot\boldsymbol{b}$，则 $\boldsymbol{a}$ 与 $\boldsymbol{b}$ 的夹角为（　　）.

A. 0°　　B. 30°　　C. 60°　　D. 180°

9. 已知 $\boldsymbol{a}=(1,2)$，$\boldsymbol{b}=(x,1)$ 若 $\boldsymbol{a}+2\boldsymbol{b}$ 与 $2\boldsymbol{a}-\boldsymbol{b}$ 平行，则 x 为（　　）.

A. 1　　B. $\frac{1}{2}$　　C. 2　　D. $-\frac{1}{2}$

10. 已知 A,B,C 三点在同一直线上，$A(3,-6)$，$B(-5,2)$，若点 C 的横坐标为 6，则它的纵坐标为(　　).

A. -13　　B. 9　　C. 13　　D. -9

二、填空题

11. 四边形 $ABCD$ 满足 $\overrightarrow{AD}=\overrightarrow{BC}$，且 $|\overrightarrow{AC}|=|\overrightarrow{BD}|$，则四边形 $ABCD$ 是________.

12. 化简：$\overrightarrow{NQ}+\overrightarrow{QP}+\overrightarrow{MN}-\overrightarrow{MP}=$________.

13. 已知非零向量 $\boldsymbol{a},\boldsymbol{b}$，则 $(\boldsymbol{a}-\boldsymbol{b})\perp(\boldsymbol{a}+\boldsymbol{b})\Leftrightarrow$________.

14. 若向量 $\boldsymbol{a}=(3,-4)$，$\boldsymbol{b}=(2,x)$，$\boldsymbol{e}=(2,y)$，且 $\boldsymbol{a}\parallel\boldsymbol{b}$，$\boldsymbol{a}\perp\boldsymbol{c}$，则 $\boldsymbol{b}\cdot\boldsymbol{c}=$________.

15. 设 $\boldsymbol{a},\boldsymbol{b},\boldsymbol{c}$ 是任意的非零平面向量，且互相不共线，则

①$(\boldsymbol{a}\cdot\boldsymbol{b})\boldsymbol{c}-(\boldsymbol{c}\cdot\boldsymbol{a})\boldsymbol{b}=0$；　　②$|\boldsymbol{a}|-|\boldsymbol{b}|<|\boldsymbol{a}-\boldsymbol{b}|$；

③$(\boldsymbol{b}\cdot\boldsymbol{c})\boldsymbol{a}-(\boldsymbol{c}\cdot\boldsymbol{a})\boldsymbol{b}$ 不与 $\boldsymbol{c}$ 垂直；　　④$(3\boldsymbol{a}+2\boldsymbol{b})\cdot(3\boldsymbol{a}-2\boldsymbol{b})=9|\boldsymbol{a}|^2-4|\boldsymbol{b}|^2$.

其中是真命题的有________.(把正确命题的序号都填上)

三、解答题

16. 化简：

(1) $\overrightarrow{AB}+\overrightarrow{BC}+\overrightarrow{CA}$；　　(2) $(\overrightarrow{AB}+\overrightarrow{MB})+\overrightarrow{BO}+\overrightarrow{OM}$；

(3) $\overrightarrow{OA}+\overrightarrow{OC}+\overrightarrow{BO}+\overrightarrow{CO}$；　　(4) $\overrightarrow{AB}-\overrightarrow{AC}+\overrightarrow{BD}-\overrightarrow{CD}$.

17. 平行四边形 $ABCD$ 中，M,N 分别为 DC,BC 的中点，已知 $=\boldsymbol{c}$，$=\boldsymbol{d}$，试用 $\boldsymbol{c},\boldsymbol{d}$ 表示和.

18. 设两非零向量 $\boldsymbol{e}_1,\boldsymbol{e}_2$.

(1) 试确定实数 k，使 $k\boldsymbol{e}_1+\boldsymbol{e}_2$ 和 $\boldsymbol{e}_1+k\boldsymbol{e}_2$ 共线；

(2) 若 $|\boldsymbol{e}_1|=2$，$|\boldsymbol{e}_2|=3$，$\boldsymbol{e}_1$ 与 $\boldsymbol{e}_2$ 的夹角为 $60°$，试确定 k，使 $k\boldsymbol{e}_1+\boldsymbol{e}_2$ 与 $\boldsymbol{e}_1+k\boldsymbol{e}_2$ 垂直.

19. (1) 某人在静水中游泳，速度为 $4\sqrt{3}$ km/h，他在水流速度为 4 km/h 的河中游泳. (1) 若他垂直游向河对岸，则他实际沿什么方向前进？实际前进的速度为多少？

(2) 他必须朝哪个方向游，才能沿与水流垂直的方向前进？实际前进的速度为多少？

第 4 章　平面解析几何

练习一　(直线与方程)

一、选择题

1. 设直线 $ax+by+c=0$ 的倾斜角为 α，且 $\sin\alpha+\cos\alpha=0$，则 a,b 满足(　　).

A. $a+b=1$　　B. $a-b=1$　　C. $a+b=0$　　D. $a-b=0$

2. 过点 $P(-1,3)$ 且垂直于直线 $x-2y+3=0$ 的直线方程为(　　).

A. $2x+y-1=0$　　B. $2x+y-5=0$　　C. $x+2y-5=0$　　D. $x-2y+7=0$

3. 已知过点 $A(-2,m)$ 和 $B(m,4)$ 的直线与直线 $2x+y-1=0$ 平行，则 m 的值为(　　).

A. 0　　B. -8　　C. 2　　D. 10

4. 已知 $ab<0$，$bc<0$，则直线 $ax+by=c$ 通过(　　).

A. 第一、二、三象限　　B. 第一、二、四象限

C. 第一、三、四象限　　D. 第二、三、四象限

5. 直线 $x=1$ 的倾斜角和斜率分别是(　　).

A. $45°$,1　　B. $135°$,-1　　C. $90°$,不存在　　D. $180°$,不存在

6. 若方程$(2m^2+m-3)x+(m^2-m)y-4m+1=0$表示一条直线,则实数 m 满足(　　).

A. $m\neq 0$　　B. $m\neq -\dfrac{3}{2}$

C. $m\neq 1$　　D. $m\neq 1, m\neq -\dfrac{3}{2}, m\neq 0$

二、填空题

1. 点 $P(1,-1)$ 到直线 $x-y+1=0$ 的距离是________.

2. 已知直线 $l_1: y=2x+3$,若 l_2 与 l_1 关于 y 轴对称,则 l_2 的方程为________.

若 l_3 与 l_1 关于 x 轴对称,则 l_3 的方程为________.

若 l_4 与 l_1 关于 $y=x$ 对称,则 l_4 的方程为________.

3. 若原点在直线 l 上的射影为$(2,-1)$,则 l 的方程为________.

4. 点 $P(x,y)$ 在直线 $x+y-4=0$ 上,则 x^2+y^2 的最小值是________.

5. 直线 l 过原点且平分▱$ABCD$ 的面积,若平行四边形的两个顶点为 $B(1,4)$,$D(5,0)$,则直线 l 的方程为________.

三、解答题

1. 已知直线 $Ax+By+C=0$,

(1) 系数为什么值时,方程表示通过原点的直线;

(2) 系数满足什么关系时与坐标轴都相交;

(3) 系数满足什么条件时只与 x 轴相交;

(4) 系数满足什么条件时是 x 轴;

(5) 设 $P(x_0,y_0)$ 为直线 $Ax+By+C=0$ 上一点.

2. 求经过直线 $l_1: 2x+3y-5=0$,$l_2: 3x-2y-3=0$ 的交点且平行于直线 $2x+y-3=0$ 的直线方程.

3. 经过点 $A(1,2)$ 并且在两个坐标轴上的截距的绝对值相等的直线有几条?请求出这些直线的方程.

4. 过点 $A(-5,-4)$ 作一直线 l,使它与两坐标轴相交且与两轴所围成的三角形面积为 5.

练习二　(曲线方程)

一、判断下列各点是否在方程 $x^2-xy+2y+1=0$ 对应的曲线上.

$A(1,-2)$;;　$B(2,-3)$;　$C(3,10)$.

二、(1) 在什么情况下,方程 $y=ax^2+bx+c\ (a\neq 0)$ 的曲线经过坐标原点?

(2) 在什么情况下,方程$(x-a)^2+(y-b)^2=r^2$ 的曲线经过$(2,3)$点?

三、求与 $A(1,2)$ 距离等于 5 的点的轨迹方程?

四、求与两定点 $A(3,1)$,$B(-1,5)$ 距离相等的点的轨迹方程.

五、求直线 $l: y=x+3$ 和曲线 $C: x^2-2y=-1$ 的交点.

练习三 （圆）

1. 以点 $A(1,4)$、$B(3,-2)$ 为直径的两个端点的圆的方程为____________.

2. 设 A 为圆 $(x-2)^2+(y-2)^2=1$ 上一动点，则 A 到直线 $x-y-5=0$ 的最大距离为____________.

3. 过点 $P(-1,6)$ 且与圆 $(x+3)^2+(y-2)^2=4$ 相切的直线方程是____________.

4. 过圆 $x^2+y^2-x+y-2=0$ 和 $x^2+y^2=0$ 的交点，且圆心在直线 $3x+4y-1=0$ 上的圆的方程为____________.

5. 已知直线 $5x+12y+a=0$ 与圆 $x^2-2x+y^2=0$ 相切，则 a 的值为____________.

6. 圆 $x^2+y^2-4x+4y+6=0$ 截直线 $y=x-5$ 所得的弦长等于____________.

7. 圆 $x^2+y^2-2x-3=0$ 与圆 $x^2+y^2-4x+2y+3=0$ 的位置关系是____________.

8. 求下列圆的圆心坐标和半径

(1) $(x+3)^2+(y-4)^2=5$；　　(2) $x^2+y^2-10y+15=0$；

(3) $x^2-2x+y^2+4y=-1$.

9. 已知圆与 y 轴相切，圆心在直线 $x-3y=0$，且这个圆经过点 $A(6,1)$，求该圆的方程.

10. 圆 $(x+1)^2+y^2=8$ 内有一点 $P(-1,2)$，AB 过点 P.

(1) 若弦长 $|AB|=2\sqrt{7}$，求直线 AB 的倾斜角 α；

(2) 若圆上恰有三点到直线 AB 的距离等于 $\sqrt{2}$，求直线 AB 的方程.

练习四 （椭圆）

1. 下列方程表示椭圆的是（　　）.

A. $\frac{x^2}{9}+\frac{y^2}{9}=1$　　B. $-x^2-2y^2=-8$　　C. $\frac{x^2}{25}-\frac{y^2}{9}=1$　　D. $(x-2)^2+y^2=1$

2. 动点 P 到两个定点 $F_1(-4,0)$. $F_2(4,0)$ 的距离之和为 8，则 P 点的轨迹为（　　）.

A. 椭圆　　B. 线段 F_1F_2　　C. 直线 F_1F_2　　D. 不能确定

3. 已知椭圆的标准方程 $x^2+\frac{y^2}{10}=1$，则椭圆的焦点坐标为（　　）.

A. $(\pm\sqrt{10},0)$　　B. $(0,\pm\sqrt{10})$　　C. $(0,\pm 3)$　　D. $(\pm 3,0)$

4. 已知椭圆 $\frac{x^2}{5}+\frac{y^2}{9}=1$ 点 P 到椭圆的一焦点的距离为 3，则 P 到另一焦点的距离是（　　）.

A. $2\sqrt{5}-3$　　B. 2　　C. 3　　D. 6

5. 已知椭圆的方程为：$\frac{x^2}{64}+\frac{y^2}{100}=1$，则 $a=$______，$b=$______，$c=$______，焦点坐标为：__________.

6. 椭圆 $16x^2+25y^2=400$ 的长轴长为________，短轴长为________，焦点坐标为________四个顶点坐标分别为____________，离心率为____________.

7. 求满足下列条件的椭圆的标准方程：

(1) 两个焦点的坐标分别为 $(0,-3)$，$(0,3)$，椭圆的短轴长为 8；

(2) 两个焦点的坐标分别为$(-\sqrt{5},0)$，$(\sqrt{5},0)$，并且椭圆经过点$(2\sqrt{2},\frac{2}{3})$；

(3) 已知椭圆的中心在原点，以坐标轴为对称轴，且经过两点$P_1(\sqrt{6},1)$，$P_2(-\sqrt{3},-\sqrt{2})$.

8. 已知点M在椭圆$\frac{x^2}{25}+\frac{y^2}{9}=1$上，$MP'$垂直于椭圆焦点所在的直线，垂直为$P'$，并且$M$为线段$PP'$的中点，求$P$点的轨迹方程.

练习五 （双曲线）

1. 已知双曲线C：$\frac{x^2}{a^2}-\frac{y^2}{b^2}=1\ a>0,b>0)$，以$C$的右焦点为圆心且与$C$的渐近线相切的圆的半径是(　　).

A. a　　B. b　　C. $\sqrt{ab}$　　D. $\sqrt{a^2+b^2}$

2. 以双曲线$\frac{x^2}{9}-\frac{y^2}{16}=1$的右焦点为圆心，且与其渐近线相切的圆的方程是(　　).

A. $x^2+y^2-10x+9=0$　　B. $x^2+y^2-10x+16=0$

C. $x^2+y^2+10x+16=0$　　D. $x^2+y^2+10x+9=0$

3. 双曲线$\frac{x^2}{a^2}-\frac{y^2}{b^2}=1(a>0,b>0)$的一条渐近线方程为$y=\frac{4}{3}x$，则离心率为(　　).

4. 双曲线与$\frac{x^2}{16}-\frac{y^2}{4}=1$有公共焦点，过点$(3\sqrt{2},2)$，求双曲线的方程.

4. 已知双曲线中心在原点，两对称轴都在坐标轴上，过点$P(3,\frac{15}{4})$和$Q(\frac{16}{3},5)$.

5. 双曲线$\frac{x^2}{4}-\frac{y^2}{12}=1$上一点$M$的横坐标为3，求点$M$到此双曲线的右焦点的距离.

6. 双曲线$\frac{x^2}{a^2}-\frac{y^2}{b^2}=1(a>0,b>0)$实轴长为焦距的一半，求渐近线方程.

练习六 （抛物线）

1. 抛物线$x^2=4y$上一点A的纵坐标为4，则点A与抛物线焦点的距离为(　　).

A. 2　　B. 3　　C. 4　　D. 5

2. 抛物线$y=4x^2$上的一点M到焦点的距离为1，则点M的纵坐标是(　　).

A. $\frac{17}{16}$　　B. $\frac{15}{16}$　　C. $\frac{7}{8}$　　D. 0

3. 抛物线以原点为顶点，以坐标轴为对称轴，且焦点在直线$x-2y-4=0$上，则抛物线的方程为(　　).

A. $y^2=16x$　　B. $x^2=8y$

C. $x^2=-8y$或$y^2=16x$　　D. $x^2=8y$或$y^2=16x$

4. 抛物 线$x=8y^2$的准线方程为__________.

5. 抛物线$y^2=4x$的弦AB垂直于x轴，若AB的长为$4\sqrt{3}$，则焦点到AB的距离为__________.

6. 抛物线的焦点为椭圆 $\frac{x^2}{9}+\frac{y^2}{4}=1$ 的左焦点，顶点在椭圆中心，则抛物线方程为__________.

7. 已知抛物线的顶点在原点，对称轴是 x 轴，抛物线上的点 $M(-3,m)$ 到焦点的距离等于5，求抛物线的方程和 m 的值.

8. 已知抛物线顶点在原点，焦点在 x 轴上，又知此抛物线上一点 $A(4,m)$ 到焦点的距离为6.

(1) 求此抛物线的方程；

(2) 若此抛物线方程与直线 $y=kx-2$ 相交于不同的两点 A,B，且 AB 中点横坐标为2，求 k 的值.

练习七　（坐标平移）

1. 在直角坐标系中，$\triangle ABC$ 3个顶点的坐标分别为 $A(1,2)$，$B(3,6)$，$C(-1,3)$，若角 $\triangle ABC$ 沿 x 轴正方向平移2个单位，再沿 y 轴正方向平移3个单位，得到 $\triangle A'B'C'$，试写出 $\triangle A'B'C'$ 的3个顶点.

2. 在平面直角坐标系中，描出下面各点 $A(1,3)$，$B(2,4)$，$C(2.5,2.5)$，$D(3,1)$，$E(4,2)$，顺次连结这5个点组成的图形是否为轴对称图形？将这个图形向右平移3个单位，得到图形 $A'B'C'D'E'$，求 $A'B'C'D'E'$ 的坐标.

3. 在平面直角坐标系中，求下列方程经过平移变换 $\begin{cases}x'=x+2\\y'=y-3\end{cases}$ 后的方程.

(1) $2x+3y=0$；　　(2) $x^2+y^2=1$.

4. 已知椭圆方程 $\frac{(x+3)^2}{5}+\frac{(y-2)^2}{3}=1$ 经过怎样的平移变换得到其标准方程？

练习八　（极坐标）

1. 将点的直角坐标 $(-2,2\sqrt{3})$ 化成极坐标得（　　）.

A. $(4,\frac{2\pi}{3})$　　B. $(-4,\frac{2\pi}{3})$　　C. $(-4,\frac{\pi}{3})$　　D. $(4,\frac{\pi}{3})$

2. 极坐标方程 $\rho\cos\theta=\rho\sin2\theta(\theta\geqslant0)$ 表示的曲线是（　　）.

A. 一个圆　　B. 两条射线或一个圆　　C. 两条直线　　D. 一条射线或一个圆

3. 极坐标方程 $\rho=\frac{2}{1+\cos\theta}$ 化为普通方程是（　　）.

A. $y^2=4(x-1)$　　B. $y^2=4(1-x)$　　C. $y^2=2(x-1)$　　D. $y^2=2(1-x)$

4. 点 P 在曲线 $\rho\cos\theta+2\rho\sin\theta=3$ 上，其中 $0\leqslant\theta\leqslant\frac{\pi}{4}$，$\rho>0$，则点 P 的轨迹是（　　）.

A. 直线 $x+2y-3=0$　　B. 以 $(3,0)$ 为端点的射线

C. 圆 $(x-2)^2+y=1$　　D. 以 $(1,1)$，$(3,0)$ 为端点的线段

5. 设点 P 在曲线 $\rho\sin\theta=2$ 上，点 Q 在曲线 $\rho=-2\cos\theta$ 上，则 $|PQ|$ 的最小值为（　　）.

A. 2　　B. 1　　C. 3　　D. 0

6. 过点 $(\sqrt{2},\frac{\pi}{4})$ 且与极轴平行的直线的极坐标方程是__________.

7. 曲线 $\rho=8\sin\theta$ 和 $\rho=-8\cos\theta$（$\rho>0$）的交点的极坐标是__________.

8. 求以点 $A(2,0)$ 为圆心，且经过点 $B(3,\frac{\pi}{3})$ 的圆的极坐标方程.

9. 先求出半径为 a，圆心为 (r_0,q_0) 的圆的极坐标方程. 再求出：

(1) 极点在圆周上时圆的方程；

(2) 极点在周上且圆心在极轴上时圆的方程.

第 4 章自测题

一、选择题

1. 直线 $x+\sqrt{3}y-1=0$ 的倾斜角是(　　).

A. $-\frac{\pi}{6}$　　B. $\frac{\pi}{3}$　　C. $\frac{2\pi}{3}$　　D. $\frac{5\pi}{6}$

2. 以 $A(1,3)$，$B(-5,1)$ 为端点的线段的垂直平分线方程是(　　).

A. $3x+y+4=0$　B. $3x-y+8=0$　C. $x-3y+8=0$　D. $x+3y+4=0$

3. 直线 $x-3y+5=0$ 与曲线 $y=-\frac{2}{x}$ 的交点为(　　).

A. $(-2,1)$，$(-3,\frac{2}{3})$　　B. $(1,2)$，$(-3,\frac{2}{3})$

C. $(-5,0)$，$(1,-2)$　　D. $(-2,1)$，$(1,-2)$

4. 直线 $3x-4y-9=0$ 与圆 $x^2+y^2-4=0$ 的位置关系是(　　).

A. 直线经过圆心　　B. 相切

C. 相离　　D. 相交但圆心不在直线上

5. 方程式 $x^2+y^2+2kx+4y+3k+8=0$ 表示圆，则 k 的取值范围是(　　).

A. $k<-1$ 或 $k>4$　B. $k=-1$ 或 $k=4$　C. $-1<k<4$　D. $-1\leqslant k\leqslant 4$

6. 双曲线 $\frac{x^2}{7}-\frac{y^2}{9}=-1$ 的焦点坐标是(　　).

A. $(0,-\sqrt{2})$，$(0,\sqrt{2})$　　B. $(-\sqrt{2},0)$，$(\sqrt{2},0)$

C. $(0,-4)$，$(0,4)$　　D. $(-4,0)$，$(4,0)$

7. 椭圆的中心是原点，焦点在坐标轴上，焦距为 12，$\frac{c}{a}=0.6$，则该椭圆的标准方程为(　　).

A. $\frac{x^2}{64}+\frac{y^2}{100}=1$　　B. $\frac{x^2}{100}+\frac{y^2}{64}=1$

C. $\frac{x^2}{64}+\frac{y^2}{100}=1$ 或 $\frac{x^2}{100}+\frac{y^2}{64}=1$　　D. 以上答案都不对

8. 双曲线 $kx^2+y^2=4$ 的虚轴长是(　　).

A. $\frac{4}{\sqrt{k}}$　　B. $\frac{4}{k}$　　C. $\frac{4}{\sqrt{-k}}$　　D. 8

9. 抛物线 $y=ax^2(a>0)$ 的焦点坐标是(　　).

A. $(\frac{1}{4a}, 0)$　　B. $(0, \frac{1}{4a})$　　C. $(\frac{a}{4}, 0)$　　D. $(0, \frac{a}{4})$

10. 与极坐标$(-2, \frac{\pi}{6})$不表示同一点的极坐标是(　　).

A. $(2, \frac{7\pi}{6})$　　B. $(2, -\frac{7\pi}{6})$　　C. $(-2, -\frac{11\pi}{6})$　　D. $(-2, \frac{13\pi}{6})$

二、填空题

(1) 通过点$(3, -5)$的直线方程是__________.

(2) 直线 $ax+3y+1=0$ 与直线 $x+(a-2)y+a=0$ 垂直,则 $a=$__________.

(3) 直线 $y=2x+b$ 与圆 $x^2+y^2=9$ 相切,则 $b=$__________.

(4) 圆 $x^2+y^2+4x=0$ 的圆心坐标__________;半径是__________.

(5) 已知 $A(-2, 4)$,$B(8, -2)$,则以 AB 为直径的圆的方程是__________.

(6) 椭圆 $9x^2+4y^2=36$ 的长轴长__________,焦点坐标是__________.

(7) 双曲线 $9x^2-y^2=81$ 的顶点坐标是__________,渐进线方程是__________.

(8) 抛物线 $x+y^2=0$ 的焦点坐标是__________,准线方程是__________.

(9) 过$(2, \frac{\pi}{2})$且与极轴平行的直线 l 的极坐标方程是__________.

三、已知抛物线的顶点是双曲线 $16x^2-9y^2=144$ 的中心,而焦点是双曲线的左顶点,求抛物线的标准方程.

四、求以坐标中心为原点,对称轴为坐标轴,实轴与虚轴之和为 28,焦距为 20 的双曲线标准方程.

五、椭圆的一个焦点把长轴分成两部分,它们的长是 7 和 1,求椭圆的标准方程.

六、已知圆点 $A(5, 2)$ 和 $B(3, -2)$,直线 $2x-y=3$ 与圆相交,且过圆心,求圆的方程.

七、判定下列各直线与圆的位置关系.

(1) 直线 $x+y-2=0$,圆 $x^2+y^2-6x=0$;

(2) 直线 $x+y=\sqrt{2}$,圆 $x^2+y^2=1$;

(3) 直线 $y=\sqrt{3}x$,圆 $(x-2)^2+y^2=1$;

(4) 直线 $y=-x+\sqrt{2}$,圆 $x^2+y^2=1$.

第 5 章　立体几何

练习一　(平面及其基本性质)

一、判断题

1. 两两相交的 3 条直线共面.(　　)
2. 两条相交直线上的 3 个点可以确定一个平面.(　　)
3. 梯形是平面图形.(　　)
4. 一条直线和一个点可以确定一个平面.(　　)
5. 两条相交直线可以确定一个平面.(　　)

6. 若一条直线上有一点在平面外，则直线上有无穷多点在平面外.（　　）

7. 若点 $l \not\subset \alpha, l \not\subset \beta$,，则(1) $l \perp \alpha$，(2) $l // \beta$，(3) $\alpha \perp \beta$.（　　）

8. 若 $\alpha \perp \gamma, \beta \perp \gamma, \alpha \cap \beta = l$，则 $l \perp \gamma$.（　　）

9. 若一条直线上有两点在已知平面外，则直线上所有点在平面外.（　　）

10. 空间有 3 个角为直角的四边形一定是平面图形.（　　）

二、填空题

1. 一条直线和直线外 3 点最多能确定的平面个数是__________个.

2. 3 条直线两两相交，它们最多可确定平面的个数是__________.

3. 经过__________的 3 个点，有且只有一个平面.

4. 有一个公共点的两个平面相交于__________的一条直线.

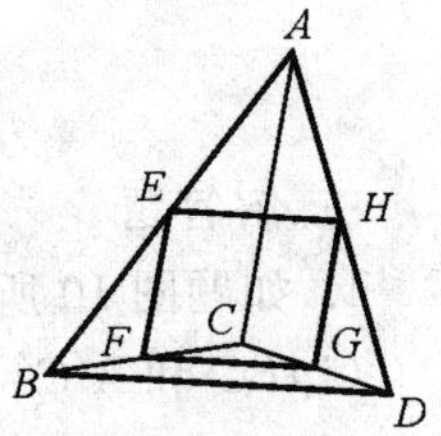

题图 8

三、如题图 8 所示，在三棱锥 $A-BCD$ 中，E, F, G, H 分别是边 AB，BC, CD, DA 的中点

(1) 求证：四边形 $EFGH$ 为平行四边形.

(2) 若 $AC = BD$，求证：四边形 $EFGH$ 为菱形.

(3) 当 AC 与 BD 满足什么条件时，四边形 $EFGH$ 为正方形.

练习二　（空间直线的位置关系）

一、选择题

1. 正方体的一条对角线与正方体的棱可以组成异面直线的对数是（　　）.

A. 2 对　　B. 3 对　　C. 6 对　　D. 12 对

2. 过平面内一点与平面外一点的直线，和平面内不过该点的直线是（　　）.

A. 平行线　　B. 相交直线

C. 异面直线　　D. 互相垂直的相交直线

3. 在正方体 $ABCD—A_1B_1C_1D_1$ 的面对角线中，与 AD_1 成 $60°$ 角的有（　　）.

A. 4 条　　B. 6 条　　C. 8 条　　D. 10 条

4. 在棱长为 1 的正方体 $ABCD-A_1B_1C_1D_1$ 中，M 和 N 分别为 A_1B_1 和 B_1C_1 的中点，那么直线 AM 与 CN 所成角的余弦值是（　　）.

A. $\frac{\sqrt{3}}{2}$　　B. $\frac{\sqrt{10}}{10}$　　C. $\frac{3}{5}$　　D. $\frac{4}{5}$

二、填空题

5. 如题图 9 所示，写出立体图形 $A—BCD$ 中所有的异面直线，它们是__________.

6. 正方体 $ABCD—A_1B_1C_1D_1$ 中，与 AA_1 平行的棱有__________条；与 AA_1 相交的棱有 4 条；与 AA_1 异面的棱有 4 条，它们分别是__________.

7. 已知 a, b 是两条直线，且 a 不平行 b，且 $a \cap b = \varnothing$，那么 a 与 b 是__________.

8. 设 P 为异面直线 a, b 外一点，那么过 P 与 a, b 同时平行的直线有__________条；过 P 与 a、b 同时垂直的直线有__________条.

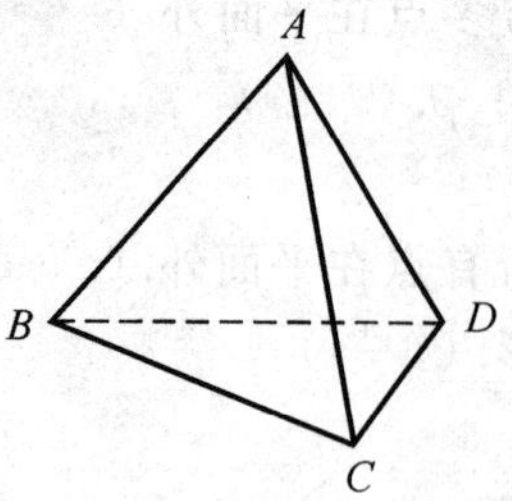

题图 9

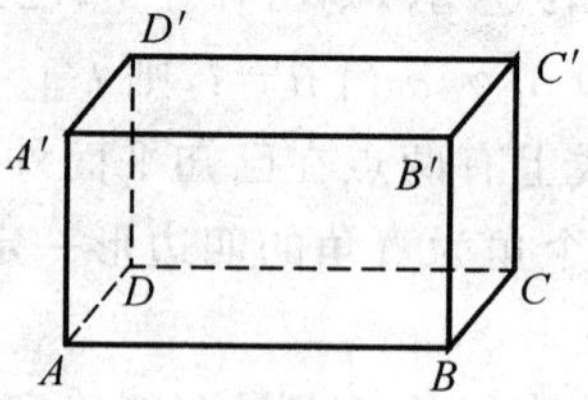

题图 10

三、解答题

1. 如题图 10 所示，已知长方体 $ABCD—A_1B_1C_1D_1$ 的长和宽都是 4 cm，高是 2 cm，求：

(1) BC 和 $A'C'$ 所成角的度数；

(2) AA' 和 BC' 所成角的正切值是多少？

2. 正方体 $ABCD—A_1B_1C_1D_1$ 中，E，F 分别为 BB_1，CC_1 的中点，求 AE，BF 所成角的余弦值.

练习三 （直线与平面的位置关系 ①）

一、选择题

1. 直线 a // 平面 α，直线 b 在平面 α 内，则（ ）.

A. $a \parallel b$　　B. a 和 b 相交　　C. a 与 b 异面　　D. a 和 b 平行或异面

2. 设直线 l 在平面 α 外，则（ ）.

A. $l \parallel \alpha$　　B. l 和 α 至少有一个公共点

C. l 和 α 相交　　D. l 和 α 至多有一个公共点

3. 下列结论正确的是（ ）.

A. 如果直线 a // 平面 α，则 a 平行于平面 α 的无数条直线

B. 如果直线 a 平行于平面 α 的无数条直线，则 $a \parallel \alpha$

C. 如果直线 a // 平面 α，b 在平面 α 内，则 $a \parallel b$

D. 如果直线 a // 平面 b，且 b // 平面 α，则 $a \parallel \alpha$

4. 若直线 a 平行于平面 α 内的一条直线 b，则 a 与 α 的位置关系是（ ）.

A. $a \parallel \alpha$　　B. $a \subset \alpha$　　C. $a \parallel \alpha$ 或 $a \subset \alpha$　　D. $a \parallel \alpha$ 或 a 与 α 相交

二、证明：空间四边形 $ABCD$ 的两条对角线 BD 与 AC 都平行于平行四边形中点所确定的平面 $EFGH$.

三、若直线分别与两个相交的平面平行，证明直线与平面的交线平行.

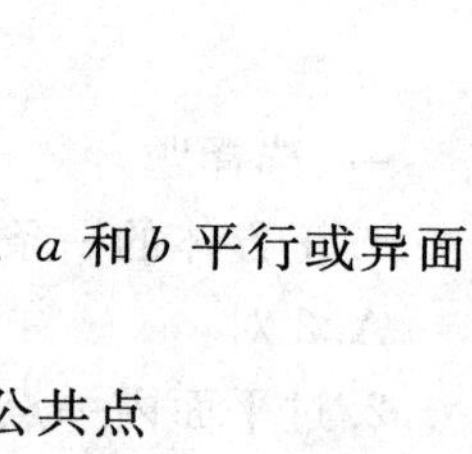

题图 11

四、如题图 11 所示，四棱锥 $A-BCDE$ 中，底面 $BCDE$ 为矩形，侧面 $ABC \perp$ 底面 $BCDE$，$BC=2$，$CD=\sqrt{2}$，$AB=AC$.

(1) 取 CD 的中点为 F，AE 的中点为 G，证明：$FG \parallel$ 面 ABC；

(23) 证明：$AD \perp CE$.

练习四 (直线与平面的位置关系②)

一、判断题

(1) 若一条直线垂直于一平面,则这条直线垂直于该平面内的任何一条直线.( )

(2) 垂直于同一条直线的两条直线平行. .( )

(3) 如果一条直线与一个平面不垂直,那么这条直线与这个平面内的任何直线都不垂直.( )

已知 m,n 是两条不同的直线,α 是一个平面,判断下列四个命题:

(4) 若 $m//\alpha,n//\alpha$,则 $m//n$.( )

(5) 若 $m\perp\alpha,n\perp\alpha$,则 $m//n$.( )

(6) 若 $m//\alpha,n\perp\alpha$,则 $m\perp n$.( )

(7) 若 $m\perp\alpha,m\perp n$,则 $n//\alpha$.( )

二、简答题

1. 如题图 12 所示,拿一张矩形的纸对折后略展开,竖直在桌面上,请问折痕是否和桌面垂直,为什么?

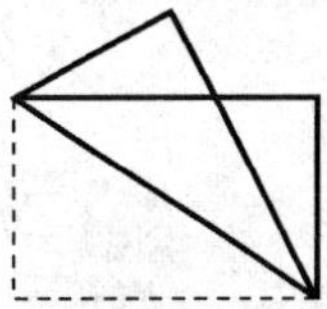

题图 12

2. 如果一条直线垂直于一个平面的

(1) 三角形的两条边;

(2) 梯形的两条底边;

(3) 圆的两条直径.

3. 在正方体 $ABCD—A_1B_1C_1D_1$ 中,E,F,G 分别是 AB,A_1D_1,C_1D_1 的中点(见题图 13).

(1) 求证:$B_1G\perp CF$;

(2) 若 P 是 A_1B_1 的中点,求证:BP // 平面 ECF.

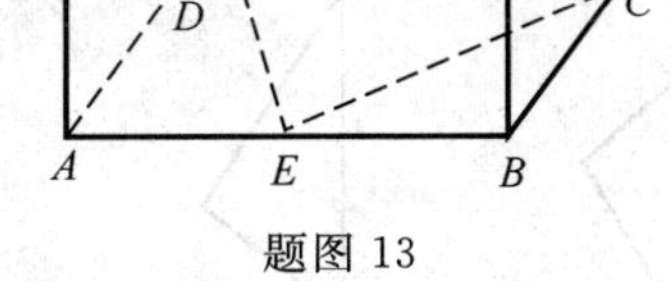

题图 13

练习五 (平面与平面的位置关系③)

一、判断题

1. 若两直线 a,b 与直线 l 所成的角相等,那么 a // b.( )

2. 若两直线 a,b 与平面 α 所成的角相等,那么 a // b.( )

3. 如果直线 l 与两平面 α,β 所成的角都是直角,那么 $\alpha//\beta$.( )

4.若平面 γ 与两平面 α,β 所成的二面角都是直二面角，那么 $\alpha//\beta$.(　　)

5.平面 $\alpha\perp$ 平面 $\beta,\alpha\cap\beta=l$，点 $P\in\alpha$，点 $Q\in l$，那么 $PQ\perp l$ 是 $PQ\perp\beta$ 的充要条件.(　　)

6.若直线 l 上有无数个点不在平面 α 内，则 $l\parallel\alpha$.(　　)

7.若直线 l 与平面 α 平行，则 l 与平面 α 内的任意一条直线都平行.(　　)

8.如果两条平行直线中的一条与一个平面平行，那么另一条也与这个平面平行.(　　)

9.若直线 l 与平面 α 平行，则 l 与平面 α 内的任意一条直线都没有公共点.(　　)

二、解答题

1.如题图 14 所示，空间四边形 $ABCD$ 中，E,F,G,H 分别是 AB,BC,CD,DA 的中点.求证：四边形 $EFGH$ 是平行四边形.

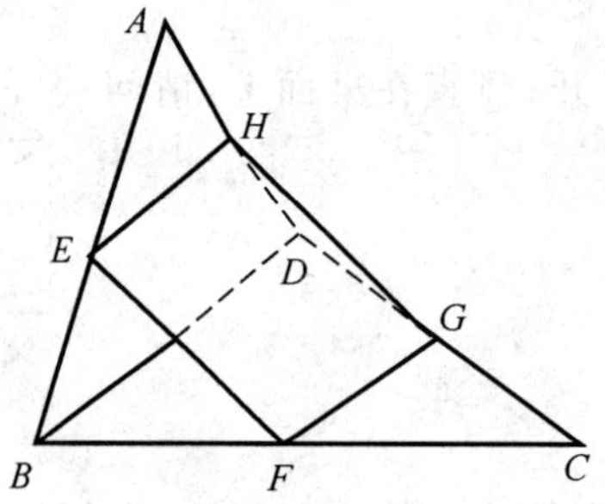

题图 14

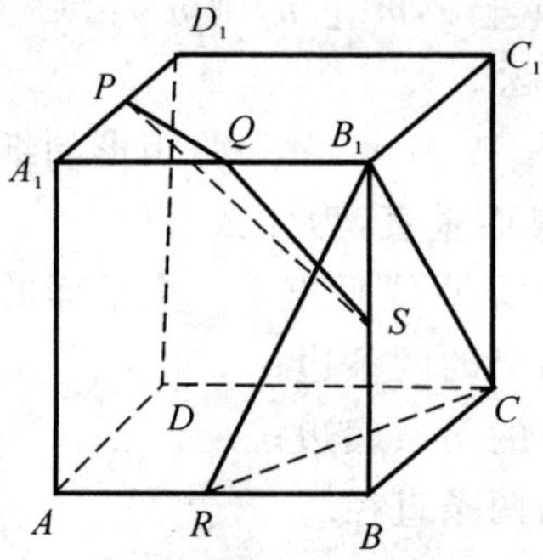

题图 15

2.如题图 15 所示，在正方体 $ABCD—A_1B_1C_1D_1$ 中，已知 P,Q,R,S 分别为棱 A_1D_1，A_1B_1，AB，BB_1 的中点，求证：平面 $PQS\perp$ 平面 B_1RC.

练习六　(空间几何体)

一、选择题：(每小题 5 分，共 50 分)

1.题图 16 中的几何体是由哪个平面图形旋转得到的(　　).

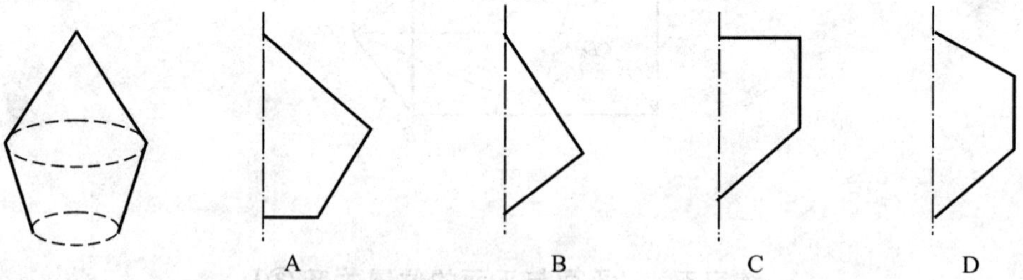

题图 16

2.若一个几何体的三视图都是等腰三角形，则这个几何体可能是(　　).

A.圆锥　　B.正四棱锥　　C.正三棱锥　　D.正三棱台

3.已知圆柱与圆锥的底面积相等，高也相等，它们的体积分别为 V_1 和 V_2，则 $V_1:V_2$ =(　　).

A. 1:3　　B. 1:1　　C. 2:1　　D. 3:1

4.过圆锥的高的三等分点作平行于底面的截面,它们把圆锥侧面分成的三部分的面积之比为(　　).

A. 1:2:3　　B. 1:3:5　　C. 1:2:4　　D. 1:3:9

5.棱长都是1的三棱锥的表面积为(　　).

A. $\sqrt{3}$　　B. $2\sqrt{3}$　　C. $3\sqrt{3}$　　D. $4\sqrt{3}$

6.如果两个球的体积之比为8:27,那么两个球的表面积之比为(　　).

A. 8:27　　B. 2:3　　C. 4:9　　D. 2:9

7.下列几种说法正确的个数是(　　).

① 相等的角在直观图中对应的角仍然相等;

② 相等的线段在直观图中对应的线段仍然相等;

③ 平行的线段在直观图中对应的线段仍然平行;

④ 线段的中点在直观图中仍然是线段的中点.

A. 1　　B. 2　　C. 3　　D. 4

二、填空题

1.一个棱柱至少有________个面,面数最少的一个棱锥有________个顶点,顶点最少的一个棱台有________条侧棱.

2.正三棱锥的底面边长为4cm,高为$3\sqrt{3}$cm,则此棱锥的体积________.

3.一个正方体的体积是$27cm^3$,则它的表面积为________.

4.若圆锥的高等于底面的直径,则它的面积与侧面积之比为________.

5.已知一个长方体共一顶点的3个面的面积分别是$\sqrt{2}$,$\sqrt{3}$,$\sqrt{6}$,这个长方体的对角线长是________;若长方体的共顶点的3个面的面积分别为3,5,15,则它的体积为________.

6.圆台的较小底面半径为1,母线长为2,一条母线和底面的一条半径有交点且成60°角,则圆台的侧面积为________.

7.等体积的球和正方体,它们的表面积的大小关系是$S_{球}$________$S_{正方体}$.

三、解答题(共70分)

1.已知圆台的上下底面半径分别是2,5,且侧面面积等于两底面面积之和,求该圆台的母线长.

2.正六棱锥的底面边长是a,体积是$\frac{\sqrt{3}}{2}a^3$,求棱锥的高.

3.如题图17所示,在底半径为2,母线长为4的圆锥,求圆锥的表面积.

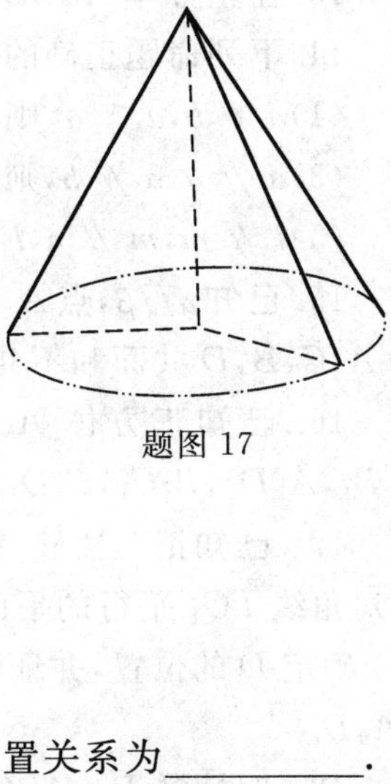

题图17

第5章自测题

1.平面α上有不共线的三点到平面β的距离相等,则α与β的位置关系为________.

2.若$\alpha//\beta$,直线$a\subset\alpha$,直线$b\subset\beta$,则a与β的位置关系为________,直线a与直线b的

位置关系为__________.

3.下列命题正确的是__________.

(1) 平行于同一条直线的两平面平行　　(2) 平行于同一平面的两平面平行

(3) 垂直于同一直线的两平面平行　　(4) 与同一条直线成等角的两平面平行

4.垂直于同一平面的两个平面的位置关系是__________.

5.已知α,β是两个平面，直线$l\not\subset\alpha,l\not\subset\beta$，若以(1)$l\perp\alpha$，(2)$l\parallel\beta$，(3)$\alpha\perp\beta$中的两个为条件，另一个结论，则能构成正确的命题是__________(写出全部正确的可能组合).

6.下列命题正确的是__________.

(1) 若$\alpha\perp\gamma,\beta\perp\gamma,\alpha\cap\beta=l$，那么$l\perp\gamma$.

(2) 如果$\alpha\perp\beta$那么经过α内的一点P垂直于β的直线必在α内.

(3) 如果$\alpha\perp\beta,a\perp\beta$，那么$a\parallel\alpha$.

(4) 如果3个平面两两垂直，那么它们的交线也两两垂直

7.4点最多确定__________个平面，3条相交直线最多确定__________个平面.

8.下列命题正确的是__________.

(1) 垂直于同一条直线的两直线平行

(2) 一条直线平行于两条平行线中一条，则与另一条直线平行或重合

(3) 经过直线外一点有无数条直线和已知直线垂直

(4)$a//b,b//c,c//d$，则$a//d$

(5)$a//b,c\perp a,d\perp b$，则$c\parallel d$

(6) 若$\angle AOB=\angle A_1O_1B_1,OA\parallel O_1A_1$，则$OB\parallel O_1B_1$

9.空间3条直线两两平行，由两条直线确定一个平面，可以确定__________个平面.

10.若a,b为异面直线，$c//a$，则c与b的位置关系为__________.

11.$a//b,a//\alpha$，则b与α的位置关系是__________.

12.平行于同一平面的两条直线的位置关系是__________.

13.在正方体$ABCD-A_1B_1C_1D_1$中与直线AC_1异面的棱有__________条.

14.下列命题正确的是__________

(1)$a\parallel b,a\perp\alpha$，则$b\perp\alpha$；　　(2)$a\perp\alpha,b\perp\alpha$，则$a\parallel b$；

(3)$a\parallel\alpha,a\parallel b$，则$b\parallel\alpha$；　　(4)$a\parallel\alpha,a\perp b$，则$b\perp\alpha$；

(5)$l\parallel m,m\parallel n,l\perp\alpha$则$n\perp\alpha$；　　(6)$l\parallel m,m\perp\alpha,n\perp\alpha$，则$l\parallel n$

15.已知$\alpha//\beta$，点$A,C\in\alpha$，点$B,D\in\beta$，M,N分别为AB和CD的中点，求证:$MN//\beta$(提示：分A,C,B,D共面和不共面证明，不共面如题图18所示)

16.已知正方体$ABCD-A_1B_1C_1D_1$中，M,N,E,F分别是$A_1B_1,A_1D_1,B_1C_1,C_1D_1$的中点，求证:面$AMN//$面$EFDB$.

17.已知正三棱柱$ABC—A_1B_1C_1$，若过面对角线AB_1与另一面对角线BC_1平行的平面交上底面$A_1B_1C_1$的一边A_1C_1于点D.(1)确定D的位置，并证明你的结论；(2)证明:平面$AB_1D\perp$平面AA_1D.

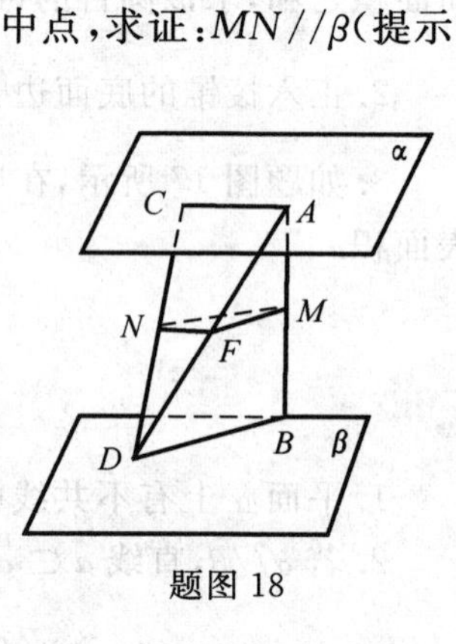

题图 18

18.四棱锥$P—ABCD$的底面是边长为a的正方形，$PA\perp$底面$ABCD$，E为AB的中点，且$PA=AB$.(1)求证:平面$PCE\perp$平

面 PCD;(2) 求点 D 到平面 PCE 的距离.

第6章 概率与统计初步

练习一 (计数原理)

一、选择题

1.某商场共有4个门,若从一个门进,另一个门出,不同走法的种数是( ).

A. 10　　B. 11　　C. 12　　D. 13

2.有5本不同的中文书,4本不同的数学书,3本不同的英语书,每次取一本,不同的取法有( )种.

A. 3　　B. 12　　C. 60　　D. 不同于以上的答案

3.现有4件不同款式的上衣与3件不同颜色的长裤,如果1条长裤与1件上衣配成一套,则不同的选法为( ).

A. 7　　B. 64　　C. 12　　D. 81

4.同室4人各写一张贺年卡,先集中起来,然后每人从中拿1张别人送出的贺年卡,则4张贺年卡不同的分配方式有( ).

A. 23种　　B. 11种　　C. 9种　　D. 6种

二、填空题

1.某座山,若从东侧通往山顶的道路有3条,从西侧通往山顶的道路有2条,那么游人从上山到下山共有__________种不同的走法.

2.在所有两位数中,个位数字大于十位数字的两位数共有__________个.

3.在 $1 \sim 20$ 共20个整数中取两个数相加,使其和为偶数的不同取法共有__________种.

三、简答题

1.一个口袋内装有5个小球,另一个口袋装有4个小球,所有这些小球的颜色互不相同.

(1) 从两个口袋内任取1个小球,有多少种不同的取法?

(2) 从两个口袋内各取1个小球,有多少种不同的取法?

2.书架上8本英语书,9本语文书,10本数学书,如果从书架上任取1本,共有多少中不同取法?

练习二 (概率)

一、选择题

1.“某彩票的中奖的概率为$\frac{1}{1\,000}$”意味着( ).

A. 买1 000张彩票就一定能中奖　　B. 买1 000张彩票中一次奖

C. 买1 000张彩票一次奖也不中　　D. 购买彩票中奖的可能性是

2.下列说法正确的有( ).

① 随机事件 A 的概率是频率的稳定值,频率是概率的近似值;

② 任意事件 A 发生的概率 $P(A)$ 总是 $0 < P(A) < 1$;

③ 若事件 A 的概率趋近于 0，且 $P(A)>0$，则事件 A 是不可能事件.

A. 0个　　B. 1个　　C. 2个　　D. 3个

3. 甲、乙两人下棋，甲获胜的概率为 30%，两人下成和棋的概率为 50%，那么乙不输的概率是(　　).

A. 20%　　B. 70%　　C. 80%　　D. 30%

二、某地区的年降水量(单位：mm) 在下列范围内的概率见下表：

年降水量	[100,150)	[150,200)	[200,250)	[250,300)
概　率	0.12	0.25	0.16	0.14

(1) 计算年降水量在[100,200) 的范围内的概率；

(2) 求年降水量在[150,300) 范围内的概率.

三、如果从不包括大小王的 52 张扑克牌中随机抽取 1 张，那么取到红心(事件 A) 的概率是$\frac{1}{4}$，取到方块(事件 A) 的概率是$\frac{1}{4}$，问

(1) 取到红色牌(事件 C) 的概率是多少？

(2) 取到黑色牌(事件 D) 的概率是多少？

练习三　(随机抽样)

一、选择题

1. 简单随机抽样、系统抽样、分层抽样之间的共同点是(　　).

A. 都是从总体中随机抽取

B. 将总体分成几个部分，按事先确定的规则在各部分抽取

C. 抽样过程中每个个体被抽取的机会

D. 将总体分成几层，分层进行抽取

2. 为了了解某班学生会考合格率，要从该班 70 人中选 30 人进行调查分析. 在这个问题中，70 人的会考成绩是(　　).

A. 总体　　B. 个体

C. 从总体中抽取的一个样本　　D. 样本容量

3. 下列哪种工作不能使用抽样方法进行(　　).

A. 测定一批炮弹的射程

B. 测定海洋水域的某种微生物的含量

C. 高考结束后，国家高考命题中心计算数学试卷中每一个题目的难度

D. 检测某学校全体高三学生的身高和体重情况

4. 分层抽样又称类型抽样，即将相似的个体归入一层，然后每层抽取若干个构成样本，分层抽样为了保证每个个体等可能入样，必须进行(　　).

A. 每层等可能抽样

B. 每层不等可能抽样

C. 所有层用同一抽样比，每层等可能抽样

D. 所有层抽取同样的样本容量，每层等可能抽样

5. 对于简单随机抽样，下列说法正确的是(　　).

① 它要求总体的个数有限，以便对其中各个个体被抽到的概率进行分析；

② 它是从总体中逐个地进行抽取；

③ 它是一个不放回抽样；

④ 它是一种等概率抽样，不仅每次从总体中抽取一个个体时，个个各体被抽取的概率相等，而且在整个抽样过程中，各个个体被抽取的概率也相等，从而保证了这种抽样方法的公平性.

A. ①②③　　B. ①②④　　C. ①③④　　D. ①②③④

6. 在分层抽样、系统抽样和简单随机抽样中，属于不放回抽样的有(　　).

A. 0 个　　B. 1 个　　C. 2 个　　D. 3 个

7. 为了了解 1 200 名学生对学校某项教改实验的意见，打算从中抽取一个容量为 30 的样本，考虑采用系统抽样，则分段的间隔 k 为(　　).

A. 40　　B. 30　　C. 20　　D. 12

二、填空题

1. 采用系统抽样从含 2 000 个个体的总体(编号为 0000 ～ 1999) 抽取一个容量为 100 的样本，若在第一段用随机抽样得到的起始个体编号为 0013，则前 6 个入样编号是________________________.

2. 某社区有 500 个家庭，其中高收入家庭 125 户，中等收入家庭 280 户、低收入家庭 95 户，为了调查社会购买力的某项指标，要从中抽取 1 个容量为 100 户的样本，记做 ①；某校高一年级有 12 名女排运动员，要从中选出 3 人调查学习负担情况，记做 ②. 则完成上述 2 项调查应采用的抽样方法是____________________________________.

3. 某文艺晚会由乐队 18 人，歌舞队 12 人，曲艺队 6 人组成，需要从这些人中抽取一个容量为 n 的样本. 如果采用系统抽样法和分层抽样法来抽取，都不用剔除个体；如果容量增加一个，则在采用系统抽样时，需要剔除一个个体，则样本容量 $n=$__________.

三、为考察一个学校学生参加课外活动的情况，对其中 40 学生每天参加课外活动时间进行调查，指出其中的总体、个体样本、样本容量.

四、利用系统抽样，从 800 份期末试卷中抽取 50 份进行复查，写出抽样的过程.

练习四　(用样本估计总体)

1. 关于平均数、中位数、众数的下列说法中正确的是(　　).

A. 中位数可以准确的反映出总体的情况

B. 平均数数可以准确的反映出总体的情况

C. 众数数可以准确的反映出总体的情况

D. 平均数、中位数、众数都有局限性，都不能准确的反映出总体的情况

2. 设 $x_1=4, x_2=5, x_3=6$，则该样本的标准差为(　　).

A. $\frac{\sqrt{3}}{3}$　　B. $\frac{\sqrt{6}}{3}$　　C. $\frac{\sqrt{5}}{3}$　　D. $\frac{\sqrt{7}}{3}$

3. 一个样本数据从小到大的顺序排列为 12，15，20，x，23，28，30，50 其中，中位数为 22，则

$x=$(　　).

A. 21　　B. 15　　C. 22　　D. 35

4. 甲、乙两名射击运动员，在一次连续10次的射击中，他们所射中环数的平均数一样，但方差不同，正确评价他们的水平是(　　).

A. 因为他们所射中环数的平均数一样，所以他们水平相同

B. 虽然射中环数的平均数一样，但方差较大的，潜力较大，更有发展前途

C. 虽然射中环数的平均数一样，但方差较小的，发挥较稳定，更有发展前途

D. 虽然射中环数的平均数一样，但方差较小的，发挥较不稳定，忽高忽低

5. 已知数据 $-8,-1,4,X,10,13$，且这组数的中位数是7，那么数据中的众数是(　　).

A. 7　　B. 6　　C. 4　　D. 10

6. 数据5,7,7,8,10,11的中位数、众数、平均数分别是________.

7. 从某市某年参加初中毕业考试的学生中，随机抽查了20名学生的物理成绩，分数如下：

90,84,84,86,87,98,73,82,90,93,

65,95,84,71,78,61,94,88,77,100

(1) 在这个问题中，总体、个体、样本和样本容量各是指什么？

(2) 计算样本均值和样本方差(精确到0.01)？

练习五　(一元线性回归)

1. 变量之间的关系可以分为两大类(　　).

A. 函数关系和相关关系　　B. 线性相关关系和非线性关系

C. 正相关关系和负相关关系　　D. 简单相关关系和复杂相关关系

2. 相关关系是指(　　).

A. 变量间的非独立关系　　B. 变量间的因果关系

C. 变量间的函数关系　　D. 变量间不确定的依存关系

3. 下表给出了不同质量 x(g) 下的弹簧长度 y(cm)：

质量 x/g	5	10	15	20	25	30
弹簧长度 y/cm	7.25	8.12	8.95	9.90	10.96	11.8

(1) 画出散点图；

(2) 求 y 关于 x 的一元线性回归方程.

4. 已知某种商品销售额 y 万元与广告费用 x 万元的一组统计资料见下表：

广告费用 x/万元	30	25	20	30	40	40	15	20	20
销售额 y/万元	470	460	420	460	500	520	400	440	560

(1) 求 y 关于 x 的一元线性回归方程；

(2) 广告费用每增加1万元，商品销售额平均约增加多少？

(3) 当广告费为35万元时，商品销售额估计为多少？

5. 经过调查，某商品的售出价格 x(元) 与供货量 y(kg) 之间的观测数据见下表：

x/元	11	11.5	12	12.5	13	13.5	14	14.5	15	15.5	16
y/kg	20	22	24.5	28	31	35	39	44.5	49.5	55.5	60

试求供货量 y 关于售出价格的一元线性回归方程(精确到 0.001)?

第 6 章自测题

一、选择题

1.要了解某种产品的质量,从中抽出 300 个产品进行检验,在这个问题中,300 个产品的质量的叫作(　　).

A.总体　　B. 个体　　C. 样本　　D. 样本容量

2.某中职学校有 30 名运动员,要从中选出 5 人调查学习负担情况,调查应采用的抽样方法是(　　).

A.随机抽样法　　B. 分层抽样法　　C.系统抽样法　　D. 无法确定

3.某次化学实验进行了 10 次,得到的实验数据是:21,20,19,19,21,20,19,22,20,18,则样本均值是(　　).

A. 19.6　　B. 19.9　　C. 19.7　　D. 19.8

4.甲、乙两人在同样的条件下射击,各打 5 发子弹,命中环数如下:

甲:8,6,9,9,7　　乙:10,8,8,9,5

下面说法正确的是(　　).

A.甲比乙更稳定　　B. 乙比甲更稳定

C.甲、乙稳定程度相同　　D. 无法进行比较

5.数据 71,70,73,72,的标准差是(　　).

A.$\sqrt{2}$　　B.$\frac{\sqrt{5}}{2}$　　C.2　　D.$\frac{\sqrt{15}}{3}$

二、填空题

6. 250 名 13 级学生,280 名 14 级学生,400 名 15 级学生一起联欢.如果任意找其中 1 名学生谈话,这个学生是 15 级学生的概率是__________.

7.在体操比赛中,6 名裁判员给运动员完成的动作打分,成绩如下(单位:分)

5.75,6.30,5.80, 6.00,5.92,6.13,则这个体操运动员的平均成绩是__________.

8. 12 袋内装有大小相同的 1 个白球和已编有不同号码的 3 个黑球,从中摸出 1 个球是黑球的概率是__________.

三、解答题

9.调查某工厂一年中每月产品的总成本 y(万元) 与每月产量 x(万件) 的数据见下表:

x/万件	1.03	1.2	1.1	1.28	1.3	1.23	1.31	1.33	1.22	1.12	1.09	1.15
y/万件	1.21	1.5	1.34	1.59	1.6	1.54	1.67	1.73	1.53	1.4	1.25	1.43

(1) 画散点图；

(2) 求 y 关于 x 的一元线性回归方程.

10. 为了解中职一年级男生的身体素质情况，对某中职学校 24 名一年级男生进行每分钟脉搏数检查，检查结果记录如下：

71,72,66,74,83,75,62,58,

85,74,67,62,71,90,73,64,

80,78,67,56,86,59,105,65,

试对以上数据进行整理，列出频率分布表，画频率分布直方图.

第 7 章　算法初步

练习一　(算法与程序框图)

1. 题图 19 给出了下一个算法流程图，该算法流程图的功能是(　　).

A. 求 a,b,c 三数的最大数　　B. 求 a,b,c 三数的最小数

C. 将 a,b,c 按从小到大排列　　D. 将 a,b,c 按从大到小排列

2. 下列程序框中，出口可以有两个流向的是(　　).

A. 终止框　　B. 输入输出框　　C. 处理框　　D. 判断框

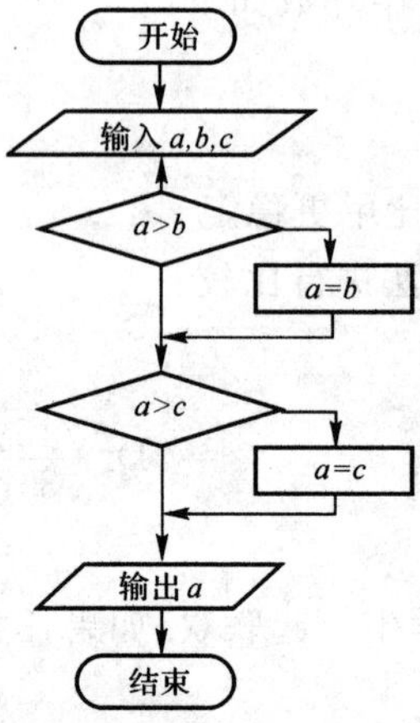

题图 19

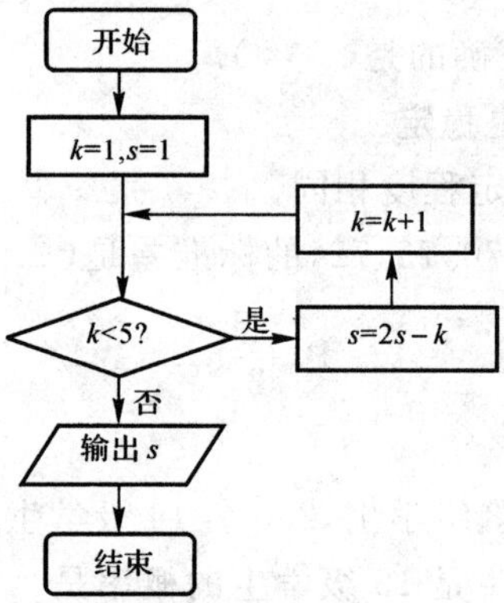

题图 20

3. 执行如题图 20 所示的程序框图，输出的 s 值为(　　).

A. -10　　B. -3　　C. 4　　D. 5

4. 如题图 21 所示的程序的输出结果为 170，则判断框中应填(　　).

A. $i>7$?　　B. $i\geqslant 7$?　　C. $i\geqslant 9$?　　D. $i>9$?

5. 程序框图见题图 22 中，如果输入 3 个实数 a,b,c，要求输出这 3 个数中最大的数，那么在空白的判断框中，应该填入下面 4 个选项中的(　　).

A. $c>x$　　B. $x>x$　　C. $c>b$　　D. $b>c$

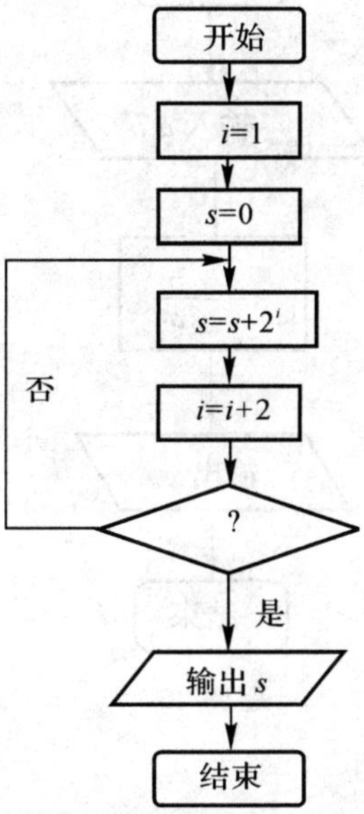

题图 21

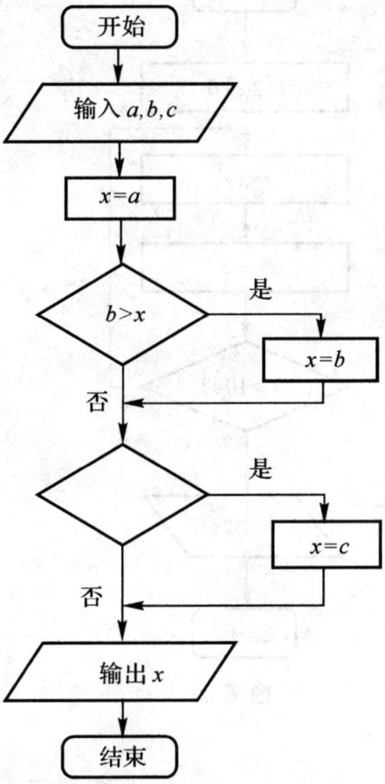

题图 22

6. 按流程图见题图 23 的程序计算，若开始输入的值为 $x=3$，则输出的 x 的值是（　　）.

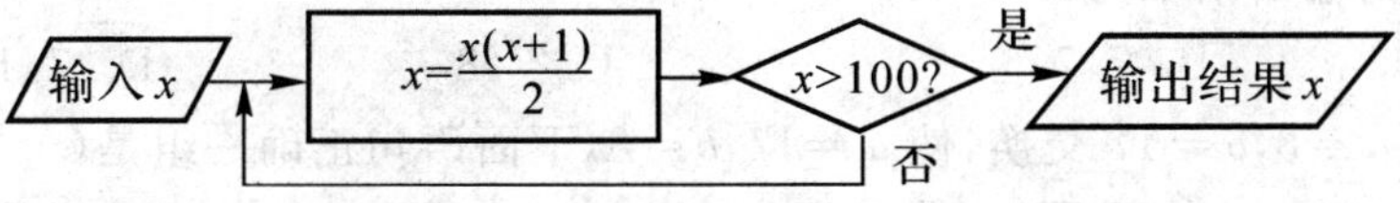

题图 23

A. 6　　B. 21　　C. 156　　D. 231

7. 给出题图 24 的程序框图，那么输出的数是（　　）.

A. 2450　　B. 2550　　C. 5050　　D. 4900

8. 设计一个计算 $1+2+\cdots+100$ 的值的算法，并画出程序框图.

9. 如题图 25 所示，该框图实现的是求方程 $ax+b=0$（a，b 为常数）的解..

问：该框图正确吗？若不正确，请问它是哪一个问题的程序框图？应怎样修改？写出正确的算法及程序框图.

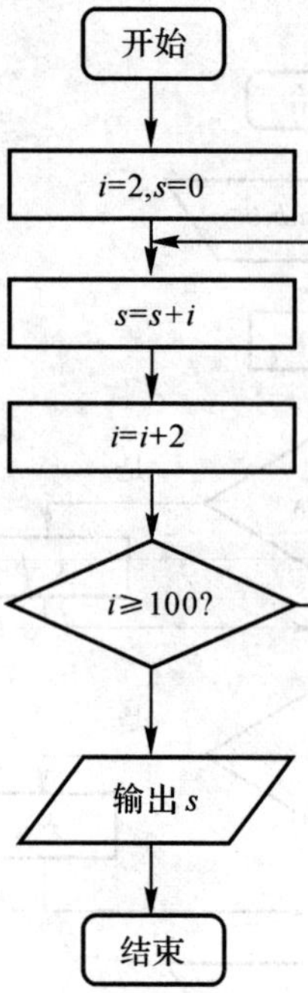

题图 24

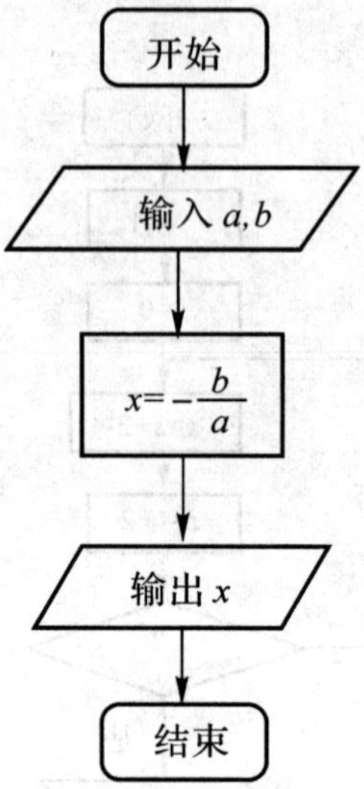

题图 25

练习二 (算法语句)

1.下列语言中,哪一个是输入语句(　　).

A. PRINT　　B. INPUT　　C. IF　　D. LET

2.右边程序的输出结果为(　　).

A. 3,4　　B. 7,7　　C. 7,8　　D. 7,11

3.将两个数 $a=8,b=17$ 交换,使 $a=17,b=8$,下面语句正确一组是(　　).

A. a=b
b=a

B. c=b
b=a
a=c

C. b=a
a=b

D. a=c
c=b
b=a

4.下列给出的赋值语句中正确的是(　　).

A. 3=A　　B. M=-M　　C. B=A=2　　D. x+y=0

5. A=15,A=-A+5,最后 A 的值为(　　).

A. -10　　B. 20　　C. 15　　D. 无意义

6.下列选项那个是正确的(　　).

A. INPUT　A;　B　　B. INPUT　B=3

C. PRINT　y=2*x+1　　D. PRINT　4*x

7.下面为一个求 20 个数的平均数的程序,在横线上应填充的语句为(　　).

A. i>20　　B. i<20　　C. i>=20　　D. i<=20

```
S=0
i=1
DO
  INPUT x
  S=S+x
  i=i+1
LOOP
UNTIL ________
a=S/20
PRINT  a
END
```

8. 设计一个算法求：$1+\frac{1}{3}+\frac{1}{5}+\frac{1}{7}+\cdots+\frac{1}{2007}$，试用程序框图和相应程序表示.